제3판

터널의 지반공학적 원리

이인모 저

터널공학은 일종의 종합 학문으로서 계획, 지반공학(토질 및 암반), 토목 지질, 구조공학, 환기 및 방재 등을 총 망라하는 분야이다. 이 책은 터널 및 지하구조물 설계에 종사하는 지반공학자 들이 기본적으로 알아야 하는 터널공학에 대한 기본이론을 이해하는 데 도움을 줄 것이다.

씨아이알

머리말

저자의 세 번째 저서인『터널의 지반공학적 원리』의 초판은 2004년에 출간되었다. 우리나라 뿐만 아니라 우리나라 전 세계적으로 가장 많은 프로젝트가 터널과 지하공간과 같은 지하구조물인 데 반하여, 지반공학에 근간을 둔 터널공학에 관한 이론서가 거의 없어서 이를 위해 터널 및 지하구조물 설계에 종사하는 지반공학자들에게 도움을 주고자 출간되었었다. 초판에서 기본적으로 중점을 두었던 것은 소위 'NATM'에 근거한 터널이론이었다. 터널의 주된 지지구조는 구조물이 아니라 지반 자체임을 이론적으로 이해시키고자 하였던 것이 주된 목적이었다. 아직도 국내에서 터널공법은 NATM이 주를 이룬다. 그러나 전 세계적으로 볼 때, 터널공법은 이미 NATM에서 TBM(Tummel Boring Machine)에 의한 기계화 시공법으로 바뀌었으며, 도입이 늦은 우리나라에서도 이러한 대세에 따라 점점 기계화 시공 쪽으로 가고 있다고 할 수 있다.

따라서 이번 개정판(제3판)에서는 NATM의 근간과 함께 기계화 시공의 근간에 대한 서술에 보다 많은 지면을 할애한 것이 특징이라고 하겠다.

이 책의 내용을 제1편과 제2편으로 나누었으며, 제1편에서는 NATM의 근간과 TBM을 중심으로 한 기계화 시공법의 근간을 보다 상세히 서술하고자 하였다. 제2편에서는 지하구조물을 이해하고 해석하기 위하여 기본적으로 알아야 하는 추가 사항들을 나열하고 서술하였다.

이 교재는 그 제목이 말해주듯이 '터널구조물'의 이해에 필요한 지반공학(토질 및 암반)의 기본적인 원리를 서술하는 데 주안점을 두었으므로 설계용 핸드북과는 거리가 먼 책임을 밝혀둔다. 따라서 본 서는 기본적으로 토질역학 및 암반역학을 이미 수강한 학생들에게 제공되는 강의용 교재로서, 또는 터널 분야에 종사하는 지반공학자들의 자습서로서 터널공학에 관한 기본이론을 이해하고자 하는 독자들에게 유익이 있음을 밝혀둔다. 재삼 밝혀두건대, 토질역학 및 암반역학에 관한 기본 지식이 없이는 본 서를 이해하기가 쉽지 않을 것이다. 실무자들은 우선 제1편만 집중적으로 공부하여도, 터널공학에 대한 이해는 상당부분 할 수 있을 것으로 생각한다.

저자를 동일한 마음으로 사랑하시고 학문의 길로 인도하여 주신 하나님께 감사드리며, 하나 같이 충직하고 언제나 저자를 믿고 따라주며, 이 책의 밑거름이 된 연구결과들을 쏟아내어주었던 사랑하는 고려대학교 지하공간 연구실의 모든 제자들과 이제껏 저자를 이끌어주시고 도와주신 모든 분들에게 큰 고마움을 전한다. 공부밖에 할 줄 모르는 남편을 한결같이 내조해준 아내와 아들 요한이, 예쁜 자부 이슬이에게도 고마운 마음을 전한다.

개정판(제3판)의 출간을 헌신적으로 도와주신 김성배 사장님을 비롯한 씨아이알 출판사 직원께도 감사드린다.

목차

제1장

서 론

제1장
서 론

1.1 서 론

저자의 저서인 『토질역학의 원리』에서 지반공학(geotechnical engineering)은 소위 'in-situ mechanics'라고 하였다. 구조공학과 달리 지반공학은 원래부터 존재하고 있던 지반에서 일어나는 문제들을 다루기 때문이다. 즉, 역학의 시작점이 有라는 점을 특징으로 보면 될 것이다. 지하에 건설하고자 하는 터널과 지하공간은 그림 1.1에서 보듯이 처음부터 존재하고 있던 지반을 굴착함으로써 有로부터 無가 되는 구조물이다. 따라서 지하구조물을 음의 구조물로 명명하기도 한다.

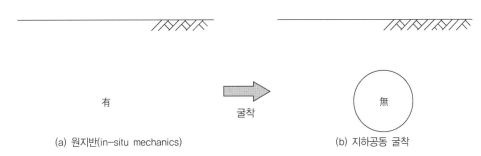

有   굴착   無

(a) 원지반(in-situ mechanics)   (b) 지하공동 굴착

그림 1.1 지하공동 굴착 개요

이 책은 앞에서 서술한 대로 터널과 지하공간을 굴착함으로서 발생하는, 즉 有에서 無로 상태가 변함으로써 발생하는 역학적 원리들을 지반공학적 관점에서 서술할 것이다. 이 책은 원래 2004년에 초판이 출간되었다. 초판이 출판될 때까지만 해도 국내 터널시장에 관한 한 NATM 공법이 대세였으므로 책의 기본 포커스를 NATM에 두고 집필하였었다. 그러나 현재는 전 세계적으로도 그렇고 국내에서도 기계화 시공(mechanized tunnelling)이 대세임을 부인할 수가 없다. 따라서 개정판인 이 책에서는 NATM과 함께 기계화 시공법의 근본원리에 보다 많은 부분을 할애하고자 한다. 터널공학은 그 성격상 현장에서 발생하는 실무적인 요소가 많다. 대학에서 연구하는 학자로서 실무적인 사항을 현장감 있게 서술하는 것은 불가능하다. 이 책의 주안점은 터널형성의 기본 원리를 상세히 서술하여 터널기술자들에게 도움을 주고자 하는 것이다.

따라서 이 책의 내용에는 터널공학에 관한 모든 내용이 포함되어 있는 것이 아니라 지반공학에 관계되는 사항들만을 모아서 정리하였음을 밝혀둔다. 예를 들어서 터널의 계획 부분은 다분히 각 터널의 용도에 따라서 달리 이루어져야 하는 문제이므로(예를 들어 도로터널과 철도터널의 기본사항이 다름) 이 책에서는 이를 포함시키지 않는다. 또한 터널공학에서 가장 중요시하는 환기 및 방재 문제는 지반공학에 속하지 않으므로 필자의 역량을 넘어서기에 포함시키지 않는다. 터널을 설계하는 데 다각적인 지반조사가 이루어져야 함은 당연한 일이나 지반조사에 관한 사항도 이 저서에는 포함시키지 않았으므로 신희순 등(2000)의 저서를 참조하기 바란다.

이 책에 포함되지는 않았으나 터널공학자가 알아야 하는 주제인 계획, 계측, 유지관리, 환기 및 방재 등에 관한 사항은 (사)한국터널지하공간학회 터널공학 시리즈(1), 『터널의 이론과 실무』를 참고하길 바란다.

지하구조물 굴착방법을 크게 대별하면 개착공법(cut-and-cover)과 mined(또는 bored) 터널공착공법이 있다. 개착공법은 가시설인 흙막이공을 먼저 설치하고 굴착을 완료한 다음 지하구조물을 설치한 후에 다시 복토로 완성하는 공법으로서, 개착공법은 엄밀한 의미에서 기초공학 범주에 들어가므로 이 책에서는 생략한다. 흙막이공에 대한 상세한 사항은 저자의 저서인 『기초공학의 원리』를 참조하기 바란다. 따라서 이 책에서 다루고자 하는 주제는 지하에서 필요한 부분만큼만 굴착하는 mined tunnel에 한정한다.

1.2 지하구조물의 종류와 형상

1.2.1 지하구조물의 종류

태고로부터 터널 및 지하공간은 다각도로 이용되어 왔다. 용도를 열거해보면 다음과 같다.

- 도로 및 철도 터널
- 지하철 터널
- 수로 터널
- 홍수방지용 터널
- 전력구 및 통신구 터널
- 유류(oil) 또는 LPG 가스 저장용 캐번
- 수력발전용 펌프실

지반공학적인 관점에서 보면 구조물의 종류와 구조물의 안정성은 큰 관계가 없다고 볼 수 있으며, 지하구조물의 형상과 크기 및 지반조건에 주로 영향을 받는다.

그림 1.2는 용도별 터널의 개략형상 및 그 크기가 표시되어 있다. 작게는 $10m^2$의 단면을 가진 수로터널에서부터 $1,000m^2$가 넘는 수력발전용 펌프실까지 다양함을 알 수 있다.

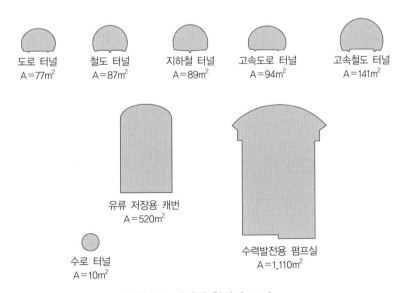

도로 터널
A=$77m^2$

철도 터널
A=$87m^2$

지하철 터널
A=$89m^2$

고속도로 터널
A=$94m^2$

고속철도 터널
A=$141m^2$

유류 저장용 캐번
A=$520m^2$

수로 터널
A=$10m^2$

수력발전용 펌프실
A=$1,110m^2$

그림 1.2 터널의 형상과 크기

1.2.2 지하구조물의 형상

  지하구조물의 형상은 현장지반의 지질개요, 초기 지중응력의 크기와 방향, 굴착방법, 구조물의 기능, 구조물에 작용되는 이완응력의 양상에 따라 달라지게 마련이다. 빈번하게 이용되는 형상은 그림 1.3과 같다. 중요 사항들을 열거하면 다음과 같다.

(1) 팽창성(swelling)이나 압착성(squeezing)을 띄는 지반, 또는 연약한 토사층이나 수압을 받는 구조로 설계되는 터널은 될수록 원형(circular)을 선택한다. 또는 TBM(Tunnel Boring Machine)으로 굴착되는 터널도 어쩔 수 없이 원형이다.

(2) 발파굴착(drill-and-blasting)으로 시공되거나 비교적 양호한 지반에서는 수정말발굽형(modified horseshoe)이 흔히 채택된다.

(3) 수평토압이 상대적으로 크게 작용되는 지반에서는 말발굽형(horseshoe)이나 원형(circular)이 사용된다.

(4) 타원형 터널은 초기 수평응력이 연직응력보다 상대적으로 적은 지반인 경우는 연직방향으로 장변이 되도록 하고, 반대로 초기 수평응력이 상대적으로 큰 지반은 수평방향이 장변이 되도록 하여 응력집중을 최소화할 목적으로 사용된다.

(5) 사다리꼴 또는 사각형 형상은 광산용 지하구조물에서 사용되는 경우로서 토목구조물에서는 잘 사용하지 않는다.

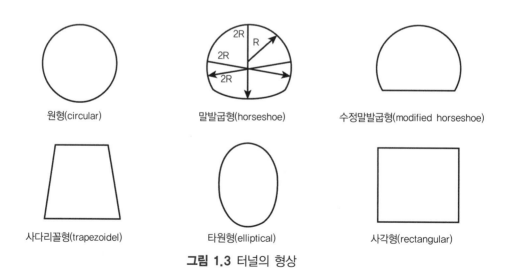

그림 1.3 터널의 형상

1.2.3 굴착공법에 따른 구분

터널 굴착공법을 대별해보면 그림 1.4에서와 같이 전통적인 터널공법(conventional tunnelling method)과 기계화 터널공법(mechanized tunnelling method)이 있다.

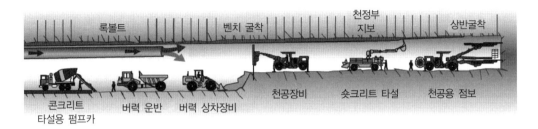

(a) 전통적인 터널공법(Conventional Tunnelling Method), NATM

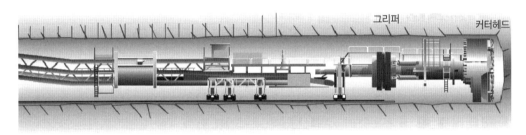

(b) 기계화 터널공법(Open TBIM)

그림 1.4 전통적인 터널공법과 기계화 터널공법

1) 전통적인 터널공법(일명 NATM)

전통적인 터널공법(conventional tunnelling method)은 우리나라에서는 NATM 공법(New Austrian Tunnelling Method)으로 더 알려져 있는 터널굴착공법으로서, '굴착 → 버력처리 → 1차 지보재 설치 → 다음 단계 굴착'의 반복 과정을 통하여 터널을 굴착해가는 공법이다. 전 구간에 대한 굴착이 완료되면 2차 콘크리트 라이닝을 타설함으로써 터널구조물을 완성하게 된다.

용어에 대한 부연설명

국내에서는 NATM으로 더 많이 알려져 있기는 하나 국제적인 공통 명칭은 conventional tunnelling method이다. 독자들이 알아야 할 사항은 한국어로 번역된 용어가 '전통적인 터널공법'이라고 해서 ASSM(American Steel-arch Support Method)으로 불리는 재래식 터널공법과는 근본적으로 다르다는 점이다. ASSM 공법은 터널굴착 후에 터널 상부에 이완하중이 발생한다고 가정하며, 이 이완하중을 버텨주기 위하여 큰 단면을 가진 H형강(예를 들어서 600mm×600mm)을 지보재로 사용한 공법이다. 이에 반하여 conventional tunnelling method는 터널굴착 후에도 새로운 평형을 유도하는 방법으로서 이완하중을 고려하지 않는 방법이다.

이 공법은 나라에 따라서 SEM(Sequential Excavation Method)으로 불리기도 한다. 단계 굴착을 한다는 점을 강조한 것이다. 또는 SCL이라고도 부른다. Sprayed Concrete Lining의 약자로서 숏크리트 라이닝이 주된 지보재라는 의미로서 불리는 이름이다. 이 책에서는 이미 용어로 자리 잡은 'NATM 공법'으로 통일하기로 한다.

(1) 굴착방법 및 공법

굴착방법으로서는 암반을 굴착하는 경우에는 발파굴착(drill-and-blast)을 하게 되며, 연약지반의 경우는 로드헤더 등의 굴착장비를 이용하기도 한다. 굴착공법으로서는 그림 1.5에서 보여주는 것과 같이 지반조건 및 시공 여건에 따라서 전단면을 한꺼번에 굴착할 수도 있고 분할하여 굴착할 수도 있다.

경암과 같이 지반이 아주 양호한 경우는 그림 1.5(a)에서와 같이 전단면을 한꺼번에 굴착할 수 있다. 반면에 지반 조건이 불량해갈수록 상하반 분할굴착[그림 1.5(b)], 부분 분할굴착[그림 1.5(c)], 또는 측벽 선진 도갱(side drift) 후 분할굴착[그림 1.5(d)] 등으로 단면을 분할하여 굴착한다. 그림에서 인버트 부분을[그림 1.5(a)의 2단계, 그림 1.5(b)의 3단계, 그림 1.5(c), (d)의 4단계] 따로 굴착하기도 하는데, 이는 인버트 부분이 비교적 연약한 경우 터널 단면을 가능한 대로 둥근 모양으로 만들어서 인버트 부분에 응력이 집중되지 않게 하는 목적으로 굴착한다.

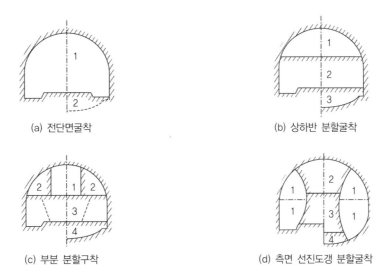

(a) 전단면굴착　　　　　　　　(b) 상하반 분할굴착

(c) 부분 분할구착　　　　　　　(d) 측면 선진도갱 분할굴착

그림 1.5 분할굴착공법

1회 굴진장(one round)

앞에서 서술한 대로 재래식 터널공법은 종단방향으로 일정한 길이만큼만 천공–발파로 굴착하게 된다. 1회에 굴착하는 종단상의 길이를 1회 굴진장이라고 한다(아래 그림 참조).

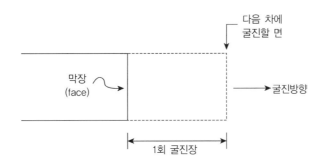

벤치(bench)

분할굴착을 하는 경우 어느 단면은 이미 굴착되었고, 남아 있는 단면도 있을 것이다. 다음 그림과 같이 상하반 분할굴착의 경우 상반은 이미 굴착이 완료된 상태일 때, 남아 있는 하반을 벤치라고 한다.

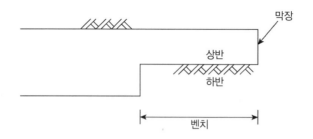

(2) 버력처리

굴착된 암편 또는 흙을 버력(muck)이라고 한다. 버력처리 방법은 여러 가지가 있을 수 있다. 덤프트럭으로 운반할 수도 있고, 철로(rail)를 개설하고 광차를 이용하여 처리할 수도 있다. 버력처리 방법은 시공에 관계되는 요소로서 이 책의 집필 범위를 벗어나므로 생략한다. 다만 시공 경비에 영향을 줄 수 있는 중요한 과정임을 첨언한다.

(3) 지보재 설치

버력처리가 끝나는 대로 굴착면을 정리한 다음(굴착면을 정리하는 것을 scaling이라고 한다. 치과에서 scaling으로 치석을 제거하듯이 낙반 가능성이 있는 암반을 미리 떨어내는 것을 말한다), 지보재(support)를 설치한다. 지보재를 설치하는 목적은 굴착된 지반의 이완을 방지하여, 터널굴착 후 새로운 평형조건에 이를 수 있도록 함에 있다.

대표적 지보재로는 숏크리트(shotcrete), 록볼트(rock bolt), 강지보재(steel rib)를 들 수 있다. 그림 1.6에 지보재가 설치된 개요(schematic diagram)가 표시되어 있다. 이 중 가장 중요한 지보재를 꼽으라고 한다면 숏크리트이다. 숏크리트는 뿜어서 붙이는 콘크리트로서 조강재를 넣기 때문에 굴착 직후에 지반 이완을 방지하는 데 최적이라고 할 수 있다.

지보재의 역할에 관해서는 다음 절에서 상세히 서술하고자 한다.

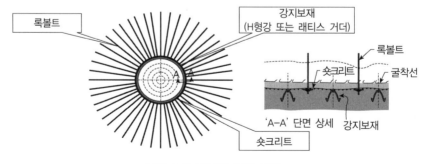

그림 1.6 지보재 설치 개요

2) 지보재

지보재(support system)라 함은 지하구조물 굴착 후 안정성 증대를 도모하며 새로운 평형 조건에 이르도록 인위적으로 설치되는 숏크리트(shotcrete), 록볼트(rock bolt) 및 강지보재(steel rib)를 말하며, 1차 지보재로 불린다. 또는 터널의 안정성에 직접적으로 영향을 미치므로 주 지보재(primary support)라고 명명하기도 한다. 반면에 터널의 굴착이 완료된 후에 설치되는 콘크리트 라이닝은 2차적인 기능을 주목적으로 하므로 2차 지보재(secondary support)라고 불린다.

각 지보재의 특징 및 기능을 요약하면 다음과 같다.

(1) 숏크리트(shotcrete)

숏크리트란 압축공기를 이용하여 굴착된 지반면에 뿜어 붙여지는 몰탈 혹은 콘크리트를 말한다. 지반 자체를 터널의 지보재로 활용하는 터널공법에서 가장 중요한 지보부재이며 굴착면에 시공되어 콘크리트 아치를 형성함으로써 다음의 기능 발휘를 목표로 한다. 이와 같은 기능을 발휘하기 위해서는 굴착면에 밀착 시공하는 것이 필수적이다.

① 지반의 이완을 방지하여 원지반 강도 유지
② 콘크리트 아치로서 하중을 분담; 내압작용원리로서 가장 중요한 기능
③ 응력의 국부적인 집중 방지
④ 암괴의 이동 방지 및 낙반의 방지
⑤ 굴착면의 풍화 방지 등의 기능을 발휘

숏크리트는 지반면에 뿜어 붙인 후에 다시 탈착되는 양(이를 리바운드량이라고 한다)을 최소로 함이 중요하다. 이를 위하여 보통 첨가재(조강재)를 콘크리트재에 포함함이 일반적이다.

(2) 록볼트(rock bolt)

록볼트는 이형철근 모양의 강재를 터널 지하공간 주위로 설치하는 것으로 다음의 기능 발휘를 목표로 한다.

록볼트의 기능
① 봉합작용 : 발파 등에 의해 이완된 암괴를 이완되지 않은 원지반에 고정하여 낙하를 방지하는 기능이다.

② 보형성작용 : 터널 주변의 층을 이루고 있는 지반의 절리면 사이를 조여줌으로써 절리면에서의 전단력의 전달을 가능하게 하여 합성보로서 거동시키는 효과이다.

③ 내압작용 : 록볼트의 인장력과 동등한 힘이 내압으로 터널벽면에 작용하면 2축 응력상태에 있던 터널 주변 지반이 3축 응력상태로 되는 효과가 있다. 이것은 3축 압축시험 시 구속압력의 증대와 같은 의미를 가지며, 지반의 강도 혹은 내하력 저하를 억제하는 작용을 한다.

④ 아치형성 작용 : 시스템 록볼트의 내압효과로 인해 굴착면 주변의 지반이 내공 측으로 일정하게 변형하는 것에 의해 내하력이 큰 그랜드 아치를 형성한다.

⑤ 지반보강 작용 : 지반 내에 록볼트를 타설하면 지반의 전단저항능력이 증대되어 지반의 내하력을 증대시키고 지반의 항복 후에도 잔류강도 향상을 도모한다.

록볼트의 정착방법에는 선단정착형과 전면접착형이 있으며 특징은 다음과 같다.

록볼트의 정착방법

① 선단정착형 : 선단을 정착시킨 후 프리스트레스를 주어 지반의 붕락을 방지하는 방법이며, 절리와 균열이 적은 암반층에 효과적이다.

② 전면접착형 : 록볼트의 전면을 지반에 접착시키는 것으로서, 접착재로는 레진 혹은 시멘트 몰탈이 주로 쓰인다.

(3) 강지보재(steel rib)

강지보재는 숏크리트가 경화할 때까지 즉시 지보효과를 발휘하며 숏크리트가 경화한 후에는 숏크리트와 연합하여 지지효과를 증진시킨다. 강지보의 종류로는 U형, H형, 래티스 거더(lattice girder) 등이 있으며 그 역할을 정리하면 다음과 같다.

① 숏크리트 타설 후 경화 시까지 임시 보강재 기능
② 무지보지반의 직접보강 및 숏크리트 라이닝 하중분산 작용
③ 휘폴링, 파이프 루프 시공 시 지지대 역할
④ 터널 내공 확인, 발파 천공의 지표(guide) 역할

(4) 콘크리트 라이닝(concrete lining)

콘크리트 라이닝은 2차 지보재로 불리며, 그 사용목적에 따라 구조체로서의 역학적 기능,

비배수형 터널에서의 내압기능, 영구구조물로서의 내구성 확보 및 미관유지기능 등을 가진다. 구조체로서의 역학적 기능을 발휘하게 되는 경우는 다음과 같다.

① 숏크리트 등으로 형성된 주지보재가 영구구조물로서 충분한 안전율이 없는 경우로서 지반응력이 콘크리트 라이닝에 전달되는 경우
② 현장여건으로 인하여 지반변위가 수렴되기 전에 콘크리트 라이닝을 시공하는 경우
③ 토피가 작은 토사지반 등에서 주변 환경의 영향을 받기 쉬워 상재하중을 반영한 역학적 검토가 필요한 경우
④ 비배수형 터널의 경우

3) 기계화 터널공법

기계화 터널공법(mechanized tunnelling method)은 그림 1.4(b)에서 보여주는 것과 같이 TBM(Tunnel Boring Machine) 장비를 이용하여 터널을 굴착하는 방법을 말한다. 즉, 디스크커터 또는 커터비트가 장착된 굴착기 전면의 회전식 커터헤드(cutterhead)에 의해 원형 터널을 전단면으로 굴착하는 방법을 말한다. 커터헤드에 의하여 굴착하는 것은 동일하나 크게 대별하여서 전면을 개방하고 굴착하는 Open TBM과 전면을 밀폐하면서 굴착하는 밀폐형이 있다. Open TBM은 그리퍼를 이용한 반력으로 추진력을 얻으며, 지보재는 전통적인 터널공법에서 사용하는 지보재와 거의 동일하다. 이에 반하여 밀폐형은 지보재로 설치되는 세그먼트 라이닝으로부터의 추력을 이용하여 굴진한다. 기계화 터널공법에 관하여는 제3장에서 보다 상세히 다룰 것이다. 참고로 그림 1.4(b)에서 보여주는 것은 Open TBM이다.

1.3 터널형성의 원리

1.3.1 기본 개념

그림 1.1에서 보여주는 것과 같이 지중에 공동을 굴착할 때 공동위의 지반이 하중으로 작용하지 않도록 하는 것이 중요하다. 즉, 지하공동 굴착 전의 지중응력상태에서 굴착 후에 새로운 평형상태가 되도록 유도하는 것이 중요하다. 새로운 평형상태를 유지하며, 지반의 붕괴를 방지하기 위해서는 지하공동 굴착 후, 주변 지반에 과도한 변위가 생기지 않도록 하는 것이 중요하다.

그림 1.7(a)에서 보여주는 것과 같이, 지하공동을 굴착하였을 때 지반 변위가 미소한 경우는 새로운 평형조건으로서 응력이 convex arch를 그리면서 공동 주위로 회전하므로 방사방향으로 작용하는 응력은 극소하다. 만일의 경우 공동 주위의 지반 일부가 소성상태(plastic state)에 이르렀다고 하더라도 변위가 과도하지 않도록 제어만 된다면, 소성상태로서 새로운 평형에 이를 수가 있다.

반면에 그림 1.7(b)에서 보여주는 것과 같이, 지하공동 굴착 시 변위가 크게 발생하는 경우는 공동위에 존재하는 지반의 무게에 의하여 지하공동에 상대적으로 큰 하중이 작용될 수 있다. 이를 이완하중(또는 붕괴하중)이라 하며, 공동위 지반의 상재하중에서 그림에서 보여주는 것과 같이 경계면에서의 전단저항력을 제외한 압력이 이완하중으로 작용한다. 그림에서 보여주는 것과 같이 이 경우의 아치모양은 아래로 볼록한 형태이다(inverted arch). 이완하중을 견디기 위해서는 과도한 지보재로 버티어주어야 한다. 따라서 비경제적인 경우가 많다.

결국 지하공동의 설계/시공은 되도록 공동굴착 후에도 새로운 평형상태가 되도록 유도함이 경제적이다.

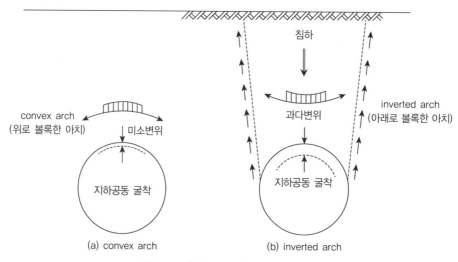

그림 1.7 지하공동 굴착 시의 지반거동

1.3.2 전통적인 터널시공법에서의 터널형성원리 및 지보재

NATM 공법에서 가장 중요한 것이 지하공동 굴착 시에 내공변위(터널벽면에서 발생하는 변위)가 과도하지 않도록 제어하는 일이다. 내공변위를 제어하는 기본 이론을 내공변위−제어법(Convergence−Confinement Method, CCM)이라고 한다. 내공변위−제어법은 제2장에서 좀 더 심도 있게 다루고자 한다.

터널굴착 시 지반의 거동은 그림 1.8에서 보여주는 것과 같이 3차원적인 관점에서 보아야 이해하기 쉽다. 터널 한 막장을 굴착함과 동시에 막장 전방방향(longitudinal arching)으로 지중응력은 전이되며, 남은 응력은 횡방향으로 재분배된다(이때의 아칭현상은 convex arch 형태이어야 한다).

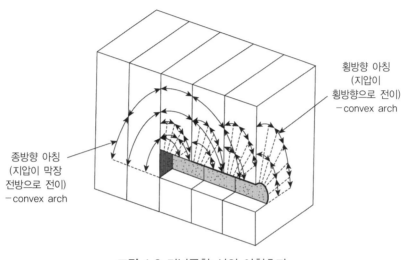

그림 1.8 터널굴착 시의 아칭효과

굴착과 버력처리를 마치면 앞에서 서술한 대로 숏크리트, 록볼트 및 강지보재 등의 1차 지보재를 설치한다. 이후에 종단방향으로 한 막장을 더 굴착하게 되면 막장 전방방향으로 전이되었던 하중이 되돌아오게 되고, 이를 기설치한 지보재의 저항력으로 새로운 평형이 되게 하는 것이다.

한 막장을 굴착하였을 때, 그림 1.8에서 보여주는 것과 같이 막장 전방방향으로 convex arch 가 형성되어야 평형상태를 유지할 수 있으나, 천층 연약지반을 굴착하는 경우 막장 전방에서의 변위가 과도할 수 있으며, 이렇게 거동하는 경우 아치모양은 그림 1.9와 같이 inverted arch 모양을 그리면서 막장 전방의 지반이 하중으로 작용하게 된다. 즉, 막장 전방이 파괴될 수도 있다. 따라서 막장 전방의 안정성을 반드시 검토하여야 한다. 막장 전방 안정성 검토방법에 대한 상세사항은 제2장에서 심도 있게 다룰 것이다. 막장 전방 안정성에 문제가 있을 경우는 안정성 증가를 위하여 그림 1.10과 같이 막장 전방으로 마치 우산살같이 강관 등으로 보강을 하고 굴착을 하여야 한다. 막장 전방 보강방법을 'Umbrella Arch Method'라고 한다.

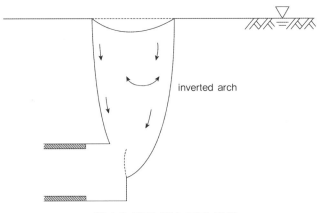

그림 1.9 막장 전방 파괴 양상

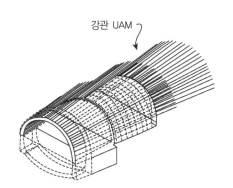

그림 1.10 Umbrella Arch Method(UAM)

1.3.3 기계화 시공법에서의 터널형성 원리

앞 절에서 서술한 대로 TBM 장비를 이용하여 터널을 굴착하는 공법으로서 전면에 커터헤드 (cutterhead)가 있어서 이를 회전시키어 굴진한다. 기계화 시공법에서의 터널형성 원리는 Open TBM과 밀폐형 TBM이 다르다고 할 수 있다. 먼저 Open TBM은 그림 1.11에서 보여주는 것과 같이 그리퍼를 이용하여 추진력을 얻을 뿐 커터헤드에 의하여 터널을 굴착한 후에 상당히 후방에서 지보재를 설치하므로 지보가 전혀 없는 구간이 상대적으로 길다. 따라서 무지보구간에서 침하가 필연적이므로 NATM에서와 마찬가지로 굴착과 동시에 막장 전방방향으로 convex arch가 일어난다. 커터헤드에는 굴착된 버력 반출을 위해 개폐구멍이 존재하므로 전면이 열려 있는 것으로 보아야 한다. 즉, 막장 전방에서 안정성 부족으로 파괴될 수가 있으므로 Open TBM은 이러한 현상이 나타나지 않을 정도로 절리는 적고 견고한 암반층 굴착에 국한하여 사용되어야 한다.

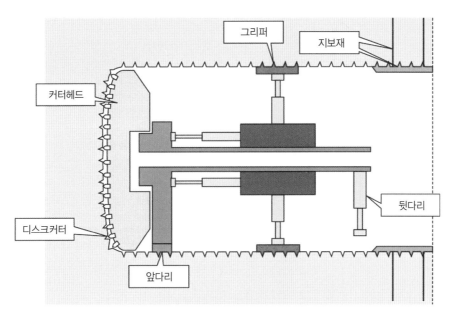

그림 1.11 Open TBM 구조도

이에 반하여 밀폐형 TBM은 터널막장에 작용되는 토압 및 수압을 견디어주기 위하여 굴진면 쪽으로 압력을 가하면서 굴진하는 방법이다. 밀폐형 TBM에는 대표적으로 토압식 쉴드 TBM 과 이수식 쉴드 TBM이 있으며, 이 중 대표적으로 토압식 쉴드 TBM의 굴진면 지지원리를 그림 1.12에 표시해놓았다. 또한 커터헤드 바로 뒤에 쉴드(shield)통이 있기 때문에 앞부분에서 는 인근 지반의 변위가 크지 않다. 따라서 원지반을 거의 그대로 유지하면서 굴착한다고 할 수 있다.

막장압이 원지반의 압력과 동일하다면, 지반 변위는 이론적으로 거의 없고, 막장압이 과도한 경우는 반대로 지반 쪽으로 변위가 발생할 수도 있으며, 이 경우는 지반압이 오히려 증가할 수도 있다.

쉴드통 끝단[이를 테일보이드(tail void)라고 한다]에 도달하면 곧이어 세그먼트 라이닝을 설치하게 되는데, 세그먼트 라이닝의 직경이 쉴드통 직경보다 작기 때문에 그림 1.12의 'A' 부분에서는 필연적으로 침하가 발생할 수밖에 없다. 침하가 크지 않다면 터널 단면 횡방향으로 convex arch가 발생하여서, 새로운 평형상태를 이루어 세그먼트 라이닝에는 크지 않은 압력만이 작용하게 되나, 침하가 과도한 경우 inverted arch가 발생하여 이완하중이 라이닝에 작용할 수도 있다. 자세한 사항은 제3장 기계화 시공 편에서 서술할 것이다.

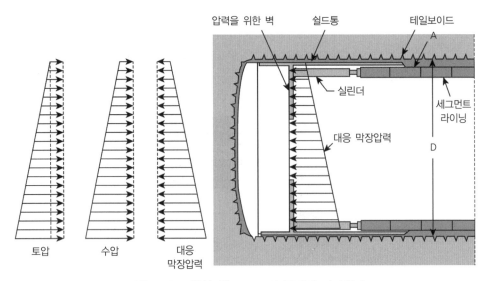

그림 1.12 토압식 쉴드 TBM의 굴진면 지지원리

1.4 지하공동 굴착에 따른 새로운 평형상태

1.4.1 개 요

앞 절에서 지하공동 굴착을 하였다 하더라도 굴착 전의 평형상태에서 굴착 후에도 평형상태를 유지하는 것이 중요하다고 하였다. 다시 말하여서, 지하공동 굴착 후에도 탄성상태를 그대로 유지하거나, 아니면 일부 구간이 소성상태에 이르렀다고 해도 새로운 소성상태로서 평형상태를 이루어 붕괴(collapse)를 방지하는 것이 중요하다.

탄성평형에서의 응력분포는 저자의 저서인 『암반역학의 원리』 9.3절에 상세히 서술하였으며, 또한 소성평형에서의 응력분포의 개요도 위의 책 9.4절에 서술하였으니 독자들은 먼저 이 부분을 숙지하도록 권장한다.

다음 절에서는 단순히 수식에 대한 열거보다는 지하공동 굴착 후의 새로운 평형상태에 대한 기본 개념 위주로 서술하고자 한다.

1.4.2 탄성평형과 소성평형

먼저 단순화를 위하여 그림 1.13과 같이 초기 지중응력이 어느 방향에서나 같을 경우에 대하여 알아보기로 한다. 즉, $K_o = 1$ 인 경우에 대한 기본 개념을 소개하고자 한다. 그림 1.13(a)에서와 같이 초기 지중응력 σ_{vo}(연직 및 수평방향)를 받고 있는 지반에 원형 지하공동을 굴착하면 터널벽면에서는 방사방향응력 σ_r은 공기와 접촉해 있으므로 0으로 줄어들고 접선방향응력 σ_θ는 초기 지중응력 σ_{vo}의 2배로 증가한다. 즉, $\sigma_\theta = 2\sigma_{vo}$이다.

만일 접선응력 σ_θ가 암반의 일축압축강도 σ_{cm}보다 작으면, 지하공동 굴착 후에도 지반은 탄성상태를 유지할 것이다[그림 1.13(a)]. 이에 반하여 σ_θ가 σ_{cm}보다 큰 값을 갖게 되면 터널 주변 지반은 소성상태에 이르게 된다[그림 1.13(b)].

앞에서 서술한 대로 소성상태에 이르렀다고 해서 주변 지반이 붕괴에 이르지는 않을 수 있다. 적절한 지보재를 설치하여서 공동에서 내압 p_i를 가하면 붕괴 없이 새로운 소성평형에 도달할 수 있다. 소성평형원리는 다음 장에서 상세히 서술할 것이다.

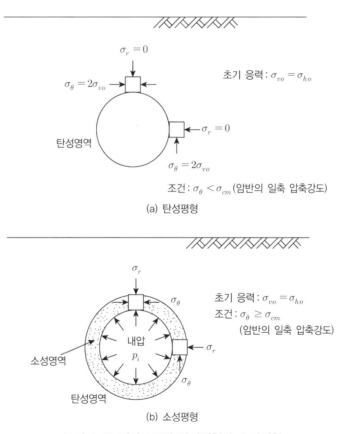

그림 1.13 지하공동의 탄성평형과 소성평형

1.4.3 $K_o \neq 1.0$인 경우의 탄성평형

앞 절에서 서술한 것은 $K_o = 1.0$인 경우, 즉 초기 수평응력이 연직응력과 같은 경우이었다. K_o가 1.0이 아닌 경우의 거동은 사뭇 다를 수 있다. 토사로 이루어진 지반인 경우 대부분 K_o 값은 1.0보다 작다. 이에 반하여 암반지반인 경우 퇴적암일 경우는 1.0보다 작으나 특히 고온 고압을 받았던 변성암의 경우 1.0보다 큰 경우도 허다하다.

여기에서는 K_o의 변화에 따른 접선응력 양상과 내공변위 양상을 살펴보고자 한다.

1) K_o 변화에 따른 접선응력 양상

K_o값이 0부터 4.0까지 증가할 때, 원형 터널 천정(crown) 및 측벽(side wall)에서의 접선응력 양상을 그려보면 그림 1.14와 같다. 천정부에서의 접선응력은 K_o값이 커질수록 증가함을 알 수 있으며, K_o값이 1/3 이하에서는 오히려 인장응력이 작용한다.

이에 반하여 측벽에서의 접선응력은 $K_0 = 0$일 때 3.0을 최대로 K_o값이 증가할수록 감소하며, K_o값이 3.0 이상에서는 인장응력이 작용됨을 알 수 있다.

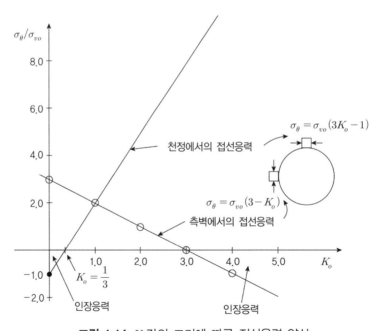

그림 1.14 K_o값의 크기에 따른 접선응력 양상

2) 터널벽면에서의 내공변위 양상

대표적으로 $K_0 = 0.2$인 경우와 $K_0 = 10.0$인 경우의 내공변위 양상을 그려보면 그림 1.15와 같다. 그림에서 표시된 Ω_r의 정의는 다음과 같다.

$$\Omega_r = \frac{u_r \cdot G}{\sigma_{vo} \cdot a} \tag{1.1}$$

여기서, Ω_r = 무차원으로 표시한 내공변위

$\quad u_r$ = 원형 터널의 내공변위

$\quad G$ = 지반의 전단계수

$\quad \sigma_{vo}$ = 초기 연직방향 지중응력

$\quad a$ = 터널의 반경

K_o값에 따른 변위 양상을 정리해보면 다음과 같다.

(1) 그림 1.15(a)에서 보여주는 것과 같이 K_o값이 작을수록 천정에서의 침하는 커지며, 측벽에서의 내공변위는 극소하거나 오히려 터널벽면 바깥쪽으로 변위가 발생할 수도 있다. 천정부에서의 변위가 과도하게 되면(원형 터널의 경우 K_o값이 1/3 이하인 경우) 그림 1.14에서 보여주는 것과 같이 천정부에서의 접선응력은 인장력으로서 입자를 벌려주게 될 것이다.

(2) K_o값이 3 이상으로서 큰 값일수록 측벽에서의 내공변위는 크게 증가하고, 천정부에서는 오히려 융기현상(상방향 변위)이 발생할 수도 있다. 아래 그림과 같이 공을 옆으로 찌그러뜨리면 위아래로는 늘어나는 원리와 같다.

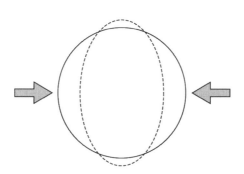

초기 수평응력이 클수록 천정부에서의 침하는 작아지거나 융기가 될 수도 있다는 것은 지하공동에서 중요한 원리이다. 또한 측벽에서의 변위가 크게 일어나면(원형 터널의 경우 K_o값이 3.0 이상인 경우) 그림 1.14와 같이 측벽에서 인장응력이 발생할 것이다.

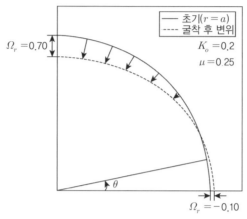

(a) K_o값이 작은 경우

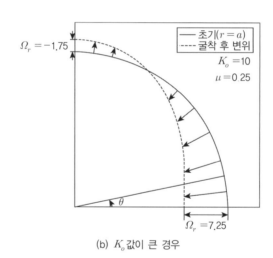

(b) K_o값이 큰 경우

그림 1.15 초기 응력비에 따른 내공변위의 양상

1.4.4 비원형 터널에서의 탄성해

터널 및 지하공간은 필요에 따라 그 형상이 원형이 아닌 경우가 많다(그림 1.2 참조). 일반적으로 역학적인 관점에서 구조물의 형상 중에 뾰족한 부분이 존재하면 이곳을 중심으로 응력집중현상이 발생한다. 따라서 가능한 한 뾰족한 모서리 없이 둥근 모양으로 형상을 설계하는 것

이 중요하다. 즉, 타원부의 곡률반경을 될수록 크게 하는 것이 좋다. 타원형 터널에 작용되는 응력에 대한 수식은『암반역학의 원리』9.3.2절을 참조하기 바란다. 터널의 형상이 접선응력에 미치는 영향을 정리해보면 다음과 같다.

(1) 터널의 곡률반경이 감소할수록 접선방향 응력은 집중된다. 다시 말하여, 지하구조물 설계 시 가능하면 뾰족한 코너를 두어서는 안 되며, 동글동글한 모양을 이루도록 하면 좋다.

(2) $K_o = 1$인 경우에 원형 터널이 가장 응력집중이 적게 발생하는 터널형상이다.

(3) $K_o \neq 1$인 경우에 일반적으로 계란형의 터널이[그림 1.16(a)] 가장 응력집중이 적은 것으로 알려져 있다.

(4) 그림 1.16(b)에서 보여주는 대로 터널의 폭을 높이로 나눈 값(w/h)이 $K_o = \sigma_{ho}/\sigma_{vo}$와 같도록 터널형상을 설계하는 경우 응력집중을 최소화할 수 있다.

(5) K_o값이 아주 낮은 경우(예를 들어서 원형 터널에서 $K \leq \dfrac{1}{3}$인 경우) 터널의 형상을 불문하고 인장응력을 받는 부분이 항상 존재한다.

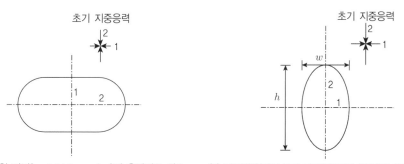

(a) 계란형 터널(ovaloidal opening)이 응력집중 최소   (b) 터널의 형상이 초기 지중응력비와 일치하면 응력집중 최소

그림 1.16 터널의 형상에 따른 응력 양상

참 고 문 헌

각 장의 공통 참고문헌

- 이인모(2013), 토질역학의 원리, 제2판, 씨아이알.
- 이인모(2013), 암반역학의 원리, 제2판, 씨아이알.
- 이인모(2014), 기초공학의 원리, 씨아이알.

제1장의 주요 참고문헌

- 신희손, 선우춘, 이두화(2000), 토목기술자를 위한 지반조사 및 암반분류, 구미서관.
- (사)한국터널지하공간학회(2003), 터널의 이론과 실무, 터널공학 시리즈(1), 구미서관.

제1편

NATM과 기계화 터널공법의 핵심이론

제2장

NATM의 근간

제2장
NATM의 근간

Note 이 장을 공부하기 전에 저자의 저서 『암반역학의 원리』 중 9.3~9.5절을 반드시 숙지하기 바란다.

2.1 서 론

2.1.1 개 괄

앞 절(1.3.2절)에서 서술한 대로 NATM 공법에서 가장 중요한 것이 내공변위가 과도하지 않도록 제어해야 하며, 내공변위를 제어하는 기본이론을 내공변위 – 제어법(Convergence-Confinement Method, CCM)이라고 하며, 내공변위 제어법이 NATM의 근간원리라고 하였다. 숏크리트, 록볼트 및 강지보재 등의 1차 지보재의 설치 목적이 내공변위 제어에 있음을 재삼 밝혀둔다.

제2장에서는 NATM의 근간인 내공변위 – 제어법을 집중적으로 서술하고자 한다.

2.1.2 NATM 터널설계의 순서

NATM 터널설계는 처음부터 해석에 의존하여 이루어지는 것이 아니다. 현장조사 및 각종 실험에 근거하여 먼저 경험적인 방법으로 지보 패턴을 채택하게 되며, 이 표준지보 패턴에 대한 터널 안정성을 대부분의 경우 후에 평가하게 되며, 이 안정성 검토 여부에 따라 지보 패턴을 수정한다. 설계의 순서를 플로우 다이아그램(flow diagram)으로 그려보면 다음과 같다.

1) 터널설계의 단계

터널설계는 다음의 순서로 이루어진다.

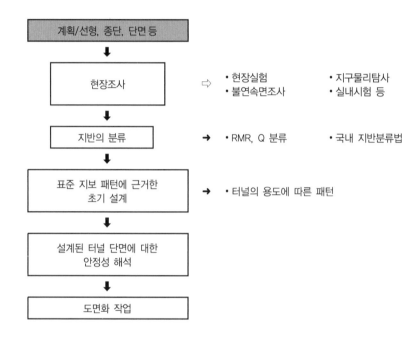

2) 표준 지보 패턴의 예

전술한 대로 실제로 실무에서는 RMR 값 등에 근거하여, 이미 설계편람으로 제시된 '표준 지보 패턴'에 의하여 예비설계를 하게 된다. 표준 지보 패턴에 대한 예로서 도로공사에서 사용되는 지보 패턴을 표 2.1에 제시하였다.

표 2.1 표준 지보 패턴(예)

구분		지보 패턴 1	지보 패턴 2	지보 패턴 3
터널 단면				
지반분류	지반등급	I(경암)	II(보통암)	III(연암)
	RMR(Q-value)	100~81(40 이상)	80~61(40~10)	60~41(10~4)
굴진장(m)		3.5	3.5	2.0
굴진공법		전단면	전단면	전단면
강섬유 숏크리트 두께(cm)		5	5	8
록볼트	길이(m)	3.0	3.0	4.0
	횡간격(m)	random	2.0	1.5
강지보공	규격	—	—	—
	간격(m)	—	—	—

구분		지보 패턴 4	지보 패턴 5	지보 패턴 6
터널 단면				
지반분류	지반등급	IV(풍화암)	V(풍화토/암)	갱구 보강
	RMR(Q-value)	40~21(4~1)	20 이하(1 이하)	—
굴진장(m)		1.5	1.2	1.0
굴진공법		상/하 반단면	상/하 반단면	상/하 반단면
강섬유 숏크리트 두께(cm)		12	16	16
록볼트	길이(m)	4.0	4.0	4.0
	횡간격(m)	1.5	1.2	1.0
강지보공	규격	H-100×100×6×8	H-100×100×6×8	H-100×100×6×8
	간격(m)	1.5	1.2	1.0

2.2 내공변위-제어법

2.2.1 내공변위-제어법의 근간

1) 터널굴착의 일반적인 양상

내공변위-제어법(Convergence-Confinement Method, CCM)은 터널막장 부근에서 지보재 설치 후 발생하는 변위를 제어함으로써 터널의 안정을 도모하는 기본 원리를 말하며, 터널 지보재의 작용원리의 근간을 이루는 것이다. 지보재가 없으면 터널의 내공변위(convergence)가 계속 증가하다가 붕괴까지 갈 수밖에 없으나 지보재로 인하여 이 변위가 제어(confinement)된다는 의미로 붙여진 이름이다. 이 원리를 재삼 설명하면 다음과 같다.

그림 2.1(a)에 전체적인 양상이 그려져 있다. 터널막장에서 L만큼 후방까지 지보재가 설치된 상태이다. 즉, L은 터널의 1회 굴진장으로 볼 수 있다. 그림 2.1(b)는 내압 p_i가 터널에 가해진 상태를 보여주는 그림으로서, 소성영역의 두께는 $(b-a)$로서 반경 b에까지 이르렀음을 알 수 있다. 그림 2.1(c)는 지보재(예를 들어 숏크리트)의 예를 보여주며, 지보재에 p_s의 압력이 작용되고 있다.

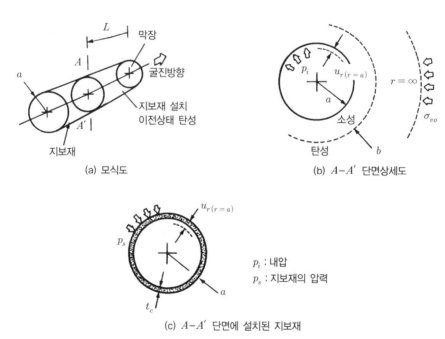

(a) 모식도 (b) $A-A'$ 단면상세도

p_i : 내압
p_s : 지보재의 압력

(c) $A-A'$ 단면에 설치된 지보재

그림 2.1 암반에 굴착된 원형 터널

내공변위–제어법을 적용하기 위한 기본가정은 다음과 같다.

① 지반의 초기 수평응력계수 $K_o = 1$이다. 즉, 지반에는 등방의 압력 $\sigma_{vo} = \sigma_{ho}$가 작용한다.
② 터널의 형상은 원형이다.

대부분의 경우 위의 두 조건을 만족하는 경우에 한하여 이론해가 존재한다. 예를 들어서 원형 터널이 아닌 경우나, 또는 $K_o \neq 1$인 경우는 해를 바로 구할 수 없어 수치해석에 의존할 수밖에 없다. 수치해석법의 근간에 대하여는 제4장에서 상세히 서술할 것이다.

2) 지보재 압력작용의 원리

『암반역학의 원리』 9.5절에서 서술한 대로 지보재를 설치하였다고 하여도 터널에서 내압이 지반 쪽으로 작용되기 만무하다. 지보재 압력은 터널굴착 시 3차원 상에서 그림 2.2와 같이 아칭현상(convex arch)이 발생하기 때문에 가능하다. 터널을 굴착함과 동시에 막장 전방방향으로(longitudinal arching) 또는 횡방향으로(transverse arching) 지반의 초기 지중응력이 전이되며, 전이되고 남은 압력만 응력이 재분배된다.

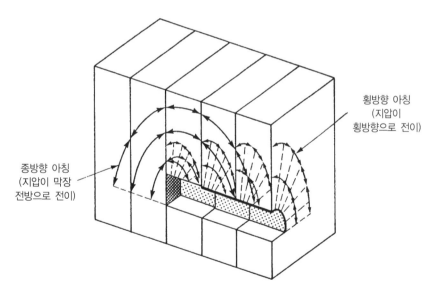

그림 2.2 터널굴착 시의 아칭효과(Convex Arch)

터널굴진에 따른 지보재 압력변화 양상을 살펴보면 그림 2.3과 같다. 이를 정리하여보면 다음과 같다.

① 단계 1[그림 2.3(a)]; $t = t_o$

터널굴착 직후로서 지보재는 L 후방의 AA' 단면까지 설치되어 있다.

   – 터널굴착으로 인하여 u_r^o의 초기 내공변위 발생

   – 초기 변형이 발생한 후에 AA' 단면부터 막장면까지(길이 L) 지보재를 설치한다. 이때에 지보재에 작용하는 지보압, $p_s = 0$

② 단계 2[그림 2.3(b)]; $t = t$

굴착된 L구간에 추가로 지보재를 설치한 다음, 한 막장을 더 굴착한 경우로서(즉, $L_t = 2L$) 막장을 추가로 굴착하면 막장 전방으로 전이되었던 지압이 어느 정도까지는 되돌아오게 되며, 되돌아온 지압이 재분배되면서 추가로 변위가 발생하게 된다(즉, 변위는 u_r^t로 증가한다).

   – 이때 추가로 발생한 변위는 $(u_r^t - u_r^o)$가 되며, 이 변위로 인하여 지보재에는 압력이 작용한다.

   – 한편, 지보재에 작용되는 지보압$= p_s^t$이다.

③ 단계 3[그림 2.3(c)]; $t = t_D$

터널굴착이 몇 막장 더 이루어지면 전이되었던 지압은 전부 되돌아오게 되어 AA' 단면에서의 변위와 지보압은 다음과 같다.

   – 변위는 u_r^D로 수렴하며 굴착 직후로 부터의 추가변위는 $(u_r^D - u_r^o)$가 된다.

   – 지보재에 작용되는 지보압은 p_s^D로 되며, 이 지보압을 지보재가 견딜 수 있어야 한다.

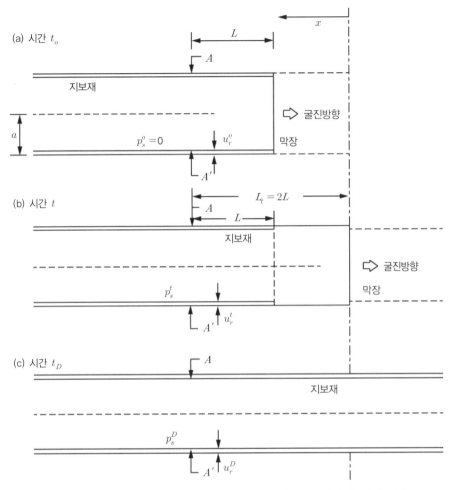

그림 2.3 터널막장의 굴진에 따른 지보재에 작용되는 압력의 변화 양상

2.2.2 내공변위-제어법의 3대 요소

내공변위-제어법(Convergence-Confinement Method, CCM)은 그림 2.4에서 보여주는 것과 같이 다음의 3대 요소로 이루어진다. 즉,

① 종단변형곡선(Longitudinal Deformation Profile, LDP)
② 지반반응곡선(Ground Reaction Curve, GRC)
③ 지보재 특성곡선(Support Characteristic Curve, SCC)

다음 절부터는 위의 세 곡선의 개요를 설명하고, 그 상호관계를 마지막에 서술할 것이다.

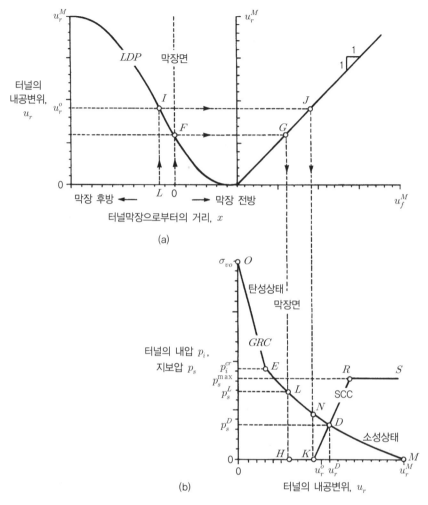

그림 2.4 내공변위-제어법의 개요

1) 종단변형곡선(LDP)

　종단변형곡선(Longitudinal Deformation Profile, LDP)이란 지보재는 전혀 설치하지 않았다고 가정하고 터널막장을 중심으로 터널종단방향으로 전후방에 대한 내공변위를 그린 것이다. 그림 2.4(a)에서 보여주는 것과 같이 지반에 변위가 발생하는 것은 막장 전방 $2D$(D는 터널 직경)에서부터 발생하기 시작하며, 막장 후방 $4D$ 정도에 이르러서야 추가 변위 없이 변위가 수렴됨이 보통이다. 그림 2.4(a)의 LDP 곡선에서의 각점이 의미하는 것은 다음과 같다.

- F점 : 터널굴착 직후 막장면에서의 내공변위
- I점 : 터널막장 후방 L에 위치한 곳에서의 변위를 나타내는 점 $= u_r^o$

- u_r^M = 내공변위의 수렴이 된 후의 최종변위, 이 변위량은 지보재를 전혀 설치하지 않은 경우의 최종 내공변위로서 터널굴착 후에 지보재가 설치되는 경우는 최종 내공변위가 u_r^D로 줄어듦

2) 지반반응곡선(GRC)

지반반응곡선(Ground Reaction Curve, GRC)은 터널의 내압 p_i를 원래지반의 지압인 σ_{vo}로부터 감소시켜갈 때, 내공변위(즉, u_r)의 증가 양상을 보여주는 곡선이다. p_i값이 σ_{vo}와 동일하면 $u_r = 0$이 되며, p_i값이 작아질수록 u_r값은 증가하게 되어 그림 2.4(b)에서 보여주는 것과 같이 $p_i = 0$이면 내공변위는 u_r^M까지 증가한다. 여기서 반드시 이해하고 넘어가야 할 개념이 소위 '가상지반압력(fictitious pressure)'이다. 지반반응곡선은 단순히 터널 전 길이를 일순간에 굴착하고, 굴착과 동시에 p_i의 내압을 가할 때의 내공변위를 나타내는 것으로서, 터널의 전길이를 한순간에 굴착하는 것도 불가능하고 더욱이, 이와 동시에 내압 p_i를 한순간에 가하는 것은 사실상 불가능하다. 어느 경우에도 터널을 굴착한 시점에 터널벽면에 작용되는 반경방향응력$[\sigma_{r(r=a)}]$은 '0'이 되기 때문이다. 그림 2.4(a),(b)에서 보면 터널굴착 시 L 후방에서[그림 2.3(a)의 경우]의 초기 내공변위는 u_r^o가 되며, 당연히 터널벽면에는 아무 응력도 작용하지 않는다[그림 2.4(b)의 K점]. 그렇다면 N점은 무엇인가? 지반반응곡선 상으로 보면 N점에서 제시된 p_i 내압은 아칭효과로 인하여 막장 전방에서 보유(hold)하고 있는 응력을 말하며, 이를 가상지반압력이라고 한다.

GRC 상의 각 점을 설명하면 다음과 같다.

- O점 : 초기 조건, $p_i = \sigma_{vo}$, $u_r = 0$
- M점 : 지보재를 전혀 설치하지 않은 경우의 최종 도달점

  $p_i = 0$, $u_r = u_r^M$

- E점 : 터널 주위 지반에 소성영역이 발생하기 시작하는 시점($p_i = p_i^{cr}$)

  $- p_i > p_i^{cr}$: 터널은 탄성거동(Kirsh의 해 적용 가능)

  $- p_i \leq p_i^{cr}$: 터널은 탄소성거동($r = b$까지는 소성영역, $r \geq b$에서는 탄성거동)

- N점 : 지보재 설치시점[그림 2.3(a)의 경우]에서의 가상지반압력

즉, KN = 시간 t_o에서 아칭작용에 의하여 터널막장 전방에서 추가로 보유하고 있는 응력; 실제로 터널굴착 시 $r = a$에서의 $\sigma_{r(r=a)} = 0$

3) 지보재 특성곡선(SCC)

지보재 특성곡선(Support Characteristic Curve, SCC)은 터널의 내공변위가 증가함에 따라 지보재에 작용되는 지보압(p_s)의 증가 양상을 보여주는 곡선으로서, 그림 2.4(b)에 이 곡선을 나타내고 있다. 터널에 발생한 내공변위 중에서 지보재에 압력으로 작용되는 변위는 그림 2.3의 (a), (b)로부터 ($u_r^t - u_r^o$)이다. 지보재 특성곡선상의 각점이 의미하는 것은 다음과 같다.

- K점 : 지보재 설치 시[그림 2.3(a) $t = t_o$]의 지보재 상태,

    $p_s^0 = 0, \ u_r = u_r^o$
- R점 : 지보재가 항복응력에 도달한 시점, $p_s = p_s^{max}$
- D점 : 지보재 설치 후 추가굴착으로 인하여 지보재에 압력이 작용된 경우

4) LDP, GRC, SCC의 상호관계

그림 2.4에 표시된 세 곡선에 대하여 그림 2.3에서 보여준 세 단계와의 연관성을 이용하여 세 곡선의 상호관계를 나타내면 다음과 같다.

(1) 터널굴착 즉시 $A - A'$ 단면의 상태[그림 2.3(a)]
   - 그림 2.4(a)의 I점(LDP 상의), $x = L$에서 $u_r = u_r^o$
   - 그림 2.4(b)의 K점(SCC 상의), $p_s = o$
   - 그림 2.4(b)에서 N점(GRC 상의)=가상지반압력

(2) 추가로 터널굴착 시의 $A - A'$ 단면의 상태[그림 2.3(b)]
   - 그림 2.4(b)의 K와 D 사이(SCC 상의), p_s 증가
   - 그림 2.4(b)의 N과 D 사이(GRC 상의), 가상지반압력 감소

(3) 터널굴착이 $4D$(D는 터널의 직경) 이상 이루어진 경우[그림 2.3(c)]
   - 그림 2.4(b)의 D점, 막장 전방에서 보유하고 있던 가상지반압력은 완전히 소멸되며,

    $p_i = p_s^D$에서 평형상태 이룸
   - 지반압력=지보재압력=p_s^D
   - 내공변위= u_r^D

다음 절부터는 지반반응곡선, 지보재 특성곡선, 종단변형곡선의 이론해를 차근히 설명해 나갈 것이다.

2.3 지반 반응곡선의 이론해

2.3.1 개 괄

앞 절에서 지반반응곡선(Ground Reaction Curve, GRC)은 터널의 내압 p_i를 원래 지반의 지압 σ_{vo}로부터 계속적으로 감소시켜갈 때 터널벽면에서의 변위, 즉 내공변위 u_r의 증가 양상을 보여주는 곡선으로 정의하였다. 단, 지반반응곡선의 기본적인 가정은, 터널 전길이를 일순간에 굴착 완료하고, 이와 동시에 터널에 일순간 내압을 가한다는 조건에서의 해임을 독자들은 주지할 것이다.

필자의 저서인 『암반역학의 원리』의 9.4절에 탄소성해석에 근거하여 지반반응곡선을 구하는 방법을 서술하였다. 독자들은 먼저 이 부분을 숙지하길 바란다. 9.4절에서 유도하였던 방법에서의 기본가정은 다음과 같다.

① 파괴기준은 Mohr-Coulomb의 기준에 근거하였으며, 파괴 후의 전단저항각 및 점착력 감소를 고려하였다. 즉, elastic-brittle-plastic 거동에 근거하였다(그림 2.5 참조).
② 소성에 다다른 후에 암반에서 발생하는 체적팽창효과를 단순히 체적변형률 $\varepsilon_v = \delta$로서 고려하였다. 즉, 체적변형률만 고려하며 전단변형률은 무시하였다.

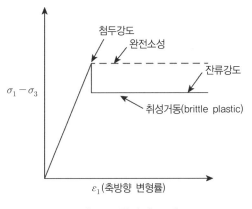

그림 2.5 취성거동 개요

토사터널인 경우에서의 파괴기준은 Mohr-Coulomb 기준을 사용함이 일반적이나, 암반에서는 Hoek-Brown 파괴기준(『암반역학의 원리』 4장 참조)이 종종 더 의미 있게 적용되기도 한다. 물론『암반역학의 원리』 4.4.3절에서 소개한 대로 Hoek-Brown 파괴기준으로부터 등가의 Mohr-Coulomb 파괴기준을 구할 수도 있다.

Mohr-Coulomb 파괴기준에 근거하여 지반반응곡선을 구하는 이론해를 다음에 서술하고자 한다. 물론『암반역학의 원리』 9.4절을 숙지해도 되나, 가장 기본적인 이론이므로 여기에 반복한다.

2.3.2 Mohr-Coulomb 파괴이론에 근거한 지반반응곡선

1) 응력이론

소성구역이 존재하는 경우의 응력조건을 나타내보면 그림 2.6과 같다. 그림에서와 같이 터널의 반경은 a일 때, $r = b$까지 소성구역이라고 가정하자. 즉, 터널 주위로 소성구역의 두께는 $(b - a)$이다.

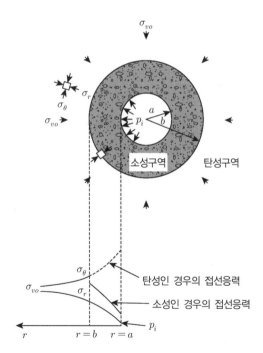

그림 2.6 터널의 탄소성 이론에 근거한 지반반응곡선

소성구역 내에서의 평형이론($a \leq r \leq b$)

소성구역 내에서의 응력상태를 요약해보면 다음과 같다.

(1) $a \leq r \leq b$인 구역은 이미 소성상태에 이르렀으므로 반경방향응력 σ_r 및 접선방향응력 σ_θ는 탄성해를 따르지 않는다. 다시 말하여, 그림에서 보여주는 것과 같이 소성구역 안에서는 접선응력이 마냥 커질 수 없다.

(2) 반경방향응력 σ_r은 최소주응력, 접선방향응력 σ_θ는 최대주응력이 된다. Mohr-Coulomb의 파괴이론을 채택하면(『암반역학의 원리』 4.4.2 참조), 파괴 후의 잔류강도 이론으로부터 σ_r과 σ_θ 사이에는 (소성구역 내에 한하여) 다음 식이 성립되어야 한다.

$$\sigma_\theta = \underset{\uparrow}{\sigma_{c(res)}} + \underset{\uparrow}{k_{res}\sigma_r} \tag{2.1}$$

파괴 시 최대주응력 파괴 시 최소주응력

여기서, $\sigma_{c(res)} = \dfrac{2c_{res} \cdot \cos\phi_{res}}{1 - \sin\phi_{res}}$ (2.1a)

= 소성상태에 이르게 된 암반의 일축압축강도

$k_{res} = \dfrac{1 + \sin\phi_{res}}{1 - \sin\phi_{res}}$ (2.1b)

식 (2.1)이 의미하는 것은, 소성상태에 이르게 된 암반은 최대주응력이 마냥 증가할 수 있는 것이 아니라 최소주응력의 함수로서 작용된다는 것을 의미한다. 한편, 지반이 토사로 이루어진 경우로서 잔류강도와 첨두강도가 같다면 아래의 『토질역학의 원리』 식 (10.15)와도 같은 수식으로 이해하면 될 것이다. 즉,

$$\sigma_{if} = 2c\left(\frac{\cos\phi}{1 - \sin\phi}\right) + \sigma_3\left(\frac{1 + \sin\phi}{1 - \sin\phi}\right) \tag{2.1c}$$

(3) 소성구역 내에서의 응력 σ_θ, σ_r은 소성평형이론으로 구할 수 있다. 축대칭 조건(axisymmetric)의 평형방정식은 다음과 같다.

$$\frac{d\sigma_r}{dr} + \frac{\sigma_r - \sigma_\theta}{r} = 0 \qquad (2.2)$$

식 (2.1)을 위 식에 대입하면

$$\frac{d\sigma_r}{dr} + \frac{(1 - k_{res})\sigma_r - (\sigma_c)_{res}}{r} = 0 \qquad (2.3)$$

식 (2.3)을 정리하고 적분식으로 표현하면

$$\int_{p_i}^{\sigma_r} \frac{d\sigma_r}{(k_{res} - 1)\sigma_r + (\sigma_c)_{res}} = \int_{a}^{r} \frac{dr}{r} \qquad (2.4)$$

위의 식을 적분하고 정리하면 σ_r은 다음 식과 같다.

$$\sigma_r = (p_i + c_{res}\cot\phi_{res}) \cdot \left(\frac{r}{a}\right)^\alpha - c_{res}\cot\phi_{res} \qquad (2.5)$$

여기서, $\alpha = \left[\dfrac{2\sin\phi_{res}}{1 - \sin\phi_{res}}\right] \qquad (2.6)$

σ_θ는 식 (2.1)을 이용하여 구하면 된다.

탄성해에서는 터널주위에서 접선응력 σ_θ가 최대로 되며 ($\sigma_\theta = 2\sigma_{vo}$), r값이 증가할수록 감소하는 현상을 보이나, 소성이 발생하면 그림 2.6에 나타난 것과 같이 터널 주위에서의 σ_θ값은 감소하고 r이 증가할수록 증가하는 양상을 보이게 되는 것이 특징이다.

탄성영역에서의 평형이론($r \geq b$)
탄성영역에서의 반경방향응력 σ_r과 접선방향응력 σ_θ는 탄성론으로부터 다음 식으로 구한다.

$$\sigma_r = \sigma_{vo} - \left(\frac{b}{r}\right)^2 [\sigma_{vo} - (\sigma_r)_{r=b}] \tag{2.7}$$

$$\sigma_\theta = \sigma_{vo} + \left(\frac{b}{r}\right)^2 [\sigma_{vo} - (\sigma_r)_{r=b}] \tag{2.8}$$

식 (2.8)에서 식 (2.7)을 빼면

$$\sigma_\theta - \sigma_r = 2\left(\frac{b}{r}\right)^2 [\sigma_{vo} - (\sigma_r)_{r=b}] \tag{2.9}$$

$r = b$를 위의 식에 대입하고 $(\sigma_\theta)_{r=b}$에 관하여 정리하면

$$(\sigma_\theta)_{r=b} = 2\,\sigma_{vo} - (\sigma_r)_{r=b} \tag{2.10}$$

또한 $r = b$에서는 소성평형도 만족해야 하므로, 첨두강도로 이루어진 암반의 파괴기준을 적용하면

$$(\sigma_\theta)_{r=b} = \sigma_c + k(\sigma_r)_{r=b} \tag{2.11}$$

식 (2.10)과 식 (2.11)의 우항을 같다고 놓으면

$$(\sigma_r)_{r=b} = \frac{2\sigma_{vo} - \sigma_c}{1+k} \tag{2.12}$$

여기서, $\sigma_c = \dfrac{2c\sin\phi}{1-\sin\phi}$ $\tag{2.12a}$

$\quad\quad\quad = $ 암반의 일축압축강도

$\quad\quad k = \dfrac{1+\sin\phi}{1-\sin\phi}$ $\tag{2.12b}$

식 (2.12a, b)로부터 σ_c 및 k를 식 (2.12)에 대입하고 정리하면 $(\sigma_r)_{r=b}$는 다음 식이 된다.

$$(\sigma_r)_{r=b} = \sigma_{vo}(1-\sin\phi) - c\cos\phi \qquad (2.13)$$

$r=b$에서의 연속성법칙

소성론에 근거하여 $r=b$에서의 $(\sigma_r)_{r=b}$값을 구해보자. 식 (2.5)에 $r=b$를 대입하면

$$(\sigma_r)_{r=b} = (p_i + c_{res}\cot\phi_{res}) \cdot \left(\frac{b}{a}\right)^{\alpha} - c_{res}\cot\phi_{res} \qquad (2.14)$$

$r=b$에서 식 (2.13) = 식 (2.14)이어야 하므로

$$b = \left\{\frac{\sigma_{vo}(1-\sin\phi) - c\cdot\cos\phi + c_{res}\cdot\cot\phi_{res}}{p_i + c_{res}\cdot\cot\phi_{res}}\right\}^{1/\alpha} \cdot a \qquad (2.15)$$

여기서, $\alpha = \dfrac{2\sin\phi_{res}}{1-\sin\phi_{res}}$ \qquad (2.15a)

위의 식이 의미하는 것은 다음과 같다.

(1) p_i와 b는 상호 연관되어지는 함수로서 터널에 가해주는 내압 p_i에 따라 소성영역의 반경 b가 달라진다.
(2) 내압 p_i를 크게 줄수록 b값은 작아진다. 즉, 소성영역이 좁아진다.

소성영역 발생시점의 내압, p_i^{cr}

소성영역 발생시점의 내압인 p_i^{cr}은 식 (2.15)에서 $b=a$가 되는 경우의 p_i값으로 보면 될 것이다. 즉, $p_i \leq p_i^{cr}$이면 소성구역이 발생한다.

2) 변형이론

(1) 개괄

자연지반 한 가운데에 원형의 터널을 굴착하면 탄성변형으로 인하여 터널 안쪽 방향으로 지반은 밀려들어올 것이다[그림 2.7(a)]. 만일 터널 주변 지반이 $(b-a)$의 두께로 소성영역에

다다르면 암반의 경우는 암반이 깨지게(broken rock) 될 것이다. 암반이 파괴되어 깨지게 되면 암반의 체적은 필연적으로 팽창하게 될 것이며, 팽창된 체적으로 인하여 내공변위는 추가로 발생할 것이다[그림 2.7(b)]. 그렇다면 개념적으로 터널굴착으로 인한 내공변위는 탄성변위에다가 소성상태 시에 발생하는 체적팽창으로 인하여 추가로 발생하는 변위증가량을 합한 것으로 단순화할 수 있다. 소성론에 익숙지 않은 독자는 이러한 개념으로 이해하고 있어도 충분할 것이다.

다만 소성론에 의한 소성변형은 체적변형뿐만 아니라 전단변형도 발생하며, 이로 인하여 내공변위가 발생한다. 이 책에서는

① 앞서 설명한 대로 '내공변위 = 탄성변위 + 소성팽창'으로 인한 내공변위 증가량으로 단순 식으로 유도하며,

② 두 번째로 더 복잡한 유도로서 소성론에 근거하여 유도할 것이다.

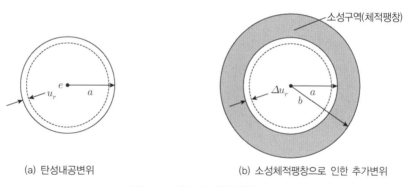

(a) 탄성내공변위   (b) 소성체적팽창으로 인한 추가변위

그림 2.7 터널의 내공변위

(2) 내공변위 유도 1(탄성변위 + 팽창변위)

탄소성거동에 의한 반경방향의 변위 u_r(이를 내공변위라고 함)은 다음과 같이 탄성변위와 파괴 시 체적팽창으로 인한 변위증가량을 더한 값으로 단순화시킨다. 즉,

$$(u_r)_{r=a} = (u_r^e)_{r=a} + (\Delta u_r)_{r=a} \tag{2.16}$$

여기서, $(u_r^e)_{r=a}$: $r = a$에서의 탄성변형으로 인한 내공변위

$(\Delta u_r)_{r=a}$: 파괴 시 체적팽창으로 인한 내공변위 증가량

<u>탄성 내공변위 : $(u_r^e)_{r=a}$</u>

탄성론으로부터

$$(u_r)_{r=a} = \frac{a}{2G}(\sigma_{vo} - p_i) \tag{2.17}$$

<u>내공변위 증가량 : $(\Delta u_r)_{r=a}$</u>

터널주위의 $a \le r \le b$ 구역이 소성상태에 이르면 암석이 깨지게 되므로(broken), 체적이 팽창할 것이다. 암석의 체적변형 양상은 그림 2.8과 같다.

소성파괴 시의 체적변형률 $\varepsilon_v = \delta$라고 가정하면 체적팽창계수 $c_{\exp}$는 다음 식으로 표시할 수 있다.

$$c_{\exp} = 1 + \delta \tag{2.18}$$

일반적으로 $c_{\exp}$값은 1.01~1.05 사이에 존재하는 것으로 알려져 있다.

그림 2.7(b)에서 $a \le r \le b$ 사이의 띠모양 구역의 파괴 전의 초기 체적 V_o는

$$V_o = \pi(b^2 - a^2) \tag{2.19}$$

소성파괴 후의 체적을 V_f라고 하면 V_f는

$$V_f = \pi(b^2 - a^2) \cdot c_{\exp} \tag{2.20}$$

소성파괴 후에 체적팽창으로 인하여 반경은 다음 식과 같이 줄어들 것이다.

$$r_p = a - (\Delta u_r)_{r=a} \tag{2.21}$$

그렇다면 다음 식이 성립된다.

$$\pi(b^2 - a^2)c_{\exp} = \pi\{b^2 - [a - (\Delta u_r)_{r=a}]^2\} \tag{2.22}$$

이제 $(\Delta u_r)_{r=a}$는 다음 식으로 표시할 수 있다.

$$(\Delta u)_{r=a} = \frac{(b^2 - a^2)(c_{\exp} - 1)}{2a} = \frac{(b^2 - a^2) \cdot \delta}{2a} \tag{2.23}$$

총 내공변위량은 다음 식과 같이 표현할 수 있다.

$$\begin{aligned}(u_r)_{r=a} &= (u_r^e)_{r=a} + (\Delta u_r)_{r=a} \\ &= \frac{a}{2G}(\sigma_{vo} - p_i) + \frac{(b^2 - a^2) \cdot \delta}{2a}\end{aligned} \tag{2.24}$$

$$\underset{\text{식 (2.17)}}{\uparrow} \qquad \underset{\text{식 (2.23)}}{\uparrow}$$

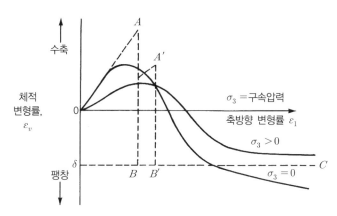

그림 2.8 암석의 파괴로 인한 체적팽창

(3) 내공변위 유도 2(소성론에 근거한 변형이론)

앞에서 유도된 탄소성거동 시의 내공변위는 단순히 탄성변위에다 파괴로 인한 체적팽창효과로 인하여 터널 내에 추가로 부가되는 변위를 더하는 방법으로 구하였다. 이 방법은 역학적인 풀이로 보기는 어렵고, 내공변위의 물리적인 의미를 이해하는 데 도움을 주기 위함이었다. 여기에서는 탄소성론에 입각한 터널의 내공변위를 구하는 공식을 유도하고자 한다. 이를 위해서는 탄성론과 소성론에 대한 이해가 필수적이다. 소성론에 익숙지 않은 독자들은 개요 정도만을 이해하고 넘어가도 될 것이다.

소성유동법칙

소성론에 의하면 소성영역에서의 변형률은 소위 '수직법칙(normality rule)'을 따른다고 알려져 있다. 즉, 소성변형률은 다음 식으로 표시된다.

$$d\varepsilon_{ij}^p = \lambda \frac{\partial Q}{\partial \sigma_{ij}} \tag{2.25}$$

여기서, ε_{ij}^p = 텐서기호로서 소성변형률

σ_{ij} = 텐서기호로서 응력

Q = 소성포텐셜함수(plastic potential function)

λ = 비례상수(positive scalar factor of proportionality)

소위 수치해석법에서 소성영역에서의 변형률과 변위를 구할 때는 위의 방정식을 사용한다고 보면 될 것이다. 제4장은 터널해석의 수치해석에 관한 내용으로서 소성유동법칙에 근거한 구성방정식에 대하여 상세히 서술할 것이다.

Q는 소성포텐셜함수로서 파괴기준식(예를 들어 Mohr-Coulomb 파괴기준, Hoek-Brown 파괴기준)을 Q로 대용할 수도 있고 이와는 다른 함수식을 선택할 수도 있다. 파괴기준식을 Q로 사용하는 경우를 '연합유동법칙(associated flow rule)'이라 하고, 전혀 새로운 함수식을 도입하는 경우를 '비연합유동법칙(non-associated flow rule)'이라고 한다.

축대칭 조건에서의 변형률과 변위

소성영역에서의 변형률은 탄성변형률과 소성변형률의 합으로 표현된다.

$$\varepsilon_r = \varepsilon_r^e + \varepsilon_r^p \text{(반경방향 변형률)} \tag{2.26}$$

$$\varepsilon_\theta = \varepsilon_\theta^e + \varepsilon_\theta^p \text{(접선방향 변형률)} \tag{2.27}$$

여기서, 위첨자 e, p는 각각 탄성과 소성을 의미한다.

또한 축대칭(axisymmetric)조건에서 변형률과 반경방향 변위 u_r 사이에는 다음의 관계가 성립한다(단, u_r은 터널 쪽으로 움직이는 변위를 $\oplus$로 가정).

$$\varepsilon_r = \frac{du_r}{dr} \tag{2.28}$$

$$\varepsilon_\theta = \frac{u_r}{r} \tag{2.29}$$

소성변형률

소성유동법칙을 사용하여 소성변형률을 표시하며, 소성변형률에서 체적팽창 효과가 중요할 경우에는 다음의 비연합유동법칙이 주로 채택된다.

$$Q(\sigma_r,\, \sigma_\theta) = \sigma_\theta - K_\psi \sigma_r - 2c\sqrt{K_\psi} = 0 \tag{2.30}$$

여기서, K_ψ는 체적팽창각 ψ의 함수로서 다음 식과 같다.

$$K_\psi = \frac{1+\sin\psi}{1-\sin\psi} \tag{2.31}$$

Note **연합유동법칙**

연합유동법칙을 사용하고자 하는 경우에는 소성포텐셜함수로서 다음 식을 사용하여야 한다.
Mohr-Coulomb 파괴기준 :

$$Q = f(\sigma_r,\, \sigma_\theta) = \sigma_\theta - K_\phi \sigma_r + \sigma_c = 0 \tag{2.32}$$

여기서, $K_\phi = \dfrac{1+\sin\phi}{1-\sin\phi}$ \hfill (2.33)

즉, 식 (2.31)에서 $\psi = \phi$를 사용하는 경우로 보면 된다.

체적팽창각 ψ가 크면 클수록 파괴 시에 체적팽창이 커지며, $\psi = 0$인 경우는 체적팽창은 없이 전단변형만이 발생한다. 만일 $\psi = \phi$로 가정하면(연합유동법칙) 실제의 경우보다 체적팽창이 과다할 수 있다.

소성변형률은 식 (2.25)로부터 다음과 같이 표현된다.

$$d\varepsilon_\theta^p = \lambda \frac{\partial Q}{\partial \sigma_\theta} = \lambda \qquad (2.34)$$

$$d\varepsilon_r^p = \lambda \frac{\partial Q}{\partial \sigma_r} = -\lambda K_\psi \qquad (2.35)$$

식 (2.34)와 (2.35)로부터 ε_θ^p와 ε_r^p 사이에는 다음의 관계식이 성립된다.

$$d\varepsilon_r^p = -K_\psi d\varepsilon_\theta^p \qquad (2.36)$$

또는

$$\varepsilon_r^p = -K_\psi \varepsilon_\theta^p \qquad (2.37)$$

반경방향 변위공식 유도

식 (2.26), (2.28), (2.37)로부터

$$\varepsilon_r = \frac{du_r}{dr} = \varepsilon_r^e + \varepsilon_r^p = \varepsilon_r^e - K_\psi \varepsilon_\theta^p \qquad ①$$

$$\varepsilon_\theta = \frac{u_r}{r} = \varepsilon_\theta^e + \varepsilon_\theta^p \qquad ②$$

[①+ K_ψ ②]를 하면 다음 식과 같다.

$$\frac{du_r}{dr} + K_\psi \frac{u_r}{r} = \varepsilon_r^e + K_\psi \varepsilon_\theta^e \qquad (2.38)$$

만일,

$$f(r) = \varepsilon_r^e + K_\psi \varepsilon_\theta^e \qquad (2.39)$$

로 놓으면 식 (2.38)은 다음 식과 같이 귀착된다.

$$\frac{du_r}{dr} + K_\psi \frac{u_r}{r} = f(r) \tag{2.40}$$

식 (2.40)은 u_r을 종속변수로 하는 1차 상미분방정식이다. 이 식을 풀기 위한 경계조건 (boundary condition)은 다음과 같다.

$$u_{r(r=b)} = \frac{b}{2G}(\sigma_{vo} - \sigma_{r(r=b)}) \tag{2.41}$$

또한 식 (2.40)의 $f(r)$에 속해 있는 탄성변형률 ε_r^e, ε_θ^e는 탄성론으로부터 다음과 같이 구할 수 있다.

$$\varepsilon_r^e = \frac{1}{2G}\left[(1-2\mu)C + \frac{D}{r^2}\right] \tag{2.42}$$

$$\varepsilon_\theta^e = \frac{1}{2G}\left[(1-2\mu)C - \frac{D}{r^2}\right] \tag{2.43}$$

$$C = \frac{(\sigma_{vo} - \sigma_{r(r=b)})b^2 - (\sigma_{vo} - p_i)a^2}{b^2 - a^2} \tag{2.44}$$

$$D = \frac{a^2 b^2 (\sigma_{r(r=b)} - p_i)}{b^2 - a^2} \tag{2.45}$$

식 (2.42), (2.43)을 식 (2.40)에 대입한 후 식 (2.41)의 경계조건을 만족하는 상미분방정식을 풀면 반경방향변위, u_r은 다음과 같이 구할 수 있다.

$$u_r = \frac{1}{2G}r^{-K_\psi}\big[C(1-2\mu)(b^{K_\psi+1} - r^{K_\psi+1})$$
$$- D(b^{K_\psi-1} - r^{K_\psi-1})\big] + u_{r(r=b)}\left(\frac{b}{r}\right)^{K_\psi} \tag{2.46}$$

터널벽면에서의 내공변위 $u_{r(r=a)}$는 다음과 같다.

$$u_{r(r=a)} = \frac{1}{2G} a^{-K_\psi} \Big[C(1-2\mu)(b^{K_\psi+1} - a^{K_\psi+1})$$
$$- D(b^{K_\psi-1} - a^{K_\psi-1}) \Big] + u_{r(r=b)} \left(\frac{b}{a}\right)^{K_\psi} \tag{2.47}$$

여기서, $C = \dfrac{(\sigma_{vo} - \sigma_{r(r=b)})b^2 - (\sigma_{vo} - p_i)a^2}{b^2 - a^2}$ $\tag{2.48}$

$$D = \frac{a^2 b^2 (\sigma_{r(r=b)} - p_i)}{b^2 - a^2} \tag{2.49}$$

$$k\psi = \frac{1 + \sin\psi}{1 - \sin\psi}, \ \psi \text{는 체적팽창각} \tag{2.50}$$

$$u_{r(r=b)} = \frac{b}{2G}(\sigma_{no} - \sigma_{r(r=b)}) \tag{2.51}$$

2.3.3. Hoek-Brown 파괴이론에 근거한 지반반응곡선

토사로 이루어진 지반에서의 파괴기준은 일반적으로 Mohr-Coulomb 기준이 이용된다. 이에 반하여 암반에서의 파괴기준은 『암반역학의 원리』 제4장에서 밝힌 대로 Hoek-Brown 파괴기준이 대표적으로 이용된다. 물론 범용 software에서 Mohr-Coulomb 파괴기준이 주로 이용되므로 Hoek-Brown 기준에 부합되는 등가의 Mohr-Coulomb 파괴기준을 설정하는 방법을 『암반역학의 원리』 4.4.3절에 소개하기도 하였다.

이 절에서는 Hoek-Brown 파괴기준을 직접 이용하여 지반반응곡선을 구하는 근간을 서술하고자 한다.

1) 응력이론

Hoek-Brown 파괴기준은 다음 식과 같다(단 GSI > 25라고 가정한다; 『암반역학의 원리』 4.4.3 참조).

$$\sigma_{1f} = \sigma_3 + \sigma_c \sqrt{m_b \frac{\sigma_3}{\sigma_c} + s} \tag{2.52}$$

식 (2.52)는 첨두강도로 표시된 파괴기준이며, 이를 잔류강도로 표시하면 다음과 같다.

$$\sigma_{1f} = \sigma_3 + \sigma_c \sqrt{m_{b(res)} \frac{\sigma_3}{\sigma_c} + s_{(res)}}$$

(2.53)

여기서, $m_{b(res)}$, $s_{(res)}$는 소성상태에 이르게 된 암반의(broken rock) m_b, s 계수값을 의미한다.

단순화된 첨두강도와 잔류강도의 기본은 그림 2.5에 표시되어 있다.

소성영역에서의 평형이론($a \leq r \leq b$)

소성영역에서의 응력상태를 요약해보면 다음과 같다(그림 2.5 참조).

(1) $a \leq r \leq b$ 영역은 이미 소성상태에 이르렀으므로 반경방향응력 σ_r 및 접선방향응력 σ_θ 는 탄성해를 따르지 않는다. 즉, σ_θ값은 한없이 커질 수 있는 것이 아니라 σ_r의 함수가 된다(그림 2.6 참조).

(2) 반경방향응력 σ_r은 최소주응력, 접선방향응력 σ_θ는 최대주응력이 된다. 잔류강도 이론 (식 2.53)으로부터 σ_r과 σ_θ 사이에는 다음 식이 성립된다.

$$\sigma_\theta = \sigma_r + \sigma_c \sqrt{m_{b(res)} \frac{\sigma_r}{\sigma_c} + s_{(res)}}$$

(2.54)

(3) 소성영역에서의 응력 σ_θ, σ_r은 소성평형이론으로 구할 수 있다. 축대칭 조건(axisymmetic) 하의 평형방정식은 다음과 같다.

$$\frac{d\sigma_r}{dr} + \frac{(\sigma_r - \sigma_\theta)}{r} = 0$$

(2.55)

식 (2.54)를 식 (2.55)에 대입하고 적분하면 다음 식에 도달한다(단, $r = a$일 때, $\sigma_r = p_i$).

$$\sigma_r = \frac{m_{b(res)}\sigma_c}{4}\left[\ln\left(\frac{r}{a}\right)\right]^2 + \left[\ln\left(\frac{r}{a}\right)\right]\sqrt{m_{b(res)}\sigma_c p_i + s_{(res)}\sigma_c^2} + p_i$$

(2.56)

σ_θ는 식 (2.56)을 식 (2.54)에 대입하여 구할 수 있다.

소성영역과 탄성영역의 경계점인 $r = b$에서의 반경방향응력 $\sigma_{r(r=b)}$는 식 (2.56)에 $r = b$를 대입하여 다음과 같이 구할 수 있다.

$$\sigma_{r(r=b)} = \frac{m_{b(res)}\sigma_c}{4}\left[\ln\left(\frac{b}{a}\right)\right]^2 + \left[\ln\left(\frac{b}{a}\right)\right]\sqrt{m_{b(res)}\sigma_c p_i + s_{(res)}\sigma_c^2} + p_i \tag{2.57}$$

탄성영역$(r \geq b)$에서의 응력

탄성영역에서의 반경방향응력 σ_r과 접선방향응력 σ_θ는 탄성론으로부터 다음 식으로 구한다.

$$\sigma_r = \sigma_{vo} - \left(\frac{b}{r}\right)^2 (\sigma_{vo} - \sigma_{r(r=b)}) \tag{2.58}$$

$$\sigma_\theta = \sigma_{vo} + \left(\frac{b}{r}\right)^2 (\sigma_{vo} - \sigma_{r(r=b)}) \tag{2.59}$$

$r = b$

소성과 탄성의 경계점, 값 유도

식 (2.59)에서 식 (2.58)을 빼면 다음 식이 된다.

$$\sigma_\theta - \sigma_r = 2\left(\frac{b}{r}\right)^2 (\sigma_{vo} - \sigma_{r(r=b)}) \tag{2.60}$$

$r = b$를 위 식에 대입하고 정리하면

$$\sigma_{\theta(r=b)} - \sigma_{r(r=b)} = 2(\sigma_{vo} - \sigma_{r(r=b)}) \tag{2.61}$$

한편, $r = b$에서는 소성평형도 만족해야 하므로(첨두파괴조건), 식 (2.52)로부터 다음 식을 얻을 수 있다.

$$\sigma_{\theta(r=b)} - \sigma_{r(r=b)} = \sigma_c\sqrt{m_b\frac{\sigma_{r(r=b)}}{\sigma_c} + s} \tag{2.62}$$

식 (2.61)의 우항과 식 (2.62)의 우항을 같다고 놓으면

$$2\left(\sigma_{vo} - \sigma_{r(r=b)}\right) = \sigma_c \sqrt{m_b \frac{\sigma_{r(r=b)}}{\sigma_c} + s} \tag{2.63}$$

식 (2.57)을 식 (2.63)에 대입하고 b에 관하여 풀면 b는 다음 식으로 표현된다.

$$
\begin{aligned}
b = a \cdot \exp\Big\{ & \Big[-4\sqrt{\sigma_c(m_{b(res)}p_i + s_{(res)}\sigma_c)} \\
& + \sqrt{2} \cdot \sqrt{\sigma_c\{8s_{(res)}\sigma_c + m_{b(res)}\sigma_c m_b + 8m_{b(res)}\sigma_{vo} - m_{b(res)}\sqrt{\sigma_c(m_b^2\sigma_c + 16m_b\sigma_{vo} + 16s\sigma_c)}\}} \Big] \\
& / (2m_{b(res)}\sigma_c) \Big\}
\end{aligned}
$$

$$\tag{2.64}$$

소성영역 발생시점의 내압, p_i^{cr}

소성영역 발생시점의 내압인 p_i^{cr}은 식 (2.64)에서 $b=a$가 되는 경우로 보면 될 것이다.

2) 변형이론

비연합유동법칙을 사용하는 한, Hoek–Brown 파괴기준을 사용하는 경우도 Mohr–Coulomb 파괴기준을 이용하는 경우와 내공변위의 유도는 동일하다. 즉, 소성영역에서 팽창효과만을 이용하는 경우는 식 (2.24)를, 소성론에 근거한 변형이론으로부터 유도하는 경우는 식 (2.47)을 그대로 적용한다.

2.3.4 지반반응곡선의 요약과 작도법

1) 요약

이제껏 지반반응곡선을 구하는 이론적 배경에 대하여 서술하였다. 역학에(특히 소성론) 익숙지 않은 독자들은 곡선식의 유도과정을 완전히 이해하는 데 어려움이 있을 것으로 생각한다. 충분히 이해가 되지 않더라도 크게 염려할 필요는 없다. 터널형성의 원리 자체를 이해하는 데는 다음과 같이 정리하여 이해하면 충분할 것이다. 앞에서 정의한 대로 지반반응곡선은 초기 응력 σ_{vo}를 받고 있던 지반에 터널을 일순간 굴착하고, 동시에 내압 p_i를 가하였을 때 내압 p_i와 그때의 내공변위 u_r의 관계 그래프를 의미하며, 그림 2.9와 같다. 그림에서 보듯이 내압

p_i가 작을수록 내공변위 u_r은 커지게 마련이며 특히 내압이 p_i^{cr} 보다 작게 되면 두께 $(b-a)$의 소성영역이 발생하며, 소성변위(소성팽창)로 인하여 내공변위는 더욱 커지게 된다. 즉,

- $p_i^{cr} < p_i < \sigma_{no}$ 이면 지반은 탄성상태이며
- $p_i \le p_i^{cr}$ 이면 터널주위로 $(b-a)$만큼의 소성구역이 존재한다.

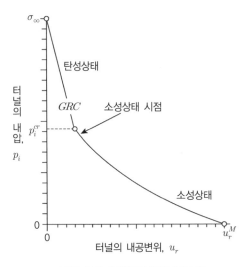

그림 2.9 지반반응곡선(GRC)

지반반응곡선을 구하기 위하여 다음의 두 식을 유도하였다.

(1) 첫째로, p_i와 b의 관계식이다. 즉,

① Mohr-Coulomb 파괴기준을 이용하는 경우

$$b = \left\{ \frac{\sigma_{vo}(1 - \sin\phi) - c \cdot \cos\phi + c_{res} \cdot \cot\phi_{res}}{p_i + c_{res} \cdot \cot\phi_{res}} \right\}^{1/\alpha} \cdot a \tag{2.15}$$

여기서, $\alpha = \dfrac{2\sin\phi_{res}}{1 - \sin\phi_{res}}$ \hfill (2.15a)

② Hoek-Brown 파괴기준을 이용하는 경우

$$
\begin{aligned}
b = a \cdot \exp\Big\{ \Big[&- 4\sqrt{\sigma_c(m_{b(res)}p_i + s_{(res)}\sigma_c)} \\
&+ \sqrt{2} \cdot \sqrt{\sigma_c\big\{8s_{(res)}\sigma_c + m_{b(res)}\sigma_c m_b + 8m_{b(res)}\sigma_{vo} - m_{b(res)}\sqrt{\sigma_c(m_b^2\sigma_c + 16m_b\sigma_{vo} + 16s\sigma_c)}\big\}} \Big] \\
&/ (2m_{b(res)}\sigma_c) \Big\}
\end{aligned}
$$

(2.64)

지반반응곡선을 구하기 위해서는 먼저 식 (2.15) 또는 식 (2.64)를 이용하여 소성구역의 두께의 요소인 b값을 구한다.

(2) 둘째로, 주어진 p_i값에 따라 내공변위 $u_{r(r=a)}$를 구하는 수식이다.
① 소성에 의한 부피팽창만을 이용하는 경우

$$
u_{r(r=a)} = \frac{a}{2G}(\sigma_{vo} - p_i) + \frac{(b^2 - a^2) \cdot \delta}{2a}
$$

(2.24)

여기서, δ = 터널 주변 지반의 소성상태에서의 체적팽창률

② 소성론을 이용하는 경우

$$
\begin{aligned}
u_{r(r=a)} = \frac{1}{2G}a^{-K_\psi}\Big[&C(1-2\mu)(b^{K_\psi+1} - a^{K_\psi+1}) \\
&- D(b^{K_\psi-1} - a^{K_\psi-1})\Big] + u_{r(r=b)}\left(\frac{b}{a}\right)^{K_\psi}
\end{aligned}
$$

(2.47)

여기서, $C = \dfrac{(\sigma_{vo} - \sigma_{r(r=b)})b^2 - (\sigma_{vo} - p_i)a^2}{b^2 - a^2}$

(2.48)

$$
D = \frac{a^2 b^2 (\sigma_{r(r=b)} - p_i)}{b^2 - a^2}
$$

(2.49)

$k\psi = \dfrac{1 + \sin\psi}{1 - \sin\psi}$, ψ는 체적팽창각

(2.50)

$$u_{r(r=b)} = \frac{b}{2G}(\sigma_{no} - \sigma_{r(r=b)}) \qquad (2.51)$$

2) 지반반응곡선을 그리는 방법

(1) 기본자료 : 지반반응곡선을 그리기 위하여 필요한 소요물성치는 다음과 같다.

- 터널의 반경 : a
- 초기 지중응력 : σ_{vo}
- 지반의 탄성물성치 : 탄성계수(E) 또는 전단계수(G), 포아송비(μ)
- 지반의 소성물성치
  – 지반의 소성 체적변형률 δ, 또는 소성 체적팽창각 ψ
  – Mohr–Coulomb 파괴기준 이용 시 : c, ϕ, c_{res}, ϕ_{res}
  – Hoek–Brown 파괴기준 이용 시
    · 암석의 일축압축강도 : σ_c
    · 초기 암반의 Hoek–Brown 파괴기준 계수 : m_b, s
    · 소성상태에 이른 암반의 Hoek–Brown 파괴기준 계수 : $m_{b(res)}$, $s_{(res)}$

(2) 그리는 순서

① p_i값을 가정한다(단, $0 \le p_i \le \sigma_{vo}$로서 큰 값을 먼저 취한다).
② b를 구한다.
   식 (2.15)(Mohr–Coulomb 파괴기준 이용 시)
   식 (2.64)(Hoek–Brown 파괴기준 이용 시)
③ 터널의 내공변위 $u_{r(r=a)}$를 구한다.
   식 (2.24) 또는 식 (2.47) 사용
④ $u_{r(r=a)} \sim p_i$ 그래프 상에 이점을 표시한다.
⑤ 새로운 p_i값에 대하여 ①~④를 반복한다.

[예제 2.1] 터널반경 a =5m인 터널에 대하여 Mohr–Coulomb 파괴기준에 근거하여 지반
반응곡선을 그리고자 한다. 지반의 물성치는 다음과 같다.

초기 지중응력 $\sigma_{vo} = 1.5$MPa, $G = 400$MPa, $\mu = 0.25$, $c = c_{res} = 0.3$MPa, $\phi = \phi_{res} = 35°$

(1) 소성체적변형률 $\delta = 1\%$, 2%, 3% 각각의 경우에 대하여 지반반응곡선을 그려라.

(2) 체적팽창각 $\psi = 0°$, $15°$, $35°$ 각각의 경우에 대하여 지반반응곡선을 그려라.

(3) $p_i = 0.25$MPa인 경우에 대하여 반경방향응력 σ_r 및 접선방향응력 σ_θ를 그려라.

[풀이]

(1) 각 내압 p_i에 대한 b값은 식 (2.15)를 이용하여 구하며, 또한 소성체적변형률 δ에 대한 내공변위 $u_{r(r=a)}$는 식 (2.24)를 이용하여 구한다.

구한 결과를 (예제 표 2.1.1)에 정리하였으며 이 표를 이용하여 내공변위 곡선을 그린 결과는 (예제 그림 2.1.1)과 같다. 체적변형률 증가에 따른 내공변위 증가효과가 매우 큼을 알 수 있다.

(예제 표 2.1.1)

p_i(MPa)	b(m)	$u_{r(r=a)}$(mm), $\delta = 1\%$	$u_{r(r=a)}$(mm), $\delta = 2\%$	$u_{r(r=a)}$(mm), $\delta = 3\%$
1.50	5	0.00	0.00	0.00
1.45	5	0.31	0.31	0.31
1.40	5	0.63	0.63	0.63
1.35	5	0.94	0.94	0.94
1.30	5	1.25	1.25	1.25
1.25	5	1.56	1.56	1.56
1.20	5	1.88	1.88	1.88
1.15	5	2.19	2.19	2.19
1.10	5	2.50	2.50	2.50
1.05	5	2.81	2.81	2.81
1.00	5	3.13	3.13	3.13
0.95	5	3.44	3.44	3.44
0.90	5	3.75	3.75	3.75
0.85	5	4.06	4.06	4.06
0.80	5	4.38	4.38	4.38
0.75	5	4.69	4.69	4.69
0.70	5	5.00	5.00	5.00
0.65	5	5.31	5.31	5.31
0.60	5	5.63	5.63	5.63
0.55	5	5.94	5.94	5.94
0.50	5	6.25	6.25	6.25
0.45	5	6.56	6.56	6.56
0.40	5	6.88	6.88	6.88
0.35	5.10	8.23	9.27	10.31
0.30	5.23	9.86	12.22	14.57
0.25	5.37	11.66	15.50	19.34
0.20	5.53	13.66	19.19	24.72
0.15	5.70	15.91	23.38	30.86
0.10	5.89	18.48	28.21	37.94
0.05	6.12	21.46	33.85	46.25
0.00	6.37	24.97	40.56	56.15

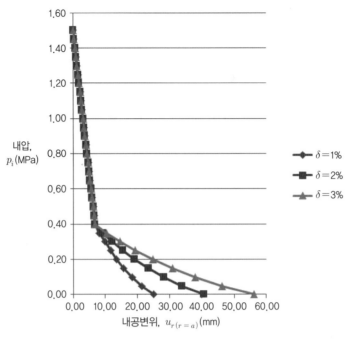

내압,
p_i(MPa)

→ δ=1%
■ δ=2%
▲ δ=3%

내공변위, $u_{r(r=a)}$(mm)

(예제 그림 2.1.1) 지반반응곡선

(2) 각 내압 p_i에 대한 b값은 앞의 문제와 마찬가지로 식 (2.15)를 이용하여 구하고, 다만 체 적팽창각 ψ에 따른 내공변위 $u_{r(r=a)}$는 식 (2.47)~(2.51)을 이용하여 구한다.

구한 결과를 (예제 표 2.1.2)에 정리하였으며, 이 표를 이용하여 내공변위 곡선을 그린 결과는 (예제 그림 2.1.2)와 같다.

(예제 표 2.1.2)

p_i(MPa)	b(m)	$u_{r(r=a)}$(mm)		
		$\psi=0°$	$\psi=15°$	$\psi=35°$
1.50	5	0.00	0.00	0.00
1.45	5	0.31	0.31	0.31
1.40	5	0.63	0.63	0.63
1.35	5	0.94	0.94	0.94
1.30	5	1.25	1.25	1.25
1.25	5	1.56	1.56	1.56
1.20	5	1.88	1.88	1.88
1.15	5	2.19	2.19	2.19
1.10	5	2.50	2.50	2.50
1.05	5	2.81	2.81	2.81
1.00	5	3.13	3.13	3.13
0.95	5	3.44	3.44	3.44
0.90	5	3.75	3.75	3.75

(예제 표 2.1.2)(계속)

p_i(MPa)	b(m)	$u_{r(r=a)}$(mm)		
		$\psi=0°$	$\psi=15°$	$\psi=35°$
0.85	5	4.06	4.06	4.06
0.80	5	4.38	4.38	4.38
0.75	5	4.69	4.69	4.69
0.70	5	5.00	5.00	5.00
0.65	5	5.31	5.31	5.31
0.60	5	5.63	5.63	5.63
0.55	5	5.94	5.94	5.94
0.50	5	6.25	6.25	6.25
0.45	5	6.56	6.56	6.56
0.40	5	6.88	6.88	6.88
0.35	5.10	7.21	7.21	7.24
0.30	5.23	7.60	7.63	7.74
0.25	5.37	8.06	8.15	8.45
0.20	5.53	8.60	8.79	9.41
0.15	5.70	9.25	9.59	10.74
0.10	5.89	10.03	10.59	12.57
0.05	6.12	10.98	11.85	15.14
0.00	6.37	12.15	13.48	18.79

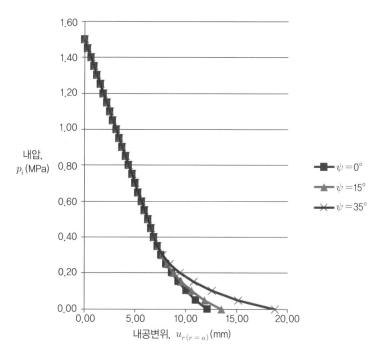

(예제 그림 2.1.2) 지반반응곡선

제2장 NATM의 근간 61

(3) 반경방향응력 σ_r은 소성영역($r \leq b$, (예제 표 2.1.1)로부터 $p_i = 0.25$MPa일 때의 $b = 5.37$m)에서는 식 (2.5)를 이용하여 구하며, 또한 탄성영역($r > b$)에서는 식 (2.7) 및 식 (2.13)을 이용하여 구한다. 또한 접선응력 σ_θ는 소성영역($r \leq b$)에서는 식 (2.1)을 이용하여 구하고, 탄성영역에서는 식 (2.8) 및 식 (2.13)을 이용하여 구한다. 구한 결과는 (예제 표 2.1.3)에 정리되어 있으며, 이를 (예제 그림 2.1.3) 및 (예제 그림 2.1.4)에 표시하였다.

(예제 표 2.1.3)

r(m)	σ_r(MPa)	σ_θ(MPa)	r(m)	σ_r(MPa)	σ_θ(MPa)
5.00	0.30	2.03	5.31	0.41	2.45
5.01	0.30	2.05	5.32	0.42	2.46
5.02	0.31	2.06	5.33	0.42	2.47
5.03	0.31	2.07	5.34	0.42	2.49
5.04	0.31	2.09	5.35	0.43	2.50
5.05	0.32	2.10	5.36	0.43	2.51
5.06	0.32	2.11	5.37*	0.44	2.53
5.07	0.32	2.13	5.38	0.44	2.54
5.08	0.33	2.14	5.39	0.44	2.55
5.09	0.33	2.15	5.40	0.45	2.55
5.10	0.34	2.17	5.50	0.49	2.51
5.11	0.34	2.18	5.60	0.52	2.48
5.12	0.34	2.19	5.70	0.56	2.44
5.13	0.35	2.21	5.80	0.59	2.41
5.14	0.35	2.22	5.90	0.62	2.38
5.15	0.35	2.23	6.00	0.65	2.35
5.16	0.36	2.25	7.00	0.87	2.13
5.17	0.36	2.26	8.00	1.02	1.98
5.18	0.36	2.27	9.00	1.12	1.88
5.19	0.37	2.29	10.00	1.19	1.81
5.20	0.37	2.30	11.00	1.25	1.75
5.21	0.38	2.31	12.00	1.29	1.71
5.22	0.38	2.33	13.00	1.32	1.68
5.23	0.38	2.34	14.00	1.34	1.66
5.24	0.39	2.35	15.00	1.36	1.64
5.25	0.39	2.37	16.00	1.38	1.62
5.26	0.39	2.38	17.00	1.39	1.61
5.27	0.40	2.39	18.00	1.41	1.59
5.28	0.40	2.41	19.00	1.42	1.58
5.29	0.41	2.42	20.00	1.42	1.58
5.30	0.41	2.43			

* 주) b값.

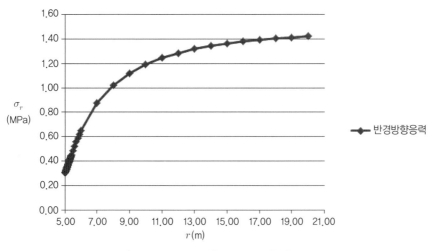

(예제 그림 2.1.3) 반경방향응력, σ_r

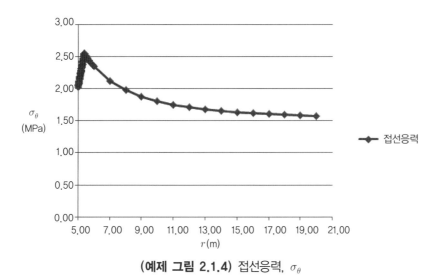

(예제 그림 2.1.4) 접선응력, σ_θ

[예제 2.2] 반경 5m인 터널을 굴착하였다. 지반조건은 다음과 같을 때 Hoek-Brown 파괴 기준에 근거한 지반반응곡선을 구하고자 한다. 지반의 물성치는 다음과 같다.

– 암반의 물성치 : 초기 지중응력, $\sigma_{vo} = 1.5\text{MPa}$, $G = 400\text{MPa}$, $\mu = 0.25$, 암석의 일축압축강도 $\sigma_c = 100\text{MPa}$

– Hoek-Brown 파괴기준 계수 : $m_b = 1.0$, $s = 0$

$$m_{b(res)} = 1.0, \ s_{(res)} = 0$$

(1) $\psi = 0°$, $\psi = 15°$, $\psi = 35°$ 각각에 대하여 지반반응곡선을 그려라.

(2) $p_i = 0.1\text{MPa}$인 경우에 대하여 반경방향응력 σ_r 및 접선방향응력 σ_θ을 그려라.

[풀이]

(1) 각 내압 p_i에 대한 b값은 식 (2.64)를 이용하여 구하고, 체적팽창각 ψ에 따른 내공변위 $u_{r(r=a)}$는 식 (2.47)~(2.51)을 이용하여 구한다.

구한 결과를 (예제 표 2.2.1)에 정리하였으며, 이 표를 이용하여 내공변위곡선을 그린 결과는 (예제 표 2.2.1)과 같다.

(예제 표 2.2.1)

p_i(Mpa)	b(m)	$u_{r(r=a)}$(mm)		
		$\psi = 0°$	$\psi = 15°$	$\psi = 35°$
1.50	5.00	0.00	0.00	0.00
1.45	5.00	0.31	0.31	0.31
1.40	5.00	0.63	0.63	0.63
1.35	5.00	0.94	0.94	0.94
1.30	5.00	1.25	1.25	1.25
1.25	5.00	1.56	1.56	1.56
1.20	5.00	1.88	1.88	1.88
1.15	5.00	2.19	2.19	2.19
1.10	5.00	2.50	2.50	2.50
1.05	5.00	2.81	2.81	2.81
1.00	5.00	3.13	3.13	3.13
0.95	5.00	3.44	3.44	3.44
0.90	5.00	3.75	3.75	3.75
0.85	5.00	4.06	4.06	4.06
0.80	5.00	4.38	4.38	4.38
0.75	5.00	4.69	4.69	4.69
0.70	5.00	5.00	5.00	5.00
0.65	5.00	5.31	5.31	5.31
0.60	5.00	5.63	5.63	5.63
0.55	5.00	5.94	5.94	5.94
0.50	5.00	6.25	6.25	6.25
0.45	5.00	6.56	6.56	6.56
0.40	5.11	6.90	6.90	6.93
0.35	5.24	7.29	7.32	7.44
0.30	5.39	7.75	7.85	8.16
0.25	5.56	8.31	8.51	9.17
0.20	5.75	9.00	9.37	10.63
0.15	5.97	9.87	10.50	12.81
0.10	6.24	11.04	12.11	16.26
0.05	6.62	12.80	14.68	22.61
0.00	7.62	18.31	23.68	51.41

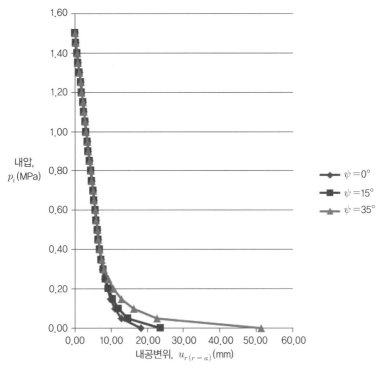

(예제 그림 2.2.1) 지반반응곡선

(2) 반경방향응력 σ_r은 소성영역 ($r \leq b$, (예제 표 2.2.1)로부터 $p_i = 0.1$MPa일 때의 $b = 6.24$m)에서는 식 (2.56)을 이용하여 구하며, 탄성영역 ($r > b$)에서는 식 (2.58) 및 식 (2.57)을 이용하여 구한다.

또한 접선응력 σ_θ는 소성영역에서는 식 (2.54)를 이용하여 구하고, 탄성영역에서는 식 (2.59) 및 식 (2.57)을 이용하여 구한다.

구한 결과는 (예제 표 2.2.2)에 정리되어 있으며, 이를 (예제 그림 2.2.2) 및 (예제 그림 2.2.3)에 표시하였다.

(예제 표 2.2.2)

r(m)	σ_r(MPa)	σ_θ(MPa)	r(m)	σ_r(MPa)	σ_θ(MPa)
5.00	0.10	1.10	5.31	0.17	1.47
5.01	0.10	1.11	5.32	0.17	1.48
5.02	0.10	1.12	5.33	0.17	1.49
5.03	0.11	1.14	5.34	0.18	1.51
5.04	0.11	1.15	5.35	0.18	1.52
5.05	0.11	1.16	5.36	0.18	1.53
5.06	0.11	1.17	5.37	0.18	1.54

(예제 표 2.2.2)(계속)

r(m)	σ_r(MPa)	σ_θ(MPa)	r(m)	σ_r(MPa)	σ_θ(MPa)
5.07	0.11	1.18	5.38	0.19	1.55
5.08	0.12	1.20	5.39	0.19	1.56
5.09	0.12	1.21	5.40	0.19	1.58
5.10	0.12	1.22	5.50	0.22	1.69
5.11	0.12	1.23	5.60	0.25	1.81
5.12	0.13	1.24	5.70	0.27	1.93
5.13	0.13	1.26	5.80	0.30	2.05
5.14	0.13	1.27	5.90	0.33	2.16
5.15	0.13	1.28	6.00	0.37	2.28
5.16	0.13	1.29	6.24	17.42	19.53
5.17	0.14	1.30	7.00	0.66	2.34
5.18	0.14	1.32	8.00	0.86	2.14
5.19	0.14	1.33	9.00	0.99	2.01
5.20	0.14	1.34	10.00	1.09	1.91
5.21	0.15	1.35	11.00	1.16	1.84
5.22	0.15	1.36	12.00	1.21	1.79
5.23	0.15	1.37	13.00	1.26	1.74
5.24	0.15	1.39	14.00	1.29	1.71
5.25	0.15	1.40	15.00	1.32	1.68
5.26	0.16	1.41	16.00	1.34	1.66
5.27	0.16	1.42	17.00	1.36	1.64
5.28	0.16	1.43	18.00	1.37	1.63
5.29	0.16	1.45	19.00	1.39	1.61
5.30	0.17	1.46	20.00	1.40	1.60

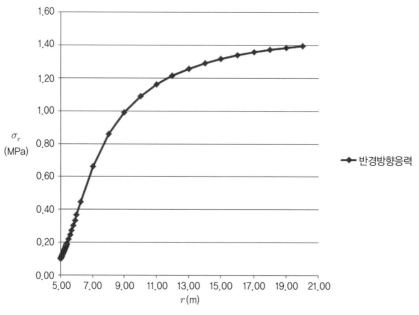

(예제 그림 2.2.2) 반경방향응력, σ_r

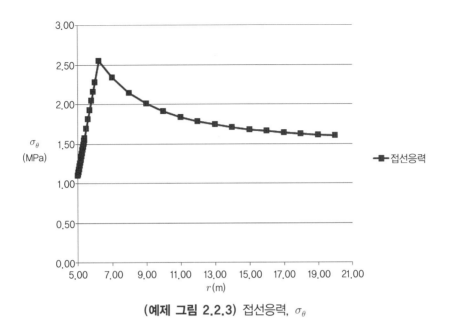

(예제 그림 2.2.3) 접선응력, σ_θ

2.4 지보재 특성곡선의 해

2.4.1 개 괄

지보재 특성곡선(Support Characteristic Curve, SCC)은 그림 2.4(b)에서 K-D-R-S에 이르는 곡선을 말한다. 지보재의 지보압과 내공변위 사이에는 다음의 관계식이 성립한다(그림 2.10 참조).

$$p_s = K_s \left(u_r - u_r^o \right) \ ; \ p_s \le p_s^{\max} \tag{2.65}$$

여기서, p_s : 지보압

$\quad\quad K_s$: 지보재강성(단위 : 힘/길이³)

$\quad\quad u_r$: $u_{r(r=a)}$로서 터널벽면에서의 내공변위

$\quad\quad u_r^o$: $u_{r(r=a)}^o$로서 터널굴착 직후 터널후방 L지점에서의 내공변위

$\quad\quad\quad$ (지보재 설치시점에서의 내공변위)

$\quad\quad p_s^{\max}$: 최대지보압으로서 지보재 항복응력의 함수

본 절에서는 지보재로서 가장 흔히 이용되는 강지보재, 숏크리트, 록볼트에 대한 지보재 특성곡선의 개요에 대하여 서술할 것이다. 지보재의 종류에 따라 지보재강성(K_s)과 최대지보압($p_s^{\max}$)이 달라질 것이다.

2.4.2 강지보재

강지보재로서는 H형강이 전통적으로 가장 빈번히 사용되어 왔으며, 숏크리트와의 병행 시공 시 숏크리트타설의 용이함 등의 이유로 인하여 최근에는 격자지보재(lattice girder)의 사용이 더 일반화되고 있는 추세이다. 우리나라에서 빈번하게 사용되는 H형강 및 격자지보재의 형상 및 제원은 표 2.2 및 표 2.3에 제시되어 있다.

표 2.2 H형강지보재의 개요 및 제원

◆ 개요도

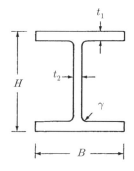

◆ 치수 및 제원

호칭치수 (mm)	표준단면치수 (mm)				단면적 (cm²)	단위무게 (kg/m)	단면2차모멘트 (cm⁴)		단면2차반경 (cm)		단면계수 (cm³)	
	$H \times B$	t_1	t_2	r	A	W	lx	ly	ix	iy	Zx	Zy
100×100	100×100	6	8	10	21.9	17.2	383	134	4.18	2.47	76.5	26.7
125×125	125×125	6.5	9	10	30.31	23.8	847	293	5.29	3.11	136	47
150×75	150×75	5	7	8	17.85	14	666	49.5	6.11	1.66	88.8	13.2
150×100	148×100	6	9	11	26.84	21.1	1,020	151	6.17	2.37	138	30.1
150×150	150×150	7	10	11	40.14	31.5	1,640	563	6.39	3.75	219	75.1
200×100	198×99	4.5	7	11	23.18	18.2	1,580	114	8.26	2.21	160	23
	200×100	5.5	8	11	27.16	21.3	1,840	134	8.24	2.22	184	26.8
200×150	194×150	6	9	13	39.01	30.6	2,690	507	8.3	3.61	277	67.6
200×200	200×200	8	12	13	63.53	49.9	4,720	1,600	8.62	5.02	472	160
	200×204	12	12	13	71.53	56.2	4,980	1,700	8.35	4.88	498	167
	208×202	10	16	13	83.69	65.7	6,530	2,200	8.83	5.13	628	218

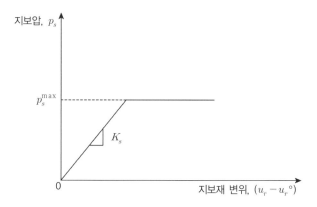

그림 2.10 지보재 특성곡선

표 2.3 격자 지보재의 개요 및 제원

◆ 개요도

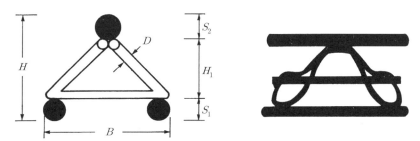

◆ 치수 및 제원

Type (H_1)	S_1 (mm)	S_2 (mm)	H (mm)	B (mm)	D (mm)	휨모멘트 (M, kN·m)	축력 (N, kN)	전단력 (Q, kN)
50	20	30	100	100	10	9.6	96	8.5
70	20	30	120	140	10	13.8	138	12.2
	22	32	124	140	10	16.7	167	14.3
95	20	30	145	180	10	18.2	182	16.2
	22	32	149	180	10	21.9	219	19.5
115	20	30	165	220	12	20.7	207	18.4
	22	32	169	220	12	25.1	251	22.3

강지보재의 지보재 강성은 다음 식으로 구할 수 있다.

$$K_{s(set)} = \frac{E_{st} \cdot A_{set}}{d\left[a - \dfrac{h_{set}}{2}\right]^2} \tag{2.66}$$

여기서, $K_{s(set)}$: 강지보재의 지보재 강성(단위 : 힘/길이³)

E_{st} : 강재의 탄성계수

a : 터널의 반경

A_{set} : 강지보재의 단면적

h_{set} : 강지보재의 높이

d : 강지보재의 간격

또한 강지보재의 최대지보압은 다음 식으로 구한다.

$$p_{s(set)}^{\max} = \frac{\sigma_{st,y} \cdot A_{set}}{d\left[a - \dfrac{h_{set}}{2}\right]} \tag{2.67}$$

여기서, $\sigma_{st,y}$: 강재의 항복강도

2.4.3 숏크리트

숏크리트는 현재의 NATM 개념에 근거한 터널에서 가장 중요한 역할을 한다고 볼 수 있다. 조기에 타설됨과 동시에 '조강'으로서 강도가 발휘되면, 터널굴착 후 지반의 과도한 이완을 방지할 수 있는 최적의 지보재이기 때문이다. 조강재를 이용하여 조기 양생이 이루어지면, 강성 또한 매우 큼이 일반적이다. 지보재 강성은 다음 그림과 같은 링의 외부에 p_s 의 압력이 작용될 때, 링이 안쪽으로 오그라드는 변위(즉, 내공변위)를 탄성론으로 구한 것이다.

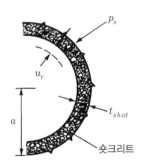

숏크리트의 지보재 강성은 다음 식과 같다.

$$K_{s(shot)} = \frac{E_{shot}}{(1 + \mu_{shot})} \cdot \frac{[a^2 - (a - t_{shot})^2]}{[(1 - 2\mu_{shot})a^2 + (a - t_{shot})^2]} \cdot \frac{1}{a} \qquad (2.68)$$

여기서, E_{shot} : 숏크리트의 탄성계수

μ_{shot} : 숏크리트의 포아송비

t_{shot} : 숏크리트의 두께

a : 터널의 반경

숏크리트의 최대지보압은 다음 식과 같다.

$$p_{s(shot)}^{\max} = \frac{1}{2}\sigma_{c(shot)}\left[1 - \frac{(a - t_{shot})^2}{a^2}\right] \qquad (2.69)$$

여기서, $\sigma_{c(shot)}$: 숏크리트의 일축압축강도

일반적으로 건식 숏크리트를 사용하느냐, 또는 습식 숏크리트를 사용하느냐에 따라 숏크리트의 강도 및 탄성계수가 다르다고 알려져 있으며, 표 2.4에 실례가 제시되어 있다.

표 2.4 숏크리트의 강도와 탄성계수 실험결과(예)(Carranza-Torres and Fairhurst, 2000 참조)

타설방법	양생일수	$\sigma_{c(shot)}$(MPa)	$E_{(shot)}$(MPa)
건식	1일 양생	20.3	$13.6 \times 10^3 - 23.4 \times 10^3$
	28일 양생	29.6	$17.86 \times 10^3 - 23.1 \times 10^3$
습식	1일 양생	18.9~20.3	$12.3 \times 10^3 - 28.0 \times 10^3$
	28일 양생	33.3~39.4	$23.8 \times 10^3 - 35.9 \times 10^3$

* 주) 우리나라에서의 설계적용치 : E(soft shotcrete)=5,000MPa, E(hard shotcrete)=15,000MPa · σ_c(soft shotcrete)=10 MPa, σ_c(hard shotcrete)=21MPa.

우리나라의 터널설계기준(2007)을 보면 숏크리트는 재령 1일 압축강도가 10MPa 이상, 28일 압축강도가 21MPa 이상이 되어야 한다고 규정되어 있다. 최근에는 숏크리트도 고강도화 시키는 추세인바, 고강도 숏크리트는 재령 1일 압축강도에 10MPa 이상으로서 일반 숏크리트와 같으나 28일 강도는 35MPa 이상이 되도록 요구하고 있다.

2.4.4 선단정착형 록볼트(앵커볼트)

록볼트에는 선단정착형과 전면접착형이 있으며, 이중 선단을 정착시킨 후 프리텐션을 주는 앵커볼트의 지보재 특성곡선에 대하여 서술할 것이다. 반면에 록볼트 전면을 지반에 접착시키는 전면접착형은 그 거동이 아주 복잡하여 지금도 완전히 규명되지 못한 상태이다. 선단정착형 록볼트를 주동형 볼트(active bolt)라고 하기도 한다.

앵커볼트의 상세도는 다음 그림 2.11에 표시되어 있다. 볼트는 다음의 두 가지 스프링으로 이루어져 있다고 가정한다.

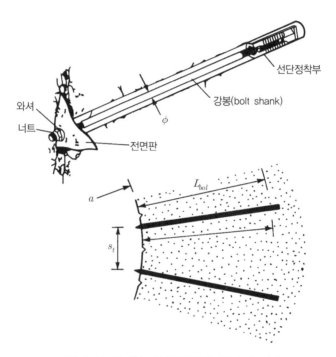

그림 2.11 앵커볼트(선단정착형 록볼트) 상세

첫째는 선단정착부와 볼트 전면사이의 강봉(bolt shank)의 강성에 의한 거동이며, 둘째는 선단정착부에서의 변형 및 전면부 와셔판(washer plate)의 변형으로 인한 거동이 그것이다.

앵커볼트의 지보재 강성은 다음 식과 같다.

$$K_{s(bol)} = \cfrac{1}{s_t s_l \cdot \left[\dfrac{4L_{bol}}{\pi \phi^2 E_{st}} + Q \right]} \tag{2.70}$$

여기서, Q : 앵커선단정착부에서의 하중−변형계수[식 (2.72) 참조]

s_t : 터널횡단면상의 볼트간격

s_l : 터널종단상의 볼트간격

L_{bol} : 볼트의 길이

ϕ : 볼트의 직경

E_{st} : 강재의 탄성계수

한편, 최대지보압은 다음 식으로 산출된다.

$$p_{s(bol)}^{\max} = \frac{T_{\max}}{s_t \cdot s_l} \tag{2.71}$$

여기서, $T_{\max}$: 앵커볼트에서의 항복하중(그림 2.12 참조)

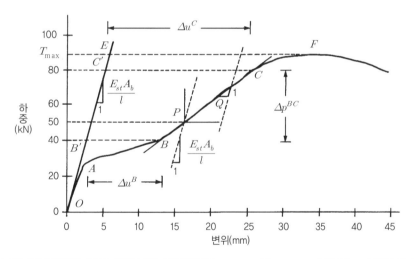

그림 2.12 앵커볼트에 대한 인장시험 결과(예)[Carranza-Torres and Fairhurst(2000) 참조]

선단정착형 록볼트에 대한 인장실험 예

앵커볼트의 인장력에 대한 거동을 나타내는 단적인 예가 그림 2.12에 표시되어 있다. 이 실험에 사용된 볼트의 직경 $\phi = 16\text{mm}$, 길이=3m이었으며, 정착매체로는 일축압축 강도가 60MPa에 이르는 콘크리트가 사용되었다. 볼트 정착 시의 프리텐숀은 50kN 정도이었다. 그림에서 보듯이 앵커볼트의 인장력−변위관계는 선형관계와는 거리가 멀다. 그래프상의 거동을 살펴보면 다음과 같다.

- OE : 볼트 강봉 자체의 탄성거동
- AB : 전면판, 와셔, 너트 등에서의 변위
- BC : 볼트 강봉과 선단정착부에서의 변위

BC의 기울기의 역수가 식 (2.70)에서 사용된 Q값이 된다. BC 부분의 변위량에는 선단정착부에서의 변위와 강봉 자체의 신장으로 인한 변형량이 포함되어 있으므로 강봉 자체의 변형량은 소거하여 Q값은 다음 식으로 구할 수 있다.

$$Q = \frac{\Delta u^C - \Delta u^B}{\Delta p^{BC}} \qquad (2.72)$$

$T_{\max}$ 값과 Q값의 예가 표 2.5에 표시되어 있다.

표 2.5 현장실험에 의한 $T_{\max}$ 및 Q값(예)

ϕ(mm)	L_{bol}(m)	$T_{\max}$(MN)	Q(m/MN)	암반의 종류
16	1.83	0.058	0.241	쉐일
19	1.83	0.089	0.024	?
22	3.00	0.196	0.042	사암
25	1.83	0.254	0.143	화강암

2.4.5 전면접착형 록볼트

전면접착형 록볼트는 상대적으로 연약한 암반지반에 많이 이용되며, 최근에는 사용이 점차 확대되고 있는 형편이다. 대부분의 도심지 등의 비교적 얕은 지층에 터널을 건설하는 경우는 전면접착형 록볼트를 이용한다.

이 볼트는 내압효과로 인하여 지보재에 먼저 지보압 p_s 가 가해져서 록볼트에 변위가 생기는 앵커볼트(선단정착형 록볼트)와 달리, 터널주위지반의 변형으로 인하여 하중이 록볼트에 전달되는 메커니즘을 갖는다. 하중의 주체가 지반변형이라는 관점에서 수동볼트(passive bolt)라고 하기도 한다.

주동볼트(선단정착형 볼트)와 수동볼트(전면접착형 볼트)의 개념적인 차이는 기초공학에서 말뚝의 수평하중 메커니즘을 생각하면 쉽게 이해할 수 있을 것이다(『기초공학의 원리』 3.3.1

절 참조). 수평하중 메커니즘은 그림 2.13(a), (b)에 잘 나타나 있다. 그림 2.13(a)는 주동말뚝으로서, 말뚝머리에 수평하중이 먼저 작용됨으로써 말뚝이 지반을 밀게 되고 지반이 저항을 함으로써 평행상태에 이르게 된다. 반면에 그림 2.13(b)는 지반침하로 인하여 침하량에 포아송비를 곱한 정도의 변위가 수평방향으로 발생하여 이 수평변위로 인하여 말뚝이 밀려가는 현상이 일어나는 말뚝을 수동말뚝이라고 한다. 즉, 수동말뚝에서의 하중의 근원은 지반의 수평변형이다. 같은 개념이 그림 2.13(c)(d)에 표시되어 있다. 먼저 그림 2.13(c)는 주동볼트를 나타내는 것으로 선단정착부는 소성영역 바깥쪽에 위치하여야 하며 소성영역에서의 변위에 저항하여 지보재에 p_s의 지보압이 발생하고 이 지보압을 주로 선단정착부에서 인발저항력으로 버티게 된다.

반면에 그림 2.13(d)는 수동볼트를 나타내며 볼트전면이 지반과 모르타르나 수지로 접착되어 있기 때문에, 먼저 소성거동으로 인하여 지반에 변형이 발생하면 이 변형으로 인하여 볼트에 하중이 전달되는 상황이 발생한다. 볼트에 하중을 가해주는 주체가 지반과 볼트와의 상대변위이다.

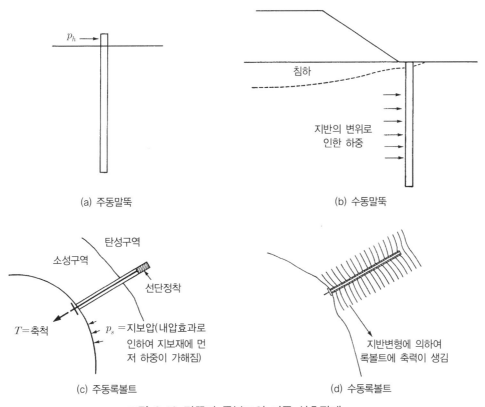

그림 2.13 말뚝과 록볼트의 거동 상호관계

이 수동볼트에 작용되는 힘의 메커니즘을 좀더 상세히 서술하면 그림 2.14와 같다. 그림 2.14(a)는 록볼트 설치 직후[그림 2.3(a)]의 상태를 나타내며, 이때는 지반에 변형이 없다. 그림 2.14(b)는 터널 추가굴착[그림 2.3(b)]으로 인하여 지반에 변형이 발생한 상황을 나타낸다.

이때 지반과 록볼트에는 상대변위가 발생하는바, 그림 2.14(c)에서 보여주는 것과 같이 중립점(지반의 변형과 록볼트의 변위가 같은 점)을 중심으로 왼쪽에서는 지반 자체의 변위가 록볼트의 변위보다 더 크며(말뚝에서 부 마찰력 발생 메커니즘과 동일, 『기초공학의 원리』 3.4.2.6)절 참조) 오른쪽에서는 오히려 록볼트의 변위가 더 크게 된다. 따라서 록볼트에 발생되는 전단력분포는 그림 2.14(d)와 같이 ($-$)에서 출발하여 ($+$)로 증가되며, 이를 적분하면 볼트에 작용되는 축력이 그림 2.14(e)와 같이 구해진다.

축력은 중립점에서 최댓값에 이른다. 록볼트에 작용되는 축력의 평균값은 다음 식과 같다.

$$T_{mean} = \frac{1}{L_{bol}} \int_{o}^{L_{bol}} (T) dr \tag{2.73}$$

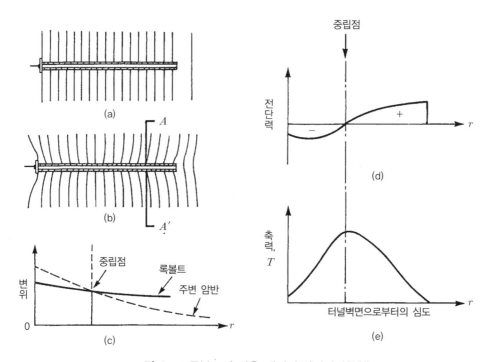

그림 2.14 록볼트의 작용 메커니즘(전면접착형)

한편, 록볼트에 발생하는 응력과 변위를 좀더 상세히 알아보기 위하여 그림 2.14(b)의 $A - A'$ 부분을 확대하여 그려보면 다음 그림 2.15와 같다. 그림 2.14(c)의 중립점 오른쪽의 단면을 취했기 때문에 암반지반 자체의 변위보다 록볼트의 변위가 크다.

그림 2.15로부터 평형방정식을 적용하면 다음과 같다.

$$\sigma \cdot \left(\frac{\pi}{4}\phi^2\right) + \tau(\pi\phi)dx - (\sigma + d\sigma)\left(\frac{\pi}{4}\phi^2\right) = 0 \qquad (2.74)$$

이 식을 정리하면

$$\frac{d\sigma}{dx} = \frac{4\tau}{\phi} \qquad (2.75)$$

여기서, σ : 록볼트 단면에서의 축방향응력

ϕ : 록볼트 직경

τ : 록볼트의 주면 전단응력

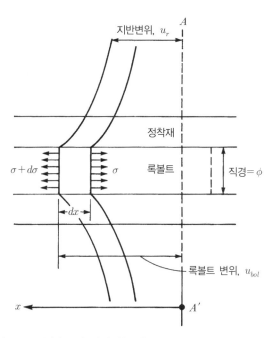

그림 2.15 록볼트에 발생하는 응력과 변위(전면접착형 록볼트)

록볼트의 축방향 변위를 u_{bol}라고 하면 변형률과 응력은 다음 식으로 된다.

$$\varepsilon_{bol} = \frac{\partial u_{bol}}{\partial x} \tag{2.76}$$

$$\sigma = \varepsilon_{bol} \cdot E_{st} \tag{2.77}$$

이 식을 식 (2.75)에 대입하면 록볼트에 작용되는 전단응력은 다음 식으로 표시된다.

$$\begin{aligned} \tau &= \frac{\phi}{4} \frac{d\sigma}{dx} = \frac{\phi \cdot E_{st}}{4} \frac{d\varepsilon_{bol}}{dx} \\ &= \frac{\phi \cdot E_{st}}{4} \frac{d^2 u_{bol}}{dx^2} \end{aligned} \tag{2.78}$$

위의 식이 의미하는 것은 록볼트에 작용되는 전단응력을 알기 위해서는 록볼트에 발생하는 변위(혹은 변형률)를 알아야 한다는 것이다.

전면접착형 록볼트를 소성영역 내에 설치하게 되면 그림 2.16(a)와 같이 중립점을 중심으로 축력이 대칭을 이루는 것으로 알려져 있다. 록볼트의 길이를 충분히 길게 하여 탄성영역까지 설치하게 되면 중립점 오른쪽 부분이 더 길게 되며, 축력의 분포도 그림 2.16(b)와 같은 모양을 띠게 된다. 물론 록볼트가 지보재로서 제 기능을 발휘하려면 그림 2.16(b)의 경우가 되어야 한다.

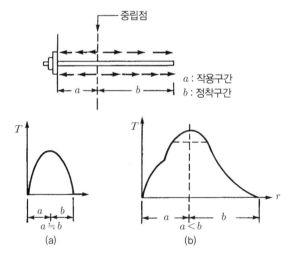

그림 2.16 전면접착형 록볼트에 작용되는 축력의 분포도

보강지반 개념

앞에서 서술한 것과 같이 전면접착형 록볼트의 경우에는 지보재 특성곡선을 구하기가 쉽지 않다. 지보재에 작용되는 지보압이 지반변형과 상호 맞물려 있기 때문이다. 오히려 역학적인 관점에서 보면 이 록볼트의 역할은 지보재로 보기보다는 지반 자체의 보강재로 보는 것이 더 합리적일 수도 있을 것이다. 이러한 개념이 여러 공학자에 의하여 도입된 바 그중 대표적인 것이 Oreste(1994)의 논문이다. 록볼트의 설치로 인하여 록볼트 길이만큼인 $r = R_{rf}$까지 지반의 강도가 증대되는 것으로 본다(그림 2.17). 강도증진 효과의 가장 중요한 원리는 그림 2.18에서와 같이 볼트의 설치로 인하여 취성(brittle)현상을 보이던 암반이 소성(ductile)현상을 보여 파괴점에 이른 후에도 강도가 저하되지 않는 것으로 본다. 또한 록볼트에 작용되는 축력으로 인하여 지반에 $\Delta\sigma_r$의 구속압을 증가시켜주는 효과도 발생한다(『암반역학의 원리』 5.6.2절의 4) 참조). 구속압의 증가량 $\Delta\sigma_r$은 식 (2.73)으로 표시된 록볼트 축력으로부터 다음 식으로 구한다.

$$\Delta\sigma_r = \frac{T_{mean}}{s_t \cdot s_l} \tag{2.79}$$

여기서, T_{mean} : 록볼트에 작용되는 축력의 평균값

s_t : 터널 횡단면 상의 볼트간격

s_l : 터널 종단상의 볼트간격

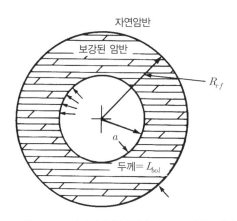

그림 2.17 전면접착형 록볼트로 보강된 지반

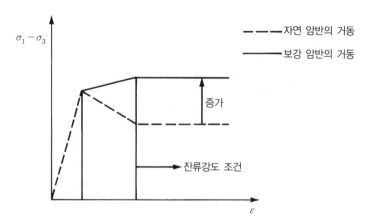

그림 2.18 전면접착형 록볼트 설치로 인한 강도증진효과

구속압의 증가량 $\Delta\sigma_r$로 인한 전단강도 증가효과는 점착력이 증가되는 것으로 가정한다. 점착력 증가는 다음과 같이 구할 수 있다.

주응력으로 표시된 Mohr-Coulomb의 파괴기준은 다음 식과 같다[『암반역학의 원리』 4.4.2절의 2)].

$$\sigma_\theta = \frac{1+\sin\phi}{1-\sin\phi} \cdot \sigma_r + \frac{2c\cos\phi}{1-\sin\phi} \tag{2.80}$$

$\Delta\sigma_r$의 증가로 인하여 최대주응력에 미치는 영향은 $\left(\dfrac{1+\sin\phi}{1-\sin\phi}\right)\Delta\sigma_r$가 되며 이를 점착력 증가효과로 바꾸어주면

$$\Delta\sigma_\theta = \frac{1+\sin\phi}{1-\sin\phi}\Delta\sigma_r = \frac{2\cos\phi}{1-\sin\phi} \cdot \Delta c \tag{2.81}$$

이를 정리하면

$$\Delta c = \frac{1+\sin\phi}{2\cos\phi}\Delta\sigma_r \tag{2.82}$$

여기서, Δc : 점착력의 등가 증가량

따라서 록볼트로 보강된 지반의 점착력 c^*는 다음 식과 같다.

$$c^* = c + \frac{1 + \sin\phi}{2\cos\phi}\Delta\sigma_r \tag{2.83}$$

록볼트로 강화된 지반은 소성현상(ductile behavior)으로 인하여 지반이 파괴점에 이른 후에도 강도가 줄어들지 않는다. 즉, 잔류강도는 더 이상 존재하지 않으며 첨두강도를 그대로 쓰면 될 것이다.

그림 2.17과 같이 두 개의 지반으로 이루어진 터널에 대한 지반반응곡선을 구하는 방법을 Peila and Oreste(1995)가 제안하였다. 그 유도과정은 너무 복잡하여 이 책에서는 생략하고자 하며, 관심 있는 독자는 참고문헌을 참조하기 바란다.

어찌되었든지, 록볼트로 인하여 지반이 보강되었으므로 바뀌는 것은 지보재 특성곡선이 아니라, 지반반응곡선이다. 원지반에 대한 지반반응곡선과 수동록볼트로 보강된 지반에 대한 지반반응곡선을 비교하여 그린 것이 그림 2.19이다. 록볼트 설치로 인하여 변위가 크게 줄어든 것을 볼 수 있다.

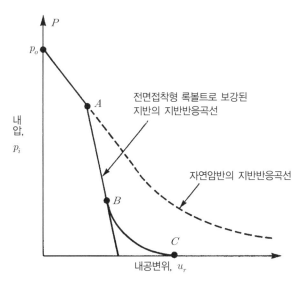

그림 2.19 원지반과 록볼트 보강지반의 지반반응곡선 비교

[예제 2.3] [예제 2.1]에 제시된 터널에 대하여 다음 지보재에 대한 지보재 특성곡선을 그려라(터널의 반경 $a = 5$m).

(1) 숏크리트($t_{shot} = 15$cm)

(2) 강지보재($H-100 \times 100 \times 6 \times 8$), 간격$=1.5$m

(3) 앵커볼트($\phi22$, bol.$=3.00$m), $s_t = 1.5$m, $s_l = 1.5$m

[풀이]

(1) 숏크리트($t_{shot} = 15$cm)

- 숏크리트는 습식을 사용한다고 가정한다.
- 습식 숏크리트의 물성은 타설 직후부터 연속적으로 변화하므로 숏크리트의 양생을 고려한 비선형적 지보재 특성곡선을 그려야 하나, 여기에서는 숏크리트의 거동을 선형으로 단순화시키고자 한다.
- $E_{shot} = 15,000$MPa, $\sigma_{c(shot)} = 21$MPa, $\mu_{shot} = 0.2$라 가정하면

$$\bullet \ K_{s(shot)} = \frac{E_{shot}}{1+\mu_{shot}} \cdot \frac{\left[a^2-(a-t_{shot})^2\right]}{\left[(1-2\mu_{shot})a^2+(a-t_{shot})^2\right]} \cdot \frac{1}{a}$$

$$= \frac{15,000}{(1+0.2)} \frac{\left[5^2-(5-0.15)^2\right]}{\left[(1-2\times0.2)\times5^2+(5-0.15)^2\right]} \cdot \frac{1}{5}$$

$$= 95.89\text{MN/m}^3$$

$$\bullet \ p_{s(shot)}^{\max} = \frac{1}{2}\sigma_{c(shot)}\left[1-\frac{(a-t_{shot})^2}{a^2}\right]$$

$$= \frac{1}{2}\times21.0\left[1-\frac{(5-0.15)^2}{5^2}\right] = 0.62\text{MPa}$$

최대지보압일 때의 지보재 변위는

$$(u_r-u_r^o)_{\max} = \frac{p_{s(shot)}^{\max}}{K_{s(shot)}} = \frac{0.62}{95.89} = 6.47\text{mm}$$

지보재 특성곡선은 다음 (예제 그림 2.3.1)과 같다.

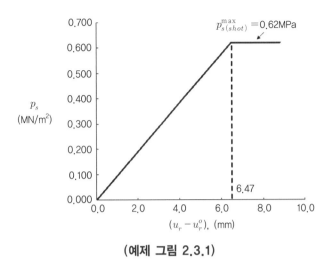

$p_{s(shot)}^{\max} = 0.62\text{MPa}$

p_s
(MN/m²)

6.47

$(u_r - u_r^o)$, (mm)

(예제 그림 2.3.1)

(2) 강지보재($H-100\times100\times6\times8$), 간격 $d=1.5$m

강지보재의 물성치는 다음과 같다.

– $d=1.5$m, $h_{set}=0.1$m, $A_{set}=0.00219$m²

$E_{st}=210,000$MPa, $\sigma_{st,y}=245$MPa, $\mu_{st}=0.3$

- $K_{s(shot)} = \dfrac{E_{st}\cdot A_{set}}{d\left[a-\dfrac{h_{st}}{2}\right]^2} = \dfrac{210,000\times0.00219}{1.5\left[5-\dfrac{0.1}{2}\right]^2}$

$\quad = 12.51\text{MN/m}^3$

- $p_{s(set)}^{\max} = \dfrac{\sigma_{st,y}\cdot A_{set}}{d\left[a-\dfrac{h_{set}}{2}\right]} = \dfrac{245\times0.00219}{1.5\left[5-\dfrac{0.1}{2}\right]}$

$\quad = 0.072\text{MPa}$

- $(u_r - u_r^o)_{\max} = \dfrac{p_{s(set)}^{\max}}{K_{s(set)}} = \dfrac{0.072}{12.51} = 5.76\text{mm}$

지보재 특성곡선은 (예제 그림 2.3.2)와 같다.

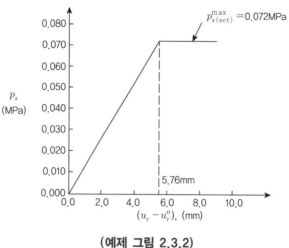

(예제 그림 2.3.2)

(3) 앵커볼트($\phi 22$, $L_{bol} = 3\mathrm{m}$, $s_t = s_l = 1.5\mathrm{m}$)

강지보재의 물성치는 다음과 같다.

- $E_{st} = 210,000\mathrm{MPa}$, $Q = 0.042\mathrm{m/MN}$ (표 2.5)

- $K_{s(bol)} = \dfrac{1}{s_t \cdot s_l \left[\dfrac{4L_{bol.}}{\pi \phi^2 E_{st}} - Q\right]}$

$$= \dfrac{1}{1.5 \times 1.5 \left[\dfrac{4 \times 3.0}{\pi \times \left(\dfrac{22}{1000}\right)^2 \times 210,000} - 0.042\right]}$$

$$= 5.58\mathrm{MN/m^3}$$

- $p_{s(bol)}^{\max} = \dfrac{T_{\max}}{s_t \cdot s_l} = \dfrac{0.196}{1.5 \times 1.5} = 0.087\mathrm{MPa}$

- $(u_r - u_r^o) = \dfrac{p_{s(bol)}^{\max}}{K_{s(bol)}} = \dfrac{0.087}{5.58} = 15.6\mathrm{mm}$

지보재 특성곡선은 다음 그림과 같다.

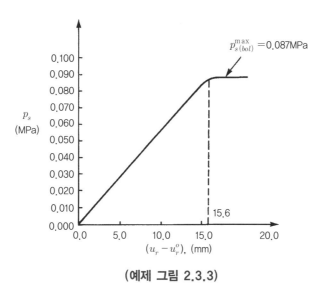

$p_{s(bol)}^{\max}=0.087\text{MPa}$

15.6

p_s
(MPa)

$(u_r - u_r^o)$, (mm)

(예제 그림 2.3.3)

> **Note**
>
> [예제 2.3]으로부터 얻어진 숏크리트, 강지보재 및 앵커볼트의 강성계수 및 최대지보압을 정리하면 다음과 같다.
>
> | 지보재 종류 | 강성계수(MN/m³) | 최대지보압(MPa) |
> |---|---|---|
> | 숏크리트 | 95.89 | 0.62 |
> | 강지보재 | 12.51 | 0.072 |
> | 앵커볼트 | 5.58 | 0.087 |
>
> 위의 예에서 보듯이 강지보재 및 앵커볼트에 비하여 숏크리트의 강성계수 및 최대지보압이 월등히 커서 지보압의 대부분은 숏크리트가 분담함을 알 수 있다. 강지보재의 주요 기능은 낙반방지, 록볼트의 주요 기능은 지반봉합으로 인한 일체화로 이해하여도 무리가 없을 것이다.

2.4.6 지보재의 조합

실제로 터널의 설계·시공 시에는 한 종류의 지보재만 설치하는 것이 아니라, 세 종류의 지보재를 조합하여 설치한다(예를 들어서 숏크리트+록볼트+강지보재). 이 지보재들은 스프링이 병렬로 연결된 것으로 생각하면 될 것이다(그림 2.20). 스프링으로 연결된 강성은 각 지보재의 강성계수를 단순히 더하면 된다. 즉,

$$K_{s,} \qquad\qquad (2.84)$$

여기서, $K_{s,}$: 지보재 시스템의 강성계수

$\qquad$ $K_{s,i}$: 지보재 i의 강성계수

전체 지보재 시스템에 대한 지보재 특성곡선은 다음에 서술하는 방법대로 그릴 수 있다. 다만, 각 지보재를 동시에 설치하느냐, 아니면 시간 간격을 두고 단계마다 하나씩 설치하느냐에 지보재 특성곡선이 달라진다.

1) 각 지보재를 동시에 설치한 경우

각 지보재의 설치시기는 지반에 u_r^o의 변위가 발생한 직후이다. 즉, 각 지보재의 설치시기는 다음과 같이 동일하다.

$$u_{r,i}^o = u_r^o \qquad\qquad (2.85)$$

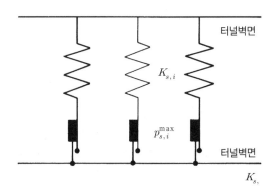

그림 2.20 각 지보재의 병렬연결 시스템

각 지보재의 지보압을 나타내면 다음과 같다.

$$\begin{aligned} p_{s,i} &= K_{s,i}(u_r - u_{r,i}^o) \\ &= K_{s,i}(u_r - u_r^o) \end{aligned} \qquad (2.86)$$

여러 개의 조합 지보재 중에서 지보압이 증가함에 따라 최대지보압이 적은 지보재부터 항복에 도달할 것이다. 따라서 지보재 시스템의 강성은 식 (2.84)를 수정하여 다음 식으로 표시할 수 있다.

$$K_{s,} \tag{2.87}$$

$$\overline{K_{s,i}} = K_{s,i} \; ; \; u_r < u_{el,i} \tag{2.88}$$

$$\overline{K_{s,i}} = 0 \; ; \; u_r \geq u_{el,i} \tag{2.89}$$

여기서, $u_{el,i}$: 지보재 i 의 탄성한계에서의 변위(즉, 지보재의 변위가 $(u_{el,i} - u_r^o)$에 이르면 항복응력에 도달한다)

세 개의 지보재로 구성된 지보 시스템에 대한 지보재 특성곡선의 예가 그림 2.21에 표시되어 있다.

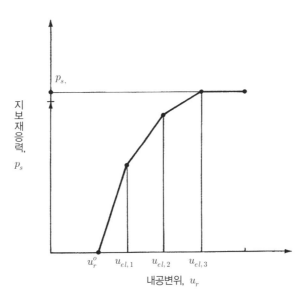

그림 2.21 각 지보재 시스템의 지보재 특성곡선(3개의 지보재를 동시에 설치한 경우)

[예제 2.4] [예제 2.3]에 제시된 각 지보재가 다음의 경우와 같이 조합하여 설치되었다. 각 경우에 대하여 지보재 특성곡선을 그려라(단, 지보재는 동시에 설치하는 것으로 가정하라).

(1) 숏크리트+ 강지보재
(2) 숏크리트+ 앵커 볼트
(3) 숏크리트+ 강지보재+ 앵커볼트

[풀이]

(1) 숏크리트+ 강지보재

각 지보재의 강성([예제 2.3] 참조)

$K_{s(shot)} = 95.89\text{MN}/\text{m}^3,\ p_{s(shot)}^{\max} = 0.62\text{MPa},\ (u_r - u_r^o)_{\max} = 6.47\text{mm}$

$K_{s(set)} = 12.51\text{MN}/\text{m}^3,\ p_{s(set)}^{\max} = 0.072\text{MPa},\ (u_r - u_r^o)_{\max} = 5.76\text{mm}$

조합된 지보재의 강성

$K_{s,} = K_{s(shot)} + K_{s(set)}$

$\qquad = 95.89 + 12.51 = 108.40 MN/m^3 ; 0 \le (u_r - u_r^o) < 5.76$

$K_{s,} ; 5.76 \le (u_r - u_r^o) < 6.47$

$K_{s,} ; (u_r - u_r^o) \ge 6.47$

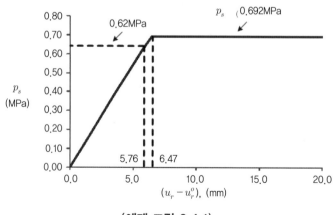

(예제 그림 2.4.1)

(2) 숏크리트+앵커볼트

각 지보재의 강성

$K_{s(shot)} = 95.89\text{MN/m}^3$, $p_{s(shot)}^{\max} = 0.62MPa$, $(u_r - u_r^o)_{\max} = 6.47\text{mm}$

$K_{s(bol)} = 5.58\text{MN/m}^3$, $p_{s(bol)}^{\max} = 0.087\text{MPa}$, $(u_r - u_r^o)_{\max} = 15.6\text{mm}$

조합된 지보재의 강성

$K_{s,} = K_{s(shot)} + K_{s(bol)}$

$\quad\quad = 95.89 + 5.58 = 101.47 MN/m^3$; $0 \leq (u_r - u_r^o) \leq 6.47$

$K_{s,}$; $6.47 \leq (u_r - u_r^o) < 15.6$

$K_{s,}$; $(u_r - u_r^o) \geq 15.6$

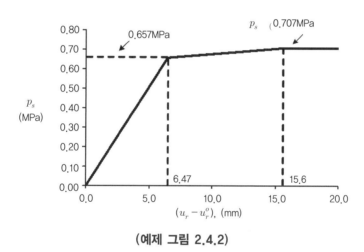

(예제 그림 2.4.2)

(3) 숏크리트+강지보재+앵커볼트

각 지보재의 강성

$K_{s(shot)} = 95.89\text{MN/m}^3$, $p_{s(shot)}^{\max} = 0.62\text{MPa}$, $(u_r - u_r^o)_{\max} = 6.47\text{mm}$

$K_{s(set)} = 12.51\text{MN/m}^3$, $p_{s(set)}^{\max} = 0.072\text{MPa}$, $(u_r - u_r^o)_{\max} = 5.76\text{mm}$

$K_{s(bol)} = 5.58\text{MN/m}^3$, $p_{s(bol)}^{\max} = 0.087\text{MPa}$, $(u_r - u_r^o)_{\max} = 15.6\text{mm}$

조합된 지보재의 강성

$$K_{s,} = K_{s(shot)} + K_{s(set)} + K_{s(bol)}$$

$$= 95.89 + 12.51 + 5.58 = 113.98 \text{MN/m}^3 \quad ; 0 \le (u_r - u_r^o) < 5.76\text{mm}$$

$$K_{s,} = K_{s(shot)} + K_{s(bol)}$$

$$= 95.89 + 5.58 = 101.47 \text{MN/m}^3 \qquad\qquad ; 5.76 \le (u_r - u_r^o) < 6.47\text{mm}$$

$$K_{s,} \qquad\qquad\qquad\qquad\qquad\qquad ; 6.47 \le (u_r - u_r^o) < 15.6\text{mm}$$

$$K_{s,} \qquad\qquad\qquad\qquad\qquad\qquad ; (u_r - u_r^o) \ge 15.6\text{mm}$$

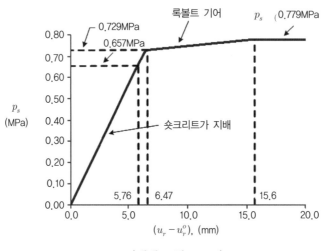

(예제 그림 2.4.3)

종합 토론

- 강지보재는 항복변위가 숏크리트와 비슷하면서 상대적으로 강성이 작기 때문에 지보재 특성곡선에 그다지 기여하지 못함을 알 수 있으며, 반면에

- 록볼트는 숏크리트에 비해 상대 강성은 작지만 항복변위가 크기 때문에 숏크리트가 항복하고 난 이후(6mm 후반부)의 지보재 특성곡선에 기여함을 알 수 있다.

- (예제 그림 2.4.3)에서 보여주는 것과 같이 지보압에 관한 한 숏크리트가 대부분을 차지함을 알 수 있다.

2) 지보재의 설치시기가 다른 경우

지보재는 동시에 설치하는 것이 아니라, 시간 간격을 두고 설치할 수 있다. 예를 들어서 터널 굴착 후 1차 숏크리트 및 록볼트를 설치한 뒤, 한 막장을 더 굴착한 뒤에 2차 숏크리트를 설치하는 예가 그렇다.

각 지보재 설치 시의 지반변위는 각각 다를 것이다. 즉,

$$u_{r,i}^o \neq u_{r,j}^o \; ; \; i \neq j \tag{2.90}$$

각 지보재의 지보압은 다음 식으로 계산된다.

$$p_{s,i} = K_{s,i}(u_r - u_{r,i}^o) \tag{2.91}$$

전체 지보재 시스템의 강성은 다음과 같이 구할 수 있다.

$$K_{s,} \tag{2.92}$$

$$\overline{K_{s,i}} = \overline{K_{s,i}} \; ; \; u_{r,i}^o \leq u_{r,i} < u_{el,i} \tag{2.93}$$

$$\overline{K_{s,i}} = 0 \; ; \; u_r < u_{r,i}^o \text{이거나 } u_r \geq u_{el,i} \text{인 경우} \tag{2.94}$$

지보재 설치시기가 다른 세 개의 지보재로 이루어진 지보시스템에 대한 지보재 특성곡선의 예가 그림 2.22에 표시되어 있다.

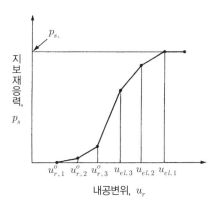

그림 2.22 지보재 시스템의 지보재 특성곡선(3개의 지보재를 각기 다른 시기에 설치한 경우)

2.4.7 콘크리트 라이닝의 역할

1) 개요

NATM에 근거한 터널설계법에서는 터널시공 시 설치되는 숏크리트, 록볼트, 강지보재를 1차 지보재로 명명하여 사실상 터널을 지탱하는 주 지보재로 사용된다. 이에 수반하여 터널의 굴착이 완전히 끝나고 내공변위가 수렴된 후에 2차 지보재로서 콘크리트 라이닝을 타설하게 된다. 이 콘크리트 라이닝은 양질의 암반지반에서는 무근으로 30cm 내외의 두께로 타설함이 일반적이며, 풍화암 이하의 비교적 연약한 지반이나 차후에 지하수압이 작용될 확률이 있는 지반에서는 철근콘크리트로 설계·시공하기도 한다. 이제껏 논의되어 오는 것이 '이 2차 지보재의 뚜렷한 역할이 무엇인가?'이다.

NATM의 개념이 도입될 초기에는 앞에서 서술한 대로 1차 지보재가 주 지보재라는 개념으로 출발하였으나, 작금의 개념에서는 궁극적으로는 1차 지보재가 그 기능을 잃을 수도 있다는 가정하에 1차 지보재는 굴착 시공 중에 안정성을 확보하는 차원에서만 이용하고 영구지보재로서는 2차 라이닝이 하중을 담당하도록 하는 개념이 더 많이 채택되고 있다.

1차 지보재의 열화는 우선 숏크리트는 알칼리 골재반응이 주된 원인이며, 록볼트의 경우는 철근의 부식 또는 정착제의 열화가 원인이 될 수 있다고 한다.

2) 콘크리트 라이닝의 해석 모델

앞에서 서술한 대로 대부분의 경우 콘크리트 라이닝도 외부 하중을 견딜 수 있도록 설계·시공되고 있다. 현재 2차 라이닝에 적용하는 하중은 Terzaghi 이완하중을 적용하는 것이 일반적이다(그림 2.23 참조). Terzagh 이완 하중의 상세한 유도는 다음 2.6.2절에서 서술할 것이다. 『암반 역학의 원리』 9.15절에서 서술한 대로 Terzaghi 이완하중은 붕괴이론에 근거한 재래식 터널에 적용하던 하중으로서 터널이 inverted arch에 도달한다는 가정에 근거하므로 하중이 과다하다. 저자는 가능한 대로 이완하중에 근거한 콘크리트 라이닝 설계는 지양하도록 권고하고 싶다.

재삼 밝히건대, NATM의 근간은 지반 자체가 convex arch를 이루어야 한다는 것이다. 앞에서 서술한 대로 그림 2.4의 D점에서(또는 그림 2.24의 D점) 새로운 평형을 이루어야 한다.

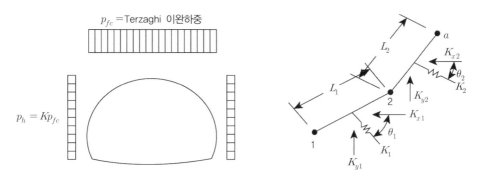

그림 2.23 Terzaghi 이완하중에 근거한 콘크리트 라이닝 하중 모델

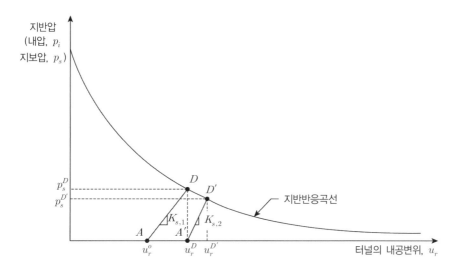

그림 2.24 1차 지보재와 2차 지보재의 거동

그림 2.24에서 터널굴착 후 1차 지보재 설치 시점이 A이다. 이때의 내공변위는 u_r^o이다. 이제 1차 지보재를 설치하고 한 막장을 추가로 굴착하면 전이되었던 하중이 되돌아오고 이 지반압을 지보재가 받게 되며(지보재 강성계수 $K_{s,1}$) D점에서 평형을 이룬다. 이때의 내공변위는 u_r^D가 되며 이때의 내압과 지보압은 p_s^D가 될 것이다.

만일 터널을 시공한 연후에 지보재에 열화현상이 일어나서 지보능력을 상실하게 되면 지보압은 $p_s^D \rightarrow 0$으로 감소하게 된다. 이 점이 A'점이다. 이때부터 2차 지보재인 콘크리트 라이닝이 압력을 받게 되어서(지보재 강성계수 $K_{s,2}$) 지보압이 점점 증가하여 D'점에서 새로운 평형조건을 이루게 된다. 이때의 지보압을 $p_s^{D'}$, 내공변위는 $u_r^{D'}$이 된다. D'점에서 새로운 평형상태에 도달하였다는 것은 비록 1차 지보재의 기능 상실로 2차 지보재인 콘크리트 라이닝이 하중을 받게 되나 이는 새로운 소성평형을 의미하며 아직도 convex arch를 이루고 있음을 의미한다. 즉, inverted arch에 근거한 그림 2.23의 Terzaghi 이완하중에 비하여 그림 2.24의 D'점에서의 압력 $p_s^{D'}$의 압력만을 견디도록 콘크리트 라이닝을 설계하여도 됨을 의미한다. 그림 2.24에 표시한 거동은 역학의 기본 원리를 설명하기 위한 것이며, 실제로 콘크리트 라이닝에 작용하는 하중은 수치해석을 이용하여 구할 수 있다. 이에 대한 상세 사항은 제4장 수치해석 편에서 다룰 것이다.

만일 터널을 건설하고자 하는 지반이 시간의존적 거동을 한다든지, 암반이 계속 풍화되어 물성치가 계속 나빠지든지 하여 장기적으로 지반반응곡선이 그림 2.25에서와 같이 상승하게 되면, 장기안정을 위해서도 2차 지보재의 역할은 필수불가결하다고 볼 수 있다. 1차 지보재의 강성을 $K_{s,1}$, 2차 지보재의 강성을 $K_{s,2}$라고 한다면 그림 2.25에서 DD'부분의 강성은 $(K_{s,1} + K_{s,2})$가 될 것이다. 즉, 1·2차 지보재가 동시에 역할을 할 것이다. 그림에서 u_r^D는 단기적인 관점에서 터널이 평형에 이른 상태에서의 내공변위를 의미한다. 만일 1차 지보재는 궁극적으로 그 기능을 상실한다고 가정하면 이 경우에도 결국 장기거동은 2차 지보재로만 지지할 수 있어야 할 것이다. 각 지보재의 특성곡선을 정리하면 다음과 같다.

- AD : 1차 지보재의 지보재 특성곡선
- ADD' : 지보 시스템(즉, 1차+2차 지보재)의 거동
- $A'D''$: 1차 지보재의 기능은 궁극적으로 상실된다고 가정하여 2차 지보재가 주 지보재로 작용하여 장기거동을 견디는 경우

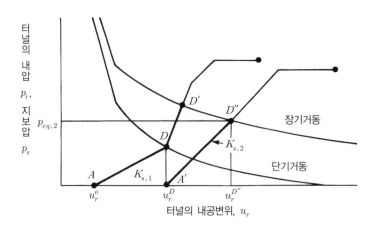

그림 2.25 장기거동에 대하여 1차 지보재와 2차 지보재의 상호거동

숏크리트의 양생을 고려한 지보재 특성곡선

숏크리트는 비록 조강콘크리트에 해당되기는 하나 타설 후 시간이 지나야 양생되며 28일이 지나면 제 강도가 완전히 발휘된다. 양생기간에 따른 숏크리트의 일축압축강도 증가 양상이 표 2.6에 표시되어 있다. 숏크리트는 빠른 시간에 강도발현을 해야 지보재로서의 조기 기능을 할 뿐 아니라, 리바운드 양도 줄일 수 있다.

표 2.6 숏크리트의 경화시간에 따른 일축압축강도

숏크리트의 형태	일축압축강도, $\sigma_{c,t}$(MPa)			
	1~3시간 경과	3~8시간 경과	1일 경과	28일 강도
첨가제 없는 경우	0	0.2	5.2	41.4
첨가제 3% 첨가	0.69	5.2	10.3	34.5
경화조절 숏크리트	8.27	10.3	13.8	34.5

숏크리트의 시간에 따른 경화효과는 다음 식으로 이루어진다고 알려져 있다.

$$E_{shot,t} = E_{shot}(1 - e^{-\alpha t}) \tag{2.95}$$

$$\sigma_{c(shot),t} = \sigma_{c(shot)}(1 - e^{-\beta t}) \tag{2.96}$$

여기서, $E_{shot,t}$: t시간 양생된 숏크리트의 탄성계수

$\qquad E_{shot}$: 숏크리트의 탄성계수($t = \infty$일 때)

$\qquad \sigma_{c(shot),t}$: t시간 양생된 숏크리트의 일축압축강도

$\qquad \sigma_{c(shot)}$: 숏크리트의 일축압축강도($t = \infty$일 때)

$\qquad \alpha$, β : 계수(단위 : 시간$^{-1}$)

양생되고 있는 숏크리트의 지보재 특성곡선은 더 이상 직선식이 될 수 없으며, 그림 2.26에서와 같이 아래로 볼록한 곡선을 띤다. 실제로 그림에서 지반반응곡선과 지보재 특성곡선이 같아지는 점(즉, 평형에 이르는 점)인 D점을 구하기는 쉽지가 않다. 이에 관한 상세한 방법은 Oreste(2003)가 제안하였으며, 관심 있는 독자는 이 논문을 읽어보길 바란다.

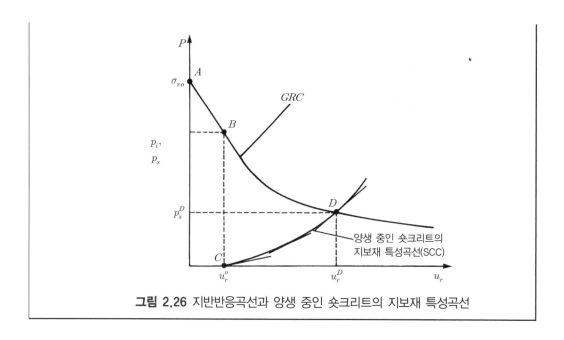

그림 2.26 지반반응곡선과 양생 중인 숏크리트의 지보재 특성곡선

2.5 종단변형곡선의 해

전술한 대로 종단변형곡선(Longitudinal Deformation Profile, LDP)이란 지보재를 전혀 설치하지 않았다고 가정하였을 때 터널막장을 중심으로 터널종단방향으로 전후방에 대한 내 공변위를 그린 것이다. 종단변형곡선의 개략이 그림 2.27에 그려져 있다. 그림 2.27을 정리하여보면 다음과 같다.

① 터널막장으로부터 약 $4a$(a는 터널반경) 전방에서부터 변위가 발생하기 시작한다.
② 터널막장 후방 약 $8a$ 정도에서 변위는 수렴한다(최종변위$= u_r^M$).
③ 터널굴착 즉시 막장에서 이미 최종변위의 약 30%가량이 발생한다.

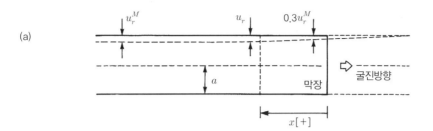

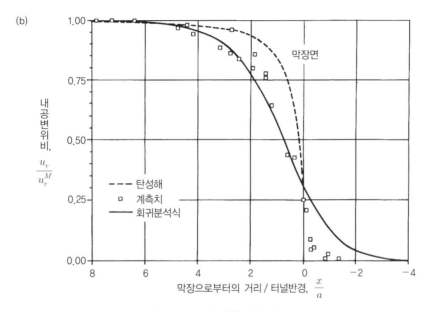

그림 2.27 종단변형곡선 개요도

그림 2.27(b)의 점선은 탄성지반에 대하여 Panet(1995)이 제안한 식을 나타내며, 다음과 같다(Carranza-Torres and Fairhurst, 2000).

$$\frac{u_r}{u_r^M} = 0.25 + 0.75\left[1 - \left(\frac{0.75}{0.75 + \dfrac{x}{a}}\right)^2\right] \tag{2.97}$$

또한 그림에서 (□)으로 표시된 점들은 Chern 등이 대만의 한 수력발전소용 캐번(cavern) 시공 시에 실측한 자료이며 실선은 이 데이터를 회귀분석법으로 구한 식으로서 다음과 같다 (Carranza-Torres and Fairhurst, 2000).

$$\frac{u_r}{u_r^M} = \left[1 + \exp\left(\frac{-x/a}{1.10} \right) \right]^{-1.7} \tag{2.98}$$

그림 2.27의 종단변형곡선을 상세히 그려보면 그림 2.28과 같다. 실제로 터널 안에서 내공 변위를 실측할 수 있는 시점은 I점 이후이며, 그 이전의 변형을 계측하기 위해서는 터널시공 이전에 지표면에서 혹은 터널막장에서 전방으로 extentiometer를 미리 설치해야 한다. 그림 에서 $F - I - M$에 이르는 곡선의 형태는 지반이 탄성, 소성, 점탄성, 또는 점탄소성거동을 하 느냐에 따라 다른 것으로 알려져 있으며, 대표적인 예가 표 2.7에 표시되어 있다.

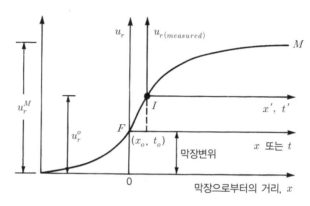

그림 2.28 종단변형곡선의 일반도

표 2.7 종단변형곡선식

곡선식	계수	비고
$u_r(x) = a\{1 - \exp(-bx)\}$ or $u_r(t) = a\{1 - \exp(-bt)\}$	a, b	탄성
$u_r(t) = a\{\log(1 + bt)\}$	a, b	점소성
$u_r(x) = a\left\{ 1 - \left(\dfrac{X}{X+x} \right)^2 \right\}$	a, X	탄소성
$u_r(x,t) = a\{1 - \exp(-bx)\} + c\{1 - \exp(-dt)\}$	a, b, c, d	점탄성
$u_r(x,t) = a\left\{ 1 - \left(\dfrac{X}{X+x} \right)^2 \right\} \times \left[1 + m\left\{ 1 - \left(\dfrac{T}{T+t} \right)^n \right\} \right]$	a, X, T, m, n	탄성-점소성

[예제 2.5] [예제 2.1]에 제시된 터널에 대하여 종단변형곡선을 식 (2.98)을 사용하여 그려 라. 단, $\psi = 15°$로 가정하라.

[풀이]

(예제 표 2.1.2)로부터 $p_i = 0$일 때의 $u_{r(r=a)}$값이 u_r^M이 되므로($\psi = 15°$로 가정)

$$u_r = \left[1 + \exp\left(\frac{-x/a}{1.1}\right)\right]^{-1.7} \times u_r^M$$

$$= \left[1 + \exp\left(\frac{-x/5}{1.1}\right)\right]^{-1.7} \times 13.48 (\text{mm})$$

이 식을 이용하여 $-20\text{m} \le x \le 40\text{m}$에 대한 u_r 값을 도표로 표시하면 (예제 표 2.5.1)과 같다.

(예제 표 2.5.1)

x(m)	u_r(mm)	x(m)	u_r(mm)	x(m)	u_r(mm)
−20	0.02665	2	5.49590	22	13.07043
−18	0.04853	4	6.89665	24	13.19317
−16	0.08764	6	8.23888	26	13.27958
−14	0.15654	8	9.43516	28	13.34017
−12	0.27537	10	10.43844	30	13.38256
−10	0.47454	12	11.23975	32	13.41214
−8	0.79590	14	11.85601	34	13.43277
−6	1.28958	16	12.31666	36	13.44714
−4	2.00305	18	12.65387	38	13.45715
−2	2.96187	20	12.89701	40	13.46411
0	4.14896				

이 도표를 그림으로 나타내면 다음 (예제 그림 2.5.1)과 같다.

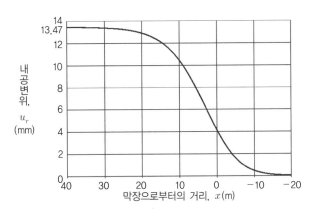

(예제 그림 2.5.1) 종단변형곡선

[예제 2.6] [예제 2.1]에 제시된 터널에 대하여 GRC, SCC, LDP를 종합하여 그려라. 단 $\psi = 15°$를 가정하라. 지보재로는 15cm의 숏크리트만을 타설한다고 가정하라.

[풀이]

(예제 표 2.1.2), (예제 그림 2.3.1), (예제 그림 2.5.1)을 종합하여 다음 (예제 그림 2.6.1)에 GRC, SCC, LDP를 종합하여 나타내었다.

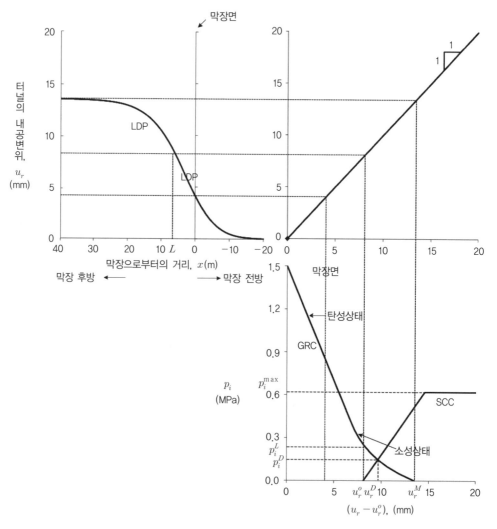

(예제 그림 2.6.1)

2.6 연약지반 터널의 안정성

2.6.1 개 괄

이제까지 일관적으로 서술한 지반반응곡선의 예는 대부분 암반터널을 염두에 두고 유도된 것이었다. 재삼 반복하건대 NATM의 기본 개념은 적절한 시기에 지보재를 설치하여 지보압으로 인하여 그림 2.4(b)의 'D'점에서 새로운 소성평형을 이룬다는 것이다. 그러기 위해서는 내공변위가 반드시 u_r^D 이하로 제어되어야 한다. 그림 2.4(b)에 표시된 지반반응곡선(GRC 곡선)은 측벽부에 해당된다고 하였다. 측벽부에서는 지보재를 설치하지 않는 경우에 변위가 u_r^M 까지 발생하며 $p_i = 0$로 평형조건에 이를 것이다.

천정에서의 지반반응곡선은 위의 곡선과 사뭇 다르다. 지보재를 적절히 설치하여 새로운 소성평형을 이룬 경우에는 'D' 점에서 $u_r = u_r^D$, $p_i = p_i^D$로 변위 및 응력이 제어되나, 터널천정에서 변위가 과도하게 발생하는 경우는 그림 2.29에서 보여주는 것과 같이 p_i값이 더 이상 감소하는 것이 아니라, 천정 상부 부분의 지반이 완전 이완되어 오히려 이완하중으로 작용되어 p_{fc}까지 압력이 증대하게 된다. 즉, 그림 2.29에서 A, B구간에서는 연속체역학으로 거동하

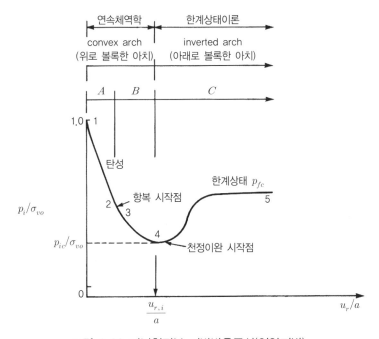

그림 2.29 터널천정부 지반반응곡선(연약지반)

나 C구간은 더 이상 연속체역학이 적용될 수 없으며, 한계상태(limit state)에 이르렀으므로 토질역학에서 많이 적용되는 한계평형이론(limit equilibrium)으로 하중을 구할 수밖에 없다. 이러한 현상은 특히 연약한 잔층지반에(shallow tunnels in soft soils) 터널을 건설하는 경우 빈번하게 발생할 수 있다. 그림 2.29에 사용된 용어를 정리해보면 다음과 같다.

- p_{ic} : 터널천정부에서 터널 이완하중이 작용되기 직전의 내압(그림 2.29에서 '4'점)
- p_{fc} : 터널천정부의 이완하중(또는 붕괴하중)

터널천정 윗부분인 'K'점(그림 2.30)에서의 응력상태를 내공변위에 따라 구해보면 다음과 같다. 터널설치로 인하여 연속체역학으로 소성평형을 이룬 경우는 그림 2.30(a)와 같이 접선응력이 최대주응력이 되며, 반경방향응력은 최소주응력이 된다. 아치의 모양은 그림과 같이 위로 볼록(convex arch)한 아치모양을 이루어 상당한 부분의 연직하중을 터널 양쪽으로 옮겨준다. 반면에 변위가 과도하여 극한상태에 이르면 지반 자체가 하중으로 작용되어 그림 2.30(b)와 같이 연직방향응력(또는 반경방향응력)이 최대주응력으로 되어 주응력이 수평으로부터 연직방향으로 90° 회전하게 된다. 이때는 아래로 볼록한 아치(inverted arch 또는 collapse arch) 모양을 이루게 된다.

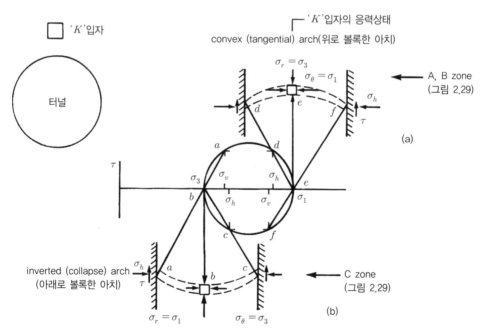

그림 2.30 터널의 천정부에서의 아칭 메커니즘

터널의 천정부에서 소성영역이 발생한 후 추가로 터널에 변형이 발생하면, 그림 2.31에서와 같이 이완영역이 계속 증가하다가 잔층터널의 경우 이완영역이 지표면까지 발달한다. 물론 이완영역이 지표면까지 발달은 어느 경우나 발생하는 것은 아니며, 잔층연약 토사터널로서 특히 수평토압계수가 작을수록($K_o \ll 1$) 쉽게 발달한다.

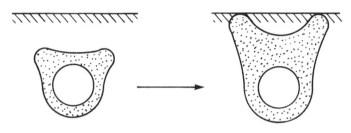

그림 2.31 이완영역의 발달과정($K_o = 1$인 경우)

2.6.2 이완토압산정(p_{fc}의 이론해)

'만일에 아래 그림과 같이 터널시공 시 내공변위가 과도하여 터널천정부가 이완된 경우 천정부에 작용되는 하중은 연직토압(즉, $\sigma_v = \gamma H$)이 다 작용될 것인가?'

그렇지는 않다. 터널 천정상부는 침하가 발생하고 그 주위는 큰 변형이 없는 경우에 천정상부가 갖고 있는 하중을 아칭작용으로 인하여 터널 양쪽으로 전이시키기 때문이다. 이완토압을 산정하는 예로 Terzaghi의 해를 소개하고자 한다.

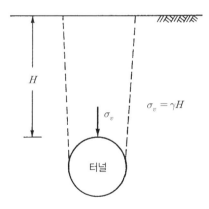

1) Terzaghi의 이완토압

Terzaghi는 그림 2.32에서와 같이 터널천정상부의 폭 $2B$ 부분이 이완토압으로 터널에 작용된다고 가정하였다. 만일 $CDEF$ 부분의 침하량이 주변보다 크다고 가정하면 CD, EF 면에는 그림에서와 같이 상방향의 전단응력이 작용될 것이다. 그림 2.32(b)에서의 연직방향 평형조건을 고려하면 다음 식과 같다.

$$\sigma_v \cdot (2B) + \gamma \cdot (2B) \cdot dz = \left(\sigma_v + \frac{\partial \sigma_v}{\partial z} dz\right)(2B) + 2\tau dz \tag{2.99}$$

단, 전단응력 τ는

$$\tau = c + \sigma_h \tan\phi = c + K\sigma_v \tan\phi \tag{2.100}$$

여기서, K : 수평토압계수(대부분의 경우 $K \approx 1$로 가정)

식 (2.99)를 적분하여 정리하면 $z = H$에서의 연직방향토압 σ_v, 즉 p_{fc}는 다음 식과 같다.

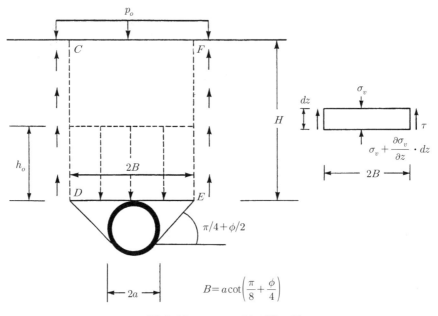

그림 2.32 Terzaghi의 이완토압

$$p_{fc} = \sigma_v(z = H) = \gamma h_o \qquad (2.101)$$

$$h_o = B\left\{1 - \frac{c}{B\gamma}\right\}\left\{1 - \exp\left(\frac{-K\tan\phi \cdot H}{B}\right)\right\}/\{K\tan\phi\} + \frac{p_o}{\gamma}\exp\left\{\frac{-K\tan\phi \cdot H}{B}\right\}$$
$$(2.102)$$

(단, $h_o \geq 4a$ 이어야 한다)

여기서, $B = a\cot\left(\frac{\pi}{8} + \frac{\phi}{4}\right)$; $K \fallingdotseq 1$ $\qquad\qquad (2.103)$

　　p_o : 지표면에 작용되는 상재하중

식 (2.101), (2.102)는 천층터널로서 이완영역이 지표면까지 발달한 경우에 적용될 수 있는 식이다. 한편, 터널이 비교적 깊게 위치해 있어 지표면까지 발달하지 않는 경우는 그림 2.33에서와 같이 $H_2 = 5B$ 정도까지 이완영역이 발달하는 것으로 가정하며, 그 위에 있는 H_1 깊이에 작용되는 하중은 $p_o = \gamma H_1$ 의 상재압력으로 생각하면 될 것이다. 즉, 식 (2.102)에 $H = 5B$, $p_o = \gamma H_1$ 을 대입하여 h_o 를 구하고 이를 이용하여 식 (2.101)로 계산하면 된다.

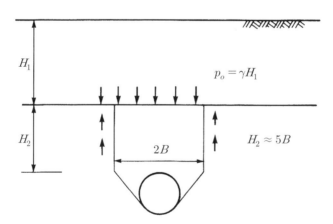

그림 2.33 이완영역이 H_1 깊이까지 이른 경우의 이완토압

2) Wong의 해

Wong(Wong and Kaiser, 1991)은 Terzaghi의 해를 좀 더 일반화하여 이완영역이 아래 그림과 같이 지표면으로 올라갈수록 넓어지는 것으로 가정하고 이완하중을 유도하였으며 그 결과를 그림 2.34에 표시하였다.

그림에서 보면 β값에 따라 차이는 있으나 개략적으로 이완하중은 상재압력의 50~80% 정도이며 특히 $H/a \geq 4$인 경우, 즉 터널의 깊이가 터널 직경의 2배 이상인 경우는 60~80% 정도에 이름을 알 수 있다.

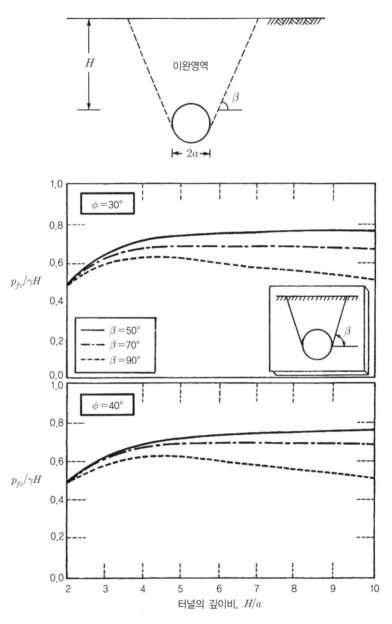

그림 2.34 이완토압 산정결과(Wong의 해)

3) 이완하중을 구하기 위한 실험

이완하중을 실험적으로 구하기 위하여 가장 간단히 할 수 있는 실험이 소위 trapdoor 실험이다. 이 실험은 아래의 그림과 같이 폭 B의 판(plate)을 아래로 움직일 때 변위에 따라 이 판에 작용되는 압력을 계측한다.

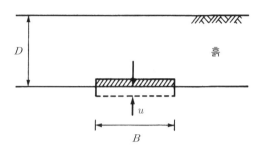

이 실험의 예가 그림 2.35에 나타나 있다.

그림에서 보면 판에 작용되는 압력이 점점 감소하다가(convex arch), 변위가 더 커지면 이완하중으로 바뀌어(inverted arch) 오히려 압력이 증가한다. $D/B=2.0$인 경우 p_{fc}는 상재압력의 60%가량이 됨을 알 수 있다.

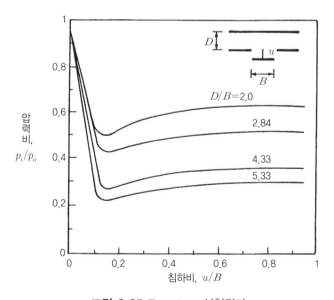

그림 2.35 Trapdoor 실험결과

그림 2.36은 Kennedale 터널에 대한 실측자료이다. 계측결과를 종합해보면 다음과 같이
요약할 수 있다.

① 이완하중으로 변화되는(즉, 그림 2.29의 '4'점) 점의 변위는 $\frac{u_{r,i}}{a} \approx 1.5{\sim}3.5\%$ 정도이
   다. 즉, 내공변위가 터널반경의 1.5~3.5%에 이르면 더 이상 연속체역학으로 터널이 거
   동하는 것이 아니라 극한상태로서 이완하중으로 작용된다.

② 이완하중은 터널상부 상재하중의 50~70% 정도이며 70%를 넘는 경우는 드물다. 다시
   말하여, 아무리 이완하중을 고려하여 터널을 설계한다고 해도 상재하중을 그대로 터널
   에 작용되는 것으로 가정하면 너무 과설계가 될 확률이 크다.

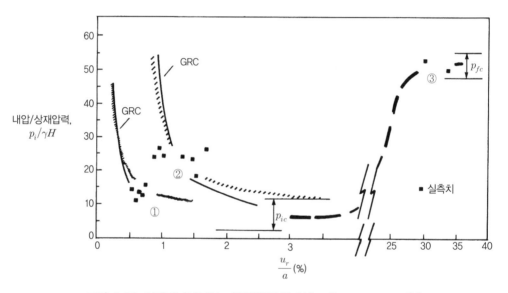

그림 2.36 실제터널에서의 지반반응곡선 실측 예(Kennedale 터널)

2.6.3 시공 중 막장에서의 안정성

1) 개괄

잔층 연약토사터널에서 더욱 중요한 것이 시공 중 막장의 안정성이다. 연약지반을 한 막장
굴착하게 되면, 지보재를 설치하기도 전에 막장이 붕괴될 수 있기 때문이다. 그림 2.37은(『암
반역학의 원리』그림 7.1) RMR 값에 따른 무지보 자립시간을 보여준다. RMR 값이 작을수록,
스팬이 클수록 자립시간이 '0'에 가까움을 알 수 있다. 즉, 즉시 붕괴가 일어날 수 있음을 알
수 있다.

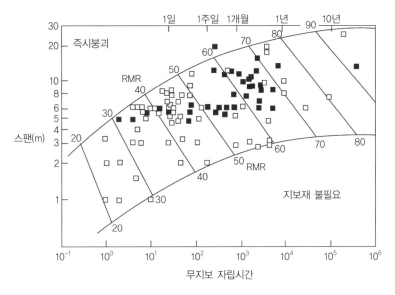

그림 2.37 RMR과 터널의 자립시간

막장 전방의 파괴 양상은 그림 1.9에서 이미 그 개략도를 그려놓았다. 다음 그림 2.38(a)와 같이, 한 막장을 굴착하게 되면 새 굴진장 L구간은 아무 지보재도 설치하지 않은 상태이므로 무지보 구간이 된다. 따라서 inverted arch가 발생하면 무지보 구간 천정부와 막장 전방에서 파괴가 발생할 수 있다. NATM에서의 막장 부근의 파괴 양상과 기계화 시공에서의 막장 전방 파괴 양상은 조금은 다르다 NATM의 경우에는 그림 2.38(a)에서와 같이 무지보 구간으로 파괴가 발생할 수 있으므로 무지보구간 천정부가 쏟아져 내리지 않게 함이 중요하나 쉴드 공법을

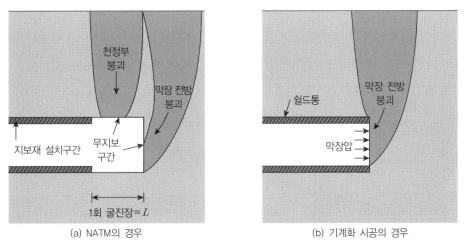

그림 2.38 터널막장에서의 붕괴 양상

주요 근간으로 하는 기계화 시공에서는 쉴드통이 막장까지 삽입되어 있으므로 천정부에서의 파괴는 없이 전방부가 쏟아져 내리게 된다. 더욱이 막장 전방 파괴가 발생하지 않도록 하기 위하여 소요되는 막장압(face pressure)을 예측하는 것이 주된 목적이다.

이에 반하여 NATM의 경우에 막장부근에서의 파괴 가능성이 존재하는 경우, 먼저 보강을 한 연후에 다음 막장굴착을 해야 한다. 보강의 목적은 두 가지로 볼 수 있다. 첫째는 시공 중 붕괴가 일어나지 않도록 하는 것이며, 둘째는 시공 후의 전체 거동이 convex arch로 나타나도록 유도하는 것이다.

NATM에서의 막장 전방부 보강은 크게 두 가지로 대별된다. 첫째는 굴착 천정부 붕괴를 방지하기 위한 보조공법이며, 둘째는 막장면 안정공법을 들 수 있다. 여기에 소개한 두 보강법의 개요와 기본 원리를 순차적으로 서술할 것이다.

2) 천정 보강공법

천정 보강공법으로는 휘폴링(Fore-poling), 파이프루프, 강관다단 그라우팅, 대구경 강관 보강 그라우팅, 강관 동시삽입형 수평 제트 그라우팅('Travi Jet'라고도 부름) 등이 있다. 우산살을 펼쳐놓은 것 같은 Umbrella Arch Methd(UAM)의 일종인 면에서는 동일하나 길이 및 시공방법에 차이가 있다. 이를 소개하면 다음과 같다.

(1) 휘폴링(Fore-poling)

휘폴링은 일시적 지보재로서 굴착 전 터널 천정부에 종방향으로 설치하여 굴착천정부의 안정을 도모하고 막장 전방의 지반보강 및 느슨함을 방지한다(그림 2.39 참조). 휘폴링의 길이는 일반적으로 3m를 많이 사용한다.

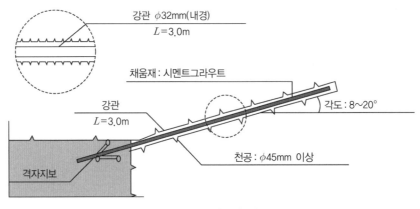

그림 2.39 휘폴링 개요

휘폴링의 설치 시 강지보재에 밀착시켜 2점 지지가 되도록 설치한다. 가능한 진행방향의 설치각도는 8~20° 이하가 되도록 유지한다. 설치구간은 천단부를 중심으로 좌우 60° 구간을 표준으로 하고 횡방향 설치간격은 500mm 이하로 함이 보통이다.

(2) 파이프루프/강관다단 그라우팅

파이프루프/강관다단 그라우팅 공법은 터널굴착에 따른 변위를 최대한 억제하고 상부 시설물 보호 및 터널의 안정성 확보를 위해 적용하는 공법이다(그림 2.40 참조). 시멘트 주입횟수에 따라 1회(일단) 주입 시는 파이프루프, 다단주입 시는 강관다단그라우팅 공법으로 구분한다. 삽입 재료를 강관대신 FRP를 사용하기도 한다. 휘폴링의 길이는 일반적으로 12m를 많이 사용하며 강관의 규격은 다양하게 적용할 수 있다(대표적으로 ϕ50.8mm). 횡방향 설치간격은 주로 300~600mm, 횡방향 설치 범위는 보강범위에 따라 120~180° 정도를 적용한다.

종방향 설치각도는 갱구부는 가능한 수평이 되도록 하는 것이 바람직하며 터널 내에서는 5~20° 이하가 되도록 한다. 중량에 비해 휨강성이 크고 취급이 용이하며 점착력이 작은 토사지반에도 보강효과가 탁월하다. 시공순서는 천공 → 강관 삽입 → 주입구 코킹 → 강관삽입부 실링 → 다단식 주입 순으로 시공한다. 12m 정도의 파이프루프 설치 후에 굴착을 진행하며 12m 중 30~40% 정도는 중첩되도록 한다. 즉, 3.6~4.8m의 길이를 남기고 새로이 파이프루프를 설치하여야 한다.

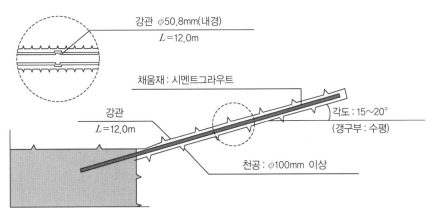

그림 2.40 파이프루프 개요

(3) 대구경 강관보강 그라우팅

대구경 강관보관 그라우팅 공법은 연약한 토사지반을 통과하는 터널굴착 시 천단변위를 최대한 억제하고 상부 시설물 보호 및 터널의 안정성 확보를 위해 적용하는 공법이다(그림 2.41 참조).

길이는 12m 이상이고 횡방향 설치간격은 300~600mm를 일반적으로 적용하며, 대구경 강관보강 그라우팅의 설치각도는 수평 또는 5° 이내로 해야 한다. 또한 연속 설치 시 천정의 안정 효과를 높이기 위해서는 지보재를 설치 연장의 1/4 이상 충분히 중첩시켜야 한다.

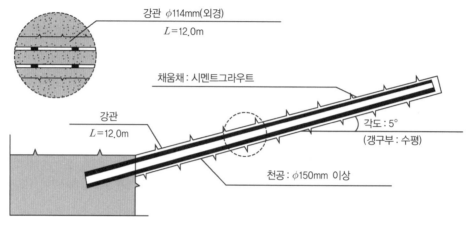

그림 2.41 대구경 강관보강그라우팅 개요

(4) 강관 동시삽입형 수평제트 그라우팅(일명 Trevi Jet 공법)

천공과 동시에 대구경강관(ϕ114mm)을 삽입하고 고압분사를 실시하여 강관 주변에 원주형 개량체를 형성하는 시멘트계 그라우팅 공법을 의미한다(그림 2.42 참조). 40MPa 이상의 고압제트로 지반을 절삭해서 분사·교반하여 경화재와 치환하는 공법이기 때문에 토사에 혼입된 시멘트계 배니(슬라임)가 발생하며 분사압력에 의해 절삭이 가능한 지반에서만 적용할 수 있다.

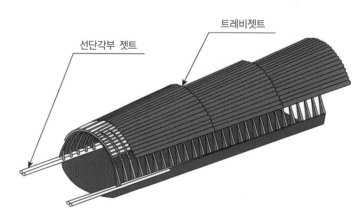

그림 2.42 강관 동시삽입형 수평제트 그라우팅

Umbrella Arch Method(UAM) 설계의 근간

앞에서 UAM의 종류와 개요에 대하여 간략히 소개하였다. 이제 설계의 근간이 되는 기본 개념에 대하여 소개하고자 한다.

(1) 삽입되는 상관은 편의상 연속보로 가정하며 다음 그림 2.43(a)와 같이 강지보공과 막장 전방으로 g정도 되는 지점에서 지점을 갖는 보로 가정한다. 막장 전방의 지점은 고정단으로 가정할 수도 있고[그림 2.43(b) 참조], 힌지로 가정할 수도 있다[그림 2.43(c) 참조]. 강관과 굴착경 사이를 채우기 위한 grouting 재료의 강성은 무시한다.

(2) $l = d + s + g$로 이루어진 보에 하중이 작용될 때 하중으로 인한 휨강성을 강관이 견딜 수 있어야 한다. 보에 작용되는 하중은 그림 2.38(a)에서와 같이 inverted arch가 발생할 수도 있다는 가정을 하여서, 이완하중을 적용시키면 될 것이다. 보에 작용되는 분포하중 w는 다음 식으로 구할 수 있다.

$$w = p_{fc} \cdot s_L \tag{2.104}$$

여기서, w = 강관(보로 가정)에 작용하는 분포하중(단위 = 힘/길이)
$\quad\quad\quad p_{fc}$ = 강관 위의 지반으로 인한 이완하중(단위 = 힘/길이^2)
$\quad\quad\quad s_L$ = 강관의 횡방향 설치 간격

이완하중 p_{fc}는 앞에서 서술한 Terzaghi의 이완하중[식 (2.102)]을 이용하면 될 것이다. 개략적으로 p_{fc}는 상재압력의 50~75% 정도로 알려져 있다.

(3) 막장 전방의 고정지점까지의 거리 g는 단단한 지반일수록 작고 연약한 지반일수록 커야 하는 것은 당연한 논리이다. 일반적으로 g값은 그림 2.43(a)에서 보듯이 $\theta = 45° + \dfrac{\phi}{2}$ 의 가상파괴선 끝으로 설정한다.

(4) 강관의 횡방향 설치간격 s_L은 굴착 후에 강관과 강관 사이의 지반이 흘러내리지 않도록 촘촘하게 설치한다. 다음 그림과 같이 강관 설치 후, 굴착을 완료하였을 때 강관과 강관 사이에 arching이 일어나서 안정화될 수 있어야 한다. 앞에서 서술한 대로 보통 300~600mm

의 값을 취한다.

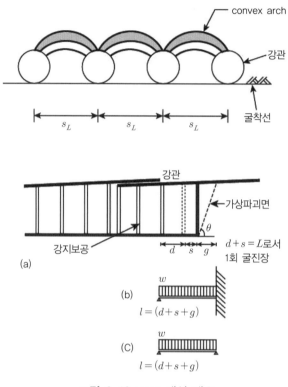

그림 2.43 UAM 해석 개요

3) 막장면 자립공

연약한 지반에 터널이 위치하면 앞에서 서술한 대로 천정부의 붕괴뿐만 아니라, 막장면도 자립하지 못하여 막장면 붕괴가 예상되는 구간에 막장면의 안정을 도와주는 공법을 말한다. 우선적으로 쉽게는 그림 2.44(a)에서와 같이 지지코아를 남겨두는 방법과 그림 2.44(b)에서와 같이 막장면에 숏크리트를 타설하여 안정성을 도모할 수 있다.

더 적극적인 방법으로는 그림 2.44(c)에서 보여주는 것과 같이 막장면에 록볼트를 설치하기도 한다. 천정부는 앞서 서술한 UAM으로 안정화시킨다고 해도 파이프루프 아래 부분에서 사면파괴가 발생할 수 있으므로 이를 방지하기 위해서 록볼트를 설치하되 이 록볼트는 추후 굴착 시 절단이 용이하도록 fiberglass 재료를 주로 이용한다(그림 2.45). 막장면 록볼트 설치로 인한 안정성 검토는 소일네일링의 안정성 검토와 동일하게 생각하면 되며, 『기초공학의 원리』 9.4절을 참조하길 바란다.

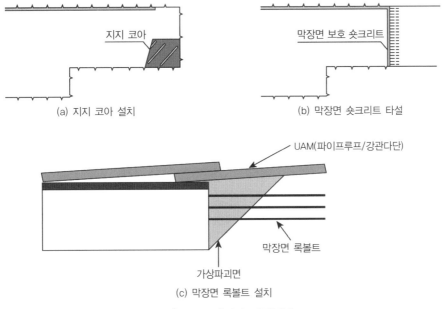

(a) 지지 코아 설치

막장면 보호 숏크리트

(b) 막장면 숏크리트 타설

UAM(파이프루프/강관다단)

막장면 록볼트

가상파괴면

(c) 막장면 록볼트 설치

그림 2.44 막장면 자립공법

그림 2.45 막장면 록볼트용 fiberglass

2.6.4 측벽 기초의 안정성

그림 1.7에서 보여주는 것과 같이 시공 중 과다변위가 발생하면 터널은 inverted arch 거동을 보일 수 있으며, 이때 터널 상부의 지반은 이완하중으로 작용한다. 이완토압은 앞 절에서 상세히 소개하였다. 특히 상반 시공 중에 그림 2.46(a)와 같이 터널 상부의 이완토압으로 인하여 하중이 작용되면 이 하중은 측벽기초에 작용되고 이 하중으로 인하여 기초의 파괴가 발생할

수 있다. 한마디로 기초의 지지력 파괴이다(『기초공학의 원리』 2.2절 참조). 연약 천층터널의 상반을 시공하는 중에 기초파괴가 발생하는 현장이 왕왕 존재한다. NATM의 개념으로 잘못 이해하여 기초에 하중이 작용될 거라는 생각을 하지 않은 결과이다. 물론 상반뿐만 아니라 하반까지 굴착이 완료된 다음에도 기초파괴는 일어날 수 있다. 기초파괴가 염려되는 경우 기초

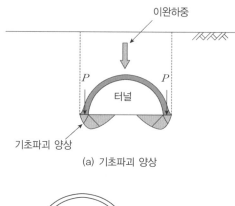

(a) 기초파괴 양상

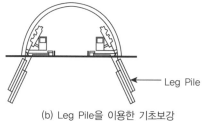

(b) Leg Pile을 이용한 기초보강

그림 2.46 Inverted Arch 작용 시의 측벽 기초 안정성

그림 2.47 터널 인버트 측벽부 보강 전경

부를 보강해주도록 한다. 가장 흔한 예는 소위 leg pile 보강안이다[그림 2.46(b) 참조]. Leg pile 또는 자천공볼트(또는 소일네일), 고압분사공법 등의 지반보강을 이용한 기초 보강공법이 사용된다. 물론 하반 굴착 후에도 같은 방법으로 인버트 측벽 기초부분을 보강해주어야 한다. 그림 2.47은 소일네일을 leg pile로 설치하는 사진 전경을 보여주고 있다.

한편, 굴착과 1차 지보재 시공이 완료될 때까지는 convex arch로 잘 거동하다가, 상당히 시간이 흐른 뒤에 2차 콘크리트 라이닝 시공 전에 inverted arch로 바뀌어서 이후에 터널붕괴를 가져오는 경우도 있다. 예를 들어서 터널시공 시 단층파쇄대를 조우한 경우에도 과다변위 없이 무난히 굴착은 하였으나 이후에 터널 상부 파쇄대에 강우 등으로 인하여 침투가 일어나고 이 침투된 지하수의 배수가 원활하지 않아서 순간적으로 수압으로 작용되는 경우 convex arch → inverted arch로 바뀌어서 1차 지보재의 붕괴 또는 기초파괴 등이 더불어 수반될 수도 있다.

그림 2.48(a)는 터널 굴착 중에는 convex arch로서 무난히 굴착과 1차 라이닝을 마쳤으나, 굴착 후 1년여쯤 경과 시 집중된 강우로 인하여 이 강우가 파쇄대로 침투, 이 지하수가 수압으로 작용된 예를 보여주고 있다. 이를 개념적으로 그려보면 그림 2.48(b)와 같다. 강우 집중으로 인하여 침투된 지하수위는 크게 상승하였으나 NATM 터널에서의 숏크리트 투수계수가 상대적으로 너무 적어서 배수층인 부직포층으로 침투되지 못하고 그대로 수압이 작용되어 inverted arch로 바뀌어서 터널붕괴가 발생한 것으로 유추할 수 있는 현장 예를 보여주고 있다.

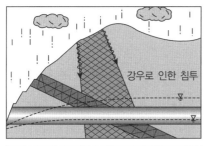

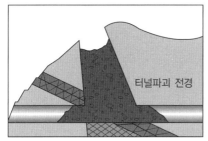

(a) 파쇄단층대에서의 터널붕괴 현황

그림 2.48 파쇄대에서 수압작용으로 인한 터널 붕괴 예

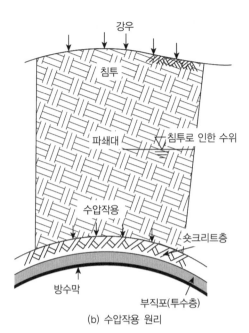

강우

침투

파쇄대

침투로 인한 수위

수압작용

숏크리트층

방수막

부직포(투수층)

(b) 수압작용 원리

그림 2.48 파쇄대에서 수압작용으로 인한 터널 붕괴 예(계속)

2.7 수직갱의 거동

2.7.1 개 괄

수직갱은 지하철 터널에서는 작업구로 또는 환기구로 설치되며, 산악터널에서는 주로 환기
의 목적으로 설치하게 된다. 수직갱에 작용되는 토압은 3차원 효과로 인하여 옹벽에 작용되는
토압보다 훨씬 작게 된다. 수직갱에 작용되는 토압은 Terzaghi, Berezantzev, Prater 등에
의하여 제안되었으며 이들의 제안식을 이용하여 토압을 구하여 비교한 예가 그림 2.49에 그려
져 있다. 그림에서 보듯이 H/a(H는 수직갱의 깊이, a는 터널의 반경)의 값이 2보다 크게 되
는 한 수직갱에 작용되는 압력은 주동토압보다는 훨씬 적음을 알 수 있다. 이 절에서는 Wong
and Kaiser(1988)의 논문에 근거하여 수직갱에서의 역학의 근간을 물리적으로 설명하고자
한다. 위의 저자가 제안한 방법은 터널에서 적용되었던 내공변위-제어법을 수직갱에도 적용
하기 위한 것이다. 과정이 워낙 복잡하여 수식은 대부분 생략하고 개념만을 이 책에서 서술할
것이다.

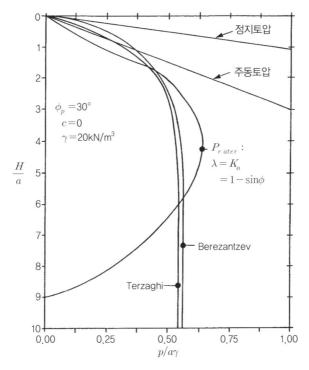

그림 2.49 수직갱에 작용하는 토압의 비교

2.7.2 수직갱 거동의 근간

수직갱 부근의 지반이 파괴되는 모드는 그림 2.50과 같이 2가지 형태이다.

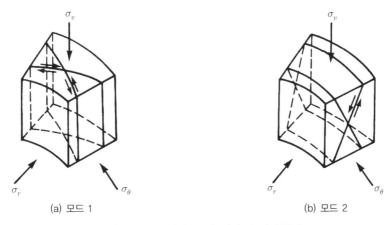

(a) 모드 1   (b) 모드 2

그림 2.50 수직갱 주변 지반의 파괴형태

첫 번째 모드는 그림 2.50(a)로서 접선응력(σ_θ)이 최대주응력($\sigma_1 = \sigma_\theta$), 반경방향응력(σ_r)이 최소주응력으로서($\sigma_3 = \sigma_r$), ($\sigma_\theta - \sigma_r$)이 파괴기준을 넘은 경우이며, 두 번째 모드는 연직응력(σ_v)이 최대주응력($\sigma_1 = \sigma_v$), 반경방향응력(σ_r)이 최소주응력($\sigma_3 = \sigma_r$)이 되어, ($\sigma_v - \sigma_r$)이 파괴기준에 도달한 경우이다.

토압의 감소는 아칭효과로 인한 것임을 말할 것도 없다. 수직갱의 아칭작용은 그림 2.51에서 보듯이 수평방향아칭과 연직방향아칭의 두 가지로 이루어진다.

• 수평아칭 : 그림 2.51(a)에 표시된 것이 수평아칭 효과이다. 터널굴착으로 인하여 그림과 같이 화살표 방향으로 아칭이 일어나며 이것은 convex(tangential) 아치이다. 이때에 수직갱에 작용되는 압력은 물론 내압 p_i이다. 수직갱 굴착으로 인하여 $r = b$까지 소성영역이 발생한다.

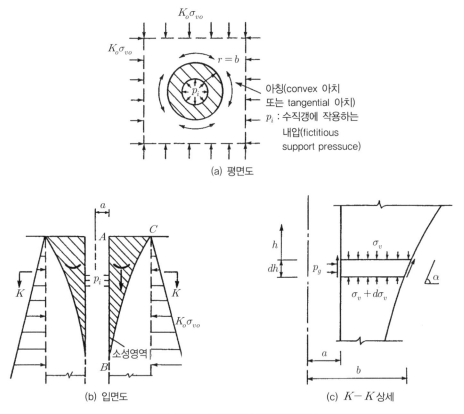

그림 2.51 수직갱에서의 아칭효과

• 연직아칭 : 수평아칭으로 인하여 소성영역이 발생한 현황을 연직방향에서 그려보면 그림 2.51(b)와 같다. 그림에서 빗금친 부분인 ABC 영역은 소성상태에 이르게 되며 소성영역에 있는 이 지반은 하방향 및 수직갱방향으로 하중이 작용된다. 이때 하방향으로의 움직임을 수직갱과 탄성영역에 있는 지반이 될수록 막으려고 하며, 이로 인하여 연직방향의 아칭이 발생한다[그림 2.51(c) 참조]. 이 경우의 아칭은 이미 이완된 하중이 작용될 때의 아칭이므로 inverted(collapse) 아치이다. 이 연직방향의 이완하중으로 인하여 수직갱에 전달되는 압력이 p_g이다. 이 값은

$$p_g = K_a \sigma_v \tag{2.105}$$

로 표시되며, 여기서 σ_v는 연직방향압력으로서 상재압력($\sigma_{vo} = \gamma z$)보다 아칭으로 인하여 적은 압력이 된다[식 (2.101)의 p_{fc}와 비슷함].

수직갱에 작용하는 토압

결국 수직갱에는 수평아칭으로 인하여 p_i의 내압이 작용되며 연직아칭으로 인하여는 p_g의 압력이 작용되는바, 실제로 수직갱에 작용되는 압력은 두 값 중 큰 값이 작용될 것이다. 그림 2.52는 수직갱에 작용되는 압력과 소성영역의 예를 보여주고 있다.

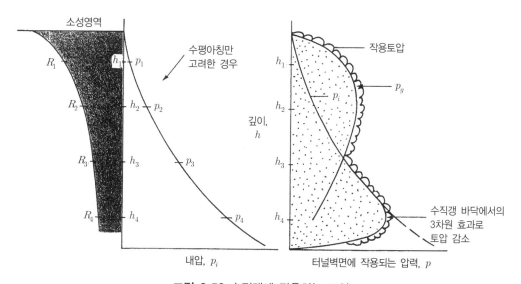

그림 2.52 수직갱에 작용하는 토압

2.8 NATM 터널에서 추가적인 핵심원리

이제까지 서술한 내용들은 새로운 평형조건으로써의 NATM의 기본 원리를 소개하고자 함에 초점을 맞춘 것이다. 이제 실제적인 관점에서 NATM 해석 및 설계에 필요한 사항들을 소개하고자 한다. 아래의 사항들은 제2편 '터널 및 지하공간요소기술의 이론적 접근' 편에서 다루고자 한다.

2.8.1 터널굴착 시 지반변형과 지보재 응력

그림 2.4에 소개된 내공변위－제어법으로부터, 개념적으로는 터널굴착 시 터널에서의 내공변위 및 그때의 지보재에 작용되는 응력을 구할 수 있었다. 그러나 이 경우는 지반 자체도 균질지반이며, 수평방향 토압계수 $K_o = 1.0$, 터널은 원형이라는 기본 가정하에 계산된 것으로써 실제적인 값이라기보다는 NATM의 기본 개념을 이해하는 데 도움을 주기 위한 것이 주된 목적이다. 또한 터널의 내공변위 예측도 중요하지만, 터널굴착으로 인한 지표면 침하 예측도 반드시 필요한 요소이다. 지표면 침하로 인하여 상부 구조물에 미치는 영향 등도 반드시 분석되어야 하기 때문이다.

터널굴착은 앞에서 서술한 대로, 한 막장(one round)씩 굴착하는 반복과정이다. 터널 단면은 대부분 마제형 또는 난형이며, 암반을 굴착할 때에는 전단면굴착도 가능하기는 하나, 보통은 상/하반 분할굴착을 하거나 또는 부분굴착을 하기도 한다(그림 1.5). 또한 앞 절에서 서술한 대로 천층 연약지반에 터널을 굴착하고자 하는 경우는 막장안정을 위하여 Umbrella Arch Method(UAM)와 같이 천정 보강공법을 채택할 수밖에 없다. 이 경우 UAM에 의한 보강효과도 터널굴착 시 지반거동 및 지보재 응력 검토에 포함시켜야 한다. 이러한 일련의 과정들을 합리적으로 고려하기 위해서는 수치해석을 이용할 수밖에 없다. 수치해석의 적용을 위해서는 수치해석의 기본에 대한 이해가 필요하므로 이 절에서 모든 사항의 수록이 불가능하며, 별도로 제4장에서 수치해석 개요와 함께 굴착 모델링을 서술할 것이다. 독자들은 우선적으로 다음의 기본 개념을 이해하고 있어야 한다(굴착 전경은 그림 1.4(a) 참조).

(1) 터널굴착은 근본적으로 有인 기존 지반을 無로 굴착하는 것이므로 제하(unloading)과정이다.
(2) 터널굴착은 한 막장씩 단계적으로 이루어지므로 근본적으로 3차원상의 제하과정이다. 3차원 굴착과정을 2차원으로 간략화하는 방법은 제4장에서 다룰 것이다.

(3) 굴착 각 단계마다 굴착-지보재 설치를 적절하게 모델링할 수 있어야 한다.

2.8.2 터널의 거동에서 지하수의 영향

이제까지 서술한 NATM의 기본 원리는 기본적으로 건조(또는 습윤) 지반으로서 지하수의 영향이 없는 가정을 염두에 두고 서술된 것이다.

만일 터널이 설치되는 곳이 지하수위 밑이라면 터널굴착 시 지하수의 영향을 고려하여야 한다. 지하수의 영향을 이해하려면 먼저 투수(흙 속의 물의 흐름)에 대한 이해가 필수적이다. 따라서 지하수의 영향은 따로 제5장에 서술하고자 한다.

터널에는 배수형 터널과 비 배수형 터널이 있다. 배수형 터널은 유입되는 지하수의 원활한 처리를 위하여 그림 2.52에서와 같이 숏크리트 층과 2차 콘크리트 라이닝 층 사이에 부직포(geotextile fiter)를 설치한다. 반면에 비배수형 터널은 말 그대로 터널의 운용 중에 지하수를 처리하지 않는다. 따라서 정수압이 터널 구조물에 그대로 작용할 것이다. 모든 지반압은 1차 지보재가 받아주고 있기 때문에, 정수압은 100% 2차 콘크리트 라이닝에 작용한다고 가정한다. 지하수의 영향은 제5장에서 중점적으로 다룰 것이다.

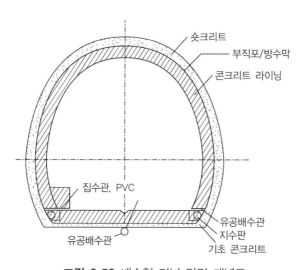

그림 2.53 배수형 터널 단면 개념도

2.8.3 터널의 구조 지질학적 접근

이제까지 일관되게 서술한 NATM의 기본 원리는 기본적으로 지반 자체가 연속체라는 가정하에 이루어진 것이다. 토사지반에 터널을 굴착하는 경우, 또는 암반(rock mass) 조건으로서 비록 암반이기는 하나 불연속면이 무수히 많이 존재하여서 연속체로 볼 수 있는 경우, 또는 아예 신선한 암석(rock material)으로서 불연속면이 거의 없는 지반조건이 이 범주에 속한다.

이에 비하여, 기본 암석은 강도도 크고 신선하나, 불연속면이 수 개(3~5개) 존재해서 불연속면으로 이루어지는 블록의 낙반만이 주로 문제가 되는 경우도 있다. 이 경우는 연속체 해석은 거의 의미가 없고, 불연속면 기하구조의 안정성을 검토하는 것이 더 유용하다. 깊은 심도에 존재하는 터널이나 캐번 등에서 이러한 거동을 하는 경우가 많다. 이를 구조 지질학적 해석이라고 하며, 제6장에서 개요를 다루고자 한다. 구조 지질학적 불안정한 블록을 가지고 있는 대표적인 예를 그림 2.53에 도시하였다. 그림에서 불연속면으로 이루어진 블록 'A'는 낙반 가능성이 있는 키블록(key block)이다. 구조 지질학적 접근의 핵심원리는 제6장에서 다룰 것이다.

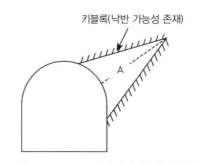

키블록(낙반 가능성 존재)

그림 2.54 구조 지질학적 불안정 블록

2.8.4 발파 굴착의 기본 원리

NATM 터널로 설계/시공되는 터널에서는 물론 토사의 경우는 로드헤더(load header) 등의 굴착기를 이용하여 굴착하나, 암반지반의 경우는 발파(drill-and-blast) 공법을 이용한다. 천공–장약–발파–버력처리에 이루는 공정으로 굴착을 진행한다. 발파굴착을 이해하기 위해서는 화약학과 함께 발파의 기본 메커니즘을 이해하여야 한다. 발파로 인한 진동의 기본 원리에 대한 이해도 필수적이다. 발파 설계 및 진동은 NATM 공법의 핵심 중 하나로서 제7장에서 다룰 것이다.

참 고 문 헌

- 김호영, 박의섭(1993), 터널변위의 이론과 계측결과의 분석, 터널과 지하공간, Vol. 3, pp.80~95.

- 신동오, 임한욱, 김치환(1998), NATM 시공에 의한 터널굴착시 선행변위 추정에 관한 연구, 터널과 지하공간, Vol. 8, pp.87~95.

- 송승곤, 양형식, 임성식, 정소걸(2002), 초기 계측치를 이용한 경암 지반내 터널의 최종변위량 예측, 터널과 지하공간, Vol. 12, No. 2, pp.99~106.

- Carranza-Torres. C. and Fairhurst, C.(2000), Application of the convergence-confinement method of tunnel design to rock masses that satisfy the Hock-Brown failure criterion, Tunnelling and Underground Space Technology, Vol. 15, No. 2, pp.187~213.

- Indraratna, B. and Karser, P. K.(1990), Analytical model for the design of grouted rock bolts. Int. J. Num.& Analy. Meth. in Geomech., Vol. 14, pp.227~251.

- Indraratna, B. and Karser, P. K.(1990), Design for grouted rock bolts based on the convergence control method, Int. J. Rock Mech. & Min. Sci & Geomech. Abstr., Vol. 27, pp.269~281.

- Oreste, P. P.(2003), A Procedure for determining the reaction curve of shotcrete lining considering transient conditions, Rock Mech. & Rock Eng, Vol. 36, No. 3, pp.209~236.

- Oreste, P. P.(2003), Analysis of structural interaction in tunnels using the convergence confinement approach, Tunnelling and Underground Space Technology, Vol. 18, No. 4, pp.347~363.

- Oreste, P. P. and Peila D.(1996), Radial passive rockbolting in tunnelling design with a new convergence-confinement model, Int. J. Rock Mech. & Min. Sci., Vol. 33, No. 5, pp.443~454.

- Peila, D. and Oreste, p. p.(1995), Axisymmetric analysis of ground reinforcing in tunnel design, Computers and Geotechnics, Vol. 17, pp.253~274.

- Sharan, S. K.(2003), Elastic-brittle-plastic analysis of circular openings in Hock-Brown media, Int. J. Rock. Mech. & Min. Sci., Vol. 40, pp.817~824.

- Stille, H., Hobmberg, M., and Nord, G.(1989), Support of weak rock with grouted bolts and shotcrete, Int. J. Rock Mech. & Min. Sci. & Geomech. Abstr., Vol. 26, pp.99~113.

• Wong, R.C.K. and Kaiser, P.K.(1991), Performance assessment of tunnels in conesionless soils, J. of Geotech. Eng, ASCE, Vol. 117, No. 12, pp.1880~1901.

• Wong, R.C.K. and Kaiser, P.K.(1988), Design and performance evaluation of vertical shafts : rational shaft design method and verification of design method, Can. Geotech. J., Vol. 25, pp.320~337.

• Wong, R.C.K and Kaiser, P.K.(1988), Behavior of vertical shafts : reevaluation of model test results and evaluation of field measurement, Can. Geotech. J., Vol. 25, pp.338~352.

제3장

기계화
터널공법의 근간

제3장
기계화 터널공법의 근간

3.1 개 괄

3.1.1 서 론

1장에서 서술한 대로 기계화 터널공법(mechanized tunnelling method)은 TBM(Tunnel Boring Machine) 장비를 이용하여 터널을 굴착하는 방법을 말한다. TBM 장비 자체는 기계로 볼 수 있기 때문에 기계공학 분야가 주종을 이룬다. 문제는 도저(dozer)나 백호우 같은 건설장비는 일단 구입을 하면, 이 현장/저 현장 가리지 않고 사용할 수 있는 데 반하여, TBM 장비는 절대로 그렇게 할 수 없다는 것이다. 양복으로 비유하면 TBM은 기성복이 될 수 없고 반드시 맞춤복이어야 한다는 것이다. 현장의 지반 여건에 맞는 TBM 장비를 주문하고, 그 현장에서 사용하는 것이 원칙이다. 앞에서 서술한 대로 TBM 장비의 핵심은 디스크커터 또는 커터비트가 장착된 커터헤드(cutterhead)이며, 이 커터헤드를 회전시켜서 굴착을 진행한다.

다음 절에서는 우선 커터헤드, 디스크커터 및 커너비트의 개요를 성명하고, 그 다음 절에서는 가장 많이 사용되는 기계화 시공법의 분류 및 그 개요에 대하여 서술하고자 한다. 쉴드 TBM 공법의 일반사항을 이 책에 전부 수록하는 것은 불가능하다. 관심 있는 독자는 (사)한국터널공학회가 발간한 『터널 기계화 시공−설계편』이나 일본 지반공학회의 『쉴드 TBM 공법』 (삼성물산 TBM 공법 연구회 번역)을 참조하기 바란다.

3.1.2 커터헤드 및 굴착도구

1) 커터헤드의 종류 및 구조

커터헤드(cutterhead)는 디스크커터 또는 커터비트가 장착된 전면판으로서 이 커터헤드를
회전시키어 굴착을 한다.

측면형상에 따른 종류

커터헤드의 측면형상에 따른 종류는 다음 그림 3.1과 같다. 지반조건이 아주 단단한 지반인
경우 큰 추력을 가할 수 있고 절삭효과도 큰 돔(dome)형이 이용되며, 그 반대인 경우, 즉 연약
지반일수록 평판(flat)형이 적용된다.

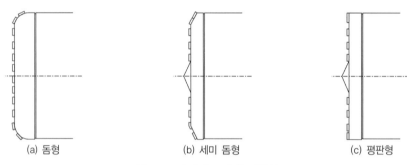

(a) 돔형   (b) 세미 돔형   (c) 평판형

그림 3.1 커터헤드의 측면형상

정면구조에 따른 종류

커터헤드의 정면구조에 따른 종류는 그림 3.2와 같다. 그림에서 스포크형은 배토가 수월하
여 토압식에 주로 사용하고, 반면에 면판형은 굴진면 안정성에 상대적으로 유리하며, 토압식
과 이수식 모두에 사용할 수 있다. 커터헤드의 구조에서 중요한 요소 중 하나가 개구부의 모양
과 크기이다. 개구율(opening ratio)은 다음 식으로 정의된다.

$$w_o = \frac{A_s}{A_r} \tag{3.1}$$

여기서, w_o : 개구율

A_s : 커터헤드에서 개구부의 총면적

A_r : 커터헤드의 면적

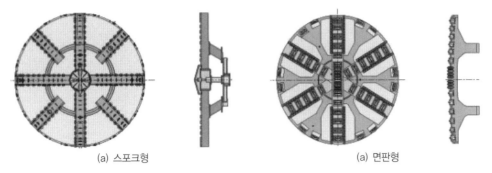

(a) 스포크형　　　　　　　　　　　　　　　　(a) 면판형

그림 3.2 커터헤드의 정면구조

2) 굴착도구

TBM에 사용하는 굴착도구(excavation tool)는 암반을 절삭하기 위한 디스크커터(disk cutter)와 토사지반 굴착에 사용하는 커터비트(cutter bit 또는 drag pick)로 대별된다. 복합 지반을 굴착하기 위해서는 디스크커터와 커터비트를 동시에 사용하기도 한다(그림 3.3 참조).

그림 3.3 디스크커터와 커터비트 동시장착 예

디스크커터의 구조는 그림 3.4와 같다. 실제로 암반을 절삭하는 부분은 그림 3.4에서 커터 링(cutter ring)이다. 디스크커터의 허용하중은 롤러 베어링에 의하여 결정된다. 디스크커터 의 직경은 12″~19″까지 다양하나, 가장 많이 사용되는 것은 17인치(432mm)와 19인치 (483mm)이다. 디스크커터가 받을 수 있는 허용하중은 디스크커터의 재질에 따라 다르기는 하나 표 3.1에 기본 예를 제시하였다. TBM 직경이 9m 이하인 경우 17″ 디스크커터를 많이 사 용한다.

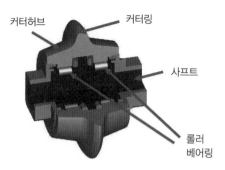

그림 3.4 디스크커터의 구조

표 3.1 디스크커터링의 직경에 따른 최대 커터 하중(예)

커터 직경(mm)	커터 tip 너비(mm)	커터 허용하중(kN)
432(17인치)	13	222
	16	245
	19	267
483(19인치)	16	289
	19	311

　한편, 커터비트의 형상은 그림 3.5와 같다. 점토지반에서는 scoop angle과 clearance angle이 큰 커터비트를, 자갈층에서는 반대로 angle이 작은 커터비트를 이용한다.

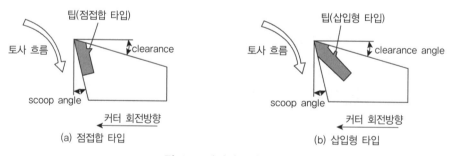

그림 3.5 커터비트의 형상

3.1.3 기계화 시공법의 분류 및 개요

　기계화 시공법의 대표는 TBM 장비를 이용하는 것이며, TBM 장비를 이용하는 공법에도 여러 가지가 있지만 대표적으로 Open TBM과 함께 밀폐형으로서 토압식 쉴드 TBM과 이수식 쉴드 TBM을 가장 많이 이용한다. 이 책에서는 위의 세 가지 공법만을 간략히 소개할 것이다.

1) Open TBM

암반 굴착용으로 많이 사용되어온 공법으로서 암반절삭용 디스크커터가 장착된 커터헤드에 의해서 굴착이 이루어지며, 굴착에 필요한 반력은 터널굴착 벽면의 암반을 방사상으로 지지하는 그리퍼(gripper)를 이용하여 얻는다. Open TBM의 모식도는 그림 3.6에 표시되어 있다(그림 1.11과 동일). Open TBM은 막장면에서 막장압을 따로 주지 않으므로 굴착 시 지반의 자립이 가능한 견고한 지반에만 적용할 수 있다. 또한 Open TBM에는 쉴드가 없으므로 지보가 필요없을 만큼 양호한 지반에 적용함이 원칙이다. 다만 암질상태가 좋지 않은 경우는 NATM에 적용한 것과 흡사한 지보재를 설치하여야 한다. 지보재에는 링빔(ring beam, 강지보재로 생각하면 된다), 록볼트, 철망, 숏크리트 등이 있다.

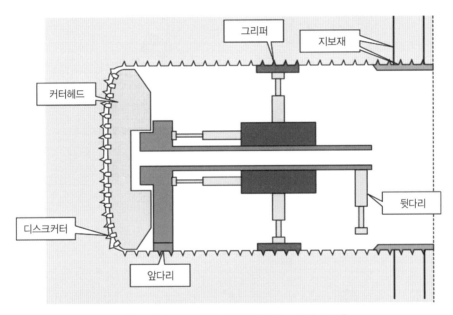

그림 3.6 Open TBM 구조도(그림 1.11과 동일)

2) 토압식 쉴드 TBM

토압식 쉴드 TBM(Earth Pressure-Banlanced Shield TBM, 약칭 EPB Shield TBM)은 밀폐형 TBM이다. 즉, Open TBM과 달리 커터헤드 후면의 챔버(chamber)를 굴착한 토사 또는 버력으로 가득 채우고 챔버 내에서 압력을 가하여서 막장의 안정성을 도모하는 공법이다. 이 압력을 막장압(face pressure)이라고 한다. 토압식 쉴드 TBM의 모식도는 그림 3.7과 같다. 또한 막장면 지지원리는 그림 1.12에 이미 표시하였으나 이 장에서 반복하였다(그림 3.8). 이때 굴진에 필요한 추진력은 그림 3.8에서 보여주는 것과 같이 추력 실린더를 이미 시공된 세그먼트 라이닝에 지지해서 얻어지는 반력을 이용하여 갖게 된다. 굴착된 토사 및 버력은 그림에 표시된 바와 같이 경사지게 설치된 스크류 콘베이어(screw conveyer)에 의하여 배출된다. 굴착토(또는 버력) 양은 커터헤더의 전진속도(penetration rate)에 비례하여 증가됨에 반하여, 배출되는 양은 스크류 콘베이어의 회전 속도에 비례하여 증가된다. 따라서 두 속도의 적절한 선택을 통하여 굴착토 및 배출토의 밸런스를 유지할 수 있을 것이다. 또한 막장압의 콘트롤도 TBM 전진속도와 스크류 콘베이어의 회전 속도에 의하여 조절된다.

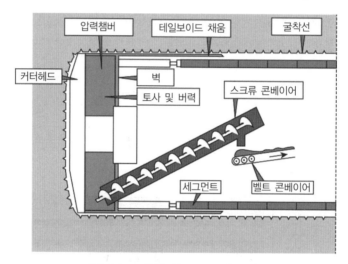

그림 3.7 토압식 쉴드 TBM의 모식도

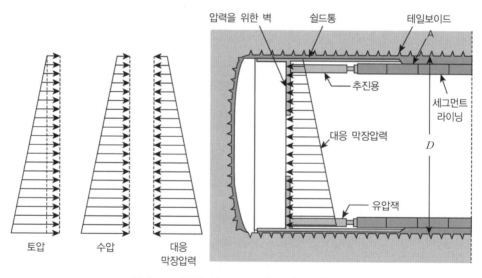

그림 3.8 토압식 쉴드 TBM의 굴진면 지지 원리

3) 이수식 쉴드 TBM

이수식 쉴드(slurry shield) TBM은 챔버 내에 토압식에서의 굴착토 대신 이수(slurry)를 가압/순환시킴으로써 굴착면에 막장압을 가하여서 굴착면을 안정시키며, 굴착된 굴착토 또는 버력 또한 이수의 유동에 의하여 배출시킨다. 이수식 쉴드 TBM의 모식도가 그림 3.9에 표시되어 있으며, 또한 지지원리는 그림 3.10에 표시되어 있다. 이수식 쉴드 TBM은 점성이 높은 이수를 이용하여 굴진면의 안정성을 도모하므로 토압식에 비하여 안정성이 보다 높기 때문에 연약지반뿐만 아니라 해저 또는 하저터널과 같이 고수압이 작용되는 지반에 왕왕 이용된다. 하지만 이수처리를 위한 지상 설비가 필요하므로 넓은 지상부지를 필요로 한다는 단점이 있다.

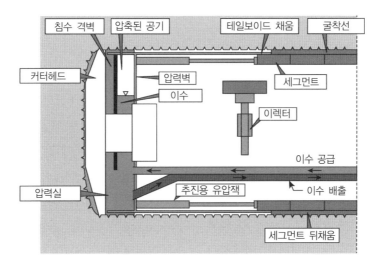

그림 3.9 이수식 쉴드 TBM의 모식도

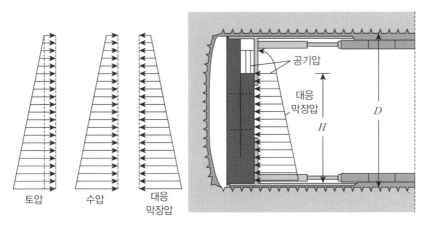

그림 3.10 이수식 쉴드 TBM의 굴진면 지지 원리

3.2 TBM 터널의 굴진에 소요되는 설계사양

Note TBM 터널 굴진에 관한 사항(이 책의 3.2~3.4절)은 다음의 두 자료를 주로 참조하였음을 밝혀 둔다.

1) (사)한국터널지하공간학회(2008), 터널기계화시공—설계편, 터널공학시리즈 3 중에서, 제6 장(장수호 저, TBM 커터헤드 설계 및 굴진성능 예측)
2) 한국건설기술연구원(2015), TBM 핵심 설계·부품기술 및 TBM 터널의 최적 건설기술 개 발, TBM 터널연구단 최종 보고서

3.2.1 개 괄

기계화 시공은 기본적으로 TBM(Tunnel Boring Machine)인 굴착장비를 사용하여 굴착하 므로, 또한 굴착장비 자체는 기계 및 전기공학에 관계되는 사항이므로 터널기술자의 전공과는 거리가 있다. 그렇다 하더라도 장비의 사양이 기본적으로 현장 조건에 맞게 제작되므로 사양 을 결정할 수 있는 기본지식은 갖고 있어야 한다. 토사지반을 굴착하는 경우는 시공 중 막장 붕괴를 방지하기 위하여 밀폐형 쉴드 TBM을 주로 사용한다. 이에 반하여 암반지반을 굴착하 기 위해서는 절리도 많지 않고 시공 중 기계 구속(jamming이라고 함) 가능성이 거의 없는 견 고한 지반에서는 Open TBM이, 그렇지 않은 경우는 밀폐형 쉴드 TBM이 역시 사용된다. 견고 한 지층을 굴착할 때 가장 이슈가 되는 것이 굴진 성능을 예측하는 것이다.

견고한 지반을 무난히 굴착하기 위해서는 TBM의 사양을 적절히 선택하는 것이 무엇보다도 중요하다. TBM의 사양 중 가장 대표적인 것이 굴착지반 조건에 따라 정해야 하는 추력(thrust force) 및 토크(torque)이다. 추력 및 토크를 알아야 TBM의 구동부와 유압잭(hydraulic jack)을 결정할 수 있다.

3.2.2 추 력

Open TBM에 소요되는 추력(TBM 전진에 필요한 힘)은 그림 3.11에서 보여주는 것과 같이 디스크커터하중 F_C, 추진부(sliding shoe)의 저항 F_R 및 여유 추력 ΔF의 합으로 다음 식 (3.2)와 같이 표시된다.

$$F_{Th} = F_c + F_R + \Delta F \tag{3.2}$$

여기서, F_{Th} = 추력

F_c = 디스크커터 하중

F_R = 추진부(sliding shoe)의 저항

ΔF = 여유 추력

한편, 밀폐형 쉴드 TBM에서의 소요 추력은 그림 3.12에서 보여주는 것과 같이 다음 식 (3.2a)로 표시할 수 있다.

$$F_{Th} = F_C + F_S + F_F + \Delta F \tag{3.2a}$$

여기서, F_C = 디스크커터나 기타 굴착도구(예를 들어 커터비트)에 작용하는 커터 작용 하중

F_S = 밀폐형에서 막장압을 작용시키기 위한 하중

F_F = 쉴드 외판(shield skin)과 지반 사이의 마찰력

ΔF = 여유 추력

각각의 하중을 구하는 방법은 생략하고자 하나, 관심 있는 독자는 (사)한국터널지하공간학회, 터널공학 시리즈 3을 참조하길 바란다.

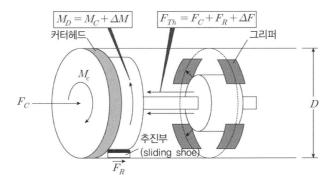

그림 3.11 Open TBM에서의 소요추력 및 토크

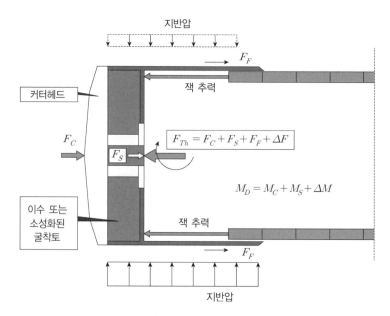

그림 3.12 밀폐형 쉴드 TBM에서의 소요 추력 및 토크

소요 추력의 개략

식 (3.2) 또는 (3.2a)로 표시된 추력의 실제 값은 잘 떠오르지 않을 것이다. 실제로 현장에 적용된 자료들을 모아서 TBM 직경에 따른 소요 추력을 정리한 자료는 다음 그림 3.13과 같다 (한국건설기술연구원, 2015).

그림을 보면 TBM 직경이 커질수록 소요 추력이 커지는 것은 당연하다. 다음 식으로 개략적인 추력을 우선 예측할 수 있을 것이다.

$$F_{Th} = 29,032.40 \, e^{D/7.44} - 34,337.40 \, (\text{kN}) \tag{3.3}$$

여기서, $D =$ TBM 직경(단위 : m)

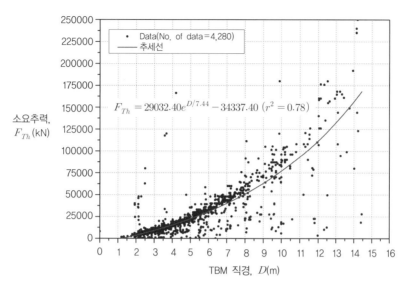

그림 3.13 TBM 직경에 따른 소요추력

3.2.3 토 크

커터헤드가 회전하기 위해서는 굴진면에서 디스크커터의 회전 등으로 인한 저항력 등을 극복할 수 있도록 TBM에 작용되는 소요 토크(torque)가 필요하다. 쉴드 TBM의 구동을 위해 필요한 토크는 다음 식으로 표시된다(그림 3.12 참조).

$$M_D = M_C + M_S + \Delta M \tag{3.4}$$

여기서, M_D = 소요 토크(밀폐형 쉴드의 경우)

$\qquad$ M_C = 굴착도구(디스크커터 등)의 회전저항과 커터헤드와 굴착면 사이의 굴착토 또는 버력으로 인해 발생하는 회전저항을 극복하기 위한 토크

$\qquad$ M_S = 밀폐형에서 이수 또는 굴착토로 채워진 커터헤드를 회전시키는 데 필요한 토크

$\qquad$ ΔM = 안전을 위한 여유 토크

위의 식에서 Open TBM에 소요되는 토크는 M_S를 제외하여야 하므로 다음 식으로 표시할 수 있다(그림 3.11 참조).

$$M_D = M_C + \Delta M \qquad (3.5)$$

여기서, M_D = 소요 토크(Open TBM의 경우)

소요 토크의 개략

현장 자료로부터 정리된 TBM 직경에 따른 소요 토크는 다음 그림 3.14와 같다(장수호 등, 2010). 추세선을 이용하면 소요 토크는 다음 식으로 우선 예측이 가능하다.

$$M_D = 29.04\,D^{2.77}\,(\text{kN} \cdot \text{m}) \qquad (3.6)$$

단, 그림 3.14 및 식 (3.6)으로 제시한 토크는 기본적으로 밀폐형 쉴드로부터 얻어진 자료임을 주지하기 바란다.

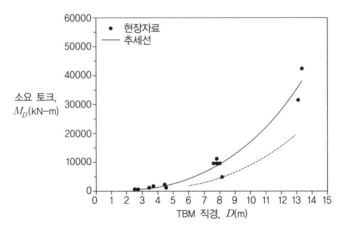

그림 3.14 TBM 직경에 따른 소요 토크

또는 실제 자료를 추가하여서 그림 3.15 및 식 (3.6a)로 표시하기도 한다(한국건설기술연구원, 2015).

$$M_D = 212.37 D^{1.88} \qquad (3.6a)$$

영국의 Britich Turnnelling Society(2005)에서 발행한 자료에 의하면 토크는 직경의 3세

곱에 비례한다고 한다(즉, $M_D = \alpha D^3$). 식 (3.6)이 영국의 제안에 더 가깝다고 할 수 있다.

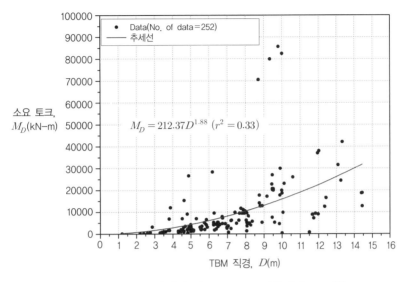

그림 3.15 TBM 직경에 따른 소요 토크(추가자료 포함)

3.2.4 디스크커터 개수

커터헤드에 설치되는 디스크커터의 개수는 TBM 직경 D와 디스크커터의 간격(cutter spacing) S에 의해서 결정된다. 커터헤드에 디스크커터만 장착된 경우 개수는 다음 식으로 계산된다고 알려져 있다.

$$n = \frac{D}{2S} \tag{3.7}$$

여기서, n = 디스크커터의 개수

<u>**디스크커터 소요개수 및 간격의 개략**</u>

현장 자료로부터 얻어진 디스크커터의 소요개수는 다음 그림 3.16과 같다. TBM 직경에 선형적으로 비례함을 알 수 있다.

디스크커터의 간격은 지반조건에 따라서 달라지게 되나 다음 그림 3.17에 개략적인 간격이 제시되어 있다. 추세선은 다음 식과 같다.

$$S = 61.50 + 2.25D \tag{3.8}$$

또는 17″ 디스크커터인 경우 65~75mm, 19″ 디스크커터인 경우 70~90mm 정도로 보면 될 것이다.

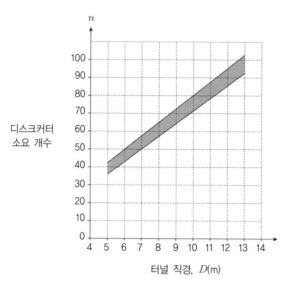

그림 3.16 TBM 직경에 따른 디스크커터의 소요 개수(독일 Wirth 사 제안)

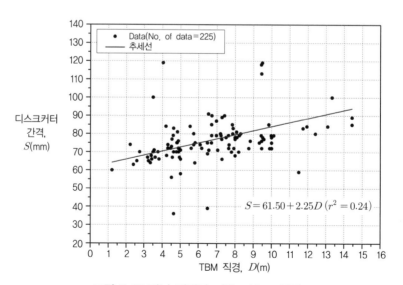

그림 3.17 터널 직경에 따른 디스크 간격

3.3 굴절 성능 예측의 근간

3.3.1 디스크커터 굴삭의 기본 원리

커터헤드에 추력을 가하면서 회전하게 되면 디스크커터 또한 자체가 회전하면서 암반에 압입되면서 절삭하게 된다[그림 3.18(a) 참조]. 그림 3.18(a)에 실제 TBM에서의 절삭모양을 보여주는 것과 같이 커터헤드에 장착된 디스크커터 각각은 다른 원주로 굴삭하게 되며 그 사이의 간격이 S이다. 이때 디스크커터에 그림 3.18(b)와 같이 수직하중(normal force) F_n, 회전하중(rolling force) F_r을 작용시켜야 한다. 이때 디스크커터 간격에 따른 절삭모양은 그림 3.19와 같다. 그림 3.19(a)와 같이 커터 간격이 너무 클 경우 미굴이 발생하여 절삭이 불가능하게 되고 반대로 그림 3.19(b)와 같이 너무 좁으면 과굴되어 여굴이 발생한다. 그림 3.19(c)는 최적의 굴삭을 이룬 간격을 보여주고 있다.

최적의 간격은 선형 절삭시험을 통하여(Note 참조) 비에너지(specific energy)가 최소가 될 때의 S/P 비율을 먼저 구하게 된다. 여기서 S는 커터 간격을, P는 관입깊이를 의미한다. 관입깊이는 TBM 커터헤드 1회전당 디스크커터가 암반에 관입되는 깊이를 의미한다. 비에너지는 다음 식으로 정의된다.

$$SE = \frac{\text{디스크커터 회전하중}}{\text{관입깊이} \cdot \text{커터간격}}$$
$$= \frac{F_r}{P \cdot S}$$

(3.9)

여기서, SE = 비에너지(specific energy)

F_r = 디스크커터의 회전하중

P = 디스크커터의 관입깊이

S = 디스크커터의 간격

(a) 암반굴삭 사진

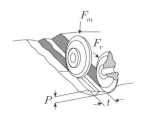
(b) 암반절삭 모식도

그림 3.18 디스크커터를 이용한 암반굴삭

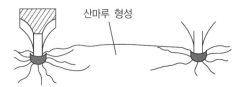
(a) 커터 간격이 클 경우의 미굴 발생

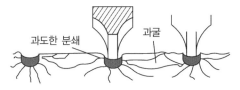
(b) 커터 간격이 좁을 경우의 여굴 발생

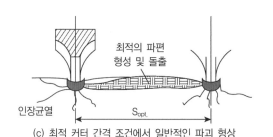
(c) 최적 커터 간격 조건에서 일반적인 파괴 형상

그림 3.19 커터 간격에 따른 절삭효율

그림 3.20(a)는 S/P의 비에 따른 비에너지를 보여주고 있다. 최적의 S/P 값을 찾았다고 해도 커터의 관입깊이를 설정할 수 있어야 간격을 알 수 있다. 관입깊이는 가능한 대로 증가시킬수록 굴진 효율도 증가할 것이다.

임계관입깊이, 커터 간격, 커터 하중

대부분의 암반에서 관입깊이가 증가하게 되면 비에너지가 더 이상 감소하지 않는 임계관입깊이를 갖는다고 알려져 있다[그림 3.20(b) 참조; (사)한국터널지하공간학회, 2008]. 이 임계관입깊이를 초기 관입깊이로 설정할 수 있다. 이로부터 최적의 S/P값[$(S/P)_{opt.}$]을 이용하여 디스크커터 간격을 설정할 수 있다. 절삭시험으로부터 관입깊이에 따른 디스크커터의 수직하중 F_n과 회전하중 F_r을 또한 구할 수 있다. 두 하중 모두 관입깊이에 선형적으로 증가하는 것으로 알려져 있다. 수직하중에 대한 예가 그림 3.20(c)에 표시되어 있다.

문제는 주어진 암반에 대하여 절삭시험을 통하여 임계 관입깊이 및 최적의 S/P 값과 그때의 커터하중을 구해야 한다는 점이다. 절삭시험 없이 기본 파라메터를 이용하여 예측하는 방법이 장수호[(사)한국터널지하공간학회, 2008]에 의하여 제시되었다.

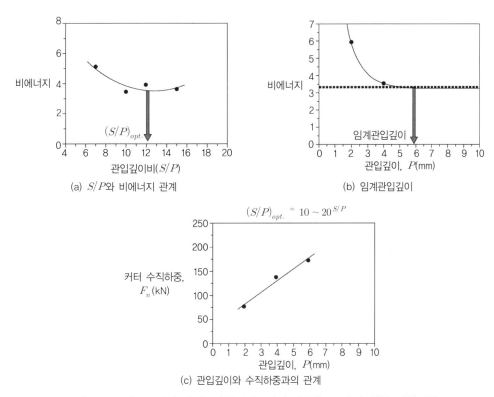

(a) S/P와 비에너지 관계

(b) 임계관입깊이

(c) 관입깊이와 수직하중과의 관계

그림 3.20 디스크커터 간격, 관입깊이, 커터 하중을 구하기 위한 절삭시험

Note | **선형 절삭시험**

선형 절삭시험(Linear Cutting Test)은 현장 굴삭과정을 선형 절삭시험기(Linear Cutting Machine)를 이용하여 실내에서 재현하는 실험이며, 원형굴삭 대신에 직선으로 굴삭함이 다르나 실 디스크커터를 이용하여 수직하중 및 회전하중을 그대로 재현하는 시험기이다(사진 3.1 참조)[(사)한국터널지하공간학회, 제6장, 2008].

(a) 전경(한국건설기술연구원 보유)

(b) 절삭 모습

(c) 절삭 후 전경

사진 3.1 선형 절삭 시험기(LCM) 전경

3.3.2 TBM 주요 사양 예측과 굴진속도

1) 추력예측

앞 절(3.2절)에서는 TBM의 주요 사양인 추력, 토크의 기본 방정식을 소개했으나 구체적으로 이 값들을 구하는 방법은 기술하지 못하였다. 식 (3.2), (3.2a)로 표시되는 추력에서 암반 굴착인 경우 디스크커터의 하중인 F_c값이 주류를 이룰 것이다. 그림 3.18(b)에서와 같이 한 개의 디스크커터의 수직하중을 F_{ni}이라고 하면 F_c는 다음 식으로 표시할 수 있다.

$$F_c = \sum_{i=1}^{n} F_{ni} = n F_{ni} \qquad (3.10)$$

여기서, n은 디스크커터의 개수로서 TBM 직경과 앞 절에서 서술한 방법으로 디스크커터의 간격이 정해지면 식 (3.7)로 구할 수 있다. 또한 F_n값은 앞에서 기술한 대로 절삭시험을 거쳐서 구할 수밖에 없다. 선형 절삭시험이 쉽게 이루어지지 않는 점을 감안하여 절삭시험 없이 구할 수 있는 방법이 제안되어 있으며, 이를 다음 절에서 소개하고자 한다.

가장 단순하게, 다음과 같이 초기 추정치를 예측할 수도 있을 것이다.

① 터널 직경 D가 결정되면, 그림 3.17[또는 식 (3.8)]으로부터 디스크커터 간격 S를 구한다.
② 식 (3.7)로부터 디스크커터 개수 n을 구한다.
③ 표 3.1로부터 디스크커터 직경과 커터 tip의 너비로부터 개당 재료가 허용하는 추력을 구한다.
④ 식 (3.10)을 이용하여 F_c값을 구한다. 그림 3.13과 비교하여본다.

한편, 토사터널로서 커터비트만이 사용되는 경우의 F_c값은 토압만을 견디면 되므로 다음 식으로 구할 수 있다.

$$F_c = K \cdot \sigma_v \cdot A_c \tag{3.11}$$

여기서, K = 토압계수(주동토압 계수와 수동토압 계수 사이)
σ_v = 막장 전면에서의 상재압력
A_c = 모든 커터비트의 단면적

F_R, F_F

TBM 쉴드 외판(또는 sliding shoe)과 지반과의 마찰력으로서 외판에 작용하는 압력에 마찰계수를 곱해서 구하는 것은 지반공학원리와 동일하다. (사)한국터널지하공간학회(2008) 제6장을 참조하라.

2) 토크 예측

식 (3.4) 또는 (3.5)로 표시되는 소요 토크 중에서 M_c값이 제일 큰 저항요소일 것이다. 먼저 디스크커터의 마찰저항을 극복하는 데 소요되는 토크 $M_c{'}$ 은 다음 식으로 구할 수 있다(그림 3.21 참조).

$$M_c' = \sum_{i=1}^{n} F_{ri} \cdot r_i \qquad (3.12)$$

여기서, M_c' = 디스크커터의 회전저항을 극복하기 위한 토크

F_{ri} = i번째 디스크커터에 작용하는 회전하중

r_i = 회전축에서 i번째 디스크커터까지의 거리

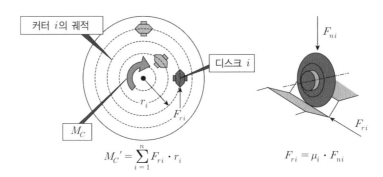

그림 3.21 디스크커터의 마찰저항을 극복하는 데 소요되는 토크

그림 3.21에서 보여주는 것과 같이 디스크의 회전하중 F_{ri}는 수직하중 F_{ni}에다가 회전마찰계수를 곱한 것과 같다. 즉,

$$F_{ri} = \mu_i F_{ni} \qquad (3.13)$$

여기서, μ_i = i번째 디스크커터의 회전마찰계수

따라서 식 (3.12)는 다음 식으로 표시된다.

$$M_c' = \sum_{i=1}^{n} \mu_i F_{ni} \cdot r_i \qquad (3.14)$$

모든 디스크커터의 작용하중과 회전마찰계수가 동일하다면 식 (3.14)는 다음 식으로 표시된다.

$$M_c{}' = \mu F_c \sum_{i=1}^{n} r_i \tag{3.15}$$

회전마찰계수 μ는 디스크커터의 관입깊이 P가 깊으면 깊을수록 증가할 것이다. 그림 3.22 에 압입깊이에 따른 회전마찰계수의 경향을 표시하였다.

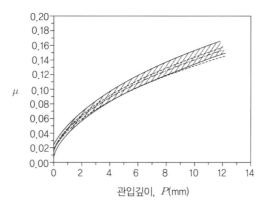

그림 3.22 커터헤드 관입깊이에 따른 회전마찰계수

소요 토크의 원인으로는 디스크커터의 회전마찰로 인한 토크 손실 이외에도 커터헤드와 굴 진면 사이에 존재하는 굴착토 또는 버력으로 인해 발생하는 토크 손실 $M_c{}''$을 고려하여야 한 다. 이 손실은 지반조건에 따라서 크게 달라진다. 다만, 이 손실은 커터의 관입깊이가 증가할 수록, 개구율이 감소할수록 증가한다. 한 예가 그림 3.23에 표시되어 있다. 소요 토크의 개략 은 그림 3.14 또는 3.15로 어느 정도 가늠해볼 수도 있음을 다시 한 번 밝혀둔다.

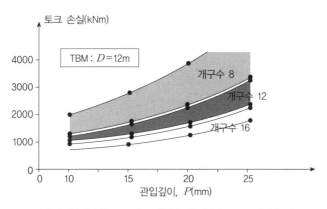

그림 3.23 굴착토 또는 버력으로 인한 토크 손실 예

3) 굴진율

TBM을 이용한 기계화 시공에서 최대의 관심사는 하루에 굴착할 수 있는 터널의 길이일 것이다. 이를 굴진율(advanced rate)이라고 한다.

우선 순 굴진율(Net Penetration Rate)은 다음 식으로 표시할 수 있다.

$$NPR(\text{m/hr}) = P(\text{mm/rev.}) \cdot RPM(\text{rev./min}) \cdot \frac{60}{1000} \qquad (3.16)$$

여기서, NPR = 시간당 순 굴진율

P = 디스크커터 1회전당 관입깊이

RPM = 커터헤드의 분당 회전속도

커터헤드의 분당 회전속도는 터널의 직경이 크면 클수록 작아지게 된다. 그림 3.24(a)에 터널 직경에 따른 회전속도의 개략이 표시되어 있다. 그림으로부터 다음의 추세선을 유추할 수 있다.

$$RPM = 21.49 e^{-D/3.89} + 2.49 (\text{rev./min}) \qquad (3.17)$$

또한 회전속도는 그림 3.24(b)에서와 같이 디스크커터 관입깊이가 증가할수록 감소하며, 암반의 일축압축강도가 커질수록 증가하는 경향을 갖고 있다[그림 3.24(c)].

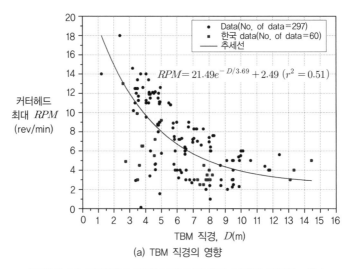

(a) TBM 직경의 영향

그림 3.24 커터헤드 회전속도(RPM)에 영향을 미치는 요소

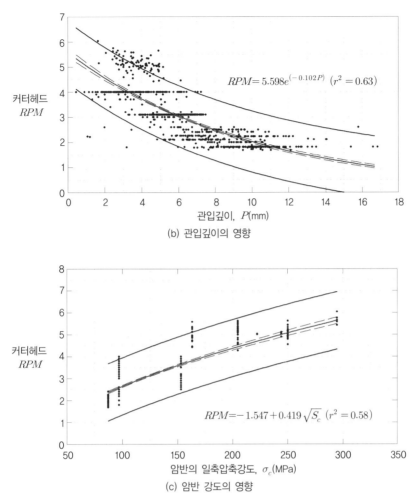

$RPM = 5.598e^{(-0.102P)} \ (r^2 = 0.63)$

(b) 관입깊이의 영향

$RPM = -1.547 + 0.419\sqrt{S_c} \ (r^2 = 0.58)$

(c) 암반 강도의 영향

그림 3.24 커터헤드 회전속도(RPM)에 영향을 미치는 요소(계속)

월굴진율은 다음과 같이 정의될 수 있다. 현실적으로 TBM 장비를 쉼없이 항상 가동하는 것은 불가능하다. 디스크커터의 교체 등의 수선을 하는 동안은 장비 가동을 멈출 수밖에 없기 때문이다. 장비 가동률을 η라고 할 때, 월굴진율은

$$AR(\text{m/month}) = NPR(\text{m/hr}) \cdot \eta \cdot \text{월굴진시간}(\text{hr/month}) \tag{3.18}$$

여기서, AR = 월굴진율

η = 장비 가동률

식 (3.16)과 (3.18)을 보면, 결국 월굴진량을 결정하는 것은 디스크커터 관입깊이와 커터헤드 회전속도, 그리고 장비 가동률임을 알 수 있다. 그림 3.25는 TBM 직경에 따른 월굴진율 AR을 보여주고 있다. 디스크커터 관입깊이의 요소와 RPM을 고려하지 않았으므로 자료의 분산은 크나 개략적인 지표는 될 것이다.

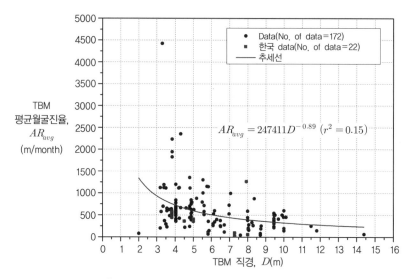

그림 3.25 TBM 직경과 TBM 월굴진율의 관계

4) 디스크커터 수명

디스크커터의 수명을 예측하는 것도 중요한 사항 중 하나이다. 왜냐하면 장비 굴진 중에 가장 안전한 장소를 택하여서 장비 가동을 멈추고 디스크커터를 교환해야 하기 때문이다. 커터의 수명을 미리 예측하는 것은 쉽지 않다. 커터 자체의 재질과 굴착암반의 강도와의 상호관계이기 때문이다. 수명 예측에 관한 경험적인 모델이 제안되었으며, 다음 절에서 간략히 소개하고자 한다.

5) TBM 구동동력(Power)

TBM을 구동하는 데 필요한 구동동력은 TBM 토크 손실과 커터헤드의 분당 회전속도의 함수로서 다음 식으로 표시할 수 있다.

$$HP = \frac{M_D \cdot 2\pi \cdot RPM}{60} \, (\text{kW}) \tag{3.19}$$

여기서, M_D = 소요 토크

RPM = 커터헤드의 분당 회전속도

그림 3.26은 TBM 직경에 따른 커터헤드 구동동력의 자료를 보여주고 있다. 소요 토크를 고려하지 않았으므로 분산은 큰 편이나 개략적 구동동력 정도의 파악은 가능할 것이다.

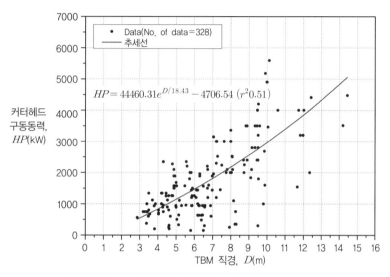

그림 3.26 TBM 직경과 커터헤드 구동동력의 상관관계

3.4 경험적 모델에 의한 굴진성능 및 커터 수명 예측

3.4.1 개 괄

기본적으로 TBM 기계의 설계 및 제작은 발주 주체 측에서 소요 기본사항만 제시하면 TBM 제작업체에서 독자기술로 하게 된다. 최근 국내에서도 TBM 국산화를 위한 기본설계가 가능한 수준까지 기술개발이 이루어진 상태로 볼 수 있다.

그러나 지반공학에 근거한 터널기술자가 TBM 설계 및 제작을 전부 이해하는 것은 쉽지 않은 일이고 그럴 필요도 없다고 생각한다. 다만, 굴진성능과 커터 수명 예측에 대한 근간은 이해하여야 한다.

TBM 설계사양과 굴진성능을 도출할 수 있는 가장 확실한 방법은 앞 절에서 소개한 선형 절삭시험을 직접 실시하여서 최적의 관입깊이 등을 실험에 근거해서 구하는 것이다. 그러나 선형 절삭시험에 사용될 대형 암석시험체를 채취하는 것은 현실적으로 대단히 어렵다. 따라서 TBM의 설계사양, 굴진성능 및 커터 수명을 예측할 수 있는 경험적 방법이 제시되었으며, 가장 대표적인 것이 미국 콜로라도 광산대학에서 제시한 CSM 모델과 노르웨이 과학기술대학 (NTNU)에서 개발한 NTNU 모델이다. 이중 CSM 모델은 선형 절삭시험 결과와 현장 굴진자료에 근거한 경험 모델이기는 하나, 기술 공개를 하지 않은 연유로 이 모델을 이용하여 독자적으로 설계하는 것은 불가능하다.

이에 반하여 NTNU 모델은 기본적으로 모든 실험 및 설계절차가 공개되어서 그 핵심원리를 쉽게 이해할 수 있다. NTNU 모델은 근본적으로 수십 년간 축적된 자료에 근거해서 제안된 TBM의 설계사양, 굴진성능 예측 및 커터 수명을 예측할 수 있는 경험적 모델이다. 순전히 경험적 모델이라는 점과 또한 기본적으로 Open TBM에만 적용이 가능하다는 단점이 있기는 하지만, 모델의 활용방법과 소요 시험법들이 공개되어 있다는 장점이 있다. 이 책에서 NTNU 모델을 이용할 수 있는 시험들의 개요와 예측 모델의 핵심만을 서술할 것이다. 관심 있는 독자는 (사)한국터널지하공간학회(2008), 제6장을 공부하기 바란다.

한편 TBM 제작 국산화를 목적으로 건설기술연구원에서는 선형 절삭시험에 근거한 한국형 모델을 제안하였다. 이 모델의 개요 또한 소개하고자 한다.

3.4.2 NTNU 모델의 근간

1) 핵심 요소

NTNU 모델 적용을 위한 핵심적인 입력변수는 다음의 세 가지로 요약할 수 있다.

(1) 등가균열계수, K_{ekv}

현장지반의 균열 정도 및 터널축이 연약면(미세균열 또는 절리)과 이루는 각도에 따라 결정되는 계수이다. 연약면의 간격이 좁을수록(즉, 절리가 많을수록), 이루는 각도가 50~70° 정도에 가까울수록 K_{ekv}값은 커진다. 연약면의 영향을 고려한다는 것이 다른 모델과 다른 NTNU 모델의 장점이라고 할 수 있다.

(2) DRI(Drilling Rate Index)

DRI는 말 그대로 천공을 얼마나 빨리 할 수 있는지를 가늠하는 천공률 지수이다. DRI 값이 크면 클수록 관입깊이가 커질 것이다.

(3) CLI(Cutter Life Index)

CLI 역시 말 그대로 디스크커터의 수명을 예측하기 위한 커터 수명지수이다. CLI 값이 크면 클수록 커터 수명이 길어진다고 이해하면 될 것이다.

2) DRI 및 CLI를 구하기 위한 실내실험

위의 두 지수를 구하기 위하여는 다음의 세 가지 실내실험을 실시하여야 한다.

(1) Siever's J-value 실험(SJ 실험)

SJ 실험은 암석표면의 경도를 구하기 위한 것으로 텅스텐 카바이드 재질의 천공비트를 이용하여 200회의 회전으로 암석을 천공한 후의 천공깊이로 구한다. SJ 값이 크면 클수록 경도가 낮은 암석이다(그림 3.27).

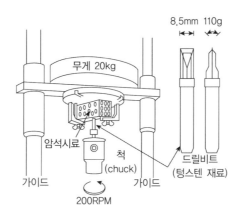

그림 3.27 Siever's J-value 실험

(2) 취성도 시험(Brittleness 실험)

취성도 시험은 충격에 의한 암석의 분쇄정도를 측정하는 시험이다. 즉, 14kg의 낙하추를 25cm 높이에서 20회 낙하한 후 11.2mm 체를 통과한 암석의 중량 백분율로 산출한다. 이 중량 백분율을 S_{20}으로 정의한다. S_{20}의 값이 크면 클수록 분쇄가 잘 되는 약한 암반이다(그림 3.28).

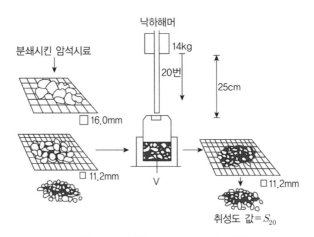

그림 3.28 취성도(Brittleness) 시험

(3) NTNU 마모시험

이 시험은 1mm 이하 입자의 분쇄된 암석으로 디스크커터의 커터링과 동일한 재료를 그림 3.29와 같이 회전으로 마모시켰을 때(20회/1분) 커터링 재료의 마모에 의한 중량 손실을 mg 단위로 표시한 것이다. 이 값을 AVS(Abrasion Value Steel)이라고 한다. AVS 값이 크면 클수록 커터의 마모가 더 잘 일어난다(그림 3.29).

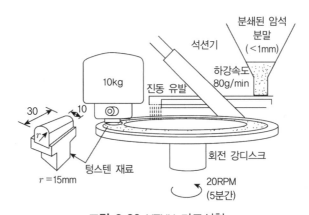

그림 3.29 NTNU 마모시험

3) DRI와 CLI의 산정

앞에서 구해진 SJ, S_{20}, AVS 값으로부터 DRI와 CLI를 구할 수 있다.

DRI

먼저 DRI는 그림 3.30으로부터 구할 수 있다. DRI는 천공의 용이도를 나타내므로 그림에서와 같이 S_{20} 값이 클수록, SJ 값이 클수록 값이 커짐을 알 수 있다.

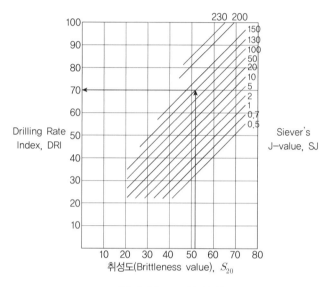

그림 3.30 DRI의 산정

CLI

CLI는 다음 식과 같이 SJ 및 AVS의 함수로 구할 수 있다.

$$CLI = 13.84 \left(\frac{SJ}{AVS} \right)^{0.3847} \tag{3.20}$$

CLI 값이 크면 클수록 커터 수명이 길어짐을 의미한다. 따라서 SJ 값이 클수록 경도가 낮은 암반을 굴착하므로 반대로 커터 수명은 길어지고, AVS 값은 작을수록 수명이 길어진다.

4) NTNU 모델을 이용한 굴진성능 및 커터 수명 평가

앞에서 제시한 K_{ekv}, DRI, CLI를 이용하여 다음을 구할 수 있는 수식 및 그림 등을 제시하였다. 여기에서는 기본식의 구성요소만을 소개하며, 참고문헌을 참조하기 바란다.

(1) 디스크커터당 추력 $= f(d_c, D)$ (3.21a)

여기서, d_c = 디스크커터 직경, D = TBM 직경

(2) 회전속도 $RPM(\text{rev./min}) = f(d_c, D)$ \hfill (3.21b)

(3) 관입깊이(또는 기본 관입량이라고도 함) $= f(K_{ekv},$ 추력$)$ \hfill (3.21c)

단, $K_{ekv} = f($균열인자, $DRI)$ \hfill (3.21d)

(4) 커터수명 $= f(CLI, d_c,$ 기타 영향$)$ \hfill (3.21e)

3.4.3 KICT 회귀식

한국건설기술연구원에서는 922개에 이르는 방대한 자료에 대한 다변량 회귀분석 결과로부터 다음 표 3.2와 같은 회귀식을 제안하였다.

표 3.2 총 922개 데이터에 대한 다변량 회귀분석 결과로부터 도출된 최적 회귀식(건기연, 2015)

예측항목	회귀식	결정계수(r^2)	비고
커터 수직하중	$F_n = -122.736 + 1.585S + 0.453d_c + 0.875T + 0.317S_{20} - 1.017DRI$	0.630	
커터 회전하중	$F_r = -46.992 + 1.800P + 0.365d_c - 6.484T - 0.043AVS - 0.143S_{20}$	0.614	$DRI = 25 \sim 97$
평균 관입깊이	$P = 5.719 - 0.020S_c - 0.197S_{20} + 0.255DRI - 0.212CLI + 0.252S_t$	0.687	
평균 커터 간격	$S = 115.608 - 0.432AVS - 1.651S_{20} + 1.083DRI - 0.726CLI - 0.048S_c$	0.578	

여기서, S = 디스크커터 간격, P = 디스크커터 관입깊이

S_c = 암석의 압축강도, S_t = 암석의 인장강도

d_c = 디스크커터 직경, T = 디스크커터 tip 너비

DRI, S_{20}, AVS, CLI = NTNF 경험식에서 사용된 변수들

이제 소요추력 및 소요 토크는 다음 식으로 구할 수 있다.

$$F_c = N \cdot F_n \hspace{4cm} (3.22a)$$

$$M_c = 0.3 \cdot D \cdot N \cdot F_r \hspace{3cm} (3.22b)$$

여기서, F_c = 소요추력,　　　　M_c = 소요 토크

N = 디스크커터 개수,　　　D = TBM 직경

> **Note**
> 앞 절에서는 TBM 굴진성능 평가로서, NTNU 모델과 한국건설기술연구원에서 제안한 모델을 주로 서술하였다. 앞서 서술한 대로 또 하나의 큰 축을 이루는 것이 CSM 모델이다. CSM 모델 적용을 위해서는 세르샤 마모시험(cerchar abravsiveness test)과 압입시험(punch penetration test)이 기본적으로 실시되어야 한다. 전자는 굴착도구의 수명 및 마모 정도를 평가하기 위함이고, 후자는 TBM의 굴진성능을 평가하기 위함으로 보면 된다. 이 실험들이 CSM 모델에 어떻게 적용되는지는 공개되지 않고 있다. 서울대에서는 위의 시험들을 근거로 TBM 굴진성능 및 굴착도구의 마모 정도를 평가할 수 있는 모델을 자체 개발하였다. 관심있는 독자는 한국건설기술연구원(2015), TBM 연구 보고서를 참조하기 바란다.

3.5 밀폐형 TBM에서의 막장압과 막장 안정성

3.5.1 개 괄

앞 절에서는 TBM 장비의 사양과 함께 굴진성능에 대하여 개요를 서술하였다. 경제성 관점에서는 굴진성능과 커터 수명이 가장 중요하다고 할 수 있으나, 안정성 측면에서 가장 중요한 것이 굴진 중 막장에서의 안정성을 확보하는 일이다. TBM 터널막장에서의 붕괴 양상은 그림 2.38(b)에 표시되어 있다. 근본적으로 Open TBM의 경우는 암반의 강도도 상대적으로 크고, 절리의 빈도도 작아서 막장 자립이 가능한 경우에만 채택 가능하다.

토사지반과 같이 연약한 지반을 굴착하는 경우나 또는 절리가 많은 암반을 굴착하는 경우, 막장 안정성을 도모하기 위하여 토압식 쉴드 TBM 또는 이수식 쉴드 TBM과 같은 밀폐형 TBM을 채택하게 된다. 밀폐형 TBM의 경우 그림 3.8, 3.10에서 보여주는 것과 같이 막장 전방에서 TBM 쪽으로 작용되는 토압 및 수압을 대응할 수 있는 막장압(face pressure)을 가하여서 막장 안정화를 도모한다.

TBM 터널의 굴진 시의 평형조건을 정리하여보면, 굴진을 컨트롤(control)하는 두 개의 요소는 다음과 같다.

(1) R값 : R값은 다음 식으로 정의된다.

$$R = \frac{\text{스크류 콘베이어(또는 배니관)에서 배출된 토사(버력)량}}{TBM \text{ 굴진으로 굴착된 토사(버력)량}} \tag{3.23}$$

(2) 굴착될 막장 전방 지반의 압력

위에서 정의한 R값에 따라서 다음의 세 경우가 일어날 수 있다.

(1) $R = 1$: 이상적 평형

굴착량과 배출되는 양이 같은 경우로서 이상적인 경우로 볼 수 있다. 평형조건으로 굴착되므로 막장 전방에 소성영역이 거의 발생하지 않으며, 이 경우 막장압 또한 그림 3.31에서 보여주는 것과 같이 안정적이고, 막장압은 정지토압보다는 작고 Rankine의 주동토압 정도임을 알 수 있다.

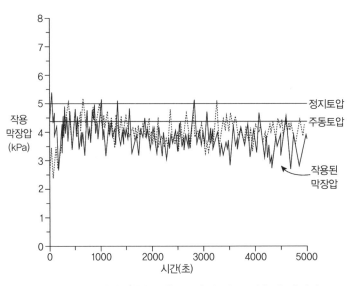

그림 3.31 이상적 평형조건($R = 1$)인 경우 작용된 막장압

(2) $R < 1$: 수동상태

배출되는 양이 굴착량보다 적은 경우로서 막장압은 계속하여 증가하게 되며(정지토압 이상 수동토압 이하, 그림 3.32) 막장 전방은 수동상태에 가깝게 된다.

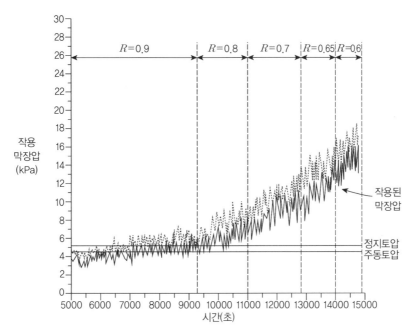

그림 3.32 수동상태(저배출, $R < 1$)에서의 작용 막장압

(3) $R > 1$: 주동상태

배출되는 양이 굴착량을 상회하는 경우로서 막장 챔버 내에 굴착토 감소로 인하여 막장압은 주동토압 이하로 감소하게 되며(그림 3.33), 막장 전방은 주동상태로 될 것이다.

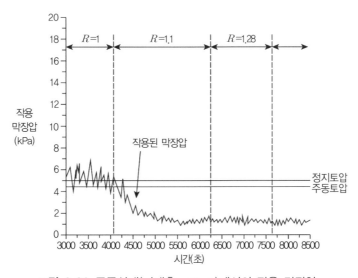

그림 3.33 주동상태(과배출, $R > 1$)에서의 작용 막장압

위의 결과로부터 알 수 있듯이 막장압은 임의로 가해주는 값이기는 하나 굴착량과 배출양의 상대비에 따라 압력이 증가할 수도 감소할 수도 있다.

3.5.2 막장압에 대한 고찰

막장 전방에서의 압력 및 소요지보압의 개략도는 그림 3.34와 같다. 소요지보압 σ_T는 다음 식으로 표시할 수 있다.

$$\sigma_T = \sigma_s + u_s \tag{3.24}$$

여기서, σ_T = 소요지보압

σ_s = 지반의 유효응력에 의한 지보압

u_s = 수압

식 (3.24)에서 수압은 그대로 지보압으로 견디어주어야 한다. 다만, 지반으로 인한 지반압에 버티기 위한 유효 지보압을 어떻게 설정해주느냐가 관건으로서, 다음에 이를 중심으로 서술할 것이다.

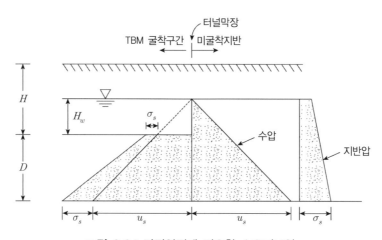

그림 3.34 막장안정에 필요한 소요지보압

1) 이론상 최적의 막장압과 상한값

굴착 전 원지반의 수평방향 압력은 정지토압과 수압의 합력으로서 '$\sigma_{ho} = K_o \sigma_v{}' + u_s$'로 표시할 수 있다. 이론적인 관점에서 보면 TBM으로 굴착하면서, 막장압을 $\sigma_T = \sigma_{ho}$로 가하면, 지반에서의 응력은 동일하므로 지반에 영향을 주지 않고 굴착할 수 있게 된다. 이론적으로는 그렇다 하더라도 실제 문제에서는 그리 간단치가 않다. 우선 지반의 정지토압계수를 정확히 안다는 것이 불가능하다. 연약지반의 경우 막장압이 과다하여 지반이 융기하거나 이수식 쉴드 TBM의 경우 이수가 지상으로 분출되기도 한다. 또한 시공상의 문제로서 터널굴착 시 막장압을 크게 주면 줄수록 굴진속도는 오히려 더뎌지며, 실제로 큰 막장압을 주는 것이 시공적 관점에서 쉬운 일이 아니다.

실제적인 관점에서 막장압을 다음 식과 같이 정지토압과 주동토압 사이에서 관리하게 되면 막장 안정성에 큰 문제가 없는 것으로 알려져 있다.

$$K_a \sigma_v{}' + u_s < \sigma_T < K_o \sigma_v{}' + u_s \tag{3.25}$$

여기서, K_a = Rankine의 주동토압계수

$\quad\quad u_s$ = 수압

위의 식에서 K_a는 Rankine의 주동 토압계수로서 이 주동토압은 옹벽의 경우와 같이 구조물의 길이가 긴 경우, 즉 plane stain 조건에서의 주동토압이다. TBM 터널막장 전방의 경우는 TBM의 폭만큼만 소성영역이 발생하므로 3차원 효과로 인하여 막장 전방에서의 주동상태에서의 압력은 Rankine의 주동토압보다 훨씬 적다. 이는 2.7절에서 소개한 수직갱에서의 주동토압이 3차원 효과로 인하여 Rankine의 주동토압보다 매우 작은 것과 일맥상통한다. 막장 전방에서의 붕괴를 방지하기 위한 최소의 소요 막장압은 다음 절에서 서술할 것이다.

식 (3.24)에서 제시한 막장압의 예로서 네덜란드 터널협회(COB라고 함)에서 제시한 소요 막장압을 소개하면 다음과 같다.

$$\sigma_T = K_a \sigma_v{}' + u_s + 20\,\mathrm{kPa} \tag{3.26}$$

식 (3.26)을 보면 소요막장압은 Rankine의 주동토압보다 20kPa 정도 증가시키어 식 (3.25)의 범주에 들어감을 알 수 있다.

<u>상한값(Upper Bound)</u>

과다한 지반융기를 방지하기 위해서, 어느 경우에도 막장압은 상재하중보다 커서는 안 된다. 즉, 상한값은 다음 식으로 정의한다.

$$\sigma_{T(Upper)} < \sigma_v = \sigma_v{}' + u_s \tag{3.27}$$

2) 최소의 막장압과 하한값

터널막장 붕괴를 방지하기 위한 이론상 소요막장압은 Rankine의 주동토압보다 작다고 하였다. 소성론에 근거한 소요막장압을 구하는 시도는 여러 학자에 의하여 이루어졌다.

이 책에서는 Anagnostou와 Kovari(1994)가 제안한 소요지보력을 구하는 개요를 주로 서술하고자 한다. 이들은 우선 막장 전방의 파괴형상을 그림 3.35와 같이 단순화하였다. 또한 편의상 등가의 정사각형으로 가정하였으며, 터널 내로 배수가 되지 않는다는 가정으로서, 막장 전방에서 정수압이 작용하는 것으로 우선 가정하였다.

그림 3.35에 제시된 단순화된 막장전방에 대하여, 유효응력으로 인한 막장의 안정성을 한계평형이론(limit equilibrium method)으로 구하고자 한다.

$\angle DAE$의 각도를 w라 하면 흙쐐기 부분에 작용되는 힘은 그림 3.35(b)와 같이 다음의 5가지로 이루어진다.

(1) 흙쐐기 자체의 유효중량 : W'

$$W' = 흙쐐기의 \ 체적 \cdot r' \tag{3.28}$$

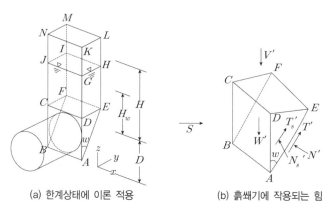

(a) 한계상태에 이론 적용   (b) 흙쐐기에 작용되는 힘

그림 3.35 터널막장에 작용되는 안정성 검토 메커니즘

(2) CDEF면 위에 작용하는 연직토압으로 인한 힘 : V'

$$V' = \sigma_v' \cdot (CDEF) \tag{3.29}$$

이고, 여기서 연직토압은 상재하중이 전부 작용되는 것이 아니며, σ_v'은 소위 사일로 토압(silo pressure)으로서 다음 식으로 구한다(이것은 2.6.2절의 Terzaghi 이완토압과 흡사하다).

$$\sigma_v' = \frac{\gamma' \cdot r - c}{K\tan\phi}(1 - e^{-K\tan\phi H_w/r}) + \frac{\gamma \cdot r - c}{K\tan\phi}(e^{-K\tan\phi H/r} - e^{-K\tan\phi H/r}) \tag{3.30}$$

여기서, K : 터널 상부지반에서의 수평응력과 연직응력의 비

$\approx 0.8 \sim 1.0$

γ' : 수중단위 중량

γ : 습윤단위 중량

$$r = \frac{0.5\,D}{\tan w/(1 + \tan w)} \tag{3.31}$$

(3) ADE 및 BCF면에 작용하는 전단력 : T_s'

이것은 흙쐐기 측면에서의 저항요소로서 3차원 효과로 보면 될 것이다.

$$T_s' = t_s \cdot (ADE\,\text{면적}) \cdot (2\text{면})$$
$$\tau_s = K_w\left(\frac{1}{3}\gamma'D + \frac{2}{3}\sigma_v'\right)\tan\phi \tag{3.32}$$

여기서, K_w : 흙쐐기에서의 수평응력과 연직응력의 비

≈ 0.4

(4) ABFE면에 작용하는 수직 및 전단력 : T', N'

$$T' = c(ABFE) + N'\tan\phi \tag{3.33}$$

(5) ABCD면에 작용시켜주어야 하는 지보력 : S

위의 5가지 힘에 대하여 다음의 평형조건을 만족하도록 하여 S를 구한다. 단, 각도 w를 여러 각도로 각각 가정한, 다음 그에 상응하는 S를 구하여 그중 지보력이 가장 큰 경우가 지보력 S가 된다(이때의 $w = w_{cr}$).

$$\Sigma F_H = 0 \qquad\qquad (3.34)$$
$$\Sigma F_V = 0 \qquad\qquad (3.35)$$

S를 구한 다음, 붕괴 직전의 지보압 $\sigma_{s\,(\min)}$ 는 다음 식으로 구한다.

$$\sigma_{s\,(\min)} = \frac{S}{(ABCD)} \qquad\qquad (3.36)$$

식 (3.36)으로 구한 지보압 $\sigma_{s\,(\min)}$ 는 안전율 $F_s = 1$인 경우, 즉 붕괴 직전의 지보압이다. 당연히 설계지보압은 안전율을 고려하여 이보다 큰 값을 가져야 한다. 실제로 터널막장에 가해주어야 하는 설계지보압을 σ_s 라고 한다면 막장안정에 대한 안전율은 다음 식과 같다(수압에 대하여는 안전율을 적용하지 않는다).

$$F_s = \frac{\sigma_s}{\sigma_{s\,(\min)}} \qquad\qquad (3.37)$$

여기서, σ_s : 설계지보압

$\sigma_{s\,(\min)}$: 소성붕괴 시의 지보압

Anagnostou와 Kovari(1994)는 위의 식들을 이용하여 터널 심도 및 지하수위를 변화시켜가며 막장붕괴 방지를 위한 최소 소요지보압 $\sigma_{s\,(\min)}$ 을 구하여 도식화하였다(그림 3.36 참조, 단 터널 직경 $D = 10m$인 경우).

그림 3.36(a)로부터 알 수 있는 것은 지반의 내부 마찰각 ϕ뿐만 아니라 점착력도 소요지보압에 지대한 영향을 미친다는 것이다. 만일 $c \geq 15\,kPa$이라면 최소 소요지보압 $\sigma_{s\,(\min)}$은 0에 가까워 실제로 터널막장에서 가해주어야 하는 총지보압은 수압뿐임을 알 수 있다. 또한 내부 마찰각 $\phi \geq 30°$(대부분의 지반에 해당)이면, 점착력이 $c \geq 15\,kPa$ 정도만 되어도 역시

$\sigma_{s(\min)} = 0$임을 알 수 있다.

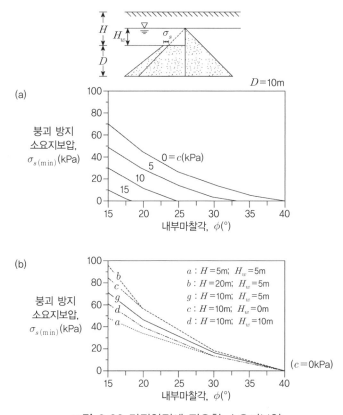

그림 3.36 막장안정에 필요한 소요지보압

한편, 그림 3.36(b)는 터널심도나 지하수위의 위치에 의한 영향을 보여주고 있다(단, $c = 0\,\mathrm{kPa}$ 인 경우). 여기서 알 수 있는 중요한 사실은 지반의 내부마찰각이 $\phi = 30°$ 인 경우 최소 소요지보압 $\sigma_s \approx 20\,\mathrm{kPa}$ 정도임을 또한 알 수 있다.

초연약지반을 제외하면 지반의 내부마찰각 ϕ는 30° 이상은 되므로 거의 모든 지반에서 터널막장 전방에서의 붕괴(이를 'sinkhole'이라고 한다)를 방지하기 위한 유효압력은 $\sigma_{s(\min)} = 20\,\mathrm{kPa}$ 정도임을 알 수 있다. 막장안정에 대한 안전율을 F_s 라고 한다면 막장압은 다음과 같이 표시할 수 있다.

$$\begin{aligned} \sigma_T &= F_s \cdot \sigma_{s(\min)} + u_s \\ &\approx F_s \cdot 20(\mathrm{kPa}) + u_s \end{aligned} \tag{3.38}$$

만일, 유효 막장압에 의한 안전율을 $F_s = 2.0$ 으로 설정하면

$$\sigma_T = 2 \cdot 20\,(\text{kPa}) + u_s$$
$$= 40 + u_s\,(\text{kPa}) \tag{3.39}$$

즉, 수압에다가 40kPa 정도만 추가한다면 붕괴방지 목적으로의 막장압으로는 충분할 것이다.

하한값(Lower Bound)

그림 3.36에서 보여주는 것과 같이 지반에 약간의 점착력이 존재하면 $\phi \geq 30°$의 조건에서 붕괴방지 목적의 소요지보압은 0에 가깝다. 따라서, 지보압 하한값은 수압으로 보면 될 것이다.

$$\sigma_{T(Lower)} \geq u_s \tag{3.40}$$

3) 설계지보압의 선택

앞 절에서 지보압의 상한과 하한은 다음과 같다고 하였다.
- 상한값 $\sigma_{T(Upper)} < \sigma_v$ (상재압력)
- 하한값 $\sigma_{T(Lower)} \geq u_s$ (수압)

즉, $\sigma_{T(Lower)} \leq \sigma_T < \sigma_{T(Upper)}$ $\tag{3.41}$

실제적인 관점에서는 막장압이 정지토압을 초과하는 것은 바람직하지 않으므로 다음과 같이 설정할 수 있다.

$$u_s \leq \sigma_T \leq K_o \sigma_v{}' + u_s \tag{3.42}$$

적절한 설계 막장압의 선택에는 아직도 의견이 분분하다. 실제로 가능한 대로 정지토압 가깝게 주는 경우도 있고, 반면에 지반 자체가 견고하고 암반지반의 경우 수압만을 주고 굴착하는 경우도 있다. 한 가지 분명한 사실은 지보압이 정지토압에 가까울수록 굴착 시 지반변형이 작아지고, 지보압이 Kovari와 Anagnostou가 제시한 방법에 의한 붕괴 방지에 필요한 정도로 작게 줄수록 지반변형은 커질 것이다. 그림 3.37은 막장압에 따른 지반의 거동 양상을 보여주고 있다. 이 그림은 지하수가 전혀 없는 건조지반을 대상으로 하였으며, 지반거동은 수치해석에 근거한 것이다.

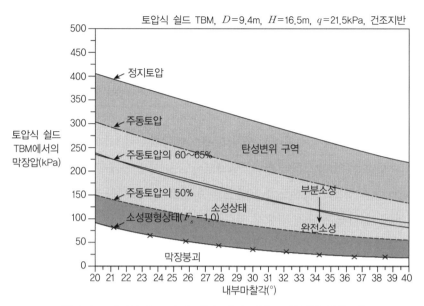

그림 3.37 막장압의 크기에 따른 막장 전방 소성영역 발생 정도

그림 3.37로부터 다음과 같은 정리를 할 수 있다.

(1) 설계 막장압이 주동토압 이상인 경우($\sigma_{Ka} \leq \sigma_T \leq \sigma_{Ko}$) 막장 전방에 소성영역이 거의 생기지 않으며, 탄성변형만 발생하므로 지반침하는 크지 않다.

(2) 설계막장압이 주동토압의 60~65%[$\sigma_T \geq (60 \sim 65\%)\sigma_{Ka}$] 이상으로 제어되면 막장 전 방에서의 소성영역이 발생하기는 하나 부분적으로만(localized) 발생하므로 과도한 지표면 침하는 발생하지 않는다.

(3) 설계막장압이 주동토압의 반 정도($\sigma_T \approx 0.5\sigma_{Ka}$)인 경우 막장 전방의 소성영역이 지표면까지 다다르게 되어 막장전방은 완전히 소성영역이 될 것이다.

(4) 그림에서 제일 밑단에 있는 곡선은 소성평형 상태를 말하며($F_s = 1$) 이보다 적은 막장압에서는 막장붕괴가 일어나게 된다. 즉, 싱크홀(sinkhole)이 발생한다.

> **정리** 막장 전방에서의 소성영역 발생을 최소화하여 과도한 지표면 침하를 방지하기 위해서는 설계 막장압은 다음 값 정도이어야 한다.
> $$\begin{aligned} \sigma_T &> (0.6 \sim 0.65)\sigma_{K_a}{}' + u_s \\ &= (0.6 \sim 0.65)K_a\sigma_v{}' + u_s \end{aligned} \qquad (3.43)$$

3.5.3 토압식 쉴드 TBM의 막장안정성

1) 설계지보압

앞 절에서 밀폐형 TBM에서의 소요지보압에 대한 개론을 서술하였다. 토압식 쉴드 TBM은 3.1.3절에서 서술한 대로 막장에서 굴착한 토사 또는 버력을 챔버 내에 가득 채우고 이를 counter weight로 사용하여 막장압을 가하기 때문에 굴착토가 너무 고체 같은 상태이면 이를 이용하여 막장압을 가하기가 쉽지 않다. 굴착토에 소요의 첨가제를 첨가하는 등의 방법으로 액체와 고체의 중간 형태(소성유동화 상태 또는 점성을 가진 유체)로 만들어야 막장압이 쉽게 가해질 수 있다. 첨가제는 다음 절에서 서술하고자 한다.

이와 함께 스크류컨베이어에서의 점진적인 압력감소 패턴도 아주 중요한바, 이를 위해서도 굴착토를 소성유동화 상태로 만드는 것이 중요하다. 이를 위해 그림 3.38에서 보여주는 것과 같이 스크류컨베이어에다가 첨가제를 투여하기도 한다. 그림 3.38은 막장에 가해준 막장압이 스크류 콘베이어로 배출되면서 발생하는 압력감소 패턴의 개요를 보여준다. 챔버 안에서도 굴착토의 유동에 따라 압력이 서서히 감소하며(그림 3.38에서 100% → 80%까지 감소), 나머지는 스크류컨베이어에서 점차 감소하여 출구에서는 '0'이 된다. 그림 3.38에서 실선은 유선, 점선은 등수두선으로 표기는 하였으나, 엄밀히 말하여 이는 흙입자는 정지상태에서(즉, 움직이지 않는 상태에서) 지하수만 흐르게 되는 투수와는 근본적으로 다르다. 지하수와 범벅이 된, 즉 소성유동화된 굴착토 자체가 배출되는 것이다. 어느 경우에도 지하수만 배출되는 일은 없어야 한다.

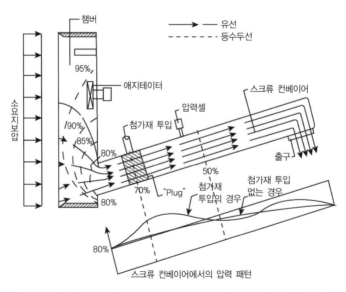

그림 3.38 챔버와 스크류컨베이어에서의 지보압 감소 패턴

한편, 토압식 쉴드 TBM은 절취한 토사나 버력으로 챔버를 채우기 때문에 막장 전방으로부터 챔버 내로 지하수 유입이 가능할 때도 있다(앞에서 구한 소요지보압은 지하수 자체는 정수압으로 작용한다고 가정하였다). 따라서 지하수의 유입 여부에 따라 다음과 같은 경우가 생길 수 있다.

(1) 비교적 지반의 투수계수가 작고 터널굴진이 빨라서 아예 지하수의 유입이 없다고 가정할 수 있는 경우
- 이 경우는 앞에서 서술한 것과 같이 정수압이 작용된다고 가정할 수 있다. 따라서 소요지보압 σ_T는 '유효지보압 + 수압'이 된다.
(2) 지반의 투수계수는 상대적으로 크고 터널의 굴진속도는 비교적 느려서 막장전방으로 침투가 일어나는 경우
- Anagnostou와 Kovari(1996)는 다음의 조건을 동시에 만족하면 배수가 된다고 가정할 수 있다고 하였다.
  • $K \geq 10^{-5} \sim 10^{-4}$ cm/sec이고(여기서, K = 지반의 투수계수)
  • 터널굴진속도 $v \leq 0.1 \sim 1.0$ m/hr인 경우
- 이 경우에 터널막장에서 가해주어야 하는 총소요지보압은 '유효응력에 대한 소요지보압 + 터널막장 전방에서 작용되는 침투수압'이다. 즉, 수압 대신에 침투수압을 견디도록 막장압을 가하여야 한다.
- 침투수압은 터널의 굴진속도가 빠르면 빠를수록 배수가 원활하지 않기 때문에 증가한다. 남석우, 이인모(2002)는 굴진속도가 침투수력의 증가에 미치는 영향을 검토하여 그림 3.39에 제시하였다. 그림에서 SPR은 DS_s/K의 함수임을 제시하였으며,

여기서, SPR : 침투수압과 정수압의 비율
  D : 터널의 직경
  S_s : 지반의 비저류계수(specific storage)

임을 나타낸다. 그림에서 알 수 있는 것은 터널의 굴진속도 = 0일 경우 SPR = 28%에서 시작하여 최대 80%까지도 증가할 수 있음을 보여주고 있다. 즉, 침투수압은 굴진속도에 따라 정수압의 28~80% 사이에 존재함을 알 수 있다.

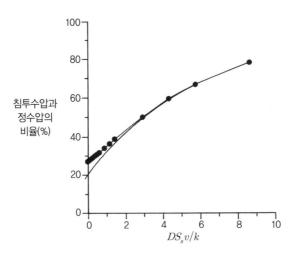

그림 3.39 터널굴진율에 따른 침투수압 증가효과

따라서 최악의 조건에서 총소요지보압은 '유효지보압＋(정수압의 80%)' 정도로 볼 수 있다. 즉, 침투가 발생하면 오히려 소요막장압을 적게 주어도 된다.

여기에서 반드시 짚고 넘어가야 할 사항이 있다. 토압식 쉴드 TBM의 경우, 앞에서 서술한 대로 지반의 투수계수가 크다면 챔버 내로의 침투가 일어나는 것은 어쩔 수 없다 하더라도 과도한 지하수 유입은 금물이다. 유입된 지하수가 굴착토와 잘 섞여서 소성유동화되는 정도까지만 유입을 허락하여야 한다. 과도한 유입으로 인하여 유입된 지하수 그대로 스크류컨베이어로 흐르도록 하는 현상은 반드시 없도록 해야 한다. 지하수 유입량을 최소화하기 위한 방법 중 하나가 다음 절에서 서술하고자 하는 첨가제 투입이다. 이 첨가제는 커터헤드 전면의 지반으로 직접 투입하여야 한다.

토압식 쉴드의 경우 될수록 총소요지보압 σ_T를 적게 하여야 공사를 원활히 할 수 있다. 지보압이 너무 크면 다음과 같은 문제가 야기될 수 있다(그림 3.40 참조).

(1) 지보압이 과다하면 챔버 안에 있는 흙(muck)이 점성을 가진 유체로 거동하기 어렵다. 따라서 지보압이 그림 3.40(a)에서와 같이 불규칙한 형태를 이루어 지보압이 상대적으로 작은 부분으로 막장이 밀려들어올 수 있다.

(2) 지보압이 과다하면 그림 3.40(b)의 커터헤드의 wheel이 굴착토 또는 버력(muck)의 저항력으로 인하여 회전하는 데 큰 토크가 필요하게 된다.

(3) 굴착토 또는 버력(muck) 자체가 그림 3.40(c)와 같이 아칭현상으로 자립하게 되어 이를 배출하기가 쉽지 않게 된다.

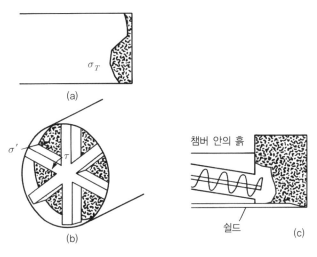

그림 3.40 지보압이 큰 경우에 발생하는 문제점

2) 막장안정과 버력처리의 원활을 위한 첨가제

앞에서 서술한 대로 토압식 쉴드 TBM에서 굴착토를 사용한 막장면 안정성을 확보하기 위하여 굴착된 토사 및 버력의 유동성을 확보하거나, 굴착토의 마찰계수 감소를 위하여, 또는 막장 내로 발생한 지하수가 갑자기 스크류 콘베이어 내로 쏟아져 나오는 현상을 막아주기 위하여 (즉, 지수성을 위하여) 챔버 내에 또는 커터헤드 전방으로 첨가제를 첨가해주어야 한다. 첨가제에는 다음의 네 종류가 있다.

(1) 폼(Foam)제

가장 경제적인 첨가제로서 물, 공기, 텐시드(tensides), 폼재로 구성되어 있다(그림 3.41 참조). 텐시드란 기포를 발생시키는 재료로서 물과 섞이고 기포발생장치를 이용하여 공기와 함께 뿜어내면 기포가 발생하며, 이 기포로 인하여 굴착토는 유동성과 지수성을 향상시키고, 특히 점토질 층에서는 굴착토의 부착을 방지할 수 있다. 한 번 생성된 기포는 2~3시간이 지나면 자연적으로 없어진다. 따라서 계속적인 굴착 중에는 효과가 좋으나, 굴착이 일시정지되는 경우 기포는 용해되어 지반 속으로 침투하므로 막장압이 감소되는 단점을 가지고 있다.

폼제의 성질을 나타내는 용어들을 요약하면 다음과 같다.

① 농축계수(Concentration Factor, CF)

농축계수는 물속에 얼마만큼의 텐시드(폼재)가 존재하는지의 비율을 일컫는다. 즉, 다음 식으로 정의한다.

$$CF = \frac{m_s}{m_f} \times 100\% \qquad\qquad (3.44)$$

여기서, m_s = 텐시드(폼재)의 질량

$\qquad\quad m_f$ = 용액(물)의 질량

CF 값은 0.2~5% 정도로서 지반에 존재하는 지하수 양에 따라 조절된다.

② 폼재 팽창비(Foam Expansion Ratio, FER)

폼재 팽창비는 폼재(텐시드)의 원래 부피와 기포에 의해 팽창한 부피와의 비를 의미한다. 즉,

$$FER = \frac{V_f}{V_F} \qquad\qquad (3.45)$$

여기서, V_f = 기포로 팽창된 폼재의 부피

$\qquad\quad V_F$ = 폼재(텐시드)의 원래 부피

FER 값은 통상 10~30의 값을 가진다.

③ 폼재 투입비(Foam Injection Ratio, FIR)

폼재 투입비는 다음 식으로 정의된다.

$$FIR = \frac{V_f}{V_s} \times 100\% \qquad\qquad (3.46)$$

여기서, V_f = 기포로 팽창된 폼재 부피

$\qquad\quad V_s$ = 굴착토(또는 버력)의 부피

FIR 값은 통상 30~60%의 값을 갖는다(때에 따라서 10~80%도 가능).

(2) 폴리머계 슬러리(Polymer-slurry)

수용성 고분자 폴리머는 물에 용해되는 고점성의 고분자 물질이다. 따라서 폴리머계 슬러리 역시 굴착토의 유동성 및 지수성을 향상시키며, 또한 펌프에 의한 압송성을 향상시킨다. 장비 가동 중 뿐만 아니라 굴착이 정지된 경우에도 효용성을 상실하지 않는 장점 또한 갖고 있다(그림 3.41 참조).

(3) 벤토나이트 슬러리(Bentonite slurry)

벤토나이트 슬러리(이수)는 근본적으로 이수식 쉴드 TBM에 사용되는 재료이나, 토압식에 서도 첨가제로 사용하기도 한다. 이수는 물과 함께 고체를 포함하고 있기 때문에 투수성이 큰 지반에 적용성이 뛰어난 것으로 알려져 있다(그림 3.41 참조).

(4) 고흡수성 수지계

고흡수성 수지는 물에 접촉하면 순간적으로 물을 흡수하여 겔(Gel) 상태가 되는 고분자 화합물이다. 막장 전방에 함수대가 존재하여 다량의 용수가 분출될 가능성이 있는 경우 커터헤드 앞쪽으로 투입하면 겔 상태로 변형시켜서 용수분출을 막을 수 있다.

3) 토압식 쉴드 TBM의 적용범위 및 첨가제 선택

토사지반을 굴착하는 경우의 토압식 쉴드 TBM이 적용가능한 입도분포조건과 그때의 첨가제 선택의 개요가 그림 3.42에 표시되어 있다. 그림에서 보듯이 토압식 쉴드 TBM은 실트 및 모래지반에서(그림 3.42의 ① 왼쪽 부분) 가장 적합한 것으로 알려져 있다. 200번째 통과량이 적어도 10%는 되어야 하며, 지반의 투수계수 K는 1×10^{-5}m/sec 이하인 지반에 주로 적용한다. 그 외 구간에서는 적절한 첨가제를 첨가하며 굴착하여야 한다. 그림에서 ③의 오른쪽 부분은 입자의 크기가 너무 커서 사실상 토압식 쉴드 TBM으로 굴착하는 것이 불가능한 지반을 가리킨다. 그림 3.42에서 I_c는 연경도 지수(Consistancy Index)로서 다음 식으로 정의된다.

$$I_c = \frac{LL - w_n}{LL - PL}$$
$$= \frac{LL - w_n}{PI}$$

(3.47)

여기서, I_c = 연경도지수

LL = 액성한계

PL = 소성한계

PI = 소성지수

w_n = 자연함수비

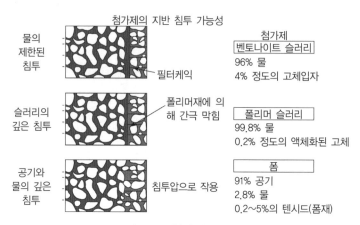

그림 3.41 첨가제의 거동

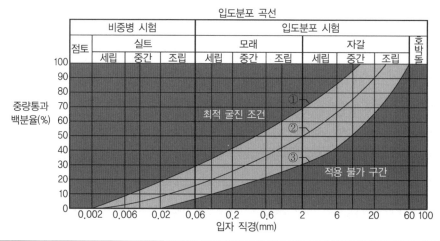

범위	조건	첨가제 선택
①의 왼쪽	$I_c = 0.4 \sim 0.75$	물 첨가
	$I_c > 0.75$	점토, 폴리머계 슬러리 폼재(텐시드)
①~② 사이	$K < 10^{-5}$ m/s 수압 <2bars	점토, 폴리머계 슬러리 폼재(텐시드)
②~③ 사이	$K < 10^{-4}$ m/s 수압 없음	고농도 벤토나이트 슬러리 고분자계 폴리머 폴리머를 첨가한 폼재

그림 3.42 토사지반에서 토압식 쉴드 TBM의 적용 범위(Maidl, 1995)

3.5.4 이수식 쉴드 TBM 터널의 막장 안정성

1) 개요 및 이수식 쉴드 TBM의 적용 범위

앞에서 서술한 대로 이수식 쉴드 TBM에서는 이수(벤토나이트 슬러리)를 이용하여 소요의 지보압을 가함으로써 굴진면의 안정을 도모한다. 또한 비중이 크고 점성이 높은 이수를 사용하여서 굴진면의 안정성을 도모하므로 토압식 쉴드 TBM과 비교하여 보다 안정성을 증가시킬 수 있다.

토사지반을 굴착하는 경우 이수식 쉴드 TBM이 적용 가능한 입도분포곡선 분포를 그림 3.43에 나타내었다. 그림 3.42와 그림 3.43을 비교해보면 이수식은 비교적 투수계수가 큰 지반에서도 적용이 가능함을 알 수 있다. 일반적으로 지반의 투수계수 K값이 1×10^{-5} m/sec 이상인 지반에 이수식 쉴드 TBM을 적용한다. 그림 3.43의 ① 구간에서와 같이 입자의 크기가 작은 구간에서는 토사와 이수의 분리가 힘들 뿐만 아니라, 점착성이 높은 지반에서는 점토의 부착력 때문에 커터헤드의 회전이 원활하지 않을 수도 있다. 따라서 일반적으로 200번체 통과량이 20% 이하인 경우에 이수식 쉴드 TBM을 적용한다. 특히 ③ 구간과 같이 입경이 큰(즉, 투수계수가 큰) 지반에서는 막장압을 유지하기가 용이하지 않다. 이는 이수가 막장면에서 압력으로 작용되는 것이 아니라 지반 속으로 이수가 침투하기 때문이다. 이에 대하여는 다음 절에서 보다 상세히 설명할 것이다.

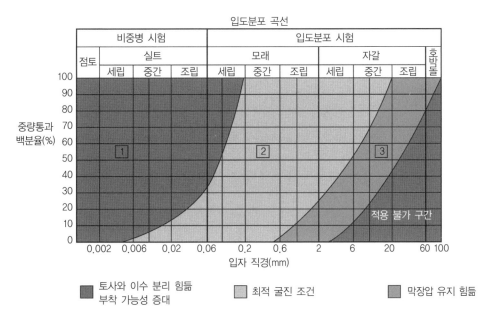

그림 3.43 토사지반에서 이수식 쉴드 TBM의 적용 범위(Krause, 1987)

2) 슬러리의 침투효과

3.5.2절에서 서술한 소요의 지보압은 슬러리가 막장 표면에 완전히 막을 형성하여(멤브레인 형성) 가해준 압력이 그대로 지반에 전달된다는 가정하에 구한 힘이다[그림 3.44(a)]. 그러나 현실적으로는 그림 3.44(b)에서와 같이 슬러리는 지반 속으로 침투하게 된다. 이 경우에서 막장면에 압력이 작용되는 것이 아니라 그림에서와 같이 침투수력이 지반에 작용된다. 즉, 슬러리로 인한 유체압력이 아니라, 침투수력인 유효응력이 지반에 작용된다.

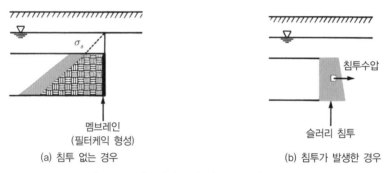

(a) 침투 없는 경우   (b) 침투가 발생한 경우

그림 3.44 벤토나이트 슬러리를 이용한 막장안정화

슬러리의 침투 양상은 그림 3.45와 같다. 그림 3.44(a)는 슬러리가 지반에 침투하지 않고 막장에 필터케익(filter cake)의 막이 잘 형성된 경우로서 가장 이상적인 경우이다. 이에 반하여 그림 3.44(b)는 슬러리가 지반으로 침투된 경우로서 당연히 슬러리는 침투수압으로 작용된다. 그림 3.44(c)는 슬러리의 농도가 아주 크지 않은 한 쉽게는 발생하지 않는 경우로서 처음에는 슬러리 자체가 지반으로 침투하다가, 곧 농도가 큰 슬러리는 정체되고 물만 분리되어 침투(이를 filtration이라고 한다)하는 경우이다. 슬러리의 경우는 대부분 (a) 또는 (b) 현상만 일어나며 이후부터는 이 두 현상을 주로 설명할 것이다. 슬러리가 지반에 침투한 침투거리를 e라고 한다면, 동수경사에 대응되는 값으로서 슬러리의 지체경사(stagnation gradient)는 다음 식으로 정의한다.

$$f_{so} = \frac{\sigma_s}{e} \tag{3.48}$$

여기서, σ_s = 설계지보압

e = 슬러리의 침투깊이

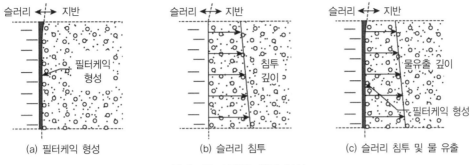

(a) 필터케익 형성   (b) 슬러리 침투   (c) 슬러리 침투 및 물 유출

그림 3.45 슬러리 침투 양상

침투 깊이 e가 증가할수록 지체경사 f_{so}는 $\left(\text{동수경사 } i\text{와 비슷한 개념} \left(i \approx \dfrac{\sigma_s}{\gamma_w e}\right)\right)$ 작아지므로, 침투수력은 감소한다. 따라서 멤브레인 모델에서의(즉, $e = 0$인 경우) 지보압을 σ_s라고 한다면 침투로 인한 지보압은 다음 식으로 감소한다(그림 3.46 참조).

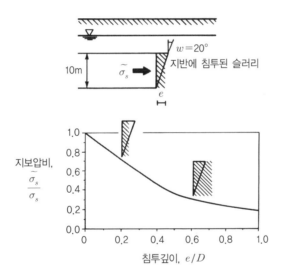

그림 3.46 슬러리의 침투깊이에 따른 지보압 감소 효과($w = 20°$인 경우)

$$\frac{\widetilde{\sigma_s}}{\sigma_s} = 1 - \frac{e}{2D\tan w}, \quad e \leq D\tan w \text{인 경우} \tag{3.49}$$

$$\frac{\widetilde{\sigma_s}}{\sigma_s} = \frac{D\tan w}{2e}, \quad e > D\tan w \text{인 경우} \tag{3.50}$$

다음 그림 3.47은 $\phi = 37.5°$의 사질토에 대하여 슬러리의 침투 깊이에 따른 안전율의 감소 양상을 보여주고 있다.

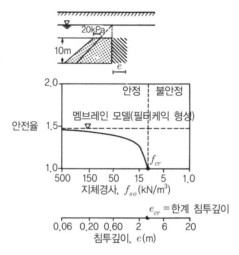

그림 3.47 지체경사 증가에 따른 안전율 감소효과($\phi = 37.5°$)

3) 지반의 입경, 설계지보압, 슬러리 농도의 영향

$\phi = 37.5°$의 사질토에 대하여 흙입자의 입경, 슬러리의 농도, 설계지보압을 변경시켜가며 막장안정에 대한 안전율을 구한 결과를 그림 3.48에 표시하였다. 그 결과를 다음과 같이 정리할 수 있다.

– 곡선 A및 B는 슬러리의 농도는 같게 하고(4%) 설계지보압 σ_s는 2배의 차이가 나게 하며 안전율을 구한 결과를 보여주고 있다. 여기서 알 수 있는 것은 흙의 입자가 아주 작을 때는 (미세사 혹은 실트 이하) 설계지보압을 크게 하여주는 효과가 뚜렷하나, 입자의 크기가 크면 클수록 침투깊이의 증가로 인하여 그 효과가 줄어든다는 것이다.

– 곡선 A 및 C는 반대로 설계지보압 σ_s는 20kPa로 같게 하고 슬러리의 농도는 4%(A곡선), 7%(C곡선)으로 차이가 나게 한 효과를 보여주고 있다. 흙입자의 크기가 크면 오히려 농도효과가 큰 것을 알 수 있다. 그러나 저자가 실험하여본 결과에 의하면 입자가 큰 흙인 경우 슬러리의 농도를 크게 하는 것만으로는 역시 안전율을 마냥 크게 할 수 없음을 알 수 있었으며, 유효입경 D_{10}이 0.75mm 이상인 지반에서는 슬러리에 작은 골재크기의(#100~#200번체의 크기의 골재) 첨가제를 넣어야 안전율 증가효과를 얻을 수 있었다(이인모 등, 2004). 이는 그림 3.43의 적용 범위 그래프와도 일치함을 알 수 있다. 그림에서 보면 $D_{10} > 0.75$mm는 구간 ③임을 알 수 있다.

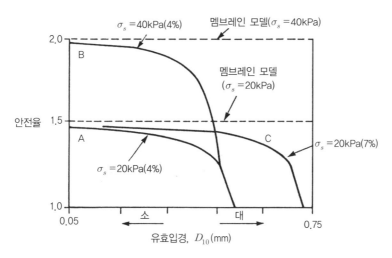

그림 3.48 지반의 입경, 설계지보압, 슬러리 농도의 영향(ϕ=37.5°)

터널의 굴진속도의 영향

터널은 계속적으로 굴진하기 때문에 슬러리 또한 굴진하는 동안만 막장안정을 유지하면 된다. 슬러리로 지보하는 시간이 짧을수록 슬러리의 침투깊이는 짧아지므로 막장안정에는 안전한 요소로 작용한다. 즉, 굴진속도가 빠를수록 안전율은 증가하게 된다.

Note

식 (3.49), (3.50)의 유도

식 (3.49) 및 식 (3.50)은 침투수압을 나타내는 수식으로서 다음과 같이 유도될 수 있다.

1) $e \leq D\tan w$인 경우

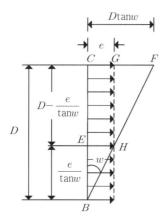

옆의 그림에서 막장 전방의 가상 파괴면은 BF이다(그림 3.35 참조). 침투 깊이가 가상파괴면 끝까지 도달하지 않았으므로 침투에 의한 control volume은 '$CEBHG$'이다. 단위체적당 침투수력은 $i\gamma_w$이다(『토질역학의 원리』 제7장 참조).

① 'CEHG' 구간의 침투수력은

$$F_{sp①} = i\gamma_w \cdot (Vol) = \frac{\sigma_s}{\gamma_w e} \cdot \gamma_w \cdot \left(D - \frac{e}{\tan\omega}\right) \cdot e \cdot D$$

② 'EBH' 구간의 침투수력은

$$F_{sp②} = \frac{\sigma_s}{\gamma_w e} \cdot \gamma_w \cdot \frac{1}{2}\frac{e}{\tan\omega} \cdot e \cdot D$$

결국, 침투수압은 (침투수력÷면적)이므로

$$\tilde{\sigma} = \frac{F_{sp}}{Area} = \frac{F_{sp①} + F_{sp②}}{D^2} = \left(1 - \frac{e}{2D\tan\omega}\right) \cdot \sigma_s = \text{식 (3.49)}$$

2) $e > D\tan w$인 경우

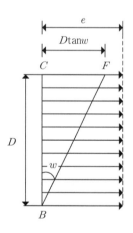

옆 그림에서 보여주는 것과 같이 침투깊이가 가상파괴면을 초과한 경우로서, 이 경우 침투에 의한 control volume은 파괴면 'CBF'가 된다.

'CBF' 구간의 침투수력은

$$F_{sp} = i\gamma_w \cdot (Vol) = \frac{\sigma_s}{\gamma_w e} \cdot \gamma_w \cdot \frac{1}{2}(D\tan\omega) \cdot D^2$$

침투수압은

$$\tilde{\sigma_s} = \frac{F_{sp}}{Area} = \frac{F_{sp}}{D^2} = \frac{D\tan\omega}{2e} \cdot \sigma_s = \text{식 (3.50)}$$

이 된다.

> **Note** 암반지반에서의 TBM 선택
>
> 암반지반에서의 TBM 선택은 쉽지 않다. 암반 자체도 견고하고 절리 및 단층이 거의 없는 산악
> 지반인 경우 Open TBM이 가장 적합할 것이다. 그러나 절리 및 단층이 존재하는 경우는 밀폐
> 형을 선택하는 것이 현재의 대세이다. 이수식 쉴드 TBM은 부속설비가 과다한 단점이 있어서
> 가능한 대로 토압식을 선택하기도 한다. 기계화 시공으로 터널을 굴착하는 경우 가장 취약한
> 지반이 토사/암반 혼합지반(mixed ground) 굴착이다. 밀폐형으로 굴착하는 한 막장압 관리
> 만 잘 한다면 토사지반이든지, 암반지반이든지 굴착에 무리가 없으나, 예를 들어서 커터헤드
> 상부는 토사, 하부는 암반인 혼합지반의 굴착은 쉽지가 않다. 실제로 터널굴착 시의 침하도 혼
> 합지반에서 가장 많이 발생하며, 막장붕괴(싱크홀, sinkhole)도 혼합지반 굴착 시에 가장 많
> 이 발생한다. 싱가포르의 경우 화강암(Bukit Timah Granite)을 기반으로 하는 혼합지반이
> 빈번히 발생하는 구간에서는 안전하게 이수식 쉴드 TBM을 선택한다. 또한 하저/해저 터널과
> 같이 시공 중 용수의 출현이 염려되는 경우 대부분 이수식을 선호한다.

3.6 쉴드 TBM으로 굴착 시 지표면 침하 양상

3.6.1 개 괄

NATM 공법에서의 지반변형은 주로 지반굴착에 따른 하중이완에 의하여 발생한다. In-situ
mechanics인 지반을 없앰으로써(굴착), 즉 제하(unloading)시킴으로써 변형이 발생한다.
물론 굴착만 있는 것이 아니라, 한 막장 굴착 - 지보재 설치 - 다음 막장 굴착 등의 일련의 과정
을 반복해야 하므로 이론해로 변형량을 구하기는 어렵기 때문에 수치해석을 이용한다.

그러나 기계화 시공의 경우에는 수치해석을 이용한다고 해도 TBM을 이용한 터널굴착을 모
사하는 것은 쉽지가 않다. 굴착에 의한 지반변형이 하중이완에 의한 것이라기보다는 기계적인
요인이 크기 때문이다. 따라서 기계화 시공의 경우에는 체적손실(Volume Loss)이라는 경험
적 요소에 근거하여 변형 정도를 평가하는 것이 실무에서는 더 일반화되어 있다. 체적손실이
란 실제로 소요되는 터널굴착 단면보다 더 큰 체적의 지반을 굴착함으로써 발생하는 추가적인
체적을 말하며, 굴진방향의 단위길이당 추가굴착량으로서 다음과 같이 정의한다.

$$V_L = \frac{\text{과굴착량}}{\text{터널 단면적}} \times 100\% \tag{3.51}$$

여기서, V_L = 체적손실(Volume Loss)

실제로 기계화 시공을 수치적으로 모델링할 때에도 주어진 지반조건에서 체적손실량을 미리 가정한 다음, 체적손실에 의한 변형 양상을 파악하는 정도이므로 사실상 수치해석에 큰 의미를 부여하기 어렵다.

3.6.2 체적손실

1) 체적손실인자

TBM 공법에서 체적손실을 가져오는 인자는 다음과 같이 여러 가지가 있으며, 각 요소의 합을 체적손실로 보면 된다.

(1) 전방손실(Face Loss)

그림 3.49 ①에서 보여주는 것과 같이 막장 전방에서 내부로 지반이 밀려들어옴으로 인하여 발생하는 체적손실로서 이를 전방손실(Face Loss)로 정의한다. Open TBM의 경우에는 전방손실량이 상대적으로 크고, 밀폐형 TBM(토압식 및 이수식 쉴드 TBM)의 경우에는 그 양이 훨씬 적다. 특히 막장압을 작게 가할수록 전방손실량은 증가할 것이다.

(2) 반경손실(Radial Loss)

반경손실에는 다음의 두 요소가 있다.

① 원활한 TBM 굴진을 위한 과굴착

쉴드 TBM의 경우에 커터헤드 바로 뒤에 쉴드통이 있어서 같이 굴진한다. 커터헤드 외경이 쉴드통 외경보다 약간 커야 굴진이 용이할 것이다. 실제로 커터헤드 끝에 비드(bead)를 부착하여서 외경을 약간 크게 한다. 이렇게 되면 그림 3.49 ②에서 보여주는 것과 같이 커터헤드 후방 쉴드통에서 지반이 밀려들어와서 그 틈새를 메꾸어줄 것이다. 이로 인하여 체적손실이 발생한다.

② 쉴드통과 세그먼트 외경 차이로 인한 과굴착

그림 3.7 및 3.9에서 보여주는 것과 같이 커터헤드 회전을 통하여 지반을 굴착한 다음 후방에서 영구지보재로서 세그먼트 라이닝을 조립하여 설치한다. 이때 세그먼트 라이닝 거치에 필요한 공간 확보를 위하여 필연적으로 세그먼트 라이닝의 외경은 쉴드통의 외경보다 작을 수밖

에 없다. 쉴드통 맨 끝단을 테일보이드(tail void)라고 하며, 테일보이드 상세는 그림 3.50과 같다. 쉴드통 외경과 세그먼트 외경 차로 인하여 이곳에서도 역시 체적손실이 발생할 수밖에 없다(그림 3.49 ③).

물론 테일보이드를 그대로 빈 채로 놓아두는 것이 아니라 그림 3.50에서 보여주는 것과 같이 테일보이드를 그라우팅으로 주입해 채워주게 된다. 그라우팅을 해주는 시기가 늦으면 늦을수록, 또는 주입된 그라우팅재가 경화될 때까지는 지반이 밀려 들어와서 공간을 메워줌으로써 체적손실이 발생한다.

체적손실

결국 체적손실(Volume Loss, V_L)은 전방손실과 반경손실의 합으로 이루어진다. 즉,

$$V_L = 전방손실(\text{Face Loss}) + 반경손실(\text{Radial Loss}) \tag{3.52}$$

여기서, V_L = 체적손실(Volume Loss)

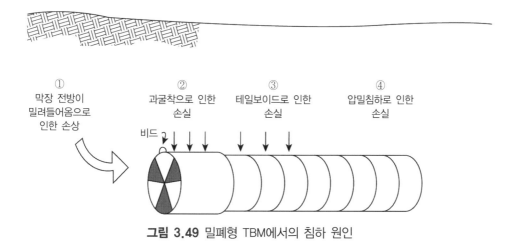

그림 3.49 밀폐형 TBM에서의 침하 원인

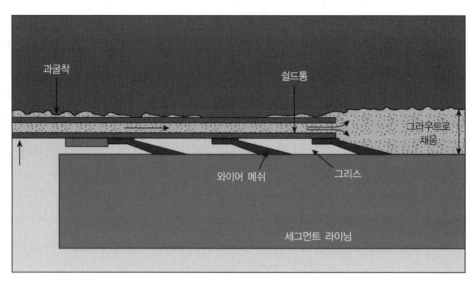

과굴착

쉴드통

그라우트로
채움

와이어 메쉬

그리스

세그먼트 라이닝

그림 3.50 테일보이드(tail void)를 그라우팅으로 채움

> **Note**
>
> **압밀현상으로 인한 장기침하(그림 3.49의 ④)**
>
> 포화된 점토지반을 굴착하는 경우 과잉간극수압이 발생할 수 있으며, 생성된 과잉간극수압이
> 소산되면서 장기적인 압밀침하가 발생할 수 있어서 장기적인 체적손실(그림 3.49 ④)의 원인
> 이 되기도 한다.

2) 체적손실의 개략적인 범위

체적손실은 여러 가지 요인에 의하여 그때그때 달라지게 되므로 이를 정량화하는 것은 사실
상 불가능하다. 각 나라마다 과거의 경험을 바탕으로 지반조건에 따른 체적손실 권장량을 정
립하는 것이 필요하다. TBM 장비의 발달과 테일보이드 그라우팅 기술의 발달로 말미암아 체
적손실량도 계속적으로 감소하고 있는 것도 사실이다. 체적손실에 영향을 미치는 요소들을
Shirlaw(2002)의 논문을 예로 설명하고자 한다. 싱가포르에서는 계속적으로 지하철의 설계
및 시공이 이루어지고 있으며, 터널굴착은 대부분 밀폐형 TBM으로 시공되고 있다. 위의 논문
은 2002년까지 다양한 지반조건에서 토압식 쉴드 TBM으로 시공된 현장들의 막장압과 체적
손실의 상관도를 그림으로 표시한 대표논문이다. 싱가포르에 편재해 있는 대표적인 지질을 열
거하면 다음과 같다.

- Kallang Formation : 느슨한 모래와 연약한 점토

- Jurong Formation : 퇴적암/퇴적토
- Bukit Timah Granite : 화강암/화강풍화토
- Old Alluvium : 충적토가 석화되어 암으로 된 지반, 가장 안정적임

위의 논문을 예로 체적손실에 미치는 영향요소는 다음과 같다.

(1) 연약한 토사지반을 굴착하는 경우

연약한 토사지반에서는 당연히 체적손실량이 크며, 그림 3.51에서 보여주는 것과 같이 굴착시 막장압을 크게 할수록 체적손실량은 감소한다.

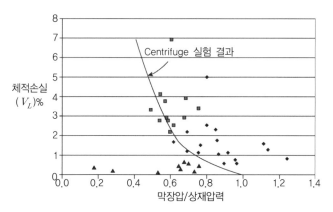

그림 3.51 Kallang 지반(느슨한 모래, 연약한 점토)에서의 막장압과 체적손실 관계

(2) 혼합지반을 굴착하는 경우

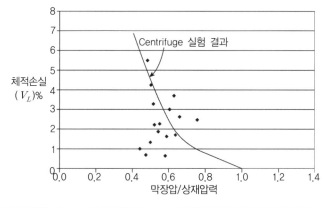

그림 3.52 혼합지반(Kallang 토사지반/Jurong 퇴적풍화암)에서의 막장압과 체적손실 관계

앞 절에서 서술한 대로 TBM으로 굴착이 가장 어려운 지반인 혼합지반(mixed ground)을 굴착하는 경우이다. 그림 3.52는 토사와 퇴적암(Kallang + Jurong)으로 이루어진 복합지반에서의 체적손실을 보여주고 있다. 순수 토사지반 정도 또는 그 이상의 체적손실을 보이고 있다.

(3) 암반지반을 굴착하는 경우

그림 3.53은 Old Alluvium 층을 굴착하는 경우의 체적손실을 보여주고 있다. 연약한 토사에 비하여 당연히 체적손실이 크게 작음을 알 수 있으며, 막장압에는 크게 영향이 없음을 보여준다. 즉, 막장압이 현장에서의 수압 또는 수압 이상으로만 제어된다면 체적손실을 잘 제어할 수 있다.

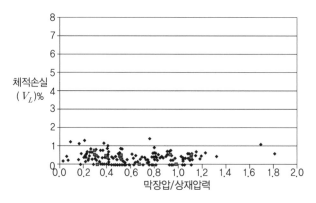

그림 3.53 Old Alluvium(안정된 퇴적암)에서의 막장압과 체적손실 관계

(4) 화강풍화토를 굴착하는 경우

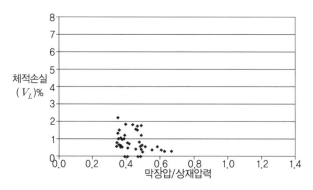

그림 3.54 화강풍화토(Bukit Timagh Granite 풍화잔류토)에서의 막장압과 체적손실 관계

그림 3.54는 화강암이 풍화된 풍화잔류토에서의 체적손실을 보여주고 있다. 토사이기는 하나 그림 3.51에서 보여준 연약지반에 비해 안정된 체적손실량을 보여주고 있다.

최근 싱가포르에서의 체적손실 권장값

앞에서 예로 들었던 논문은 2002년에 발표한 것으로 이후에도 10년 이상을 설계·시공하면서 기계화 시공의 많은 발전을 가져왔다. 따라서 현재의 권장 체적손실은 다음과 같이 많이 작아진 값을 띠고 있다.

- Kallang Formation : 1.5~2.0%
- Bukit Timah Granite, Jurong Formation : ≈ 1.0%
- Old Alluvium : ≈ 0.5%

테일보이드 뒤채움 주입방식

그림 3.50에서 보여주는 것과 같이 쉴드통과 세그먼트 라이닝 외경차로 인한 공극(Tail Void)을 메워주기 위하여 뒤채움 주입을 하여야 한다. 뒤채움 주입방식에는 표 3.3에서와 같이 네 가지 방식이 있다. 우리나라에서 가장 시공실적이 많은 경우는 세 번째의 즉시주입이다. 이에 반하여 동시주입방식은 테일보이드 발생과 동시에 뒤채움 주입을 하는 경우로서 침하 억제에 가장 유리하여, 특히 도심지 굴착 시에는 동시주입을 반드시 해야 함을 밝혀둔다.

표 3.3 주입방식의 비교

구분	동시주입	반동시주입	즉시주입	후방주입
개요도	쉴드테일 / 세그먼트	쉴드테일 / 세그먼트	쉴드테일 / 세그먼트	쉴드테일 / 세그먼트
개요	테일보이드 발생과 동시에 뒤채움 주입을 시행	그라우트홀이 쉴드테일에서 이탈함과 동시에 그라우트홀에서 뒤채움 주입 시행	1링의 굴진 완료마다 뒤채움 주입을 시행	수링의 후방에서 뒤채움 주입을 시행하는 방식
장·단점	• 침하 억제에 유리 • 사질지반에서 추진저항이 크고, 경제적으로 고가임	뒤채움 주입 시 쉴드 내로 유출될 우려가 있음	• 시공이 편리 • 주변 지반을 이완시키기 쉬움	• 시공이 간단하고 경제적으로 저가 • 테일보이드 확보가 어려움(이미 침하발생 가능)

3.6.3 지표 침하 양상

1) 개요

TBM 터널을 굴착하는 심도에서 체적손실 V_L이 발생하면 손실된 체적으로 인하여 지반은 터널천정 상부에서도 연속적으로 침하가 발생하여 급기야 지표면에서도 침하가 일어난다(그림 3.55 참조). 그림에서 지표면 침하 트러프(surface settlement trough)의 면적을 다음으로 정의한다. 즉, 종단상의 단위길이당 지표면 침하 트러프의 체적으로서 V_S로 정의한다. 그렇다면 체적손실 V_L과 지표면 침하 트러프 체적 V_S 사이에는 어떤 관계가 있을 것이다.

우선, 터널천정 상부의 지반이 터널굴착 시에도 체적이 전혀 변하지 않는다면 두 값은 같아야 한다. 즉, $V_S = V_L$이다. 그러나 만일 지반팽창이 유발된다면(예를 들어서 매우 조밀한 사질토 등), 지반팽창효과로 인하여 지표면 침하체적량은 오히려 적어질 것이다(즉, $V_S < V_L$). 이와 반대로 느슨한 사질토 등으로서 지반압축이 발생하면 체적손실에 더하여 지반압축으로 인하여 침하되는 체적은 더 커질 수도 있다($V_S > V_L$).

앞에서 서술한 대로 체적손실량이 어차피 과거 경험에 근거한 경험치이며, 특히 실제로 현장에서 계측되는 값은 지표면 침하로부터의 체적손실이므로 V_S일 확률이 크다. 따라서 대부분의 경우 $V_S = V_L$로 가정하며, V_S와 V_L을 통칭하여 체적손실(Volume Loss)로 정의하기도 한다. 차후의 침하 양상에서는 지표면 침하 트러프 체적을 체적손실로 통칭하기로 한다.

이제 체적손실 V_L만 가정하면 지표면에서 침하되는 총 체적은 알 수 있다($V_S = V_L$). 문제는 침하가 발생하는 양상이다. 물론 그림 3.55에서 보여주는 것과 같이 터널 중심 상부에서의 침하가 가장 크고, 터널 중심축에서 멀어질수록 작아질 것이다. Peck(1969) 교수는 다양한 지반에서의 터널계측자료의 분석결과를 토대로 횡단면상의 침하 양상은 정규확률분포(Gaussian probability distribution)의 형태를 이룬다고 보고하였으며, 지금껏 이 제안을 그대로 인정하고 있다. 이 책에서는 정규분포를 가정하에 횡단면의 침하분포를 서술하고자 한다.

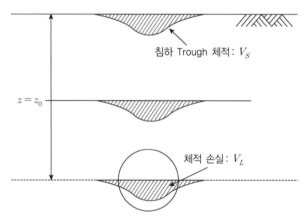

그림 3.55 터널굴착 시 체적손실로 인한 지표면 침하 양상

2) 횡단면 침하곡선

앞에서 서술한 대로 횡단면 침하곡선은 그림 3.56과 같이 정규확률분포를 이룬다고 가정한다. 침하량은 다음 식으로 구할 수 있다.

$$S = S_{\max} \exp\left(\frac{-y^2}{2\,i^2}\right) \tag{3.53}$$

여기서, $S = S(y) =$ 횡단상의 y 지점에서의 침하량

$S_{\max} =$ 최대 침하량

$i =$ 변곡점(inflection point)으로서 정규확률분포의 표준편차의 의미를 나타낸다.

식 (3.53)의 침하량을 적분하면 체적손실이 되므로(단, $V_S = V_L$로 가정),

$$V_L = \int_{-\infty}^{+\infty} S(y)\,dy \approx \sqrt{2\pi}\,i\,S_{\max} \tag{3.54}$$

로부터 식 (3.53)은 다음 식으로 표시될 수도 있다.

$$S = \frac{V_L}{\sqrt{2\pi}\,i} \exp\left(\frac{-y^2}{2\,i^2}\right) \tag{3.55}$$

식 (3.55)에서 $V_L =$ 체적손실은 앞 절에서 충분히 서술하였으며 추가로 필요한 사항이 i인 변곡점이다. 변곡점의 위치는 지반 종류 및 토피고(그림 3.56에서 $z = z_o$)의 영향을 받는다. 여러 학자들이 i 값을 제안하였으며 일부를 소개하면 표 3.4와 같다.

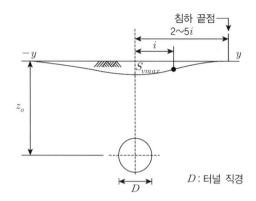

그림 3.56 횡단면 지표 침하곡선(정규확률분포)

표 3.4 변곡점 i의 제안식

제안자	제안식
Peck(1969)	$i = 0.2\,(D + z_0)$
O'Reilly and New(1982)	$i = 0.43\,(z_0) + 1.1\,(점토)$ $i = 0.28\,(z_0) - 0.1\,(모래)$
Clough and Schmidt(1982)	$i = \dfrac{D}{2}\left(\dfrac{z_0}{D}\right)^{0.8}$
Mair et al.(1993)	$5\,z_0$(London 점토의 경우)

* 주) D=터널 직경, z_o=지표면으로부터 터널 중심축까지의 깊이.

3) 종단면 침하곡선

NATM에서 설명한 것과 마찬가지로 터널종단상에서 터널막장 이전부터 침하를 시작하고, 막장 후방에서도 침하는 계속되다가 급기야 수렴하게 된다. 그림 3.57의 x지점에서의 침하량은 다음 식으로 표시할 수 있다.

$$S = \frac{V_L}{\sqrt{2\pi}\,i}\left\{ G\left(\frac{x - x_i}{i}\right) - G\left(\frac{x - x_f}{i}\right) \right\} \tag{3.56}$$

$$= S_{\max}\,(G_1 - G_2) \tag{3.57}$$

여기서, $G(\alpha)$는 다음 식으로 정의한다.

$$G(\alpha) = \frac{1}{\sqrt{2\pi}} \int_{-\infty}^{\alpha} e^{-\frac{\alpha^2}{2}}\, d\alpha \tag{3.58}$$

여기서, $\alpha = \dfrac{x - x_i}{i}$ 또는 $\dfrac{x - x_f}{i}$

즉, $G(\alpha)$는 표준 정규확률분포의 누적확률을 의미한다. 누적확률을 계산한 도표가 표 3.5 에 표시되어 있다.

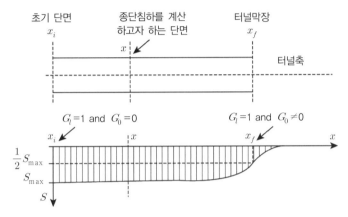

그림 3.57 종방향 지표 침하곡선

표 3.5 표준 정규확률분포곡선의 누적확률 값

α	$G(\alpha)$	α	$G(\alpha)$	α	$G(\alpha)$
0.0	0.500				
0.1	0.540	1.1	0.864	2.1	0.982
0.2	0.579	1.2	0.885	2.2	0.986
0.3	0.618	1.3	0.903	2.3	0.989
0.4	0.655	1.4	0.919	2.4	0.992
0.5	0.691	1.5	0.933	2.5	0.994
0.6	0.726	1.6	0.945	2.6	0.995
0.7	0.758	1.7	0.955	2.7	0.997
0.8	0.788	1.8	0.964	2.8	0.997
0.9	0.816	1.9	0.971	2.9	0.998
1.0	0.841	2.0	0.977	3.0	0.999

* 주)

$$G(-\alpha) = 1 - G(\alpha)$$

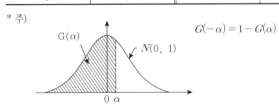

4) 횡단면상의 수평변위 곡선

지표면에서 침하가 발생하면 필연적으로 수평변위도 발생한다. O'Reilly와 New(1982)는 지표면에서의 수평변위를 다음과 같이 구했다(그림 3.58).

$$S_h = \frac{y}{z_0} S \tag{3.59}$$

여기서, $S_h = S_h(y) = $ 횡단상의 y 지점에서의 수평변위

$\quad\quad S = $ 침하량[식 (3.53) 또는 식 (3.55)]

수평방향 변형률은 수평변위를 미분하여서 구할 수 있다. 즉,

$$\epsilon_h = \frac{dS_h}{dy} = \frac{S_{\max}}{z_0}\left(1 - \frac{y^2}{i^2}\right)\exp\left(-\frac{y^2}{2i^2}\right) \tag{3.60}$$

최대 수평변위는 변곡점에서 발생하며(그림 3.58), 최대 수평변형률은 압축변형률의 경우 $y = 0$(즉, 중심)에서, 인장변형률은 $y = \sqrt{3}\,i$ 에서 발생한다.

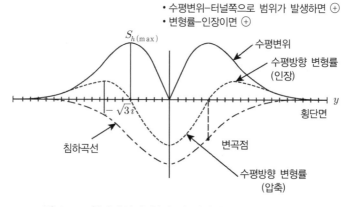

그림 3.58 횡단면상의 침하, 수평변위 및 수평변형률 곡선

5) 경사, 변형률, 곡률

횡방향 침하 및 수평변위, 종방향 침하곡선을 알면 이것으로부터 경사, 변형률, 곡률은 쉽게 구할 수 있다. 물론 이제껏 제시된 변위들은 지표면에 아무것도 존재하지 않는 소위 'green field' 조건에서 구한 것이다. 만일 지표면 상부에 건물이 존재한다면 구조물의 거동은 green field 거동을 그대로 따른다고 가정하고, 구조물의 손상도 여부를 쉽게 판단할 수 있다.

처음부터 체적손실을 가정하고 문제를 푸는 한, 수치해석 결과도 이 가정으로부터 자유로울 수 없으므로 실무적인 관점에서 앞에서 제시한 방법과 수치해석 결과와 별반 다르지 않으며, 신뢰도 또한 차이가 없음을 밝혀준다. 구조물 손상도 평가는 이 책에서는 생략하고자 하며 Leca와 New(2007)의 논문을 참조하기 바란다.

6) 쌍굴터널에서의 변형

쌍굴터널에서의 지표면 변형 양상을 구하기 위해서는 탄성론에서의 중첩의 원리를 이용한다(super-position principle). 즉, 각각의 터널에 대하여 침하 트러프 그래프를 구한 다음, 두 곡선의 합으로 변형 양상을 예측함이 일반적이다.

[예제 3.1] 지표면으로부터 터널 중심까지의 깊이 z_o=15m에 직경 D=8m의 터널을 굴착하였다. 지반은 토사로서 체적손실률 V_L=1.2%라고 할때, 횡방향 침하곡선, 횡단면 상의 수평변위 및 수평변형률 곡선을 그려라. 변곡점 i는 Clough and Schmidt 식을 이용하라.

[풀이]

횡방향 침하량은 식 (3.55)로 구할 수 있다. 변곡점 i는 표 3.4에서 Clough and Schmidt 식을 이용하면 다음과 같다.

$$i = \frac{D}{2}\left(\frac{z_0}{D}\right)^{0.8} = \frac{8}{2}\left(\frac{15}{8}\right)^{0.8} = 6.61\text{m}$$

식 (3.55)를 이용하여 $-5i \leq y \leq 5i$에 대한 침하량을 구하여 (예제 표 3.1.1)에 나타내었다. 이 표로부터 최대 침하량은 $y=0$에서 나타나며, S_{max}=0.072cm로서 미미함을 알 수 있다. 이 표를 이용하여 (예제 그림 3.1.1)에 횡방향 침하 곡선을 나타내었다. 한편, 횡단면 상의 수평 변위 곡선은 식 (3.59)로, 수평방향 변형률은 식 (3.60)으로 구하였으며, 이 값 역시 (예제 표 3.1.1)에 나타내었다. 이 표를 이용하여 그린 횡단면 상의 수평 변위 및 수평 방향 변형률을 (예제 그림 3.1.2)에 나타내었다.

(예제 표 3.1.1)

y(m)	S(cm)	S_h(cm)	ϵ_h	y(m)	S(cm)	S_h(cm)	ϵ_h
−33.0	0.000	0.000	0.000	1.0	0.072	0.005	−0.005
−30.0	0.000	0.000	0.000	2.0	0.069	0.009	−0.004
−27.5	0.000	0.000	0.000	3.0	0.065	0.013	−0.003
−25.0	0.000	0.000	0.000	4.0	0.060	0.016	−0.003
−22.5	0.000	0.000	0.000	5.0	0.054	0.018	−0.002
−20.0	0.001	0.001	0.000	6.0	0.048	0.019	−0.001
−18.0	0.002	0.002	0.001	8.0	0.035	0.019	0.001
−16.0	0.004	0.004	0.001	10.0	0.023	0.015	0.002
−14.0	0.008	0.007	0.002	12.0	0.014	0.011	0.002
−12.0	0.014	0.011	0.002	14.0	0.008	0.007	0.002
−10.0	0.023	0.015	0.002	16.0	0.004	0.004	0.001
−8.0	0.035	0.019	0.001	18.0	0.002	0.002	0.001
−6.0	0.048	0.019	−0.001	20.0	0.001	0.001	0.000
−5.0	0.054	0.018	−0.002	22.5	0.000	0.000	0.000
−4.0	0.060	0.016	−0.003	25.0	0.000	0.000	0.000
−3.0	0.065	0.013	−0.003	27.5	0.000	0.000	0.000
−2.0	0.069	0.009	−0.004	30.0	0.000	0.000	0.000
−1.0	0.072	0.005	−0.005	33.0	0.000	0.000	0.000
0.0	0.072	0.000	−0.005				

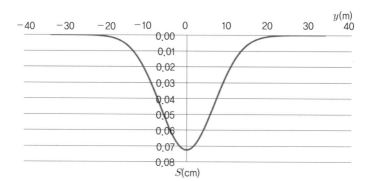

(예제 그림 3.1.1) 횡방향 침하 곡선

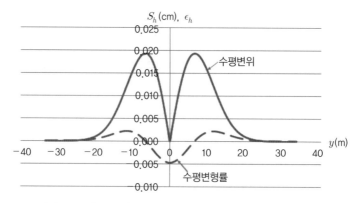

(예제 그림 3.1.2) 횡방향 수평변위, 수평변형률 곡선

3.6.4 갭파라메터를 이용한 침하예측

TBM 시공에서의 지표면 침하 양상은 이제까지 서술한 체적손실 개념을 이용하는 것이 가장 보편적이다. 한편, 캐나다 Western Ontario 대학에서는 소위 갭파라메터(GAP) 개념을 지표면 침하예측에 도입하였으며, 간략히 소개하고자 한다(Lee 등, 1992; Rowe 등 1992). 갭파라메터는 다음 식으로 정의된다(그림 3.59 참조).

$$GAP = G_p + u_{3D}^* + w \tag{3.61}$$

여기서, G_p(physical gap)는 쉴드통의 외경과(outer skin of shield) 세그먼트 라이닝 사이에 필연적으로 존재하는 틈새로서 G_p는 다음 식으로 쓸 수 있다.

$$G_p = 2\Delta + \delta \tag{3.62}$$

여기서, Δ : 쉴드 tail piece의 두께
$\quad\quad\quad \delta$: 세그먼트 라이닝의 거치에 필요한 틈새

또한, u_{3D}^*는 터널막장 전면에서 발생하는 지반의 탄소성 변형거동으로 인하여 발생하는 천정부의 침하이다. w는 시공오차로 인하여 발생하는 천정부에서의 변위이다. 예를 들어서, 쉴드기계가 수평으로 진행되지 못하고 약간 들리거나 아니면 아래로 쳐지는 경우에 발생하는 천정부의 침하가 이 경우에 해당된다.

결국, 앞에서 서술한 체적손실개념은 식 (3.61)로 표시되는 막장 전방에서 밀려들어오는 원인으로 발생하는 침하와 G_p 및 시공오차로 인한 원인 모두를 합하여서 표시한 것이라고 할 수 있다. 실제로 GAP 파라메터 각각을 예측하는 것은 쉬운 일이 아니다. 이런 연유로 체적손실개념이 실무에서는 더 많이 쓰이고 있다.

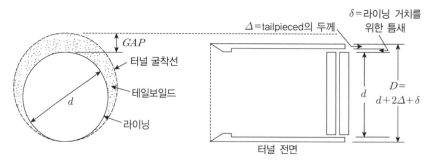

그림 3.59 GAP의 정의

3.7 세그먼트 라이닝 해석의 기본

3.7.1 개 괄

밀폐형 쉴드 TBM에서는 커터헤드에 의하여 굴진을 진행하면, 바로 이어서 세그먼트 라이닝을 조립하여 설치한다. 세그먼트는 공장이나 야드에서 프리캐스트로서 미리 제작되며, 터널 내에서는 조립·설치하는 작업만 이루어진다. 세그먼트는 그림 3.60에서 보여주는 것과 같이 TBM 직경에 따라서 적게는 2개(소구경 터널)부터 11개(대구경 터널)까지 분할하여 제작·운반하여 현장에서 조립하게 되며, 이때 마지막으로 조립되는 세그먼트가 K-세그먼트이다. 세그먼트의 두께 또한 터널 직경의 증가에 따라 증가하는 경향이 있다. 그림 3.61에 현장 데이터로부터 터널 직경에 따른 세그먼트 두께의 경향을 표시하였다. 세그먼트 라이닝은 전체 공사비의 30% 이상이 될 정도로 주요 공정으로 생각할 수 있다. 세그먼트 라이닝 설계의 상세사항은 (사)한국터널지하공간학회(2008), 시리즈 3의 제9장을 참조하기 바란다.

그림 3.60 세그먼트 전경

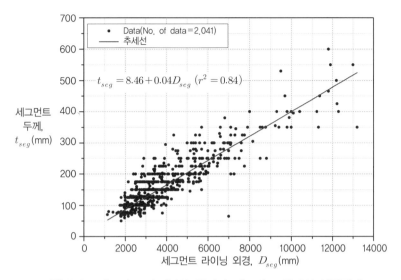

$$t_{seg} = 8.46 + 0.04 D_{seg} \ (r^2 = 0.84)$$

그림 3.61 세그먼트 라이닝의 외경과 세그먼트 두께의 상관관계

NATM 공법에서의 콘크리트 라이닝은 2차 지보재로서 근본적으로 하중을 지지하는 요소가 아닌 데 반하여 쉴드터널에 설치되는 세그먼트 라이닝은 유일한 지보재로서 하중을 지지하는 주 지보재이다. 주 지보재로서의 세그먼트 라이닝은 기본적으로 다음의 하중을 견디도록 설계하여야 한다.

(1) 세그먼트 제작공장에서 현장까지의 운반 및 적치하중, 쉴드 이렉터(erector) 설치 시 하중
(2) 쉴드의 추력은 추력실린더를 이미 시공된 세그먼트 라이닝에 지지해 반력을 얻는바(그림 3.12 참조), 세그먼트 라이닝은 이 추력에 소요되는 반력에 충분히 견딜 수 있어야 한다.
(3) 또한 세그먼트 라이닝은 운영 중 작용하는 지반하중과 수압을 지지하도록 해야 한다.

위의 세 요소 중 (1)과 (2)는 구조역학적 문제이므로 이 책에서는 다루지 않기로 한다. (3)항이 지반공학적 문제에서 라이닝에 작용되는 하중의 문제이다. 이에 대하여 상세히 서술하고자 한다. 다음의 대원칙을 독자들은 주지하기 바란다.

(1) 우선 지반하중에 관한 한 1.3.3절에서 서술한바, 터널굴착 시에 침하가 크지 않아서 터널 횡방향 단면에서 convex arch가 발생한다면, 새로운 평형상태를 이루도록 작은 양의 지보압이면 충분하다. 그러나 침하가 과도한 경우 inverted arch가 발생하여 이완하중이 세그먼트 라이닝에 작용될 수 있다(그림 3.62 참조). 대부분의 현장에서는(특히 천층 연약

지반의 경우) 최악의 상황을 고려하여 이완하중을 견디도록 설계하여야 한다. 이완하중은 Terzaghi의 이완토압을 주로 적용하며 식 (2.101)~(2.103)을 이용하면 될 것이다.

(2) 또한 세그먼트 라이닝은 방수구조이므로 라이닝에 정수압이 전부 작용된다.

- 사질토 지반, 모래성분을 갖고 있는 점성토지반은 유효응력에 기인한 토압과 수압을 별도로 계산하며, 반면에

- 투수성이 극히 적은 완전점토에서는 비록 점토가 포화되었다고 해도 수압이 라이닝에 작용되기 어려우므로 γ_{sat}의 포화단위중량에 근거한 전응력 해석으로서 토압만을 적용할 수도 있다. 그러나 이 경우는 수압이 라이닝에 작용되지 않는다는 확신이 있는 경우에만 채택하여야 하며, 보통의 점성토 이상에서는 전자와 같이 토압과 수압을 따로 취급하는 것이 안전하다.

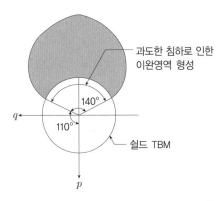

그림 3.62 쉴드 TBM에서의 이완영역 가정

3.7.2 세그먼트 라이닝에 작용하는 하중 모델

세그먼트 라이닝에 작용되는 하중과 지반반력을 구하는 모델로는 전통적인 모델과 전주면 스프링모델이 있다. 다음에 이를 상세히 서술할 것이다.

1) 전통적인 모델(Conventional model)

이 모델은 세그먼트 라이닝을 일단 강체(rigid material)로 보고 라이닝에 작용하는 하중을 구한 모델로서 지반반력 자체도 터널의 변형에 상관없이 독립적으로 구하는 모델이다. 세그먼트 라이닝에 작용하는 하중을 종합하여 그림 3.63에 나타내었다. 우선 하중을 구하기 위한 기본 파라미터들을 나열하면 다음과 같다.

(1) 기본 파라미터의 정의

D : 세그먼트 라이닝의 직경(외경), R_o : 세그먼트 라이닝의 반경(외경)

R_c : 세그먼트 라이닝의 반경(중간점 반경), $R_c = R_o - \dfrac{t}{2}$

t : 세그먼트 라이닝의 두께, γ_c : 세그먼트 라이닝의 단위중량

E : 세그먼트 라이닝의 탄성계수

I : 세그먼트 라이닝의 단면 2차 모멘트(moment of inertia)

H : 지표면으로부터 터널천정까지의 깊이

H_w : 지하수위로부터 터널천정까지의 깊이

p_o : 상재압력, k : 지반반력계수(단위 kN/m^3 등)

γ : 지반의 단위중량, c, ϕ : 지반의 강도정수, K : 지반의 토압계수

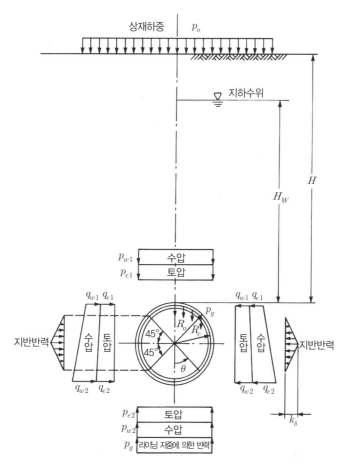

그림 3.63 쉴드터널에 작용하는 하중

한편 그림 3.63에 정의된 하중공식을 요약하면 다음과 같다.

(2) 라이닝에 작용되는 하중공식 요약

터널천정에 작용하는 연직응력

- 토압 : p_{e1} = 식 (2.101)~(2.103)으로 구한다.
- 수압 : $p_{w1} = \gamma_w H_w$ (3.63)

터널천정에 작용하는 수평응력

- 토압 : $q_{e1} = K\gamma'\left(h_o + \dfrac{t}{2}\right)$ (3.64)

- 수압 : $q_{w1} = \gamma_w\left(H_w + \dfrac{t}{2}\right)$ (3.65)

터널 인버트부에 작용하는 수평응력

- 토압 : $q_{e2} = K\gamma'(h_o + R_o + R_c)$ (3.66)
- 수압 : $q_{w2} = \gamma_w(H_w + R_o + R_c)$ (3.67)

터널 인버트부에 작용하는 연직응력

- 수압 : $p_{w2} = \gamma_w(H_w + 2R_o)$ (3.68)
- 토압 : 인버트부의 토압은 일종의 지반반력으로서 연직방향의 힘의 합이 '0'가 되는 조건으로 구한다.

    즉,

$$p_{e1} + p_{w1} = p_{e2} + p_{w2} \tag{3.69}$$

의 조건으로부터

$$p_{e2} = p_{e1} + p_{w1} - p_{w2} \tag{3.70}$$

세그먼트 라이닝의 중량으로 인한 반력

$g = \gamma_c \cdot t$라 정의하면 중량은 $2\pi R_c g$가 된다.

따라서

$$p_g = \frac{2\pi R_c g}{2R_c} = \pi g \tag{3.71}$$

수평방향의 지반반력

그림 3.63에 표시된 하중의 조합에서 보면 수평토압계수 K값은 1.0 이하이다. 그림 3.62와 같이 터널천정 상부에서 이완영역이 발생하면 급기야 측면까지 전이되어 터널 전주면은 소성영역으로 변한다. 지반이 소성영역으로 변하면 K값은 1.0 이하로 될 수밖에 없다(초기 토압계수가 $K_o > 1$이라 하더라도 소성영역으로 변하면 $K \leq 1.0$으로 변한다. 즉, 연직방향의 압력이 수평방향의 압력보다 큰 것이 일반적이다. 따라서 라이닝은 다음과 같이 연직방향으로는 찌그러지고, 수평방향으로는 늘어나는 모습을 할 것이다.

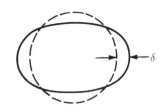

지반은 수평방향으로 최대 δ만큼 수동방향으로 변위가 생기므로 $k\delta$의 지반반력이 생기게 된다(k는 지반반력계수). 단, 측벽부에서는 수평변위가 최대로 되고 천정/인버트 부분으로 갈수록 변위가 줄어들므로 그림 3.63에 보이는 것과 같이 삼각형 분포라고 가정한다. 지반반력 $k\delta$를 q_k로 정의한다. 즉,

$$q_k = k\delta \tag{3.72}$$

변위 δ는 다음 식으로 구할 수 있다.

$$\delta = \frac{\left[2\left(p_{e1} + p_{w1}\right) - \left(q_{e1} + q_{w1}\right) - \left(q_{e2} + q_{w2}\right)\right]R_c^4}{24\left(EI + 0.0454 \cdot k \cdot R_c^4\right)} \tag{3.73}$$

토압계수 K 및 지반반력계수 k의 추정

토압계수 및 지반반력계수의 적절한 예측이 쉽지 않음은 주지의 사실이나 특별한 데이터가 없으면 일본철도연구소에서 제안한 도표를 이용할 수밖에 없다. 이는 원래 다음 절에서 서술하는 전주면 스프링모델에 적용되는 값들이다.

(3) 라이닝에 작용하는 하중으로부터 유발된 모멘트 및 축력

각 하중으로 인하여 세그먼트 라이닝에 유발되는 모멘트 및 축력의 공식은 다음 표 3.6과 같다.

표 3.6 세그먼트 라이닝에 작용하는 각 하중으로 인한 휨모멘트와 축력분포

하중	휨 모멘트	축력
연직방향 하중 $p_{e1}+p_{w1}$	$M=\frac{1}{4}(1-2\sin^2\theta)\times(p_{e1}+p_{w1})R_c^2$	$N=(p_{e1}+p_{w1})R_c\sin^2\theta$
수직방향 하중(1) $q_{e1}+q_{w1}$	$M=\frac{1}{4}(1-2\cos^2\theta)\times(q_{e1}+q_{w1})R_c^2$	$N=(q_{e1}+q_{w1})R_c\cos^2\theta$
수평방향 하중(2) $q_{e2}+q_{w2}-q_{e1}-q_{w1}$	$M=\frac{1}{48}(6+3\cos\theta-12\cos^2\theta-4\cos^3\theta)$ $\times(q_{e2}+q_{w2}-q_{e1}-q_{w1})R_c^2$	$N=\frac{1}{16}(-\cos\theta+8\cos^2\theta+4\cos^3\theta)$ $(q_{e2}+q_{w2}-q_{e1}-q_{w1})R_c$
수평방향 지반반력 $q_k=k\delta$	$0\le\theta\le\frac{\pi}{4}$인 경우, $M=(0.2346-0.3536\cos\theta)k\cdot\sigma\cdot R_c^2$ $\frac{\pi}{4}\le\theta\le\frac{\pi}{2}$인 경우, $M=(-0.3487+0.5\sin^2\theta$ $+0.2357\cos^3\theta)\cdot k\cdot\delta\cdot R_c^2$	$0\le\theta\le\frac{\pi}{4}$인 경우, $N=0.3536\cos\theta\cdot k\cdot\delta\cdot R_c$ $\frac{\pi}{4}\le\theta\le\frac{\pi}{2}$인 경우, $N=(-0.7071\cos\theta+\cos^2\theta$ $+0.7071\sin^2\theta\cos\theta)\cdot k\cdot\delta\cdot R_c$
라이닝 중량, g	$0\le\theta\le\frac{\pi}{2}$인 경우, $M=\left(-\frac{1}{8}\pi+\theta\sin\theta+\frac{5}{6}\cos\theta\right.$ $\left.-\frac{1}{2}\pi\sin^2\theta\right)\cdot g\cdot R_c^2$ $\frac{\pi}{2}\le\theta\le\pi$인 경우, $M=\left[\frac{3}{8}\pi-(\pi-\theta)\sin\theta\right.$ $\left.+\frac{5}{6}\cos\theta\right]\cdot g\cdot R_c^2$	$0\le\theta\le\frac{\pi}{2}$인 경우, $N=\left[-\pi\sin\theta+(\pi-\theta)\sin\theta+\pi\sin^2\theta\right.$ $\left.+\frac{1}{6}\cos\theta\right]\cdot g\cdot R_c$ $\frac{\pi}{2}\le\theta\le\pi$인 경우, $N=\left[(\pi-\theta)\sin\theta+\frac{1}{6}\cos\theta\right]\cdot g\cdot R_c^2$

[예제 3.2] 세그먼트 라이닝 및 지반의 제반계수가 다음과 같을 때, 라이닝에 작용하는 하중을 구하고 그림으로 표시하라.

• 세그먼트 라이닝 : $D=5.3\,\text{m}$, $R_o=2.65\,\text{m}$, $R_c=2.51\,\text{m}$, $t=0.28\,\text{m}$

$$E=3.5\times10^7\,\text{kN/m}^2,\ I=1.83\times10^{-3}\,\text{m}^4,\ \gamma_c=25\,\text{kN/m}^3$$

- 지반 : $H = 16.35\,\text{m}$, $H_w = 13.35\,\text{m}$, $p_o = 10\,\text{kPa}$, $k = 20000\,\text{kN/m}^3$

  $\gamma = 16.52\,\text{kN/m}^3$, $c = 17.96\,\text{kPa}$, $\phi = 25.92°$, $K = 0.378$, $\gamma_w = 9.81\,\text{kN/m}^3$

[풀이]

- 토압 p_{e1} : 식 (2.101)~(2.103)을 이용하여 구한다.

$$B = R_o \cot\left(\frac{\pi}{8} + \frac{\phi}{4}\right) = 2.65 \cot\left(22.5° + \frac{25.92°}{4}\right) = 4.785\,\text{m}$$

$$h_o = B\left\{1 - \frac{c}{B\gamma}\right\}\left\{1 - \exp\left(\frac{-K\tan\phi \cdot H}{B}\right)\right\}/\{K\tan\phi\} + \frac{p_o}{\gamma}\exp\left\{\frac{-K\tan\phi \cdot H}{B}\right\}$$

$$= 4.785\left\{1 - \frac{17.96}{4.785 \times 16.5}\right\}\left\{1 - \exp\left(\frac{-0.378\tan25.92° \times 16.35}{4.785}\right)\right\}$$

$$/0.378 \cdot \tan25.92° + \frac{10}{16.5}\exp\left\{\frac{-0.378\tan25.92° \times 16.35}{4.785}\right\}$$

$$= 9.708\,\text{m} < 2D = 2 \times 5.3 = 10.6\,\text{m}$$

따라서, $h_o = 2D = 10.6\,\text{m}$로 가정한다.

- $p_{e1} = \gamma' h_o = 6.71 \times 10.6 = 71.13\,\text{kPa}$

- $p_{w1} = \gamma_w H_w = 9.81 \times 13.35 = 130.96\,\text{kPa}$

- $q_{e1} = K\gamma'\left(h_o + \frac{t}{2}\right) = 0.378 \times 6.71 \times \left(10.6 + \frac{0.28}{2}\right) = 27.24\,\text{kPa}$

- $q_{w1} = \gamma_w\left(H_w + \frac{t}{2}\right) = 9.81 \times \left(13.35 + \frac{0.28}{2}\right) = 132.34\,\text{kPa}$

- $q_{e2} = K\gamma'(h_o + R_o + R_c) = 0.378 \times 6.71 \times (10.6 + 2.65 + 2.51) = 39.97\,\text{kPa}$

- $q_{w2} = \gamma_w(H_w + R_o + R_c) = 9.81(13.35 + 2.65 + 2.51) = 181.58\,\text{kPa}$

- $p_{w2} = \gamma_w(H_w + 2R_o) = 9.81(13.35 + 2 \times 2.65) = 182.96\,\text{kPa}$

- $p_g = \pi g = \pi\gamma_c t = \pi \times 25 \times 0.28 = 21.98\,\text{kPa}$

- $p_{e2} = p_{e1} + p_{w1} - p_{w2} = 71.13 + 130.96 - 182.96 = 19.13\,\text{kPa}$

- 지반반력

$$\delta = \frac{[2(p_{e1} + p_{w1}) - (q_{e1} + q_{w1}) - (q_{e2} + q_{w2})]R_c^4}{24(EI + 0.0454 \cdot k \cdot R_c^4)}$$

$$= \frac{[2(71.13+130.96)-(27.74+132.34)-(39.97+181.58)] \times (2.51)^4}{24(3.5 \times 10^7 \times 1.83 \times 10^{-3}+0.0454 \times 20{,}000 \times 2.51^{4)}}$$

$$= 0.329 \text{mm}$$

$$p_k = k\delta = 20{,}000 \times \frac{0.329}{1000} = 6.582 \,\text{kPa}$$

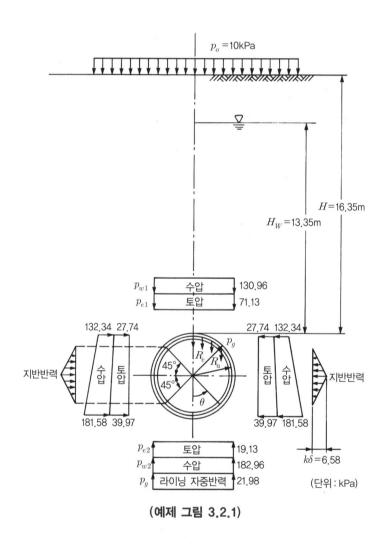

(예제 그림 3.2.1)

2) 전주면 스프링모델

전주면 스프링모델(full-circumferential spring model)의 개요는 그림 3.64에 나타나 있다. 그림에서 보듯이 라이닝에 작용하는 토압과 수압은 전통적인 모델과 대동소이하다. 다만, 문제가 되는 것은 지반반력의 고려방법이다. 전자의 모델과 달리 이 모델에서는 지반반력은 라이닝의 변형에 비례하는 함수로 보며, 이를 고려하기 위하여 그림 3.64(a)에서와 같이 라이닝 주위지반을 지반 스프링으로 모델링한다.

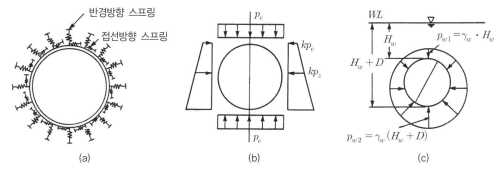

그림 3.64 전주면 스프링모델의 개요

일본철도연구소에서 제시한 지반의 지반반력계수는 표 3.7과 같다. 한편, 토압계수도 이 기관에 의해 제시된 바 표 3.8과 같다(Koyama, 2003).

표 3.7 지반반력계수(k)×터널 직경(D)의 제안값(Koyama, 2003)

지반의 종류		그라우팅재가 경화하는 동안 (N/mm^2)	그라우팅재의 경화 후 (N/mm^2)	N값
사질토	매우 조밀	35.0~47.0	55.0~90.0	$30 \leq N$
	조밀	21.5~35.0	28.0~55.0	$15 \leq N < 30$
	중간, 느슨	~21.5	~28.0	$N < 15$
점성토	딱딱한 지반	31.5~	46.0~	$25 \leq N$
	중간	13.0~31.5	15.0~46.0	$8 \leq N < 25$
	단단(stiff)	7.0~13.0	7.5~15.0	$4 \leq N < 8$
	연약	3.5~7.0	3.8~7.5	$2 \leq N < 4$
	매우 연약	~3.5	~3.8	$N < 2$

표 3.8 토압계수의 제안값(Koyamna, 2003)

지반의 종류			K	N값
흙-지하수 별도	사질토	매우 조밀	0.45	$30 \leq N$
		조밀	0.45~0.50	$15 \leq N < 30$
		중간, 느슨	0.50~0.60	$N < 15$
흙-지하수 연합	점토	딱딱한 지반	0.40~050	$8 \leq N \leq 25$
		중간, 단단(stiff)	0.50~0.60	$4 \leq N < 8$
		연약	0.60~0.70	$2 \leq N < 4$
		매우 연약	0.70~0.80	$N < 2$

* 주) 단, 암반의 경우 $K_o > 1$이라 하더라도 K값은 1.0 이하.

3.7.3 라이닝 작용하중 계측

Koyama(2003)는 점성토, 사질토, 자갈지반의 쉴드터널에 작용되는 토압에 대한 실측치에 대한 개요를 발표하였는바, 이 중 사질토 및 자갈에 대한 결과를 소개하면 다음과 같다.

사질토에서의 계측

충적층에 시공된 깊이＝17m, 직경＝5.10m의 쉴드터널에 작용되는 토압 및 수압 계측치가 그림 3.65(a)에, 붕적층에 시공된 깊이＝19m, 직경＝9.80m인 쉴드터널에서의 계측치가 그림 3.65(b)에 나타나 있다. 그림에서 알 수 있는 것은 실제로 라이닝에 작용된 대부분의 압력은 수압으로서 흙의 유효중량으로 인한 토압은 아주 미미하였다. 앞 절에서 산정했던 토압은 inverted 아치에 근거한 이완토압이었으나 이들 터널에서는 convex 아치 현상이 일어나 토압이 아주 작게 계측된 것이다.

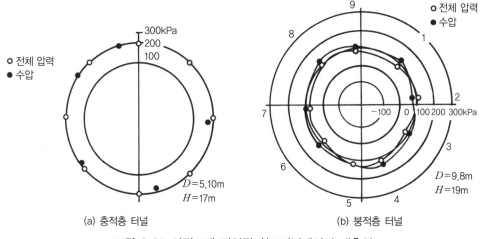

(a) 충적층 터널   (b) 붕적층 터널

그림 3.65 사질토에 건설된 쉴드터널에서의 계측치

자갈층에서의 토압

세 경우의 쉴드에 대한 계측결과가 그림 3.66에 정리된 바,

- 그림 3.66(a)는 $H＝25$m, $D＝3.35$m(충적층)
- 그림 3.66(b)는 $H＝12$m, $D＝4.75$m(붕적층)
- 그림 3.66(c)는 $H＝10$m, $D＝6.2$m(붕적층)

의 쉴드터널로서 (a)에서 (c)로 갈수록 천층터널로 보면 될 것이다. 비교적 깊은 터널[그림 3.66(a), (b)]에서 작용된 압력은 거의가 수압으로서 위에 제시했던 사질토와 같았으나, 그림 3.66(c)의 천층터널에서는 전체 압력의 30~50% 정도는 토압으로 형성되었음을 알 수 있다. 즉, 이 경우는 이완하중이 작용된 경우로 생각하면 될 것이다.

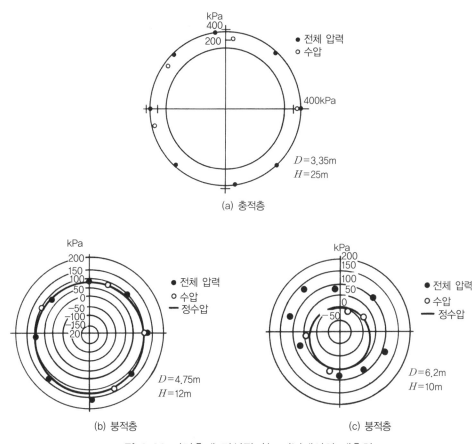

그림 3.66 자갈층에 건설된 쉴드터널에서의 계측치

오사카 지하철에서의 실측치

Ding(2004) 등은 쉴드터널을 적절히 모사할 수 있는 유한요소법을 제시하고, 오사카 지하철 공사 시 적용된 쉴드터널에서의 실측치와 비교하였으며, 특히 앞에서 제시한 전통 모델로 구한 하중과도 상호 비교하였다. 터널은 $D=5.3$m로서 약 20m 깊이에 시공된 것이다(예제 8.2에서 제시한 예). 세그먼트 라이닝 주변에서의 토압을 비교한 것이 종합적으로 그림 3.67에 나타나 있다. 대략적으로 계산값이 실측값보다 큰 것을 알 수 있으며, 이는 역시 앞에서 서술한 지반의 이완정도에 기인한다고 판단된다.

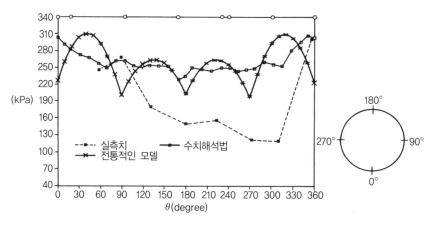

그림 3.67 세그먼트 라이닝에 작용되는 토압의 비교

3.8 제2편에 수록될 추가적인 핵심 원리

NATM 터널에서의 추가적인 핵심요소 기술(제4~7장에 수록)에 추가하여 다음의 핵심원리들을 제8~10장에 추가하였다.

3.8.1 터널의 시간 의존적 거동

앞 절에서 제시한 터널 거동은 기본적으로 탄성 및 소성거동을 띄는 지반을 대상으로 하였다. 암석/암반이 시간 의존적 거동을 보이는 경우는 시간에 따른 장기 안정성에 대한 대비와 대책이 미리 있어야 한다. 팽창성 암(swelling rock)과 압착성 암(squeezing)이 대표적인 시간 의존 거동을 보인다. 터널의 시간 의존적 거동은 제8장에 간략히 정리하였다.

3.8.2 지하구조물의 내진해석법

지하구조물의 내진해석법 개요는 제9장에서 다룰 것이다.

3.8.3 NMT의 기본 원리

노르웨이에서는 독자적으로 NMT(Norwegian Method of Tunnelling)이라는 터널 설계법을 제안하였으며, 이를 제9장에 간략히 서술하였다.

참 고 문 헌

- 남석우, 이인모(2002), 터널 굴진율을 고려한 막장에서의 침투력에 관한 연구, 한국지반공학회 논문집, Vol.18, No.5, pp.221~228.
- (사)한국터널지하공간학회(2008), 터널기계화시공; 설계편, 터널공학시리즈 (3), 씨아이알.
- 이인모, 이샘, 조국환(2004), 슬러리 쉴드터널의 막장 안정성 평가-슬러리의 폐색효과를 중심으로, 한국지반공학회 논문집, Vol.20, No.6, pp.95~107.
- 일본 지반공학회(삼성물산 TBM 공법연구회 역)(2015), 『쉴드 TBM 공법』, 씨아이알.
- 장수호, 최순욱, 이성원, 배규진(2010), "TBM 핵심설계 사양의 검토 및 굴진성능 예측 모델의 적용성 평가", 제 11차 터널기계화시공기술 국제 심포지엄 논문집, (사)한국터널지하공간학회, pp.221~230.
- 한국건설기술연구원(2015), TBM 핵심 설계·부품기술 및 TBM 터널의 최적건설기술개발, TBM 터널 연구단 최종 보고서.
- Anagnostou, G. and Kovari, K.(1994), The face stability of slurry-shield driven tunnels, Tunneling and Underground Space Technology, Vol. 9, No. 2, pp.165~174.
- Anagnostou, G. and Kovari, K.(1994), Face stability conditions with earth-pressure-balanced shields, Tunneling and Underground Space Technology, Vol.11, No.2, pp.165~173.
- British Tunnelling Society(2005), Closed-face tunnelling machines and ground stability : A guideline for best practice, Thomas Telford.
- Ding, W.Q., Yue, Z.Q., Tham, L.G., Zhu, H.H., Lee, C.F. and Hashimoto, T.(2004), Analysis of shield tunnel, Int. J. Num. & Analy. Meth. in Geomech., Vol.28, pp.57~91.
- Guglielmetti, V., Grasso, P., Mahtab, A., and Xu, S.(2008), "Mechanized tunnelling in urban areas-design methodology and construction control", Taylor & Francis, London.
- International Tunnelling Association(2000), Guidelines for the design of shield tunnel lining, Tunnelling and Underground Space Technology, Vol.15, No.3, pp.303~331.
- Koyama, Y.(2003), Present status and technology of shield tunnelling method in Japan, Tunnelling and Underground Space Technology, Vol.18, No.2~3, pp.145~159.
- Leca, E. and New, B.(2007), "Settlements induced by tunnelling in soft ground, ITA

Report 2006", Tunnelling and Underground Space Technology, Vol.22, pp.119~149.

• Lee, I.M., Nam, S.W., and Ahn, J.H.(2003), Effect of seepage forces on tunnel face stability, Can. Geotech. J., Vol.40, pp.342~350.

• Lee, K.M. Rowe, R.K, and Lo, K.Y.(1992), Subsidence owing to tunnelling. I. Estimating the gap parameter, Can. Geotech. J., Vol.29, pp.929~941.

• Rowe, R.K. and Lee, K.M(1992), Subsidence owing to tunnelling. II. Evaluation of a prediction technique, Can. Geotech. J., Vol.29, pp.941~954.

• Shirlaw, J,N.(2002), "Controlling the risk of excessive settlement during EPB tunnelling", Proceedings, Case Studies in Geotechnical Engineering, NTU, Singapore.

제2편

터널 및 지하공간 요소 기술의 이론적 접근

제4장

터널의
수치해석적 접근

제4장
터널의 수치해석적 접근

4.1 개 괄

수치해석은 토목 분야에서 이미 보편화되었다고 해도 과언이 아니다. 이론해(analytical solution) 로서는 해를 구할 수 없는 경우에도 수치해석을 이용하면 최소한 공학적인 목적으로는 충분한 정도의 근사해를 구할 수 있기 때문이다. 특히 터널 해석에서는 이론해로 문제를 해결할 수 있는 경우는 아주 제한적이다. 예를 들어서, 2장에서 서술한 대로 탄성해 또는 탄소성해가 이론해로 가능한 경우는 $K_o = 1$인 등방조건의 균질한 지반에 원형 터널을 굴착하는 경우에 국한된다. 초기 지중응력이 등방인 경우도 흔치 않고 더욱이 TBM으로 건설되는 터널 등을 제외하고는 터널의 형상이 원형인 경우는 더욱더 흔치 않기 때문이다. 발파굴착으로 시공되는 경우 굴착의 형편상 말발굽형이나 계란형으로 시공될 수밖에 없다. 굴착 또한 전단면보다는 반단면이나 부분단면으로 이루어지는 경우가 허다하다.

『암반역학의 원리』에서 큰 줄기를 가지고 서술했던 주요 골자 중 하나가, 암반지반은 두 가지의 다른 관점에서 접근할 수밖에 없는바, 신선암/암반의 경우는 응력지배로서 연속체 역학을 적용하고 3~4개의 불연속면으로 블록이 형성된 경우는 불연속면역학으로 분석해야 한다는 것이었다. 수치해석의 경우도 같은 맥락에서 토사터널이나 혹은 대표단위체적(REV)을 넘는 암반 (rock mass)에 터널을 굴착하는 경우는 연속체역학으로서 유한요소법이나 유한차분법(또는 경계요소법)을 이용하여 터널해석을 하게 되며, 불연속면역학이 지배하는 터널의 해석은 벡터

해법 또는 블록이론(block theory)을 이용하여 공학적인 문제를 불연속면역학을 중심으로 검토하되 응력과 함께 변형도 같이 검토하고자 하는 경우는 Distinct Element Method(DEM) 등의 개별요소법을 이용하여야 한다. 특히 최근 들어 Shi 박사에 의하여 제안된 Discontinuous Deformation Analysis(DDA)도 개발을 거듭하고 있다.

실제로 현장조건을 살펴보면 터널을 건설하고자 하는 부지에 대하여 DEM(또는 DDA)을 적용할 수 있도록 충분한 지반조사를 사전에 실시하는 것은 용이하지 않다. 따라서 실무에서 실제적으로 수치해석을 적용할 수 있는 것은 연속체역학일 것이다. 연속체역학에서의 수치모형화의 대표적인 것은 유한차분법이나 유한요소법이다. 미국 Itasca에서 개발된 상업용 프로그램인 'FLAC'은 유한차분법을 이용한 것이다. 그러나 경계조건을 자유자재로 선택할 수 있는 수치해석방법은 아무래도 유한요소법일 것이다. 우리나라에서 개발되어 현재 많이 사용되고 있는 프로그램인 'PENTAGON'과 'AFIMAX', 'VisualFEA', 'MIDAS' 등은 모두 유한요소법에 의하여 프로그램화된 것이며, 더 일반적인 'ABAQUS', 'ANSYS' 등도 모두 유한요소프로그램이다.

현재 유한요소프로그램을 이용하여 터널을 해석하는 것은 일반화되어 있으나 실제로 터널설계용 프로그램이 어떻게 구성되어 있는지를 체계적으로 설명한 자료는 많지 않다. 다만 매뉴얼 상에 지시된 대로 입력 데이터를 프로그램에 대입하여 해석결과로 제시된 결과물을 사용하는 데 그치는 경우가 많은 것 같다. 저자가 믿기에 아무리 터널전문기술자라 하더라도 수치해석을 이용하여 터널해석을 하고자 하면 터널설계용 유한요소 프로그램의 formulation 정도는 기본적으로 이해하고 있어야 한다. 따라서 이 장에서는 유한요소법의 개요를 먼저 설명하고, 터널굴착 모델링이 어떻게 수치해석으로 이루어지는지를 개략적으로 서술하고자 한다. 물론 이미 유한요소법을 수강한 독자는 4.2/4.3절을 건너 띠고 4.5절부터 공부하여도 큰 문제가 없음을 밝혀둔다.

고체역학(solid mechanics)과 지반공학의 크게 다른 점 하나가 고체역학은 1상역학인 데 비하여 지반공학은 2상역학이라고 『토질역학의 원리』 서두에 서술하였다. 예를 들어서 응력을 표현할 때, 고체역학에서는 단순히 응력, $\{\sigma\}$으로 표시하면 되나 토질역학에서는 전응력을 유효응력과 수압으로 분리하여 $\{\sigma\} = \begin{pmatrix} \sigma' \\ u \end{pmatrix}$으로 표시하여야 한다. 전응력을 유효응력과 수압으로 나누어서 같이 해석하는 방법을 연계해석(coupled analysis)이라고 한다. 연계해석은 프로그램도 아주 복잡하고 또한 이를 사용하여 해석하기도 힘들기 때문에 지반문제도 고체역학과 같은 개념으로 연속체역학을 유한요소화하고 수압은 지하수 흐름 문제로 따로 고려하여, 두 해를 추후에 연합하여 문제를 해결하는 비연계해석(uncoupled analysis)을 주로 이용한다. 제4장에서는 전자에 대하여만 서술할 것이고, 지하수압에 대한 고려방안은 제5장에서 서술할 것이다.

제3장 기계화 시공편에서 상세히 밝힌 대로, 밀폐형 쉴드 TBM의 경우, 터널굴착을 현실성 있게 모사하는 것은 거의 불가능하다. 대부분의 경우 수치해석은 체적 손실(volume loss)을 먼저 가정하고, 이 체적손실에 따른 변위와 응력을 검토한다. 공학적으로 큰 의미는 없다고 판단된다. 이에 반하여 NATM 굴착모사의 경우는 굴착으로 인한 응력해방과 지보재 설치로 인한 하중부담효과를 적절히 모사하는 것이 가능하다.

4.2 유한요소법의 개요*

4.2.1 유한요소법의 단계

유한요소법에 의하여 어떤 문제를 해결하고자 하는 경우는 다음의 다섯 단계를 거쳐야 하며, 이의 개략을 단계별로 서술하고자 한다.

1) 단계 1 : 유한요소로 나누기

첫째단계에서는 그림 4.1에서 보여주는 것과 같이 해석하고자 하는 영역을 요소(element)로 잘게 나누어야 한다. 각 요소는 몇 개의 절점으로 이루어지며, 실제로 유한요소해석으로 답으로 얻을 수 있는 것은 각 절점에서의 값이다. 예를 들어서, 터널해석과 같이 역학적인 문제를 풀고자 하는 경우 우리의 관심사는 터널을 굴착하였을 때 지반에서 응력은 어떻게 변화하며, 또한 변위는 얼마나 발생될까 하는 것인바, 이 중 유한요소법에서 제일 먼저 구하는 것은 변위이다. 각 절점에서 변위를 먼저 구한 뒤에 이를 이용하여 응력을 구하게 된다.

이에 반하여 투수(seepage)문제를 풀고자 하면 전수두를 우선 구하고 이를 이용하여 유량을 2차로 구한다. 먼저 구하는 것을 1차 정수(primary quantity)라고 하고 후에 구하는 것을 2차 정수(secondary quantity)라고 한다. 어찌되었든지, 터널의 문제에서는 1차 정수로서 변위를 구하도록 모든 수식이 이루어진다. 그림 4.1에서 전체 좌표계는 (x, z)가 되며, 요소로 세분화하였을 때 임의의 요소에서는 새로이 국부좌표계로서 (s, t)를 사용한다.

---

* 유한요소법을 이미 수강한 독자들은 이 절을 건너 뛰어도 무방함.

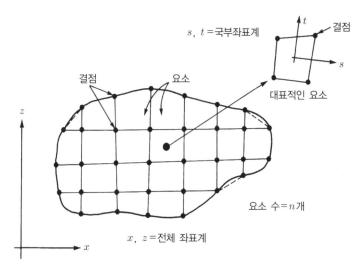

그림 4.1 연속체를 여러 유한요소로 나누기(discretization)

2) 단계 2 : 근사해를 위한 방정식의 선택

유한요소법으로는 어차피 근사해를 구하는 것이므로 근사해를 구하기 위한 방정식 (approximate function)을 먼저 선택해야 하며, 이를 목적으로 고차방정식을 주로 선택하게 된다. 예를 들어서 한 요소를 구성하고 있는 각 절점에서의 변위가 그림 4.2와 같이 u_1, u_2, u_3, u_4라고 하자. 변위를 위한 근사해 방정식은 요소 내에 존재하는 임의의 점에서의 변위를 구하기 위함이며(그림 4.2에 나타낸 '임의의 점'), 이 점에서의 변위는 네 절점에서의 변위의 함수로 가정한다. 즉, 다음 식으로 표시할 수 있다.

$$\{u\} = [N]\{q\} \tag{4.1}$$

$$\text{또는} \quad u = [N_1 N_2 N_3 N_4] \begin{Bmatrix} u_1 \\ u_2 \\ u_3 \\ u_4 \end{Bmatrix} \tag{4.1a}$$

여기서, $[N] = [N_1 N_2 N_3 N_4]$를 보간함수(interpolation funtion) 또는 형상함수(shape function)라고 한다.

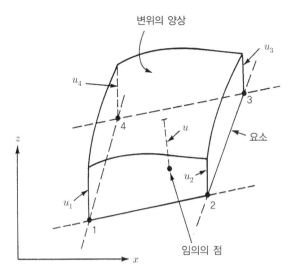

그림 4.2 요소 내 임의의 점에서의 변위

    각 요소는 네 개의 절점으로 구성되어 있는 사각형 요소인 경우 보간함수는 다음 식으로 표시된다(그림 4.3 참조).

$$N_1 = \frac{(1-s)(1-t)}{4} \tag{4.2a}$$

$$N_2 = \frac{(1+s)(1-t)}{4} \tag{4.2b}$$

$$N_3 = \frac{(1+s)(1+t)}{4} \tag{4.2c}$$

$$N_4 = \frac{(1-s)(1+t)}{4} \tag{4.2d}$$

또는 $$N_i = \frac{(1+ss_i)(1+tt_i)}{4} \tag{4.2e}$$

    여기서, 각 보간함수가 의미하는 것은 다음과 같다. 예를 들어서 N_1은 그림 4.3(a)의 요소에서 절점 ①이 변위에 미치는 영향을 나타내는 것으로 그림 4.3(b)와 같이 점 ①(−1, −1)에서는 N_1 =1.0이고 그 외의 절점에서의 N_1 값은 0으로서 점 ①에서 멀어질수록 줄어드는 함수이다. 사실상, 우리가 필요로 하는 변위는 하나가 아니라 x방향 및 z방향의 두 변위이다. x방향 변위를 z, z방향 변위를 v라고 하면 변위벡터는 다음 식으로 구할 수 있다.

$$\{u\} = [N]\{q\} \tag{4.3}$$

또는

$$\binom{u}{v} = \begin{bmatrix} N_1 & O & N_2 & O & N_3 & O & N_4 & O \\ O & N_1 & O & N_2 & O & N_3 & O & N_4 \end{bmatrix} \begin{pmatrix} u_1 \\ v_1 \\ u_2 \\ v_2 \\ u_3 \\ v_3 \\ u_4 \\ v_4 \end{pmatrix} \tag{4.3a}$$

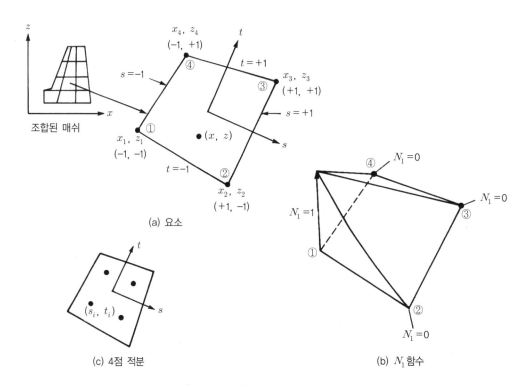

(a) 요소

(c) 4점 적분

(b) N_1 함수

그림 4.3 사각형 등 파라미터 요소

한편, 요소 내의 한 점$(x,\ z)$의 좌표를 구할 때도 마찬가지의 보간함수를 사용한다. 다시 말하여, 네 절점에서의 전체 좌표가 각각 $(x_1,\ z_1)$, $(x_2,\ z_2)$, $(x_3,\ z_3)$, $(x_4,\ z_4)$라고 할 때 요소 내 임의의 점 $(x,\ z)$에서의 좌표는 다음 식으로 구한다. 즉,

$$\{x\} = [N]\{x_n\} \tag{4.4}$$

또는 $$\begin{Bmatrix} x \\ z \end{Bmatrix} = \begin{bmatrix} N_1 & O & N_2 & O & N_3 & O & N_4 & O \\ O & N_1 & O & N_2 & O & N_3 & O & N_1 \end{bmatrix} \begin{Bmatrix} x_1 \\ z_1 \\ x_2 \\ z_2 \\ x_3 \\ z_3 \\ x_4 \\ z_4 \end{Bmatrix}$$ (4.4a)

식 (4.3)과 식 (4.4)를 비교하여보면 변위를 구할 때의 보간함수와 전체 좌표계를 구하기 위한 보간함수가 같음을 알 수 있다. 같은 방정식을 쓴다는 개념에서 이를 사각형 등 파라미터 요소(quadrilateral isoparametric element)라고 한다.

3) 단계 3 : 요소방정식의 유도

한 요소(element)에서의 방정식을 유도하는 것이 세 번째 단계인바, 변위를 구하기 위한 방정식을 유도하기 위해서는 탄성론 및 소성론을 알아야 한다. 먼저, 여기에서는 plane strain 조건에서의 2차원 탄성 모델을 이용하여 방정식을 유도하는 경우를 주로 하여 서술하고자 하며, 탄소성해석의 기본은 4.3절에서 추가로 서술하려고 한다.

(1) 변형률 – 변위관계

Plane strain 조건 하에서의 2차원 변형률 – 변위의 관계식은 다음 식으로 표시된다.

$$\{\varepsilon\} = \begin{Bmatrix} \varepsilon_x \\ \varepsilon_z \\ \gamma_{xz} \end{Bmatrix} = \begin{Bmatrix} \dfrac{\partial u}{\partial x} \\ \dfrac{\partial v}{\partial z} \\ \dfrac{\partial u}{\partial z} + \dfrac{\partial v}{\partial x} \end{Bmatrix} = [B]\{q\}$$ (4.5)

여기서, $[B]$ 매트릭스는 다음 식으로 표시된다.

$$[B] = \begin{bmatrix} \dfrac{\partial N_1}{\partial x} & O & \dfrac{\partial N_2}{\partial x} & O & \dfrac{\partial N_3}{\partial x} & O & \dfrac{\partial N_4}{\partial x} & O \\[2ex] O & \dfrac{\partial N_1}{\partial z} & O & \dfrac{\partial N_2}{\partial z} & O & \dfrac{\partial N_3}{\partial z} & O & \dfrac{\partial N_4}{\partial z} \\[2ex] \dfrac{\partial N_1}{\partial z} & \dfrac{\partial N_1}{\partial x} & \dfrac{\partial N_2}{\partial z} & \dfrac{\partial N_2}{\partial x} & \dfrac{\partial N_3}{\partial z} & \dfrac{\partial N_3}{\partial x} & \dfrac{\partial N_4}{\partial z} & \dfrac{\partial N_4}{\partial x} \end{bmatrix} \tag{4.6}$$

$$= [[B_1] [B_2] [B_3] [B_4]]$$

여기서, $[B_i] = \begin{bmatrix} \dfrac{\partial N_i}{\partial x} & O \\[2ex] O & \dfrac{\partial N_i}{\partial z} \\[2ex] \dfrac{\partial N_i}{\partial z} & \dfrac{\partial N_i}{\partial x} \end{bmatrix}$ $\tag{4.7}$

$\{q\}$는 전에 설명한 대로 다음과 같이 표현된다.

$$\{q\}^T = [u_1 v_1 u_2 v_2 u_3 v_3 u_4 v_4] \tag{4.8}$$

식 (4.6)을 살펴보면 N_i는 $(s,\ t)$의 함수인 데 반하여 미분은 $(x,\ z)$로 이루어져 있다. 즉, 국부좌표 함수를 전체좌표 함수로 미분하는 형태이다. 전체 좌표에서의 미분을 국부좌표 미분으로 바꾸어주기 위해서는 다음과 같이 자코비안 함수가 필요하다.

$$\begin{pmatrix} \dfrac{\partial N_i}{\partial x} \\[2ex] \dfrac{\partial N_i}{\partial z} \end{pmatrix} = [J]^{-1} \begin{pmatrix} \dfrac{\partial N_i}{\partial s} \\[2ex] \dfrac{\partial N_i}{\partial t} \end{pmatrix} \tag{4.9}$$

여기서, $[J]^{-1} = \dfrac{1}{|J|} \begin{pmatrix} \dfrac{\partial z}{\partial t} & \dfrac{-\partial z}{\partial s} \\[2ex] \dfrac{-\partial x}{\partial t} & \dfrac{\partial x}{\partial s} \end{pmatrix}$ $\tag{4.10}$

$|J|$는 자코비안 $[J]$의 determinant이다.

$$|J| = \begin{vmatrix} \dfrac{\partial x}{\partial s} & \dfrac{\partial z}{\partial s} \\[2ex] \dfrac{\partial x}{\partial t} & \dfrac{\partial z}{\partial t} \end{vmatrix} \tag{4.11}$$

(2) 응력－변형률 관계식

응력－변형률 관계식은 다음과 같이 표현된다.

$$\{\sigma\} = [C]\{\varepsilon\} \tag{4.12}$$

Plane strain 이차원 조건에서 위 식은 다음과 같이 표현된다.

$$\{\sigma\} = \begin{pmatrix} \sigma_x \\ \sigma_z \\ \tau_{xz} \end{pmatrix} \tag{4.13}$$

$$\{\varepsilon\} = \begin{pmatrix} \varepsilon_x \\ \varepsilon_z \\ \gamma_{xz} \end{pmatrix} \tag{4.14}$$

$$
\begin{aligned}
[C] &= \frac{E}{(1+\mu)(1-2\mu)} \begin{bmatrix} (1-\mu) & \mu & O \\ \nu & (1-\mu) & O \\ O & O & \dfrac{(1-2\mu)}{2} \end{bmatrix} \\[2ex]
&= \begin{bmatrix} K+\dfrac{4}{3}G & K-\dfrac{2}{3}G & O \\[2ex] K-\dfrac{2}{3}G & K+\dfrac{4}{3}G & O \\[2ex] O & O & G \end{bmatrix}
\end{aligned}
\tag{4.15}
$$

서두에서 서술한 대로 식 (4.13)~(4.15)는 이차원 plane strain 탄성조건에서의 응력－변형률 관계식이다. 3차원 탄성조건인 경우의 응력과 변형률은 (1×6)으로 이루어진 벡터이며, [C]는 (6×6)의 매트릭스로 된다. 응력－변형률에 관한 상세한 설명은 4.3절에서 이루어질 것이다.

(3) 모형화(Formulation)

이제까지 서술한 변형률－변위 관계식과 응력－변형률 관계식을 이용하여 궁극적으로 변위를 구할 수 있는 수식을 유도하여야 한다. 이 과정을 모형화라고 하며, 다음의 두 가지 방법이 주로 쓰인다.

- Variational principle : 풀고자 하는 구조계를 에너지로 표시할 수 있는 경우에 사용하는 방법으로 연속체역학은 에너지로 표시할 수 있으므로 이 방법을 사용할 수 있다.
- Residual method : 에너지로 표시가 어려운 문제를 유한요소로 모형화하기 위하여 사용하며, 근사해로 구한 답을 전부 적분한 값과 정해를 적분한 값의 차인 나머지가 최소가 되도록 유도하는 방법이다. 투수문제는 주로 이 방법으로 모형화한다.

터널문제는 연속체역학에 근거를 두므로, 첫 번째 방법을 주로 사용한다. 상세한 유도 방법은 유한요소법 참고문헌들을 참조하기 바란다. 한마디로 이를 정리하여보면, 터널구조물을 포함하는 연속체의 에너지가 다음 식과 같이 최소가 되도록 유도한다.

$$\delta \Pi_p = 0 \tag{4.16}$$

식 (4.16)을 이용하여 유한요소방정식을 유도하면 다음과 같이 각 요소에 대하여 변위－힘 관계식이 구해진다.

$$[K]_e \{q\} = \{Q\} \tag{4.17}$$

$[K]_e$는 요소의 강성 매트릭스로서 다음 식으로 표시된다(2차원 plane strain 조건의 경우).

$$[K]_e = 1 \cdot \int_{-1}^{1} \int_{-1}^{1} [B]^T [C] [B] |J| \, ds \, dt \tag{4.18}$$

식 (4.11) →

식 (4.15) 식 (4.6)＋식 (4.9)

$\{Q\}$는 요소에 작용되는 힘으로서 다음 식으로 표시된다.

$$\{Q\} = 1 \int_{-1}^{1} \int_{-1}^{1} [N]^T [\overline{X}] |J| \, ds \, dt + 1 \int_{S_1} [N]^T \{\overline{T}\} \, ds_1$$

(4.19)

식 (4.3a)

여기서,

$$\{\overline{X}\} = \left(\frac{\overline{X}}{\overline{Z}}\right) = 물체력(body \ force)$$

(4.20)

$$\{\overline{T}\} = \left(\frac{\overline{T_x}}{\overline{T_z}}\right) = 요소의 경계면에 작용되는 힘(또는 압력)$$

(4.21)

4) 단계 4 : 조합(Assembling)

식 (4.17)은 각 요소에서의 변위 − 힘 관계식이다. 단계 1에서 서술한 대로 전체 연속체를 n 개의 요소로 나누어서 그중 한 요소에 대하여 유도된 식이다. 네 번째 단계에서는 식 (4.17)을 $i = 1, \cdots, n$ 요소에 대하여 전부 합하여 전체 좌표계 시스템에서의 변위 − 힘 관계식을 유도하여야 하며 유도된 식은 다음 식으로 표시된다.

$$[K]\{u\} = \{F\}$$

(4.22)

여기서, $[K]$: 전체 좌표계 강성 매트릭스

$\{u\}$: 전체 좌표계 시스템의 각 절점에서의 변위벡터 $= 2n$ 개

$\{F\}$: 전체 좌표계 시스템에서 절점에 작용하는 힘

5) 단계 5 : 풀기

식 (4.22)를 풀면 1차 정수로서 각 절점에서의 변위값(x방향 변위 u 및 z방향 변위 v)을 구할 수 있다. 터널의 분석에서 필요한 사항은 변위뿐만 아니라, 응력에 대한 분석도 필수 불가결하다. 전체 좌표계 시스템에서 각 절점 변위로부터 다시 각 요소에 대한 절점의 변위를 구한다. 이 변위로부터 응력은 다음 식으로 구할 수 있다.

$$\{\sigma\} = [C]\{\varepsilon\} = [C][B]\{q\}$$

(4.23)

4.2.2 비선형 해석법의 근간

앞 절에서 서술한 유한요소해석법의 개요는 근본적으로 지반 자체가 선형탄성(linear elastic)인 경우에 한한다. 즉, 식 (4.15)로 이루어지는 $[C]$ 매트릭스의 값들이 일정한 계수가 되는 경우에 적용될 수 있는 식으로서 결국 식 (4.17)의 요소 강성 매트릭스 $[K]_e$ 가 일정한 값으로 표시된다.

한편, 만일 $[K]_e$ 강성 매트릭스가 다음 식과 같이 $\{q\}$ 또는 $\{Q\}$의 함수인 경우에는 비선형 문제로 귀착된다.

$$[K]_e = [K(q,\ Q)]_e \tag{4.24}$$

비선형 문제의 해법을 구하는 방법에는 반복법(iterative method)과 점증하중법(incremental procedure)이 있으나, 어차피 터널굴착 묘사 등을 위해서는 점증하중을 가해주어야 하므로 여기서는 점증하중법을 주로 서술하고자 한다(다음 그림 4.4 참조). 식 (4.17)은 비선형의 경우에 다음 식으로 표시된다.

$$[K_t(q,\ Q)]_e \{dq\} = \{dQ\} \tag{4.25}$$

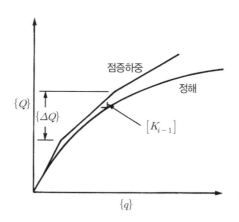

그림 4.4 비선형 해석법(점증하중법)

비선형 문제를 점증하중법으로 풀기 위해서는 먼저 식 (4.25)에서 하중 $\{Q\}$를 n개의 하중으로 다음과 같이 나눈다.

$$\{Q\} = \{Q_o\} + \sum_{i=1}^{n} \{\Delta Q_i\} \qquad (4.26)$$

여기서, $\{Q_o\}$ 는 초기 하중이다. 각 단계별 해석방법은 다음과 같다.

제1단계

① 다음 식으로 $\{\Delta q_1\}$ 을 구한다.

$$[K_t]_e \{\Delta q_1\} = \{\Delta Q_1\}$$
$$[K_t]_e \text{는 초기 강성 매트릭스 사용} = [K_o]_e \qquad (4.27)$$

② $\{\Delta q_1\} \rightarrow \{\Delta \varepsilon_1\} \rightarrow \{\Delta \sigma_1\}$ 으로 변형률, 응력의 증가량을 구한다.
③ 1단계 계산 후의 값들을 다음 식으로 구한다.

$$\{q_1\} = \{q_o\} + \{\Delta q_1\} \qquad (4.28a)$$
$$\{Q_1\} = \{Q_o\} + \{\Delta Q_1\} \qquad (4.28b)$$
$$\{\varepsilon_1\} = \{\varepsilon_o\} + \{\Delta \varepsilon_1\} \qquad (4.28c)$$
$$\{\sigma_1\} = \{\sigma_o\} + \{\Delta \sigma_1\} \qquad (4.28d)$$

제2단계

① $[K_t]_e \{\Delta q_2\} = \{\Delta Q_2\}$

단, $[K_t]_e$ 는 1단계의 강성 매트릭스 $[K_1]_e$ 사용 $\qquad (4.29)$

② $\{\Delta q_2\} \rightarrow \{\Delta \varepsilon_2\} \rightarrow \{\Delta \sigma_2\}$ 계산
③ $\{q_2\} = \{q_1\} + \{q_2\} = \{q_o\} + \sum_{i=1}^{2} \{\Delta q_i\} \qquad (4.30a)$

$$\{Q_1\} = \{Q_1\} + \{Q_2\} = \{Q_o\} + \sum_{i=1}^{2}\{\Delta Q_i\} \qquad\qquad (4.30b)$$

$$\{\varepsilon_2\} = \{\varepsilon_1\} + \{\varepsilon_2\} = \{\varepsilon_o\} + \sum_{i=1}^{2}\{\Delta \varepsilon_i\} \qquad\qquad (4.30c)$$

$$\{\sigma_2\} = \{\sigma_1\} + \{\sigma_2\} = \{\sigma_o\} + \sum_{i=1}^{2}\{\Delta \sigma_i\} \qquad\qquad (4.30d)$$

제n단계

① $[K_t]_e\{\Delta q_n\} = \{\Delta Q_n\}$

  단, $[K_t]_e$는 전단계의 강성 매트릭스 $[K_{n-1}]_e$ 사용 $\qquad\qquad (4.31)$

② $\{\Delta q_n\} \rightarrow \{\Delta \varepsilon_n\} \rightarrow \{\Delta \sigma_n\}$ 계산

③ $\{q_n\} = \{q_o\} + \sum_{i=1}^{n}\{\Delta q_i\} \qquad\qquad\qquad\qquad\qquad (4.32a)$

$$\{Q_n\} = \{Q_o\} + \sum_{i=1}^{n}\{\Delta Q_i\} \qquad\qquad\qquad\quad (4.32b)$$

$$\{\varepsilon_n\} = \{\varepsilon_o\} + \sum_{i=1}^{n}\{\Delta \varepsilon_i\} \qquad\qquad\qquad\quad (4.32c)$$

$$\{\sigma_n\} = \{\sigma_o\} + \sum_{i=1}^{n}\{\Delta \sigma_i\} \qquad\qquad\qquad\quad (4.32d)$$

4.2.3 굴착의 모형화

터널 및 지하공간은 이 책의 서론(제1장 참조)에서 밝힌 대로 '有에서 無'로 가는 공학이다. 다시 말하여 원래부터 존재하고 있던 지반을 굴착함으로 인하여 발생되는 문제를 공학적으로 규명하는 분야이다. 터널굴착 모델링은 4.4절에서 상세히 서술할 것이다. 터널굴착은 plane strain 조건(즉, y방향으로는 길게 늘어져 있어 y방향으로는 변형이 없다고 가정하는 경우) 하와는 달리 3차원 아칭효과를 고려하여야 하기 때문에 유한요소 모델링 시 고려하여야 할 요소가 많다. 이 절에서는 우선 단순한 예로서 plane strain 조건 하에서 지반을 굴착하는 경우를 유한요소법으로 모델링하는 방법을 서술하고자 한다.

1) 초기 응력상태 및 최종 굴착상태

지표면이 그림 4.5(a)와 같이 수평이라면 초기 지중응력은 다음 식으로 표시된다.

초기 조건

$$\{\sigma_o\} = \begin{pmatrix} \sigma_{xo} \\ \sigma_{zo} \\ \tau_{xozo} \end{pmatrix} = \begin{pmatrix} K_o\sigma_{vo} \\ \sigma_{vo} \\ O \end{pmatrix} \qquad\qquad (4.33)$$

만일에 $1:\alpha$의 경사를 가지고 깊이 $z = H$까지 굴착한다고 하면 굴착 후의 상태는 그림 4.5(b)와 같이 될 것이다. 유한요소해석으로는 실제의 굴착 모델링에 맞게 한 번에 굴착을 하는 것이 아니라, 그림 4.5(c)에서와 같이 깊이 H를 n개의 층으로 나누어 한층 한층 굴착이 이루어지는 것으로 모델링한다.

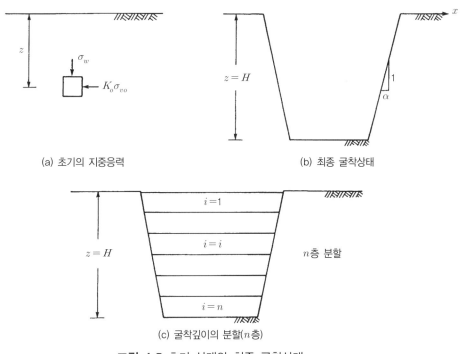

(a) 초기의 지중응력　　　　　　　　(b) 최종 굴착상태

(c) 굴착깊이의 분할(n층)

그림 4.5 초기 상태와 최종 굴착상태

2) 굴착 모델링

(1) 1층 굴착

그림 4.6(a)와 같이 최상층($i = 1$)의 굴착을 모델링하고자 하며, 굴착 후에는 굴착면에 수직으로 작용되는 압력(수직응력) σ_n은 '0'이 될 것이다[그림 4.6(a)]. 지표면에서의 수직응력이 '0'이 되도록 하기 위하여 초기 지중응력 상태에서 굴착예정면에 작용되는 수직응력을 먼저 구하고, 수직응력만큼을 그림 4.6(a)에서와 같이 반대방향으로 하중으로 가해주면 굴착면에 수직응력이 '0'으로 될 것이다. 가장 단순한 예로 연직으로 굴착하는 경우는 그림 4.6(c)와 같이 초기 조건에서 수직응력을 쉽게 구할 수 있기 때문에 수직응력을 '0'으로 만들기 위한 $\{Q_1\}$ 값은 쉽게 얻어진다.

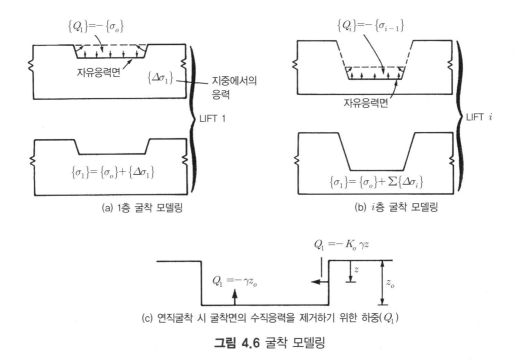

(a) 1층 굴착 모델링

(b) i층 굴착 모델링

(c) 연직굴착 시 굴착면의 수직응력을 제거하기 위한 하중(Q_1)

그림 4.6 굴착 모델링

일단, 1층 굴착 모델링에 필요한 하중벡터 $\{Q_1\}$을 구하였으면, 나머지는 전 절에서 서술한 유한요소해석방법과 동일하다.

① 최상층 굴착으로 인한 변위는 다음 식으로 구한다.

$$[K]_e \{\Delta q_1\} = \{Q_1\} \qquad (4.34)$$

단, $\{Q_1\}$값은 $-\{\sigma_o\}$로서 값 자체가 음수($-$)를 띨 것이다.

② $\{\varDelta q_1\} \to \{\varDelta \varepsilon_1\} \to \{\varDelta \sigma_1\}$으로 변형률과 응력의 증가량을 구한다.

③ 1층 굴착 후의 변위와 응력은 다음 식으로 될 것이다.

$$\{q_1\} = \{q_o\} + \{\varDelta q_1\} \qquad (4.35a)$$

$$\{\sigma_1\} = \{\sigma_o\} + \{\varDelta \sigma_1\} \qquad (4.35b)$$
$$\qquad\quad \uparrow \qquad\quad \uparrow$$
$$\qquad\text{식 (4.33)} \quad \text{실제로 이 값은 ($-$)임}$$

(2) i층 굴착

i층 굴착예정선에서 지표면에 작용되는 수직응력이 '0'이 되기 위해서는 $\{Q_i\} = -\{\sigma_{i-1}\}$이 되어야 한다[그림 4.6(b)].

① 다음 식으로 $\{\varDelta q_i\}$를 구한다.

$$[K]_e \{\varDelta q_i\} = \{Q_i\} = -\{\sigma_{i-1}\} \qquad (4.36)$$

② $\{\varDelta q_i\} \to \{\varDelta \varepsilon_i\} \to \{\varDelta \sigma_i\}$

③ i층 굴착 후의 변위와 응력은 다음 식으로 구한다.

$$\{q_i\} = \{q_o\} + \sum_{j=1}^{i} \{\varDelta q_j\} \qquad (4.37a)$$

$$\{\sigma_i\} = \{\sigma_o\} + \sum_{j=1}^{i} \{\varDelta \sigma_j\} \qquad (4.37b)$$

4.3 터널 주위 지반에 대한 구성방정식

4.3.1 서 론

앞에서 서술하였던 유한요소법의 개요 (4.2.1절)에서 보면 결국 식 (4.18)로 이루어지는 요소 강성 매트릭스를 구하는 것이 유한요소 모델링의 핵심이라고 할 수 있다. 식 (4.18)은 다음 식과 같다.

$$[K]_e = \int \int_A [B]^T[C][B]\,da \tag{4.18}$$

위 식은 2차원으로 문제를 풀고자 할 때 적용될 수 있는 식으로서 이중적분($\int \int$)은 면적에 관한 적분을 뜻한다. 이 문제를 좀 더 확장하여 3차원에서의 강성 매트릭스는 일반식으로서 다음과 같이 표현될 수 있다.

$$[K]_e = \int \int \int_V [B]^T[C][B]\,dv \tag{4.38}$$

비록 4.2.1절에서 독자들이 쉽게 이해할 수 있도록 2차원 문제를 중심으로 유한요소법의 개요를 설명하였으나, 실제로 터널을 비롯한 지하구조물 해석 시 3차원 해석도 최근에는 빈번하게 이루어짐에 따라 구성방정식에 대한 제시는 3차원으로 서술하기 위하여 식 (4.38)을 소개한 것이다. 이 식을 보면 2차원 문제에서는 면적에 관한 적분이 이루어지나, 3차원 문제에서는 체적(V)에 관한 적분으로 이루어져야 됨을 알 수 있다.

어찌 되었든지 식 (4.18) 또는 식 (4.38)에서 $[C]$ 매트릭스는 연속체의 응력 – 변형률 관계를 나타내주는 식이다. 이 $[C]$ 매트릭스가 지반의 성질을 나타내주는 것으로서 이 응력 – 변형률($\sigma - \varepsilon$) 관계식을 구성방정식이라고 한다.

지반의 구성방정식으로는 1980년대에 수많은 모델이 제시된 바 특히 토사지반으로 이루어진 경우 hyperbolic model(non – linear elastic model), cam – clay model, cap model 등 여러 비선형 탄성 – 소성 모델들이 제안되었다. 비선형 모델인 경우 응력 – 변형률 관계식은 미소 변형률/미소 응력의 관계식으로서 텐서 기호로 다음 식으로 표현된다.

$$d\sigma_{ij} = C^t_{ijkl}\ \varepsilon_{kl} \tag{4.39}$$

또는 $\{d\sigma\} = [C_t]\{d\varepsilon\}$ (4.40)

여기서, $(\cdot)^t$ 또는 $(\cdot_t)$는 접선(tangent) 관계식을 의미한다.

응력－변형률 관계가 식 (4.40)과 같이 비선형이면 식 (4.38)로 이루어지는 강성 매트릭스도 비선형이 된다(그림 4.7 참조). 즉, 식 (4.25)와 같이 될 것이다. 이 식을 풀기 위한 해법으로는 점증 하중법을 주로 사용한다고 4.2.2절에서 밝힌 바 있다.

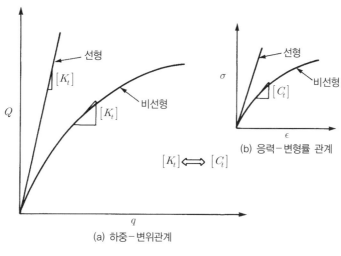

그림 4.7 비선형 거동

아무리 지반에 대한 구성방정식 모델이 좋다고 하더라도 결국은 그 구성방정식의 적용을 위하여 필연적으로 구해야 하는 지반 정수의 값들이 더 중요하다. 구해야 하는 기본 정수의 숫자가 많으면 많을수록 불확실성은 커져간다. 지반을 가장 단순하게 등방선형탄성(isotropically linear elastic)으로 가정하는 경우 소요 정수는 두 개(E와 μ, 또는 E와 K 등)에 불과하지만, 『암반역학의 원리』에서 밝힌 대로 암반(rock mass)의 탄성계수를 구하는 것도 쉽지가 않다. 또한 이 탄성계수도 재하조건이냐 아니면 제하조건이냐의 여부에 따라 달라진다. 이러한 여러 여건과 또한, 우선적으로 단순한 모델에 대한 이해가 있어야 복잡한 문제로의 접근이 가능하다는 이유 등으로 인하여 이 책에서는 터널해석의 목적으로 탄성－완전소성(elastic-perfectly plastic) 모델만을 집중적으로 서술할 것이다. 제 2장의 내공변위－제어법에서는 탄성－소성－취성거동을 볼 수 있는 모델을 사용하였다. 즉, 소성상태에 이른 후에 취성거동으로서 강도정수가 감소($\phi \to \phi_{res}$, $c \to c_{res}$)하는 경우에 대하여 지반반응곡선을 유도하였다. 그러나 strain－softening 현상을 수치해석으로 모형화하는 것은 쉽지 않아 대부분의 상업용 프로그램에서는 취성거동은 무시하는 경우가 많다. 탄성－완전소성 모델을 사용하는 경우 소요지반, 물성치는 다음과 같다.

– 탄성 : 탄성계수(E), 포아송비(μ)

– 소성

- 내부마찰각(ϕ), 점착력(c), 팽창각(ψ) → Mohr–Coulomb 파괴기준 이용 시
- 암석의 일축압축강도(σ_c), Hoek–Brown 파괴기준 계수 m_b, s, 팽창각(ψ) → Hoek–Brown 파괴기준을 이용하는 경우

실제로 상업용 프로그램에서는 암반에만 국한되는 Hoek–Brown 파괴기준보다는 토사/암반에 고루 적용될 수 있는 Mohr–Coulomb 파괴기준을 채택하는 경우가 많다. 특히 3차원 모델링인 경우는 Mohr–Coulomb 기준보다는 Drucker–Prager 파괴기준을 적용하는 것이 훨씬 수월하므로 이 기준을 사용하는 경우도 많다(Drucker–Prager 파괴기준에 필요한 지반물성치는 Mohr–Coulomb과 동일하다).

4.3.2 탄성인 경우의 구성방정식

Plane strain 조건에서 이차원 탄성인 경우에 대한 응력–변형률 관계식은 이미 식 (4.15)에 나타내었다. 전술한 대로 등방탄성인 경우에는 두 개의 물성치만 알면 구성방정식을 표시할 수 있다(K와 G 등).

이 절에서는 가장 일반적인 경우로서 3차원에서의 응력–변형률 관계를 유도할 것이다. 텐서 기호 σ_{ij}는 다음과 같이 풀어 쓸 수 있다.

$$\{\sigma_{ij}\}^T = [\sigma_{11}\sigma_{22}\sigma_{33}\sigma_{12}\sigma_{23}\sigma_{13}] \tag{4.41a}$$

또는
$$= [\sigma_{xx}\sigma_{yy}\sigma_{zz}\tau_{xy}\tau_{yz}\tau_{xz}] \tag{4.41b}$$

또한 텐서 기호 $\{\varepsilon_{ij}\}$는

$$\{\varepsilon_{ij}\}^T = [\varepsilon_{11}\varepsilon_{22}\varepsilon_{33}\varepsilon_{12}\varepsilon_{23}\varepsilon_{13}] \tag{4.42a}$$

$$= \left[\varepsilon_{xx}\varepsilon_{yy}\varepsilon_{zz}\frac{1}{2}\gamma_{xy}\frac{1}{2}\gamma_{yz}\frac{1}{2}\gamma_{xz}\right] \tag{4.42b}$$

다음 기호들도 기억하여두자.

$$I_1 = \varepsilon_{11} + \varepsilon_{22} + \varepsilon_{33} = \varepsilon_{nn} \, (\text{체적변형률}) \tag{4.43}$$

$$J_1 = \sigma_{11} + \sigma_{22} + \sigma_{33} = \sigma_{nn} \, (3 \times \text{평균수직응력}) \tag{4.44}$$

3차원 상에서 응력−변형률 관계는 다음 식으로 표시된다(자세한 유도는 Desai and Siriwardane(1984)의 문헌을 참조하라).

$$\sigma_{ij} = \frac{J_1}{3}\delta_{ij} + S_{ij} \leftarrow \text{응력 방정식} \tag{4.45a}$$

$$= KI_1\delta_{ij} + 2GE_{ij} \leftarrow \text{변형률 방정식} \tag{4.45b}$$

여기서,

$$J_1 = \sigma_{nn} \, (\text{아래첨자가 } ij \text{ 반하여 } nn \text{이면 각 응력을 더하라는 의미임}) \tag{4.44}$$

$$S_{ij} = \sigma_{ij} - \frac{J_1}{3}\delta_{ij} \tag{4.46}$$

$$I_1 = \varepsilon_{nn} \tag{4.43}$$

$$E_{ij} = \varepsilon_{ij} - \frac{I_1}{3}\delta_{ij} \tag{4.47}$$

식 (4.45b)을 매트릭스로 나타내면 다음과 같다.

$$
\begin{pmatrix} \sigma_{11} \\ \sigma_{22} \\ \sigma_{33} \\ \sigma_{12} \\ \sigma_{23} \\ \sigma_{13} \end{pmatrix}
=
\begin{bmatrix} K & K & K & 0 & 0 & 0 \\ K & K & K & 0 & 0 & 0 \\ K & K & K & 0 & 0 & 0 \\ 0 & 0 & 0 & 0 & 0 & 0 \\ 0 & 0 & 0 & 0 & 0 & 0 \\ 0 & 0 & 0 & 0 & 0 & 0 \end{bmatrix}
\begin{pmatrix} \varepsilon_{11} \\ \varepsilon_{22} \\ \varepsilon_{33} \\ \varepsilon_{12} \\ \varepsilon_{23} \\ \varepsilon_{13} \end{pmatrix}
+
\begin{bmatrix} \frac{4G}{3} & -\frac{2G}{3} & -\frac{2G}{3} & 0 & 0 & 0 \\ -\frac{2G}{3} & \frac{4G}{3} & -\frac{2G}{3} & 0 & 0 & 0 \\ -\frac{2G}{3} & -\frac{2G}{3} & \frac{4G}{3} & 0 & 0 & 0 \\ 0 & 0 & 0 & 2G & 0 & 0 \\ 0 & 0 & 0 & 0 & 2G & 0 \\ 0 & 0 & 0 & 0 & 0 & 2G \end{bmatrix}
\begin{pmatrix} \varepsilon_{11} \\ \varepsilon_{22} \\ \varepsilon_{33} \\ \varepsilon_{12} \\ \varepsilon_{23} \\ \varepsilon_{13} \end{pmatrix}
\tag{4.48a}
$$

또는

$$
\begin{pmatrix} \sigma_{11} \\ \sigma_{22} \\ \sigma_{33} \\ \sigma_{12} \\ \sigma_{23} \\ \sigma_{13} \end{pmatrix} = \begin{bmatrix} K+\dfrac{4G}{3} & K-\dfrac{2G}{3} & K-\dfrac{2G}{3} & 0 & 0 & 0 \\ K-\dfrac{2G}{3} & K+\dfrac{4G}{3} & K-\dfrac{2G}{3} & 0 & 0 & 0 \\ K-\dfrac{2G}{3} & K-\dfrac{2G}{3} & K+\dfrac{4G}{3} & 0 & 0 & 0 \\ 0 & 0 & 0 & 2G & 0 & 0 \\ 0 & 0 & 0 & 0 & 2G & 0 \\ 0 & 0 & 0 & 0 & 0 & 2G \end{bmatrix} \begin{pmatrix} \varepsilon_{11} \\ \varepsilon_{22} \\ \varepsilon_{33} \\ \varepsilon_{12} \\ \varepsilon_{23} \\ \varepsilon_{13} \end{pmatrix} \tag{4.48b}
$$

[예제 4.1] σ_{22} 및 σ_{13}를 변형률로 표시하라.

[풀이]

(1) $\sigma_{22} = KI_1\delta_{22} + 2GE_{22}$

$$= K(\varepsilon_{11} + \varepsilon_{22} + \varepsilon_{33}) \cdot 1 + 2G\left(\varepsilon_{22} - \frac{I_1}{3}\delta_{22}\right)$$

$$= K(\varepsilon_{11} + \varepsilon_{22} + \varepsilon_{33}) + 2G\left(\varepsilon_{22} - \frac{\varepsilon_{11} + \varepsilon_{22} + \varepsilon_{33}}{3} \cdot 1\right)$$

$$= \left(K - \frac{2}{3}G\right)\varepsilon_{11} + \left(K + \frac{4}{3}G\right)\varepsilon_{22} + \left(K - \frac{2}{3}G\right)\varepsilon_{33}$$

$$+ \quad 0 \quad \varepsilon_{12} + \quad 0 \quad \varepsilon_{23} + \quad 0 \quad \varepsilon_{13}$$

(2) $\sigma_{13} = KI_1\delta_{13} + 2GE_{13}$

$$= KI_1 \cdot 0 + 2G\left(\varepsilon_{13} - \frac{I_1}{3} \cdot \delta_{13}\right)$$

$$= 2G\varepsilon_{13}$$

식 (4.45b)는 응력을 변형률로 표시한 것이다. 이에 반하여 변형률을 응력으로 표시하면 다음 식과 같다.

$$\varepsilon_{ij} = \frac{I_1}{3}\delta_{ij} + E_{ij} \leftarrow \text{변형률 방정식} \tag{4.49a}$$

$$= \frac{J_1}{9K}\delta_{ij} + \frac{S_{ij}}{2G} \leftarrow \text{응력 방정식} \tag{4.49b}$$

식 (4.49b)를 매트릭스로 표시하면 다음과 같다.

$$
\begin{pmatrix} \varepsilon_{11} \\ \varepsilon_{22} \\ \varepsilon_{33} \\ \varepsilon_{12} \\ \varepsilon_{23} \\ \varepsilon_{13} \end{pmatrix}
=
\begin{bmatrix}
\dfrac{1}{2G} & 0 & 0 & 0 & 0 & 0 \\
0 & \dfrac{1}{2G} & 0 & 0 & 0 & 0 \\
0 & 0 & \dfrac{1}{2G} & 0 & 0 & 0 \\
0 & 0 & 0 & \dfrac{1}{2G} & 0 & 0 \\
0 & 0 & 0 & 0 & \dfrac{1}{2G} & 0 \\
0 & 0 & 0 & 0 & 0 & \dfrac{1}{2G}
\end{bmatrix}
\begin{pmatrix} \sigma_{11} \\ \sigma_{22} \\ \sigma_{33} \\ \sigma_{12} \\ \sigma_{23} \\ \sigma_{13} \end{pmatrix}
$$

$$\text{(4.50a)}$$

$$
+
\begin{bmatrix}
\dfrac{1}{9K}-\dfrac{1}{6G} & \dfrac{1}{9K}-\dfrac{1}{6G} & \dfrac{1}{9K}-\dfrac{1}{6G} & 0 & 0 & 0 \\
\dfrac{1}{9K}-\dfrac{1}{6G} & \dfrac{1}{9K}-\dfrac{1}{6G} & \dfrac{1}{9K}-\dfrac{1}{6G} & 0 & 0 & 0 \\
\dfrac{1}{9K}-\dfrac{1}{6G} & \dfrac{1}{9K}-\dfrac{1}{6G} & \dfrac{1}{9K}-\dfrac{1}{6G} & 0 & 0 & 0 \\
0 & 0 & 0 & 0 & 0 & 0 \\
0 & 0 & 0 & 0 & 0 & 0 \\
0 & 0 & 0 & 0 & 0 & 0
\end{bmatrix}
\begin{pmatrix} \sigma_{11} \\ \sigma_{22} \\ \sigma_{33} \\ \sigma_{12} \\ \sigma_{23} \\ \sigma_{13} \end{pmatrix}
$$

또는

$$
\begin{pmatrix} \varepsilon_{11} \\ \varepsilon_{22} \\ \varepsilon_{33} \\ \varepsilon_{12} \\ \varepsilon_{23} \\ \varepsilon_{13} \end{pmatrix}
=
\begin{bmatrix}
\dfrac{1}{3G}+\dfrac{1}{9K} & \dfrac{1}{9K}-\dfrac{1}{6G} & \dfrac{1}{9K}-\dfrac{1}{6G} & 0 & 0 & 0 \\
\dfrac{1}{9K}-\dfrac{1}{6G} & \dfrac{1}{3G}+\dfrac{1}{9K} & \dfrac{1}{9K}-\dfrac{1}{6G} & 0 & 0 & 0 \\
\dfrac{1}{9K}-\dfrac{1}{6G} & \dfrac{1}{9K}-\dfrac{1}{6G} & \dfrac{1}{3G}+\dfrac{1}{9K} & 0 & 0 & 0 \\
0 & 0 & 0 & \dfrac{1}{2G} & 0 & 0 \\
0 & 0 & 0 & 0 & \dfrac{1}{2G} & 0 \\
0 & 0 & 0 & 0 & 0 & \dfrac{1}{2G}
\end{bmatrix}
\begin{pmatrix} \sigma_{11} \\ \sigma_{22} \\ \sigma_{33} \\ \sigma_{12} \\ \sigma_{23} \\ \sigma_{13} \end{pmatrix}
$$

$$\text{(4.50b)}$$

Plane strain 조건의 경우

Plane strain 조건은 '2'방향으로의 변형률이 '0'인 경우이다(즉, $\varepsilon_{22} = 0$).

식 (4.45b)에서 $\varepsilon_{22} = 0$ 조건을 이용하면 다음 식으로 표시된다.

$$
\begin{aligned}
\sigma_{11} &= KI_1 + 2G\left(\varepsilon_{11} - \frac{I_1}{3}\right) \\
&= \left(K - \frac{2G}{3}\right)I_1 + 2G\varepsilon_{11} = \left(K - \frac{2}{3}G\right)(\varepsilon_{11} + \varepsilon_{33}) + 2G\varepsilon_{11} \\
&= \left(\frac{3K + 4G}{3}\right)\varepsilon_{11} + \left(K - \frac{2G}{3}\right)\varepsilon_{22}
\end{aligned}
\tag{4.51a}
$$

$$
\sigma_{33} = \left(\frac{3K + 4G}{3}\right)\varepsilon_{33} + \left(K - \frac{2G}{3}\right)\varepsilon_{11}
\tag{4.51b}
$$

$$
\sigma_{22} = \left(K - \frac{2G}{3}\right)\varepsilon_{11} + \left(K - \frac{2G}{3}\right)\varepsilon_{33}
\tag{4.51c}
$$

$$
\sigma_{13} = 2G\varepsilon_{13}
\tag{4.51d}
$$

$$
\sigma_{12} = \sigma_{23} = 0
$$

또는 매트릭스로 표시하면,

$$
\begin{pmatrix} \sigma_{11} \\ \sigma_{33} \\ \sigma_{13} \end{pmatrix}
=
\begin{bmatrix}
\dfrac{3K + 4G}{3} & \dfrac{3K - 2G}{3} & 0 \\[2mm]
\dfrac{3K - 2G}{3} & \dfrac{3K + 4G}{3} & 0 \\[2mm]
0 & 0 & 2G
\end{bmatrix}
\begin{pmatrix} \varepsilon_{11} \\ \varepsilon_{33} \\ \varepsilon_{13} \end{pmatrix}
\tag{4.52a}
$$

$$
\sigma_{22} = \left(K - \frac{2G}{3}\right)(\varepsilon_{11} + \varepsilon_{33})
\tag{4.52b}
$$

$$
\left(\text{단, } \varepsilon_{13} = \frac{1}{2}\gamma_{xz}\right)
$$

식 (4.52a)는 사실상 식 (4.15)와 같은 식이다. 단, 텐서 기호인 ε_{13}는 전단변형률 γ_{xz}의 반에 해당됨에 유의하여야 한다.

4.3.3 소성상태에서의 구성방정식

요소 내에서의 응력상태가 탄성영역 안에 있으면 식 (4.48b)에 표시된 $[C]$ 매트릭스를 식 (4.38) 또는 식 (4.18)에 대입하여 유한요소로 모형화하면 된다. 이에 반하여 요소 내에서의 응력을 검토한 결과 이미 파괴기준에 도달하여 소성상태에 이르렀으면 식 (4.48b)을 더 이상 $[C]$ 매트릭스로 사용할 수 없다[탄소성해석을 위해서는 식 (4.39)와 같이 증분응력을 사용하여야 한다].

1) 파괴기준

2차원 파괴기준

2차원 파괴기준으로는 Mohr－Coulomb 파괴기준이나 또는 암반역학의 경우 Hoek－Brown 파괴기준을 이용한다.

－ Mohr－Coulomb 파괴기준

$$f = \sigma_1 - K_\phi \sigma_3 - 2c\sqrt{K_\phi} = 0 \tag{4.53}$$

여기서, σ_1, σ_3 : 최대 및 최소주응력

$$K_\phi = \frac{1 + \sin\phi}{1 - \sin\phi} \tag{4.54}$$

－ Hoek－Brown 파괴기준

$$f = \sigma_1 - \sigma_3 - \sigma_c\sqrt{\frac{m_b \sigma_3}{\sigma_c} + s} = 0 \tag{4.55}$$

3차원 파괴기준

3차원 파괴기준으로는 Mohr－Coulomb 파괴기준보다는 파괴면이 전반적으로 더 완만한 Drucker－Prager 모델을 많이 사용한다.

— Drucker—Prager 파괴기준

$$f = \sqrt{J_{2D}} - \alpha J_1 - k = 0 \tag{4.56}$$

여기서,

$$J_{2D} = \frac{1}{6}[(\sigma_1 - \sigma_2)^2 + (\sigma_2 - \sigma_3)^2 + (\sigma_1 - \sigma_3)^2] \tag{4.56a}$$

$$J_1 = \sigma_1 + \sigma_2 + \sigma_3 \tag{4.56b}$$

$$\alpha, \ k = func(c, \ \phi) \tag{4.56c}$$

이 기준에 대한 개략이 그림 4.8에 표시되어 있으며, 이 그림에서 횡축은 J_1으로서 세 응력을 합한 경우이므로 체적변형에 관계되고 $\sqrt{J_{2D}}$ 는 축차응력의 합이므로 전단변형에 관계된다.

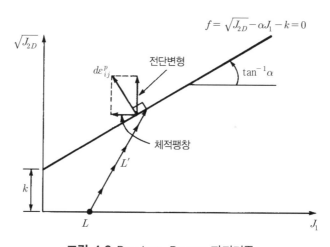

그림 4.8 Drucker—Prager 파괴기준

2) 소성상태에서의 응력—변형률 관계식

완전소성의 의미

완전소성(perfectly plastic)이란 일단 어느 요소가 파괴상태에 이르렀으면, 그 요소에 작용되는 응력은 언제나 파괴면에 머물러 있어야 한다는 것이다. 식 (4.53)~(4.56) 등으로 표시되는 파괴기준의 일반식은 다음과 같이 표시된다.

$$f(\sigma_{ij}) = k \tag{4.57}$$

완전소성이란 파괴기준면의 증분 df는 항상 '0'이어야 한다는 것이다.

$$df = \frac{\partial f}{\partial \sigma_{ij}} d\sigma_{ij} = 0 \tag{4.58}$$

식 (2.25)에서 소성유동법칙에 의하여 소성변형률은 다음 식으로 표시된다고 하였다.

$$d\varepsilon_{ij}^{P} = \lambda \frac{\partial Q}{\partial \sigma_{ij}} \tag{4.59}$$

Q는 소성포텐셜 함수로서, 파괴기준식과 같다고 가정할 수도 있고(연합유동법칙), 다른 함수를 사용할 수도 있다(비연합유동법칙). 식 (2.25)가 물리적으로 의미하는 것은, 변형률 벡터는 소성포텐셜 함수로부터 직각방향의 벡터임을 나타내는 것이다. 2장에서는 소성포텐셜 함수로서 식 (2.30)을 사용하였다.

$$Q(\sigma_1, \ \sigma_3) = \sigma_1 - K_\psi \sigma_3 - 2c\sqrt{K_\psi} = 0 \tag{4.60}$$

$$K_\psi = \frac{1 + \sin\psi}{1 - \sin\psi} ; \ \psi \text{는 체적팽창각} \tag{4.61}$$

식 (4.53)과 식 (4.60)을 $\sigma_n - \tau$ 그래프에서 설명하여보면 다음과 같다(그림 4.9 참조). 그림 4.9에 ψ 각도를 표시하였으며, $\psi = \phi$이면 Mohr – Coulomb 파괴면에서의 각도이다. 식 (4.59)로 이루어지는 벡터는 각도가 ψ인 함수에 직각이므로 그림에서 $d\varepsilon^p$와 같고, $d\varepsilon^p$는 수평선분 ($d\varepsilon_v^p$)과 연직 성분($d\gamma^p$)으로 나뉜다. 수평선분은 수직응력 σ_n에 관계되므로 체적변형률이며, 연직성분은 전단응력 τ에 관계되므로 전단변형률이다. 그림에서 보듯이 $\psi = \phi$일 때가 체적변형률이(음의 방향으로) 최대로 발생한다. 즉, 소성포텐셜 함수로서 Mohr – Coulomb 파괴기준을 사용하는 경우 소성영역에서 전단변형도 일어나지만, 특히 체적팽창이 크게 발생한다는 결론에 도달한다.

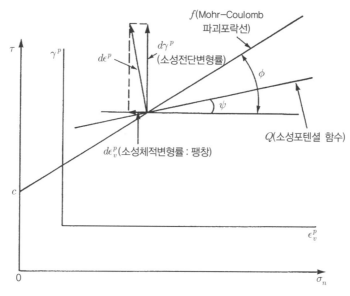

그림 4.9 Mohr-Coulomb 파괴기준과 포텐셜 함수

예를 들어서 토사지반을 중심으로 설명해보면, 조밀한 모래나 과압밀점토 같은 경우는 전단파괴시 체적이 팽창되므로 최대치로서 $\psi = \phi$도 가정하여도 무리가 없을 수 있으나, 느슨한 모래나 정규압밀 점토의 경우는 전단파괴 시 오히려 체적수축이 발생하므로 $Q = f$로 가정한 연합유동법칙을 사용하면, 실제로 물리적인 현상과 달리 소성론으로 문제를 푸는 경우 체적이 팽창한다는 답을 내게 된다.

한편, 암반지반은 파괴상태에 도달하면 암석이 깨지게 되어 체적이 팽창하므로 $Q = f$로 가정하고 해를 구하여도 무리가 없다(암반의 성질에 따라 체적팽창을 너무 과도하게 볼 수는 있음). 따라서 실제로 터널해석 시에 사용된 프로그램이 어떤 포텐셜 함수를 사용하였는지 반드시 살펴보아야 한다.

Drucker-Prager 파괴기준식을 Q 포텐셜로 사용하는 경우도 그림 4.8에서 보듯이 $d\varepsilon_{ij}^p$의 수평성분이 존재하므로 체적팽창은 필연적이다.

응력-변형률 관계식

소성상태에서의 변형률(증분)은 '탄성변형률 + 소성변형률'이므로

$$d\varepsilon_{ij} = d\varepsilon_{ij}^e + d\varepsilon_{ij}^p \tag{4.62}$$

식 (4.49b)와 식 (4.59)를 식 (4.62)에 대입하면

$$d\varepsilon_{ij} = \left(\frac{dJ_1}{9K}\delta_{ij} + \frac{dS_{ij}}{2G} \right) + \lambda \frac{\partial Q}{\partial \sigma_{ij}} \tag{4.63}$$

위의 식을 반대로 응력에 관한 식으로 표시하면

$$d\sigma_{ij} = \left(\frac{3K-2G}{9K} \right) dJ_1 \delta_{ij} + 2Gd\varepsilon_{ij} - 2G\lambda \frac{\partial Q}{\partial \sigma_{ij}} \tag{4.64}$$

식 (4.64)를 식 (4.58)에 대입하여 풀면 스칼라양인 λ를 구할 수 있고, 이 λ값을 다시 식 (4.64)에 대입하면 $d\sigma_{ij} \sim d\varepsilon_{ij}$의 관계식을 다음과 같이 구할 수 있다[이에 대한 상세한 유도는 Desai and Siriwardane(1984)의 문헌을 참조하라].

$$\{d\sigma\} = [[C^e] - [C^p]]\{d\varepsilon\} \tag{4.65}$$

즉, 소성상태에서는 $[C]$ 매트릭스를 식 (4.48b)대신에 위의 식으로 대치하여 풀면 식 (4.38) 또는 (4.18)로 이루어지는 강성 매트릭스를 구할 수 있다.

소성상태에서의 응력－변형률 관계식은 소성포텐셜 함수에 영향을 크게 받음을 기억하길 바란다. 다시 말하여 ψ값의 선택에 따라 파괴 시 체적팽창률이 달라지고, 따라서 내공변위도 크게 달라진다.

4.3.4 불연속면의 모형화

앞 절에서 일관되게 설명하였던 유한요소 모형화는 근본적으로 연속체를 대상으로 한 것이다. 토사지반이나 또는 단위체적(REV)을 넘는 암반(rock mass)을 기본가정으로 하였다. 암반이란 불연속면이 다수 존재하는 경우로서(암석＋불연속면)을 합하여 단일 재료의 연속체로 본 것이다. 아무리 불연속면을 암반으로 모형화한다고 해도 단층과 같은 주요 불연속면은 따로 취급함이 더 합리적일 것이다. 지반을 주요 대상으로 하는 유한요소 프로그램(범용)에서는 연속체와 함께 1~2개의 불연속면을 포함할 수 있도록 된 것이 많다. 불연속면모델을 적용하기 위해서는『암반역학의 원리』중 6.4절에서 제시된 불연속면의 수직 강성계수(K_n)와 전단 강

성계수(K_s)를 물성치로서 구해야 한다. 조인트 요소로는 그림 4.10에 제시된 모델링이 사용되며, 응력－변형률 관계식은 식 (4.66)에 나타내었다(Goodman, 1976 참조).

$$\begin{pmatrix} \tau_{sn} \\ \sigma_n \\ M_o \end{pmatrix} = \begin{bmatrix} K_s & 0 & 0 \\ 0 & K_n & 0 \\ 0 & 0 & K_w \end{bmatrix} \begin{pmatrix} \Delta u_o \\ \Delta v_o \\ \Delta w_o \end{pmatrix} \tag{4.66}$$

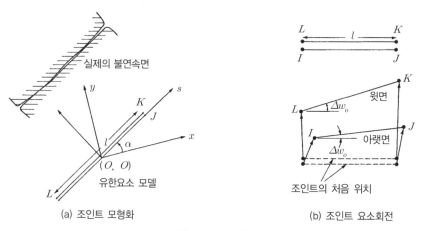

(a) 조인트 모형화　　　　(b) 조인트 요소회전

그림 4.10 조인트 요소

여기서, Δu_o, Δv_o, Δw_o는 각각 전단변형, 수직변형, 회전을 나타내는 항이다. 또한 K_w는 다음 식으로 표시된다.

$$K_w = \frac{l^3 K_n}{4} \tag{4.67}$$

4.4 터널굴착 모델링

4.4.1 개 괄

터널굴착은 4.2.3절에서 설명한 굴착을 유한요소 해석으로 모형화하는 기본틀과 비슷한 과정으로 이루어진다. 그림 4.5(b)의 굴착단면에 대하여 $\alpha = 0$로 가정하고 이를 90° 회전하여 수평으로 놓은 단면에 대한 굴착으로 생각하면 된다. 다만, 그림 4.5(b)는 plane strain 조건인 경우로서 y방향으로는 한없이 길게 굴착하는 경우를 뜻하나 터널은 그림 4.11에서 보듯이 3차원으로 굴착이 이루어지는 것이 다르다. 그림 4.11의 굴착을 그대로 모사하기 위해서는 3차원 해석이 불가피하며, 다음의 단계로 터널시공을 모델링한다.

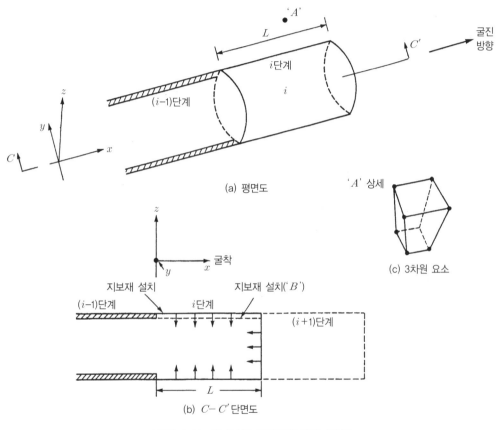

(a) 평면도

'A' 상세

(c) 3차원 요소

(b) $C-C'$ 단면도

그림 4.11 터널굴착 모델링(3차원 단면)

① 그림 4.11의 i부분을 굴착한다(1회 굴진장 = L). 굴착은 굴착면에서 수직응력(normal stress)이 '0'이 되도록 굴착 직전의 수직응력 = $\{\sigma_{i-1}\}$의 반대방향으로 하중을 가한다. 즉,

$$\{Q_i\} = -\{\sigma_{i-1}\}$$

② 식 (4.36)~(4.37)으로 굴착 후의 변위와 응력을 구한다.

③ 지보재를 설치한다[그림 4.11(b)의 'B'부분].

④ ($i+1$)단계를 굴착하면서 지보재 및 주변 지반에서의 응력과 변위를 구한다.

3차원 유한요소해석은 요소 자체도 3차원으로 나누어야 하며[그림 4.11(c)], 실제로 해석에 소요되는 시간도 엄청나기 때문에 3차원 해석은 특별히 필요한 경우에만 실시하며, 일상의 터널해석에서는 2차원 해석이 주로 이루어진다.

4.4.2 터널해석의 2차원 모델링

터널을 2차원으로 해석하기 위한 단면도는 그림 4.12와 같다. 다만, 2차원 해석은 어쩔 수 없이 plane strain 조건 하에서 해석할 수밖에 없다. 즉, y 방향으로 굴착이 처음부터 무한대로 이루어진다는 조건으로 해석을 하게 된다. Plane strain 조건에서는 굴착 즉시 모든 지반에 변위가 발생하나 그림 2.27 또는 2.28의 종단변형곡선 개요도에서 보여주는 것과 같이, 실제 터널굴착 시에는 아칭효과로 인하여 굴착 즉시에는 전체 변위의 30%가량만 발생하며 터널직경의 4배 후방에 가서야 변위가 수렴하게 된다. 따라서 2차원으로 터널을 해석할 때에는 $\{Q\}=-\{\sigma_o\}$의 불평형력이 한꺼번에 굴착면에 작용되는 것으로 보아서는 안 되며, 터널 천정에서의 변위발생 정도에 따라 그 일부분만이 하중으로 작용된다고 가정하며 이를 하중분담률이라고 한다. 즉, 하중분담률은 다음과 같이 정의한다.

> **Note** 하중분담률
>
> 터널의 2차원 해석 시 굴착이 진행되는 단계에 따라 천정부의 변위를 기준으로 굴착－숏크리트 타설의 2단계(또는 3단계)로 나누어 각 단계에 대응하는 변위를 최종 변위에 대한 백분율로 표시한 것

(예 1) 30% : 70%

－ 터널굴착 시 30% 변위 발생(70%는 전방으로 하중 전이)

－ 숏크리트 타설 후 100% 변위 발생

(예 2) 30% : 40% : 30%

－ 터널굴착 시 30% 변위 발생(70%는 전방으로 하중 전이)

‒ soft 숏크리트(1차 숏크리트) 타설 시 70% 변위 발생(30% 하중은 전방에 남아 있음)

‒ 록볼트 설치 및 2차 숏크리트 타설 시 100% 변위 발생

2차원 해석단계를 요약하면 다음과 같다(하중분담률= $\alpha_1 : \alpha_2 : (1-\alpha_1-\alpha_2)$ 인 경우).

① 터널굴착을 모사하기 위하여 굴착예정면에 작용시킬 하중을 계산 : $\{Q\}=-\{\sigma_o\}$

② 'P'부분을 굴착한다(그림 4.12). 이때의 굴착하중은 $\{\Delta Q\}^1 = \alpha_1\{Q\}$ 만이 굴착면에 작용되는 것으로 가정한다.

③ 식 (4.36)~(4.37)으로 터널굴착 후의 변위와 응력을 구한다.

④ 지보재를 설치한다(그림 4.12의 'S'부분). 단, soft 숏크리트(1차 숏크리트)만 타설하는 것으로 모델링한다.

⑤ 하중 $\{\Delta Q\}^2 = \alpha_2\{Q\}$ 를 추가로 굴착면에 작용시킨다.

⑥ 식 (4.36)~(4.37)로 지반 및 지보재에 작용되는 변위와 응력을 구한다.

⑦ 지보재를 추가로 설치한다.

⑧ 하중 $\{\Delta Q\}^3 = (1-\alpha_1-\alpha_3)\{Q\}$ 를 추가로 굴착선에 작용시키고 지보재 및 주변 지반에서의 변위와 응력을 구한다.

그림 4.12에 보여준 터널굴착은 전단면을 한꺼번에 굴착하는 경우를 예로 들은 것으로서, 상/하반으로 나누어 굴착하는 경우에는 상반굴착에 대한 하중분담률 개념으로 굴착을 묘사하고 하반굴착도 같은 개념으로 접근하면 된다.

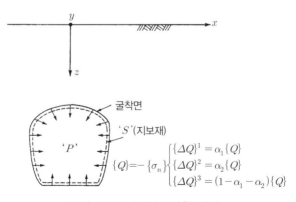

그림 4.12 터널의 2차원 해석

4.4.3 지보재 모델링

1) 숏크리트, 록볼트

식 (4.3a)에서 보여준 바와 같이 지반 자체는 고체요소(solid element)로 모델링하면 충분하다. 고체요소는 각 절점에서 x 및 z 방향 변위 $\begin{pmatrix} u \\ v \end{pmatrix}$만이 미지수가 되는 요소를 말한다.

이에 반하여 숏크리트와 강지보재 등은 지보재에서의 변위뿐만 아니라 모멘트 및 축력도 중요하다. 이를 고려하기 위하여 빔 요소(또는 프레임 요소)를 주로 사용한다. 빔 요소는 그림 4.13(a)와 같다. 록볼트는 지보재 자체의 강성은 고려하되 굳이 지보재에 작용되는 모멘트를 고려할 필요가 없으므로 그림 4.13(b)와 같이 강봉 요소(또는 트러스 요소)를 사용한다. 강지보재는 많은 경우에 지보력 분담비율이 극소하여 수치해석에서는 생략하는 경우가 많다.

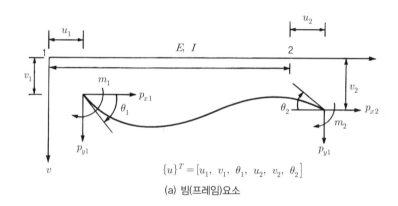

$$\{u\}^T = [u_1,\ v_1,\ \theta_1,\ u_2,\ v_2,\ \theta_2]$$

(a) 빔(프레임)요소

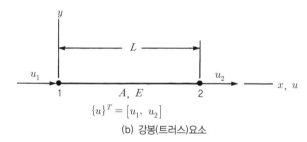

$$\{u\}^T = [u_1,\ u_2]$$

(b) 강봉(트러스)요소

그림 4.13 지보재 모델링

2) 천정보강공법

2.6.3절에서 상세히 서술한 것과 같이 NATM 터널굴착 시 시공 중 막장 안정성이 염려되는 연약지반에서는 강관다단 그라우팅 등의 Umbrella Arch Method(UAM)가 자주 도입된다고

하였다. 천정보강공법은 그림 2.4.3에서 보여주는 것과 같이 강관을 종방향으로 우산살같이 미리 설치하여서 강관의 종방향 휨응력으로 이완지반압을 버티어주는 개념이다. 따라서 UAM 을 현실성 있게 모델링하려면 3차원 해석이 수행되어야 한다.

그러나 해석의 편리성을 위하여 3.4.2절에서 서술한 것과 같이 2차원 해석을 하고자 하면 강관보강 그라우팅의 효과를 지반보강효과로 고려할 수밖에 없다(종방향의 휨강성으로 인한 보강효과는 고려할 수 없다). 강관 그라우팅으로 지반을 보강한 경우, 주요 효과는 지반의 탄성계수 및 점착력 증대 효과가 큰 것으로 볼 수 있다.

따라서 강관보강 그라우팅에 의한 보강영역의 물성 산정을 원지반, 강관, 그리고 그라우팅 구근의 합성된 체적에 의한 환산물성 증가로 모델링하며, 등가탄성계수 및 등가점착력을 그림 4.14로부터 다음 식으로 구할 수 있다.

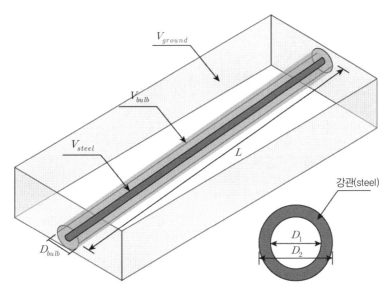

그림 4.14 UAM 등가물성치 산정 개요

① 등가탄성계수 : $E_{eq} = E_{ground}' + E_{steel}' + E_{bulb}'$ (4.68)

② 등가점착력 : $c_{eq} = c_{ground}' + c_{steel}' + c_{bulb}'$ (4.69)

여기서,

$$E_{bulb}' = \frac{V_{bulb}}{V} \qquad (4.70a) \qquad\qquad E_{steel}' = \frac{V_{steel}}{V} \qquad (4.70b)$$

$$E_{ground}' = \frac{V_{ground}}{V} \qquad (4.70c)$$

$$c_{bulb}' = \frac{V_{bulb}}{V} \qquad (4.71a) \qquad\qquad c_{steel}' = \frac{V_{steel}}{V} \qquad (4.71b)$$

$$c_{ground}' = \frac{V_{ground}}{V} \qquad (4.71c)$$

여기서, E_{bulb} = 그라우트 탄성계수, E_{steel} = 강관 탄성계수, E_{ground} = 원지반 탄성계수
c_{bulb} = 그라우트 점착력, c_{steel} = 강관 점착력, c_{ground} = 원지반 점착력

또한 식 (4.70), (4.71)에서의 부피는 다음과 같다.

– 강관보강 그라우팅에 의한 보강 부피 : V $\qquad\qquad$ (4.72a)

– 그라우트 구근의 부피 : $V_{bulb} = \frac{\pi}{4}(D_{bulb})^2 \times L \times N_c$ $\qquad$ (4.72b)

$\quad$ (D_{bulb} : 구근의 직경, L : 강관의 길이, N_c : 강관의 개수)

– 강관의 부피 : $V_{steel} = \frac{\pi}{4}(D_2^2 - D_1^2) \times L \times N_c$ $\qquad\qquad$ (4.72c)

$\quad$ (D_1 : 강관의 내경, D_2 : 강관의 외경, L : 강관의 길이, N_c : 강관의 개수)

– 보강영역의 원지반 부피 : V_{ground}

[예제 4.2] 천층 연약지반에 NATM으로 터널을 굴착하려고 한다. 막장안정성을 위하여 $L = $ 12m의 강관다단 그라우팅을 먼저 설치하고자 한다. 설치 단면은 (예제 그림 4.2.1)과 같이 $A = 33.8\text{m}^2$이다.

– 원지반의 물성치는 다음과 같다.
$\quad \gamma = 18\text{kN/m}^3,\ c_{ground} = 5\text{kPa},\ \phi_{ground} = 28°,\ E_{ground} = 12\text{MPa},\ \mu_{ground} = 0.35$

강관보강 후에도 ϕ, μ는 동일하다고 가정하라.

– 보강강관의 제원 및 물성치는 다음과 같다.

외경 $D_2 = 60.5\text{mm}$, 두께 $t = 3.2\text{mm}$, 길이 $L = 12\text{m}$, 개수 $N_c = 30$본

$E_{steel} = 2.1 \times 10^5 \text{MPa}$, $c_{steel} = 6 \times 10^4 \text{kPa}$

– 천공 직경 및 채움 그라우트재의 물성치는 다음과 같다.

$D_{bulb} = 100\text{mm}$, $c_{bulb} = 500\text{kPa}$, $E_{bulb} = 1.0 \times 10^3 \text{MPa}$

강관다단 그라우팅 보강구간의 등가탄성계수와 등가점착력을 예측하라.

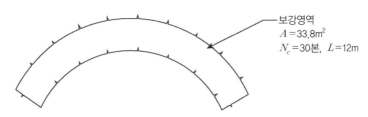

보강영역
$A = 33.8\text{m}^2$
$N_c = 30$본, $L = 12\text{m}$

(예제 그림 4.2.1) 강관보강 그라우팅 보강영역

[풀이]

1) 부피계산
– 보강영역의 부피 : 보강영역의 면적이 33.8m^2이므로

$$V = A \cdot L = 33.8 \times 12 = 405.6\text{m}^2$$

– 강관의 부피 : $V_{steel} = \dfrac{\pi}{4}\left\{D_2^2 - (b_2 - 2t)^2\right\} \times L \times N_c$

$$= \frac{\pi}{4}\left\{0.0605^2 - (0.0605 - 0.0064)^2\right\} \times 12 \times 30$$

$$= 0.207\text{m}^3$$

– 그라우트 구근의 부피 : $V_{bulb} = \dfrac{\pi}{4}(D_{bulb})^2 \times L \times N_c$

$$= \dfrac{\pi}{4}(0.1)^2 \times 12 \times 30 = 2.827\,\text{m}^3$$

– 원지반 부피 : 남아 있는 원지반 부피는 보강영역 부피에서 강관 및 그라우트 구근 부피를 제외하면 된다.

$$V_{ground} = V$$
$$= 405.6 - 0.207 - 2.827$$
$$= 402.57\,\text{m}^3$$

2) 등가탄성계수 및 등가점착력 계산

등가탄성계수는 식 (4.68), 등가점착력은 식 (4.69)를 이용하여 구한다.

① 등가탄성계수

$$E_{eq} = E'_{ground} + E'_{steel} + E'_{bulb}$$
$$= \dfrac{V_{ground}}{V}$$
$$= \dfrac{402.57}{405.6} \times 12 + \dfrac{0.207}{405.6} \times 2.1 \times 10^5 + \dfrac{2.827}{405.6} \times 1.0 \times 10^3$$
$$= 126\,\text{MPa}$$

② 등가점착력

$$C_{eq} = \dfrac{V_{ground}}{V}$$
$$= \dfrac{402.57}{405.6} \times 5 + \dfrac{0.207}{405.6} \times 6 \times 10^4 + \dfrac{2.827}{405.6} \times 500$$
$$= 39\,\text{kPa}$$

[예제 4.3]

터널 단면, 지층 및 물성치

어느 도시의 복선 지하철 단면 및 표준 지보 패턴은 (예제 그림 4.3.1)과 같다. 터널통과 지역의 암반은 화강암이며 지층 단면은 (예제 그림 4.3.2)와 같다. 지반조사 자료는 (예제 표 4.3.1)과 같다.

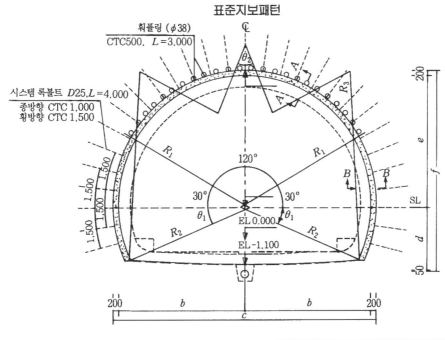

단면	R_1	R_2	θ_1	θ_2	a	b	c	d	e	f
직선단면	5.450	5.850	23°2′17.11″	6°19′45.08″	–	5.477	11.345	2.650	5.550	8.450

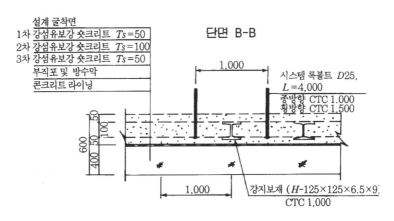

(예제 그림 4.3.1) 터널 단면

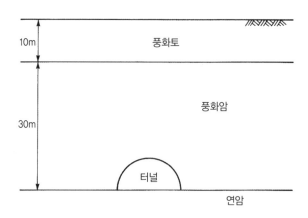

10m 풍화토

30m 풍화암

터널

연암

(예제 그림 4.3.2) 지층조건

(예제 표 4.3.1)

구분	단위중량 (γ, kN/m³)	내부마찰각 (ϕ, °)	점착력 (c, kPa)	탄성계수 (E, MPa)	포아송비 (μ)	측압계수 (K_0)
soft shocrete				5×10^3	0.2	
hard shocrete				15×10^3	0.2	
록볼트				21×10^4		
풍화토	20	30	20	50	0.35	0.5
풍화암	22	35	50	100	0.30	0.7
연암	24	40	100	2,000	0.27	1.0

* 주) • 숏크리트의 압축강도 : $\sigma_{c(shot)} = 21$MPa.

　　• 록볼트의 면적 : $A = 0.0005$m².

굴착방법 및 순서

- 굴착방법은 브레커를 이용한 기계굴착이다.
- 굴착순서는 크게 상반 굴착 후 하반을 굴착한다. 상반 굴착순서는 : 굴착(굴진장 1m) → 버력처리 → 숏크리트 타설 → 강지보 설치 → 2차 숏크리트 타설 → 록볼트 설치 → 3차 숏크리트 타설이고, 하반 굴착순서는 : 굴착(굴진장 1m) → 버력처리 → 1차 숏크리트 타설 → 강지보 설치 → 2차 숏크리트 타설 → 록볼트 설치 → 3차 숏크리트 타설이다.
- 하지만 이는 실제 시공에서 시행되는 굴착순서이고 이를 수치해석으로 시뮬레이션하는 경우 상반[굴착(굴진장 1m) → soft shotcrete 타설(1차 숏크리트) → 록볼트 설치 → hard shotcrete 타설]과 하반[굴착(굴진장 1m) → soft shotcrete 타설 → 록볼트 설치 → hard shotcrete 타설] 순서로 굴착단계를 해석한다(강지보의 역학적 기능은 무시한다).

[문제]

터널해석을 모사할 수 있는 범용프로그램을 사용하여 (예제 그림 4.3.1)에 제시되어 있는 터널에 대한 안정성 검토를 2차원 수치해석으로 분석하여 다음에 답하라. 단, 사용한 프로그램에서 채택한 유동법칙(연합 또는 비연합)을 반드시 밝혀라. 하중분담률로는 30%(굴착단계) − 40%(soft 숏크리트 타설단계) − 30%(록볼트 설치＋hard 숏크리트 타설단계)를 사용하라.

(1) 시공단계별 지반변위 발생 경향을 터널 주변과 지표면을 중심으로 밝히라.
(2) 시공단계별로 터널굴착면 주변에 발생할 수 있는 소성영역의 형성에 대하여 분석하라.
(3) 시공단계별로 숏크리트 라이닝, 록볼트에 발생하는 응력에 대하여 검토하고 안정성을 판단하라.

　　단, 록볼트의 허용축력＝ 100kN

　　　　숏크리트의 허용 압축응력＝ $0.5\sigma_{c(shot)}$

　　　　숏크리트의 허용 인장응력＝ $0.04\sigma_{c(shot)}$

[풀이]

이 예제 문제는 범용프로그램의 선택에 따라 그 양상이 약간씩 차이가 있을 수 있다. 여기에서 제시하는 풀이는 범용프로그램인 'Midas GTS NX'를 사용하여 계산한 결과이다.

－ 숏크리트는 빔 요소를, 록볼트는 트러스 요소를 사용하였다.
－ 유동법칙으로는 연합유동법칙(associated flow rule)을 사용하였다. 실제로 풍화토/풍화암 등에 연합유동법칙을 사용하면 체적팽창이 실제보다 과도할 여지가 많다.
－ 굴착단계 : 굴착단계는 다음과 같이 6단계로 모델링하였다.
　• stage 1 : 상반굴착
　• stage 2 : soft 숏크리트 설치
　• stage 3 : 록볼트 및 hard 숏크리트 설치
　• stage 4 : 하반굴착
　• stage 5 : soft 숏크리트 설치
　• stage 6 : 록볼트 및 hard 숏크리트 설치
－ 해석에 사용된 요소망은 (예제 그림 4.3.3)과 같다. 좌우 대칭이므로 반단면 해석을 수행하고, 수평축(x축)은 50m, 연직축(z축)은 60m로 경계선을 설정하였다.

(예제 그림 4.3.3) 유한요소망

(1) 시공단계별 변위 발생현황

 - 변위벡터 변화 양상은 (예제 그림 4.3.4)와 같다.

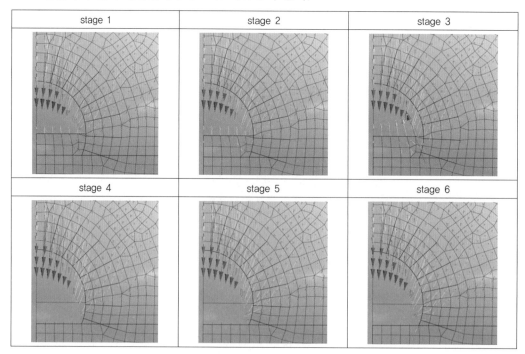

(예제 그림 4.3.4) 변위벡터 양상

– 내공변위 및 지표면 침하 양상은 (예제 그림 4.3.5)와 같다.

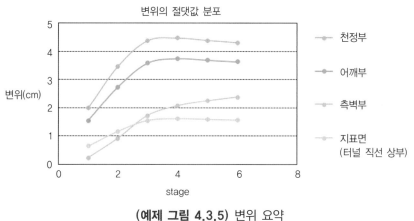

(예제 그림 4.3.5) 변위 요약

변위가 큰 이유는 다음과 같이 생각할 수 있다.

• (예제 표 4.3.1)의 풍화토 및 풍화암에 대한 기본물성이 약간은 보수적이며, 특히 연합유 동법칙을 이용하였기 때문에 체적팽창이 실제보다 과도할 수 있다.

(2) 소성영역의 양상

– (예제 그림 4.3.6)에 표시되어 있으며 $\dfrac{\tau_n}{\tau_f} \geq 1$인 구간, 즉 failure rate가 1보다 큰 영역 이 소성영역이 된다(그림에서 노란색으로 표시된 부분까지).

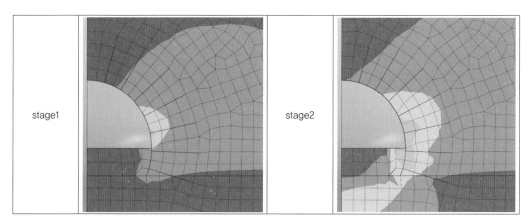

(예제 그림 4.3.6) 소성영역 양상

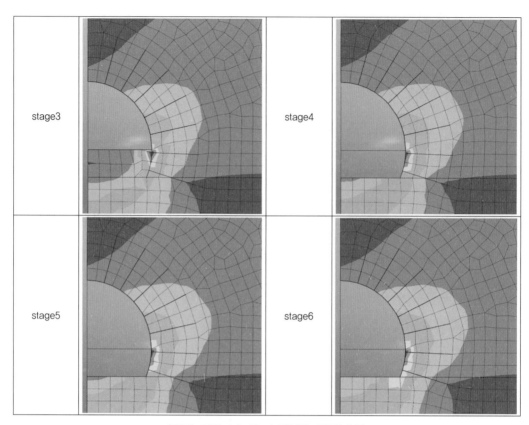

(예제 그림 4.3.6) 소성영역 양상(계속)

- 굴착단계에 따라 소성영역이 증가함을 알 수 있으며, 소성영역은 측벽부에서 최대 1m 두께로 록볼트 길이의 1/4 정도이므로 록볼트의 길이는 적절한 것으로 판단된다.

(3) 숏크리트 및 록볼트에 작용되는 응력
숏크리트에 작용하는 응력
- 굴착 단계별 응력을 (예제 그림 4.3.7)에 표시하였다.
- 숏크리트의 허용압축응력은 $\sigma_{all} = 0.5\sigma_{c(shot)} = 0.5 \times 21 = 10.5 \text{MPa}$이다.

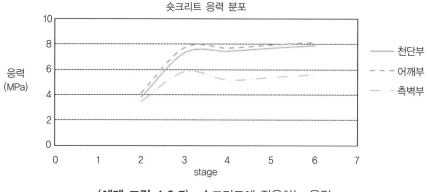

(예제 그림 4.3.7) 숏크리트에 작용하는 응력

- 숏크리트에 작용하는 최대압축 응력은 8MPa 정도이다.

록볼트 축력

- 록볼트에 작용되는 축력은 (예제 그림 4.3.8)과 같다.
- 최대축력은 147.74kN으로 허용축력인 100kN을 상회한다.
- 그림에서 보면 천정/어깨부에서는 $l = 2 \sim 4$m 구간에 축력이 크게 작용하나 측벽부에서는 오히려 1~2m 구간에서 축력이 크게 작용됨을 알 수 있다.

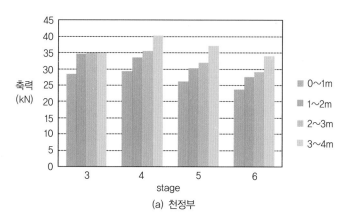

(a) 천정부

(예제 그림 4.3.8) 록볼트 출력

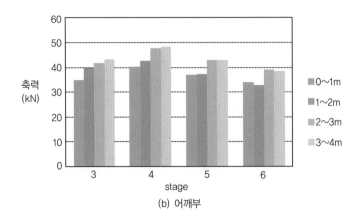

(b) 어깨부

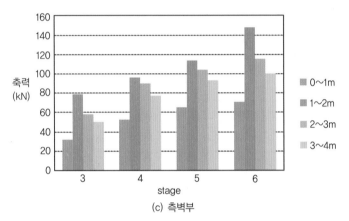

(c) 측벽부

(예제 그림 4.3.8) 록볼트 출력(계속)

참 고 문 헌

- Desai, C.S. and Christian, J.T.(Ed)(1977), Numerical methods in geotechnical engineering, Chap.1, McGraw Hill.
- Desai, C.S. and Siriwardane, H.J.(1984), Constitutive laws for engineering materials with emphasis on geologic materials, Chap. 6, 9, 10, Prentice Hall.
- Goodman, R.E.(1976), Methods of geological engineering in discontinuous rocks, West Publishing Co.
- Owen, D.R.J. and Hinton, E(1980), Finite element in plasticity: theory and practice, Pineridge Press.

제5장

터널과 지하수

제5장
터널과 지하수

5.1 서 론

5.1.1 개 괄

　지반공학적인 문제에서 물(지하수)과 동반된 문제가 가장 위험하고 취급하기 어렵다. 제4장의 수치해석편 서두에서 서술한 대로 원칙적으로 지반(geomaterial)은 2상역학으로 풀어야 하나, 2상역학의 기본 메커니즘이 워낙 복잡하여 지반과 지하수를 따로 분석하고 나중에 이를 조합하여 고려하는 비연계해석(uncoupled analysis)이 주로 이용된다.

　지하수와 연관된 지하구조물 설계에는 두 가지 문제가 고려되어야 한다. 그 첫째는 유입량을 예측하는 문제이다. 시공 중 유입량이 너무 과다하면 터널시공 자체가 어려워지게 되며, 터널유지에 필요한 집수정 설계도 결국 터널 내로의 유입량에 따라 경정되어야 한다.

　둘째는 지하수가 존재할 때, 결국 전응력은 (유효응력 + 수압)의 두 요소로 이루어지는바, 터널에 작용되는 응력체계가 달라진다. 혹자는 터널시공 시에 지하수 유입량이 과다하면 차수 그라우팅으로 물의 유입을 무조건 막고 터널을 시공하면 된다고 생각할지 모르나 하중체계에서 보면, 물은 막으면 막을수록 오히려 그라우팅영역 외각으로 수압이 작용하여 파괴가능성은 한층 증가되게 된다.

　5장에서는 위의 관점에 착안하여 지하수 흐름의 원리를 먼저 설명하고, 지하수 유입량 산정법을 서술한 뒤(『토질역학의 원리』 6장과 대응), 지하수 존재 시의 응력해석법에 대하여 그 후에 서술하고자 한다(『토질역학의 원리』 7장). 역학의 2대 요소인 응력과 변형문제에서 보면 지중에 작용되는 지중응력은 지반정수에 크게 영향을 받지 않으나, 변형문제는 특히 탄성계수에 절대적으로 의존하게 된다. 같은 논리로, 지하수 흐름문제에서 유입량 예측에는 투수계수의 크기가 절대적으로 영향을 주게 되나 수압(또는 전수두) 예측에는 투수계수의 영향이 훨씬 적다.

물론 지하수 흐름의 기본 원리에 익숙한 독자는 다음 절을 건너 띠어도 무방하다고 하겠다.

제3장에서 서술한 대로 밀폐형 쉴드 TBM은 기본적으로 막장압을 통해서 지반압과 수압에 대한 대응압력을 가하면서 굴착을 하며(물론 토압식 쉴드 TBM에서는 지반의 투수계수가 큰 경우 막장면으로 투수가 발행하기도 한다), 특히 세그먼트 라이닝에 정수압이 작용한다. 이에 반하여 NATM의 경우 배수형과 비배수형이 있고, 배수형인 경우는 당연히 터널로의 지하수 유입이 발행하며, 비배수형인 경우도 운영 중에는 비배수로 거동하나 터널 시공 중에는 배수가 일어난다. 따라서 투수에의 기분 메커니즘을 이해하는 것이 중요하다.

5.1.2 투수의 기본방정식[*]

터널 주위의 지하수 흐름도 어차피 투수(seepage)의 기본 원리에 의하여 발생되므로『토질역학의 원리』6장에 서술된 내용이 그대로 적용된다. 먼저, 여기서 제시하는 지하수 흐름의 기본방정식은 토사터널이거나, 또는 암반터널인 경우에 절리가 수많이 발달되어 단위체적(REV)을 넘는 암반지반으로 연속체흐름으로의 가정이 가능한 경우에 국한한다. 불연속면에서의 흐름은 소위 network modelling을 적용해야 하나, 절리에 대한 조사가 완벽하지 않는 한 실제 문제를 적용하기에는 뚜렷한 한계가 있기 때문이다. 투수문제는「Darcy의 법칙 + 연속성의 법칙」의 원리에 입각하여 흐름 기본방정식을 유도하게 된다. 여기에서는 터널해석에 필요한 편미분 방정식만을 소개하고자 하며, 그 유도에 관심 있는 독자는 Istok(1989) 또는 Rushton and Redshaw(1979) 등의 참고문헌을 공부하기 바란다.

1) 정상류 흐름(steady-state flow) 기본방정식

'한 입자에서의 유입량과 유출량은 같다'는 원리에 입각하여 유도되며 기본방정식은 다음과 같다.

---

[*] 투수에 대한 이해도가 있는 독자들은 이 단원을 건너 띠어도 무방함.

$$\frac{\partial}{\partial x}\left(k_x \frac{\partial h}{\partial x}\right) + \frac{\partial}{\partial y}\left(k_y \frac{\partial h}{\partial y}\right) + \frac{\partial}{\partial z}\left(k_z \frac{\partial h}{\partial z}\right) = 0 \qquad (5.1)$$

여기서, h : 전수두

$k_x,\ k_y,\ k_z$: 투수계수

2) 부정류 흐름(transient flow) 기본방정식

'유출량-유입량= 체적수축 변화율'의 원리에 입각하여 유도되는 기본방정식은 다음과 같다.

$$\frac{\partial}{\partial x}\left(k_x \frac{\partial h}{\partial x}\right) + \frac{\partial}{\partial y}\left(k_y \frac{\partial h}{\partial y}\right) + \frac{\partial}{\partial z}\left(k_z \frac{\partial h}{\partial z}\right) + q = S_s \frac{\partial h}{\partial t} \qquad (5.2)$$

여기서, S_s : 비저류계수(specific storage coefficient)

q : 단위체적당 유입(또는) 유출량

위의 식 (5.2)는 원칙적으로 피압수(불투수층 사이에 존재하는 지하수로서 압력을 받고 있는 상태)에 대하여 적용되는 식이다. S_s는 비저류계수로서 '단위 전수두 저하에 의한 피압대수층의 단위 부피당 배출되는 물의 양'으로 정의된다. S_s의 단위는 m^3/m^3/m로서 결국 ($\cdot/L$)의 단위를 가지며 피압대수층의 경우 $10^{-5} \sim 10^{-7}$m 정도의 값을 가지는 것으로 알려져 있다. S_s를 수식으로 나타내면 다음과 같다.

$$S_s = \frac{\dfrac{dV_w}{V_o}}{dh} = \frac{1}{V_o}\frac{dV_w}{dh} \qquad (5.3)$$

여기서, V_o : 전체적

V_w : 지하수 체적

h : 전수두

비저류계수 S_s는 자유수의(피압수에 대응되는 개념) 포화 – 불포화토 흐름에서 정의되는

m_w와 다음의 관계가 성립된다.

$$S_s = m_w \gamma_w \qquad (5.4)$$

여기서, m_w : 함수특성곡선(soil-water characteristic curve, SWCC)의 기울기

함수특성곡선이란 포화-불포화토에서 수압과 (u)과 체적함수비 (θ)의 관계를 나타내는 곡선(그림 5.1)으로서 포화토에서 증발이 발생되어 불포화토로 갈수록 수압은 (−)로 되며, 체적함수비는 감소한다.

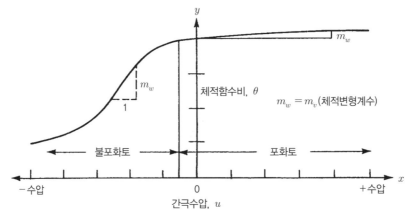

그림 5.1 지반의 함수특성곡선

체적함수비(volumetric moisture content)를 수식으로 정의하면 다음 식과 같다.

$$\theta = \frac{V_w}{V_o} \qquad (5.5)$$

m_w는 SWCC 곡선의 기울기로서 다음 식으로 나타낼 수 있다.

$$m_w = \frac{\dfrac{dV_w}{V_o}}{du} = \frac{\dfrac{1}{V_o}dV_w}{du} = \frac{d\theta}{du} \qquad (5.6)$$

여기서, u : 수압. 물론 수압의 증분 du와 전수두 증분 사이에는 $du = \gamma_w \, dh$ 의 관계가 성립
한다.

그림 5.1의 오른쪽은 지하수위 하에 존재하여 (+)수압에 대한 기울기로서 지반의 체적변형
계수 m_v와 같다(『토질역학의 원리』9장 참조). 따라서 터널 주변의 흐름과 같이 포화 자유수
의 흐름(saturated unconfined flow)인 경우 S_s = '물의 단위중량×지반의 체적변형계수'를
사용하면 될 것이다.

식 (5.1), (5.2)와 같은 3차원 투수방정식을 이론해로 풀 수 있는 경우는 아주 제한적인 경우
에 한정되며 어쩔 수 없이 유한요소법/유한차분법과 같은 수치해석법에 의존할 수밖에 없다.
투수방정식의 수치해석 모형화의 개략은 5.1.3절에서 서술하고자 한다.

3) 2차원 흐름방정식

식 (5.1) 또는 (5.2)로 이루어지는 3차원 투수방정식을 유한요소법으로 풀고자 하면 요소로
의 분할도 쉽지가 않고, 또한 계산에 소요되는 시간도 너무 과다하기 때문에 특별한 경우를 제
외하고는 2차원으로 단순화하여 공학적 문제를 해결하고자 함이 보통이다. 2차원으로 단순화
하는 두 가지 방법을 다음에 서술할 것이다.

(1) Plane strain 조건 하의 흐름

y축 방향으로의 흐름은 무시할 수 있을 정도로 작을 때에 적용되는 경우이며, 댐의 축방향
이나 터널의 축방향 흐름을 생략하는 경우로 생각하면 된다.

정상류 흐름

y방향의 흐름을 무시하면 식 (5.1)은 다음 식과 같다.

$$\frac{\partial}{\partial x}\left(k_x \frac{\partial h}{\partial x}\right) + \frac{\partial}{\partial z}\left(k_z \frac{\partial h}{\partial z}\right) = 0$$

↑
연직방향 흐름

(5.7)

부정류 흐름

식 (5.2)에서 y방향 흐름을 무시하면 다음 식이 된다.

$$\frac{\partial}{\partial x}\left(k_x \frac{\partial h}{\partial x}\right) + \frac{\partial}{\partial z}\left(k_z \frac{\partial h}{\partial z}\right) + q = S_s \frac{\partial h}{\partial t} \tag{5.8}$$

여기서, q는 단위체적당 유입(또는 유출)량이다.

(2) Regional groundwater flow

Regional groundwater flow는 연직방향 흐름은 무시하고 x, y의 수평방향 흐름만을 고려하는 경우를 말한다. 예를 들어서 농작물에 필요한 토양은 두께 1~2m 이내에 존재하는 흙이므로 연직방향 흐름을 무시할 정도로 작고, 반면에 넓은 면적에 관계배수에 의하여 주로 수평방향으로 지하수가 흐를 때, 각 지역에서의 전수두 또는 지하수의 높이를 구하고자 할 때 주로 쓰이는 투수방정식이다. 터널흐름에서도 부정류 흐름을 완전히 단순화할 때 이 흐름방정식을 사용하게 된다. 기본방정식은 다음과 같다.

$$\frac{\partial}{\partial x}\left(k_x h \frac{\partial h}{\partial x}\right) + \frac{\partial}{\partial y}\left(k_y h \frac{\partial h}{\partial y}\right) + \tilde{q} = S_y \frac{\partial h}{\partial t} \tag{5.9}$$

여기서, $\tilde{q}$는 단위면적당 유입량(유출량)을 의미하며, S_y는 비산출률(specific yield)로서 다음과 같이 정의된다. 즉, 비산출률은 '전수두 1m가 저하될 때의 단위면적당 유출되는 물의 양'으로서 단위는 무차원이다. 포화토의 경우에는 비산출률은 유효간극률 (n_e)과 같은 의미로 생각하면 된다. 식 (5.9)는 전수두가 괄호 안에 포함되어 있어 비선형 방정식이 되므로 $k_x h$ 및 $k_y h$를 일정하다고 가정하기도 한다. 즉,

$$T_x = k_x h = 일정 \tag{5.10a}$$
$$T_y = k_y h = 일정 \tag{5.10b}$$

T_x 및 T_y를 투과계수(transmissivity)라고 하며, 이를 이용하면 식 (5.9)는 다음과 같이 선형방정식으로 표현될 수 있다.

$$\frac{\partial}{\partial x}\left(T_x \frac{\partial h}{\partial x}\right) + \frac{\partial}{\partial y}\left(T_y \frac{\partial h}{\partial y}\right) + \tilde{q} = S_y \frac{\partial h}{\partial t} \tag{5.11}$$

다시 한 번 반복하건대, 식 (5.11)으로 이루어지는 2차원 흐름방정식은 절대로 수평~연직 방향 흐름이 아니고 오로지 수평방향 흐름임을 주지하여야 한다. 예를 들어서 수치해석 프로그램에 소요되는 입력변수가 비산출률(또는 유효간극률)값이거나, 또는 투과계수인 경우(투수계수가 아니라) regional groundwater flow로 모델링된 프로그램으로 보면 될 것이다.

5.1.3 투수방정식의 수치해석법

앞에서 서술한 대로 투수방정식을 이론해(analytical solution)로 구할 수 있는 경우는 아주 제한적이므로 터널 설계 시 지하수 흐름을 고려하기 위해서는 유한요소 프로그램의 사용이 필수적이다. 어차피 실제 설계 시에는 범용프로그램(예를 들어 'SEEP/W' 등)을 사용할 수밖에 없다. 아무리 실무에서 범용프로그램에 의존한다 하더라도 저자가 믿기에 투수문제에 대한 유한요소 모형화 정도는 이해하고 있어야 한다. 이러한 관점에서 이 절에서는 식 (5.7) 및 (5.8)을 예로 유한요소 모델링의 개요를 설명하고자 한다.

1) 정상류 흐름의 유한요소 모형화

식 (5.7)을 풀기 위한 유한요소법의 단계는 4.2.1절에서 제시한 5단계를 그대로 따른다. 여기서는 5.2.1절에서 중심으로 설명한 plane strain 조건의 탄성론에 반하여 투수문제를 풀기 위한 모형화에서의 차이점만을 서술할 것이다.

(1) 단계 1 : 유한요소로 나누기(4.2.1절과 동일)
(2) 단계 2 : 근사해를 위한 방정식의 선택

4.2.1절에서는 1차 정수로 변위를 선택하였으며 변위는 수평방향과 연직방향의 두 방향 변위가 필요하므로 각 절점에 $\begin{pmatrix} u \\ v \end{pmatrix}$로서 미지수가 2개씩이었으나 투수문제에서는 전수두가 1차 정수이며 각 절점에서의 미지수도 한 개이다. 따라서 식 (4.3) 및 (4.3a)는 다음과 같이 수정되어야 한다[식 (4.1), (4.1a)와 동일].

$$\{h\} = [N]\{\phi\} \tag{5.12}$$

$$\text{또는} \quad \{h\} = [N_1 N_2 N_3 N_4] \begin{Bmatrix} h_1 \\ h_2 \\ h_3 \\ h_4 \end{Bmatrix} \tag{5.13}$$

(3) 단계 3 : 요소방정식의 유도

연속체역학 문제는 주로 variational principle(또는 최소 에너지법칙)로 요소방정식을 유도하나, 투수방정식은 에너지로 표시하는 것이 쉽지 않기 때문에 residual method(특히 Garlerkin method)를 주로 이용한다. 이는 근사해와 정해의 차를 뺀값의 적분값이 '0'이 되도록 유도하는 방법으로서 이 방법을 이용하면 투수방정식 역시 식 (4.17)로 귀착된다. 강성 매트릭스 역시 식 (4.18)로 표시되나 이 식에서 $[B]$ 매트릭스 및 $[C]$ 매트릭스는 다음과 같이 표시되어야 한다. 즉, 다음 식에서

$$[K]_e \{\phi\} = \{Q\} \tag{5.14}$$

$$[K]_e = \int_{-1}^{1} \int_{-1}^{1} [B]^T [C][B] |J| \, ds \, dt \tag{5.15}$$

여기서,

$$[B] = \begin{bmatrix} \dfrac{\partial N_1}{\partial x} & \dfrac{\partial N_2}{\partial x} & \dfrac{\partial N_3}{\partial x} & \dfrac{\partial N_4}{\partial x} \\ \dfrac{\partial N_1}{\partial z} & \dfrac{\partial N_2}{\partial z} & \dfrac{\partial N_3}{\partial z} & \dfrac{\partial N_4}{\partial z} \end{bmatrix} \tag{5.16}$$

$$[C] = \begin{bmatrix} k_x & O \\ O & k_z \end{bmatrix} \tag{5.17}$$

또한 $\{Q\}$ 는 유입량(또는 유출량)의 유한요소 모형으로서 다음 식으로 표시된다.

$$\{Q\} = \int_S [N]^T \tilde{q} \, ds \tag{5.18}$$

(4) 단계 4 : 조합(4.2.1절과 동일)

$$[K]\{h\} = \{F\} \tag{5.19}$$

(5) 단계 5 : 풀기

식 (5.19)를 풀면 각 절점에서의 전수두를 구할 수 있다. 1차 정수인 각 절점에서의 전수두를 먼저 구하고 나면, 2차 정수로서 각 요소에서의 유속을 구할 수 있다. 요소 내의 1점에서의 유속은 다음 식으로 표시된다(그림에서 'P'점).

$$v_x = - k_x \frac{\partial h}{\partial x} \tag{5.20}$$

$$v_z = - k_z \frac{\partial h}{\partial z} \tag{5.21}$$

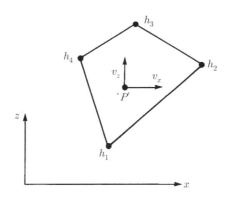

즉,

$$\begin{pmatrix} v_x \\ v_z \end{pmatrix} = - \begin{bmatrix} k_x & O \\ O & k_z \end{bmatrix} \begin{pmatrix} \dfrac{\partial h}{\partial x} \\ \dfrac{\partial h}{\partial z} \end{pmatrix} \tag{5.22}$$

$$= - \begin{bmatrix} k_x & O \\ O & k_z \end{bmatrix} \begin{bmatrix} \dfrac{\partial N_1}{\partial x} & \dfrac{\partial N_2}{\partial x} & \dfrac{\partial N_3}{\partial x} & \dfrac{\partial N_4}{\partial x} \\ \dfrac{\partial N_1}{\partial z} & \dfrac{\partial N_2}{\partial z} & \dfrac{\partial N_3}{\partial z} & \dfrac{\partial N_4}{\partial z} \end{bmatrix} \begin{pmatrix} h_1 \\ h_2 \\ h_3 \\ h_4 \end{pmatrix} \tag{5.23}$$

$$= - [C][B]\{\phi\} \qquad (5.24)$$

속도벡터의 합력의 크기와 방향은 다음 식으로 계산할 수 있다.

$$v = \sqrt{v_x^2 + v_z^2} \qquad (5.25)$$

$$\theta = \tan^{-1}\frac{v_z}{v_x} \qquad (5.26)$$

유속을 일단 구하고 나면, 유량은(유속×면적)으로 쉽게 구할 수 있다. 정상류 조건에서 터널 내로 유입되는 유량을 구해보자(아래 그림 참조). 만일 터널을 단순하게 8각형이라고 가정한다면, 각 요소에서의 유속에 유출면적을 곱하여 이를 모든 요소에 대하여 합하여 주면 유출량을 구할 수 있다.

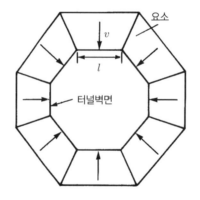

즉, 그림에서 $l \fallingdotseq \dfrac{1}{8}(2\pi a)\,(a = \text{터널변경})$이라고 하면

$$q = \sum_{i=1}^{8} q^e = \sum_{i=1}^{8} v \cdot l \qquad (5.27)$$

2) 부정류 흐름의 유한요소 모형화

식 (5.8)로 이루어지는 부정류 흐름을 유한요소로 모형화하고자 하면 다음을 근간으로 이루어진다.

(1) 식 (5.8)의 왼쪽 식은 공간 (x, z)에 관한 편미분방정식으로서 정상류 조건과 같은 방법으로 유한요소화한다.

(2) 식 (5.8)의 오른쪽 식은 시간(t)에 관한 편미분방정식으로서 양쪽 식을 유한요소로 모형화하여 조합한 뒤에 전체 좌표계에서 매트릭스 형태로 나타내면 다음 식과 같다.

$$[C]\{\dot{h}\} + [K]\{h\} = \{F\} \tag{5.28}$$

여기서, $[C]$: 전체 용량 매트릭스(global capacity matrix)

$\quad\quad\quad [K]$: 전체 전달 매트릭스(global conductance matrix)

$\quad\quad\quad [F]$: 전체 유량 벡터(global flow quantity vector)

$$\{h\}^T = [h_1 h_2 \cdots h_n] \tag{5.29}$$

$$\{\dot{h}\}^T = \left[\frac{\partial h_1}{\partial t} \ \frac{\partial h_2}{\partial t} \cdots \frac{\partial h_n}{\partial t} \right] \tag{5.30}$$

식 (5.28)을 시간에 관하여 유한차분법(finite difference method)으로 모형화하면 다음 식을 얻을 수 있으며, 이 식을 각 시간마다 반복하여 풀어주면 시간마다의 전수두를 수할 수 있다.

$$([C] + \omega \Delta t[K])\{h\}_{t+\Delta t}$$
$$= ([C] - (1-\omega)\Delta t[K])\{h\}_t + \Delta t[(1-\omega)\{F\}_t + \omega\{F\}_{t+\Delta t}] \tag{5.31}$$

(여기서, $\omega = 0$으로 선택하면 forward difference

$\quad\quad\quad \omega = \dfrac{1}{2}$로 선택하면 Crank – Nicholson

$\quad\quad\quad \omega = 1$로 선택하면 backward difference라고 함)

5.2 터널에서의 투수

5.2.1 정상류와 부정류

지하수가 상존해 있는 지반에 터널을 건설하고자 하면, 지하수의 처리에 대한 설계가 이루어져야 한다. 아예 터널을 방수처리하여 터널 내로 지하수가 전혀 유입되지 못하게 설계/시공되는 터널을 비배수형 터널이라고 하며, 유입되는 지하수를 집수정에다 집수하여 펌프를 이용하여 양정하여 주는 터널을 배수형 터널이라고 한다. 두 형태의 터널에 대한 특징 및 장단점은 차후에 서술할 것이다. 이번 절의 주제는 배수형 터널이다.

배수형 터널의 경우 터널 내로 유입되는 지하수는 NATM 터널의 경우, 숏크리트 층과 콘크리트 라이닝 사이에 설치된 배수층을 따라 터널측면 하단과 인버트의 배수관으로 유도되어 배수된다. 비록 터널 내로 지하수가 유입된다 하더라도 지하수의 공급이 충분하여 지하수위의 변화가 없게 되면 지하수의 흐름은 정상류(steady state flow)가 되며, 지하수의 공급이 제한되어 있는 경우에는 부정류(transient flow)가 된다. 터널 주위 지하수의 흐름이 '정상류인가' 아니면 '부정류인가'를 판단하는 것은 터널의 배수형식을 결정하는 중요한 요건이다. 그렇다면 실제 현장의 조건은 어떨 것인지 유추해보자. 만일, 하저(河底), 해저(海底)터널 등과 같이 아예 수위선이 지표면보다 높은 경우에는 당연히 정상류 조건이다[그림 5.2(a) 참조]. 한편, 산악 부근과 같이 비록 지하수위가 처음에 존재하였다 해도 터널굴착으로 인하여 지하수가 저하될 수 있는 여지가 많은 현장조건은 시간이 감에 따라 그림 5.2(b)와 같이 지하수위가 계속 저하될 것이다.

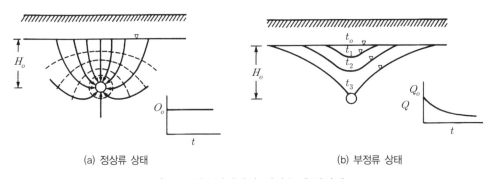

(a) 정상류 상태   (b) 부정류 상태

그림 5.2 배수터널에서 지하수 유입상태

5.2.2 투수방정식의 이론해

Goodman(1965) 등은 정상류 조건의 원형 터널에 대하여 유입량을 구할 수 있는 이론해를 구하였으며, 이때 투수계수 k는 $k = k_x = k_z$로 등방이며 깊이에 따라서도 투수계수가 일정한 경우에만 해를 구할 수 있었다. 즉, plane strain 조건 하의 흐름방정식인 식 (5.7)에서 $k_x = k_z = k$로 가정한 방정식의 이론해를 구하였다. 터널 내로 유입되는 유량 Q는 다음 식으로 유도되었다.

$$Q = \frac{2\pi k H_o}{\ln\left(2H/a\right)} \tag{5.32}$$

여기서, Q : 유량($\mathrm{m^3/sec/m}$)

$\quad\quad\quad k$: 투수계수($\mathrm{m/sec}$)

$\quad\quad\quad a$: 터널반경(m)

$\quad\quad\quad H_o$: 터널 중심으로부터 지하수위까지의 수두차(m)

$\quad\quad\quad H$: 지하수의 침투거리(m)

Zhang and Franklin(1993)은 Goodman 등(1965)의 해를 더 일반화하여 투수계수가 깊이에 따라 일정하게 감소하는 경우에 대한 이론해를 유도하였다. 관심 있는 독자는 이 참고문헌을 참조하기 바란다.

Goodman 등(1965)은 부정류 조건의 터널에서의 투수방정식을 구할 수 있는 이론해를 유도하였다. 만일, 지하수위가 그림 5.2(b)에서 $t = t_3$ 정도까지 이르렀다면, 지하수 흐름을 수평이라고 가정할 수 있으므로 regional groundwater flow라고 가정할 수 있다. 식 (5.9)에서 터널종단방향으로는 투수가 거의 발생되지 않으므로 y에 관한 방정식을 소거하면 다음 식과 같다.

$$\frac{\partial}{\partial x}\left(k_x h \frac{\partial h}{\partial x}\right) + \tilde{q} = S_y \frac{\partial h}{\partial t} \tag{5.33}$$

식 (5.33)의 이론해로부터 터널 내로 유입되는 유량을 다음 식으로 제시하였다.

$$Q(t) = \left(8\frac{C}{3}kH_o^3 S_y t\right)^{\frac{1}{2}} \tag{5.34}$$

여기서, S_y : 비산출률, 즉 자유수면의 단위 저하에 의한 단위면적당 배출되는 물의 양 ≒
　　　　 0.01~0.30

　　　 C : 임의 상수 ≒ 0.75(Goodman 등이 제안)

　　　 k : 투수계수(m/day)

　　　 H_o : 터널 중심으로부터 지하수위까지의 수두 차(m)

식 (5.34)는 누가유량 산정공식이므로 단위 시간당의 유입량을 계산하기 위해서는 누가유량의 차로부터 구하여야 한다.

5.2.3 유한요소 해석

투수방정식을 이론해로 구하는 것은 극히 제한적일 수밖에 없으므로 대부분의 경우 배수형 터널의 투수해석은 유한요소해석 프로그램에 의존할 수밖에 없다. 다음에 범용 유한요소프로그램을 이용하여 해석한 예들을 제시하고자 한다.

정상류 흐름해석 예제

[예제 5.1] 다음 그림과 같이 지하 15m에 직경 5m인 터널이 위치하고 있다. 범용 유한요소 프로그램을 이용하여 다음을 구하여라.

① 전수두 profile을 구하라

② 터널 내로 유입되는 유량을 구하라.

③ $A - A'$ 단면과 $A - A''$ 단면에서의 수압의 profile을 그려라.

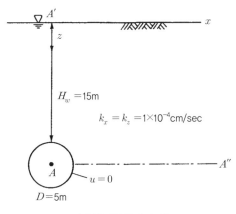

(예제 그림 5.1.1)

[풀이]

정상류 흐름이므로 식 (5.7)을 풀 수 있는 범용프로그램을 사용하여야 하며, 여기에서는 SEEP/W를 사용한 결과를 제시한다.

유한요소망

(예제 5.1.2)에 제시하였으며, 제반사항은 다음과 같다.

〈제반사항〉

– 해석영역 : 좌우 −50~+50m

– 터널의 중심좌표를 (0, 32.5)로 설정하였다.

– 터널 시공으로 인한 영향 범위보다 해석영역이 큰 것으로 생각하여 상하 좌우 경계면의 전수두를 50m로 고정하였다.

– 터널바닥면에 배수구를 가정하여 터널바닥면의 node에는 압력수두 값을 0으로 고정하였다.

– 터널벽면에 대하여서는 review boundary를 적용하였다.

– 터널 시공 시 저하된 지하수위가 터널 완공 후 다시 처음과 같은 상태(50m)로 회복되었다고 가정하여 해석하였다.

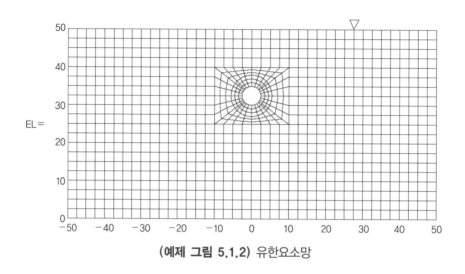

(예제 그림 5.1.2) 유한요소망

(1) 전수두 profile

다음 (예제 그림 5.1.3)과 같이 초기의 전수두＝50m로부터, 터널에 가까울수록 전수두가 감소한다.

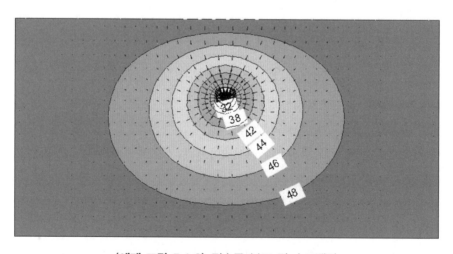

(예제 그림 5.1.3) 전수두 분포 및 속도벡터

(2) 터널 내로 유입되는 유입량

(예제 그림 5.1.4)로부터 유입량은 다음과 같다[식 (5.27) 참조].

$$Q = 4.1810 \times 10^{-5} (\text{m}^2/\text{sec}) = 3.61 (\text{m}^3/\text{m}/\text{day})$$

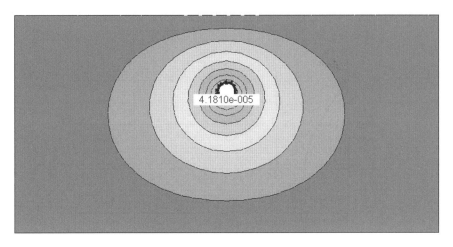

(예제 그림 5.1.4) 터널 내 유입량

(3) $A - A'$ 단면과 $A - A''$ 단면에서의 수압의 profile

수압분포는 다음과 같다.

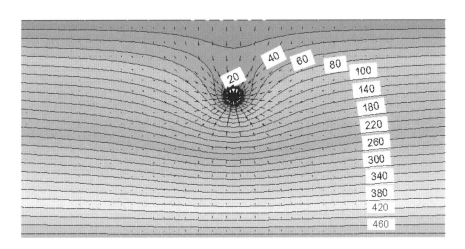

(예제 그림 5.1.5) 수압분포(단위는 kN/m²)

$-A - A'$, $A - A''$ 단면에서의 수압분포는 다음과 같다.

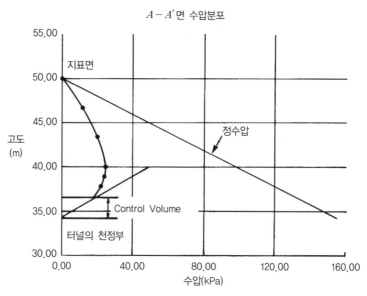

(예제 그림 5.1.6) $A-A'$ 수압분포

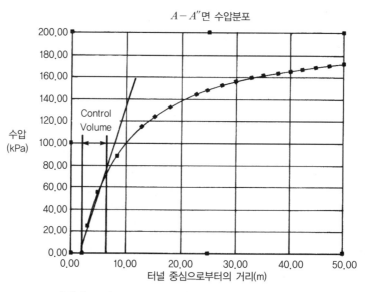

(예제 그림 5.1.7) $A-A''$ 단면에서의 수압분포

- $A-A'$ 단면에서의 수압분포를 살펴보면, 지표로부터 깊이가 깊어짐에 따라 수압이 감소 하기 시작하며, 깊이 13m에서부터 가장 급격하게 수압이 감소함을 보여준다.
- 한편, $A-A''$ 단면에서의 수압분포를 살펴보면, 터널측벽으로부터 3.2m 떨어진 지점까 지 급속하게 수압이 증가함을 알 수 있다.

[예제 5.2] 예제 5.1과 동일한 조건에서 (예제 그림 5.2.1)에서와 같이 터널 주위로 두께 3m 의 차수그라우팅을 실시하였다고 할 때 예제 5.1에 제시된 문제에 답하라. 단, 그 라우팅 영역의 투수계수는 자연지반 투수계수의 1/20로 가정하라.

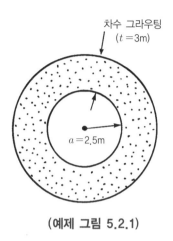

(예제 그림 5.2.1)

[풀이]

유한요소망(예제 그림 5.2.2)

$t = 3$m 구간에 대하여 투수계수를 1/20로 설정한 것 외에는 앞의 예제와 동일하다.

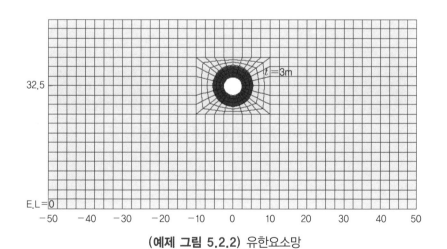

(예제 그림 5.2.2) 유한요소망

(1) 전수두 profile

다음 그림에서 보여주는 것과 같이 터널 주위의 그라우팅영역에서 집중적으로 전수두가 감소함을 알 수 있다.

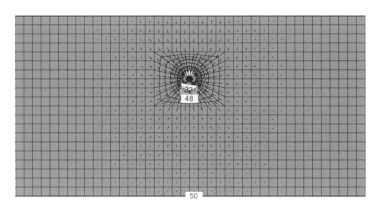

(예제 그림 5.2.3) 전수두 분포 및 지하수위 분포

(2) 터널 내로 유입되는 유량

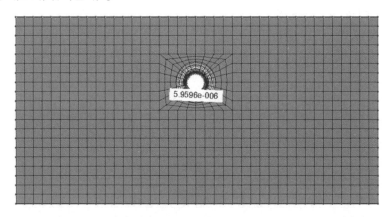

(예제 그림 5.2.4) 터널 내 유입량

$Q = 5.9596 \times 10^{-6} (\text{m}^2/\text{sec}) = 0.515 (\text{m}^3/\text{m}/\text{day})$ 로서, 앞의 예제에 비하여 1/7.0 정도로 유입량이 감소하였다.

(3) $A - A'$ 단면과 $A - A''$ 단면에서의 수압의 profile

전체 수압분포는 (예제 그림 5.2.5)와 같으며 이로부터 각 단면에서의 수압분포를 구하였다.

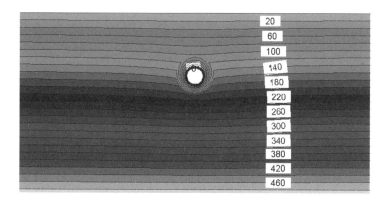

(예제 그림 5.2.5) 수압분포(단위는 kPa)

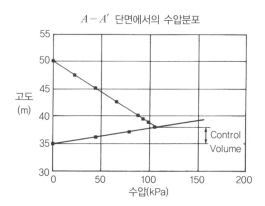

(예제 그림 5.2.6) $A-A'$ 단면에서의 수압분포

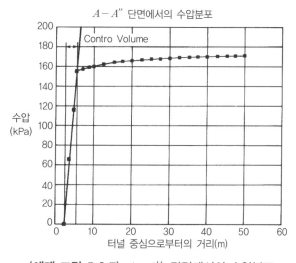

(예제 그림 5.2.7) $A-A''$ 단면에서의 수압분포

- $A-A'$ 단면에서의 수압분포를 살펴보면, 지표면으로부터 깊이 12m까지 그라우팅 영역
  인 지표하 12~15m(터널벽면) 사이에서 수압이 크게 변화하는 것을 알 수 있다.
- $A-A''$ 단면에서의 수압분포를 살펴보면, 터널측벽으로부터 3m 되는 곳부터 정수압에
  근사한 수압분포를 갖게 된다. 즉, 수압의 감소는 그라우팅 영역에서만 거의 발생한다.

부정류 흐름 예제

[예제 5.3] [예제 문제 5.1]과 동일한 조건의 터널에서 다음과 같이 터널벽면에서의 수압이
시간 $t=o^+$ 에서 갑자기 '0'으로 떨어졌다고 가정하고 시간경과에 따른 지하수
위치를 그려라. 단, 이 현장에서는 추가적인 지하수의 공급은 없어서 지하수가
유출되는 만큼 지하수위는 저하된다고 가정하라.

(조건)
- 함수특성곡선 : (예제 그림 5.3.1) 참조
- $x=\pm30$m 위치에서 지하수 위치는 변하지 않음
- 시간 $t=o^-$ 에서는 정수압
- 시간 $t=o^+$ 에서 터널벽면에 수압 = 0

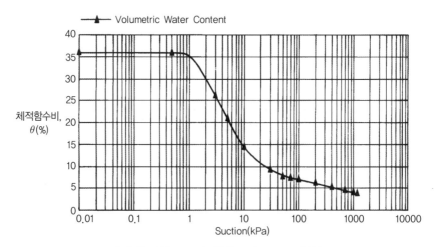

(예제 그림 5.3.1) 풍화토의 SWCC 곡선

[풀이]

〈제반사항〉

– 이 문제는 부정류 흐름이므로 식 (5.8)을 풀 수 있는 유한요소 프로그램 SEEP/W를 역시 이용하였다.

– 식 (5.8)에 소요되는 S_s는 (예제 그림 5.3.1)에 제시된 곡선의 기울기인 m_w에 γ_w를 곱한 값이다. 그림에서 보면 suction≤1kPa에서는 기울기가 ≈0이다. 즉, 풍화토가 포화되면 수압의 변화가 있어도 체적변화는 거의 없다.

– 유한요소망 : 유한요소망은 앞의 예제와 동일하므로 (예제 그림 5.1.2)와 같다.

– 경계조건 : $x = \pm 50$m의 좌우 경계부에 고정수두 50m를 갖도록 경계조건을 설정한다.

〈해석결과 : 시간 경과에 따른 지하수위 위치〉

– 유한요소 해석 결과로부터 수압이 '0'이 되는 위치들을 연결하면 각 시간별 지하수위의 위치를 알 수 있으며 그 결과는 다음 (예제 그림 5.3.2)와 같다.

– 터널 굴착 후 약 10일까지는 지하수위의 변화가 미미하고, 그 뒤부터 지하수위의 변화가 크게 나타나며, 지하수면이 터널의 천단까지 하강하는 데에는 약 70일의 시간이 필요함을 보여준다.

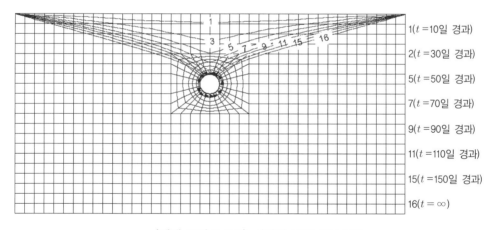

(예제 그림 5.3.2) 시간에 따른 지하수위

터널막장 인근에서의 투수해석 예제

터널막장 인근에서는 터널측방뿐만 아니라 터널막장 전방으로부터의 투수도 존재하기 때문에 식 (5.1)에 근거한 3차원 해석을 실시할 수밖에 없다.

[예제 5.4] (예제 그림 5.4.1)과 같은 조건에 대하여 투수해석을 실시하고 다음에 답하라.

(1) 전수두 분포를 그려라
(2) 터널로 유입되는 유량을 구하라(막장 후방 10m까지).
(3) $A - A'$, $A - A''$ 단면에서의 수압을 그려라.

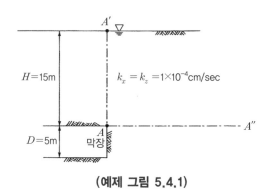

(예제 그림 5.4.1)

[풀이]

〈제반사항〉

- 범용 유한요소 프로그램인 SEEP/W는 2차원 해석만 가능하므로, 범용 유한요소 프로그램인 PENTAGON–3D를 이용하여서 수치해석을 하였다[유한요소망은 (예제 그림 5.4.2)와 같다].

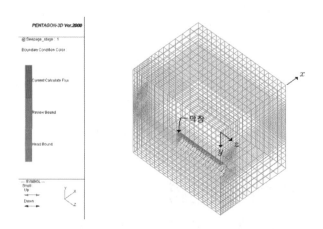

(예제 그림 5.4.2) 3차원 유한요소망

- 지반조건은 동일한 하나의 지반이고, 투수계수는 주어진 $k_x = k_z = 1*10^{-4}$ cm/sec를 사용하였다.

- 터널 내부의 수압은 '0'이므로, 수치해석 시 터널 인버트 부분에 전수두를 압력수두가 '0'인 위치수두만 주고, 나머지 터널 내부 경계면에는 review boundary를 주었으며, 3차원 해석이므로 막장면 역시 review boundary를 주어서 수치해석하였다.

- x축에 대하여 0~80m 범위를 주었다. 터널 직경이 5m이므로 x축에 대하여 양 옆으로 8D씩 경계조건을 충분히 주었다고 할 수 있다. z축에 대해서는 30m까지 경계영역을 주고, 10m를 굴착하여 막장 후방 10m까지의 유입량을 조사하였다.

- 터널의 지하수해석은 지하수위가 저하하는 경우와 하저/해저터널의 경우와 같이 계속적인 유량의 유입이 존재하여 지하수위가 변동 없는 경우가 존재한다. 이 문제의 경우 지하수의 공급이 충분한 현장 조건으로 지하수위의 변동이 없다고 가정하고 풀이하였다.

- 유한요소해석 결과는 다음에 정리하였다.

(1) 전수두 분포

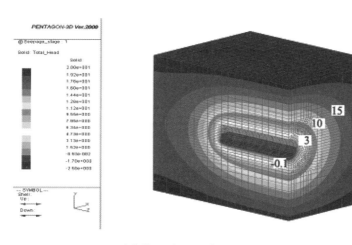

(예제 그림 5.4.3) 전수두 분포

(2) 터널로 유입되는 유량(막장에서 막장 후방 10m까지)

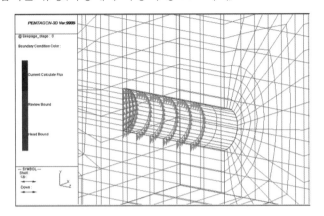

(예제 그림 5.4.4) 터널 내 유입량(막장에서 막장 후방 10m까지)

$- Q = 2 \times 2.885 \times 10^{-4} (\mathrm{m^3/sec}) = 49.85 (\mathrm{m^3/day}) = 49.85 \mathrm{ton/day}$

- 3차원 투수 해석 시 터널막장 후방 10m까지의 유입량은 49.85ton/day로 평가되었다. 터널의 막장에서의 유입량을 고려하지 않은 경우(예제 5.1, 막장 후방 10m까지의 유량 $Q = 3.61 \times 10 = 36.1\mathrm{ton/day}$)와 비교하여보면, 터널막장으로부터의 유입량이 터널 내 지하수 유입량에 매우 큰 영향을 주는 것을 확인할 수 있다.

(3) $A - A'$, $A - A''$ 단면에서의 수압분포

전반적인 수압분포는 (예제 그림 5.4.5)와 같으며, 이로부터 $A - A'$ 단면 및 $A - A''$ 단면에서의 수압분포는 (예제 그림 5.4.6~7)에 나타내었다.

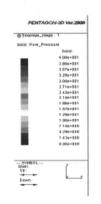
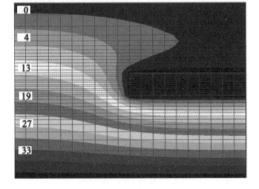

(예제 그림 5.4.5) 수압분포(단위는 t/m²)

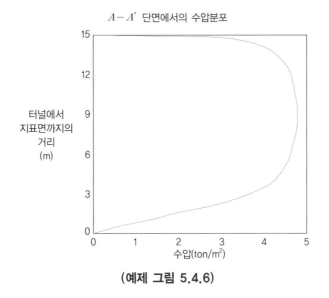

(예제 그림 5.4.6)

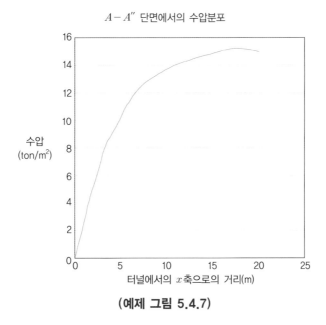

(예제 그림 5.4.7)

- $A - A'$ 단면에서의 수압분포를 살펴보면, 막장에서 지하수압의 저하가 매우 큼을 확인할 수 있다.
- $A - A''$ 단면에서의 수압분포를 살펴보면, 수압이 0에서부터 점차 증가하여 막장 전방 12m 부근에서 정수압에 수렴하기 시작하여 15m 지점에 이르러서는 정수압분포를 갖게 된다.

터널의 굴진율을 고려한 침투해석

터널막장에서의 침투해석은 주로 터널 시공 시 터널막장에서의 안정성을 검토하기 위한 목적으로 이루어진다. 따라서 엄밀히 말하여 터널막장은 고정되어 있는 것이 아니라 터널굴진율(v)에 따라 계속하여 전진하게 된다(그림 5.3). 막장이 전진하는 경우는 식 (5.1)로 이루어지는 정상류 흐름 방정식을 사용할 수가 없다. 이 경우의 유한요소 해법은 좌표계를 고정시키지 않고, 전진되는 터널막장을 매 시간마다 좌표의 시작점으로 한다. 즉, 좌표가 속도 v로 계속 전진한다는 모델로 유한요소 모델링을 한다. 이에 대한 상세한 사항은 Anagnostou(1995)나 남석우 등(2002)의 논문을 참조하기 바란다. 그림 5.4에 대표적인 예가 제시되어 있다. 그림을 보면 굴진율이 클수록 또는 지반의 투수계수가 작을수록 수압이 커지는 것을 알 수 있다.

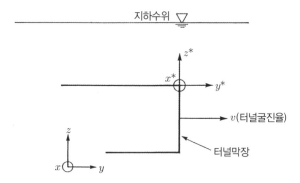

그림 5.3 터널굴진을 고려한 침투해석

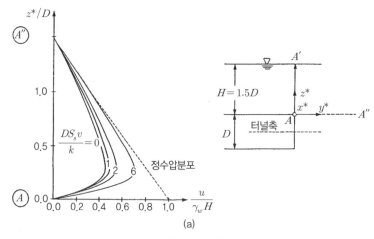

그림 5.4 터널굴진율을 고려한 침투해석 결과

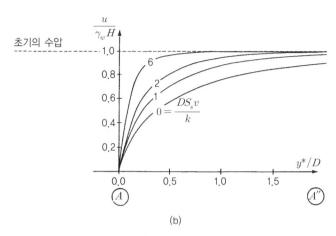

그림 5.4 터널굴진율을 고려한 침투해석 결과(계속)

5.2.4 3차원 투수문제의 2차원 모델링

3차원 투수문제를 유한요소법으로 풀기 위해서는 많은 시간과 노력을 요한다. 식 (5.1)로 이루어지는 정상류 조건 하의 투수문제는 그래도 나은 편이다. 식 (5.2)로 구성되는 3차원 부정류 방정식을 수치해석으로 모델링하는 것이 불가능한 것은 아니나, 너무 많은 노력을 요하므로 3차원 해석이 공학적인 관점에서 반드시 필수불가결한 것인가에 의문이 제기되곤 하며, 대부분의 경우 2차원 문제로 단순화하여 설계에 응용한다.

Pöttler 등(1994)은 터널 굴진 시 지하수위 저하의 정도를 예측하기 위하여 유한요소 해석을 실시하였는데, 3차원 부정류해석 대신에 3단계에 걸친 2차원 해석을 실시하여 공학적인 문제를 해결하였다. 여기에 그 개요만을 소개하고자 하며, 자세한 사항은 그들의 논문을 참고하기 바란다.

그림 5.5(a)에 예제 터널의 개요가 그려져 있으며, 지하수위는 터널 상부 38m 정도에 위치해 있다. 식 (5.2)를 유한요소 모델링하는 대신에 다음의 3단계로 2차원 투수해석을 실시하였다.

(1) 막장 후방 약 10m 정도까지는 막장으로 유입되는 지하수의 영향을 받는다고 가정하고 그림 5.5(b)와 같이 축대칭 조건 하에서의 유입량 Q_1을 구한다(하루에 2m 정도 굴착된다면 $t = 5$일까지는 유입량이 Q_1이 된다고 가정한다). 축대칭 조건 하의 투수방정식은 다음과 같이 2차원으로 표시된다.

$$\frac{\partial}{\partial r}\left(k_r \frac{\partial h}{\partial r}\right) + \frac{1}{r}k_r\left(\frac{\partial h}{\partial r}\right) + \frac{\partial h}{\partial y}\left(k_y \frac{\partial h}{\partial y}\right) = 0 \tag{5.35}$$

(2) 그 후의 유입량 Q_2는 그림 5.5(c)와 같이 plane strain 조건 하의 2차원 흐름방정식인 식 (5.7)을 이용하여 구한다.

(3) 터널 내로 유입되는 유입량을 Q_1 및 Q_2로 가정하고(그림 5.6 참조), 그림 5.5(d)에서와 같이 regional groundwater flow로서 식 (5.9)를 유한요소법으로 풀어서 시간에 따른 지하수위 저하 정도를 예측한다. 해석결과의 예가 그림 5.7에 나타나 있다. 터널 중심에서 약 1m가량 지하수위 저하가 된 상태임을 보여주고 있다.

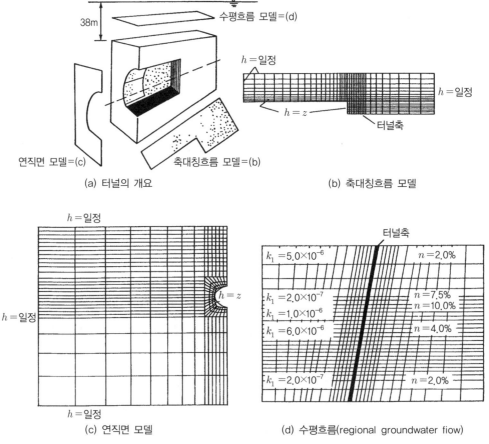

그림 5.5 3차원 투수문제의 2차원 모델링

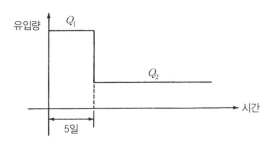

그림 5.6 터널 내로의 유입량

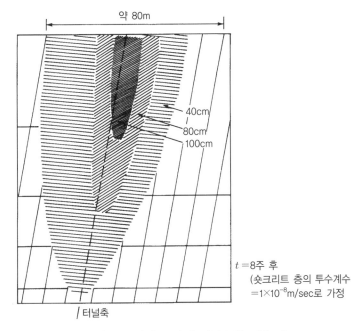

그림 5.7 터널 주변의 지하수위 저하 예

5.2.5 터널 유도 배수층의 통수능력

NATM 배수형 터널에서 완전히 공사가 완료된 후에는 콘크리트 라이닝과 1차 지보시스템에서 주된 역할을 하는 숏크리트 사이에 설치된 부직포로 이루어진 유도 배수층으로 지하수가 유입되고 이 유도층을 따라서 터널 저부에 있는 측방배수관 또는 중앙배수관까지 흐르게 되며, 배수관으로 유입된 지하수는 다시 집수정으로 흘러서 집수정으로부터 펌핑작업으로 외부로 배출된다. 여기에서 우리가 짚고 넘어가야 할 문제들이 있다. 첫째는 라이닝과 숏크리트 사이에 설치된 부직포가 지하수를 유도 배수하기에 충분한 통수능력이 있는가 하는 점이다. 2~3mm의 두께로 된 부직포는 만일에 부직포에 외부로부터 압력이 가해져 압착되는 경우 급격히 통수능력이 급격히 떨어지는 것으로 보고되어 있다. 또한 둘째로 과연 숏크리트 층이 투수문제에 어떠한 영향을 주는가 하는 문제이다. 숏크리트는 콘크리트와 같은 재료이므로 손상만 되지 않았다면 거의 불투수층에 가깝기 때문에 터널 내로 유입되는 양을 줄여주는 데 기여할 것이다. 그러나 만일 숏크리트가 거의 불투수층이 되면 숏크리트층 외곽으로는 수압이 작용되어 숏크리트와 부직포에 압력을 가하여 부직포는 압축응력을 받게 되어 통수능력이 줄어들 것이다. 또한 숏크리트 외곽에 작용되는 수압이 과다한 경우 부직포가 모든 에너지를 흡수하지 못하면 압력의 일부가 2차 콘크리트 라이닝에도 작용될 수 있는 가능성을 배제할 수가 없다. 혹자는 어차피 숏크리트는 궁극적으로 크랙이 생길 수밖에 없어 차수층으로서의 역할은 거의 없다고 믿기도 한다. 만일 그렇다면 숏크리트는 1차 지보재로서의 기능을 상실할 수밖에 없다는 문제가 발생한다. 이러한 모든 문제들은 거의가 가상의 시나리오로서 실제의 거동은 완전히 규명이 되지 못한 상태이다. 다만, 일반적으로 터널 주변의 투수해석 시 숏트리트에 의한 투수계수 저하효과는 고려하여주지 않는다. 다음에서는 터널 필터재로 사용되는 부직포의 통수능력에 대하여 서술하고자 한다.

터널 필터재로 사용되는 지오텍스타일은 니들펀칭 장섬유부직포를 주로 사용하며, 국내에서 사용되는 대표적인 장섬유부직포는 P.E.T(polyester)의 재질로 제조된다. 부직포의 특성은 표 5.1과 같다.

표 5.1 터널필터재용 부직포의 특성

중량(g/m³)	311.2	인장강도(kg/cm²)	36.6
인장신도(%)	60~100	수직투수계수(cm/sec)	$(2.1 * 10^{-1})$
두께(mm)	2.8	EOS(mm)	0.103
비중	1.35	섬도	4.74

부직포가 압축응력을 받게 되면 두께가 감소하게 된다. 부직포의 전수성은 두께에 비례하게 되므로 부직포의 두께변화가 배수능력에 현저한 영향을 미친다.

터널필터재와 같이 배수재로 사용되는 부직포는 물이 부직포의 평면을 따라 흐르는 정도를 나타내는 평면투수계수가 통수능력에 영향을 미친다. 표 5.1의 부직포에 대하여 부직포가 압축응력을 받게 되는 경우에 대한 평면투수계수와 압축응력의 관계 그래프가 그림 5.8에 표시되어 있다. 그림에서 보면 부직포에 가해지는 압력이 $\sigma_n = 0.5 \text{kg/cm}^2$로 증가함에 따라 통수능력이 급격히 감소함을 알 수 있다. 터널필터재에 압축응력이 가해지는 원인으로는 다음과 같은 요인이 있다.

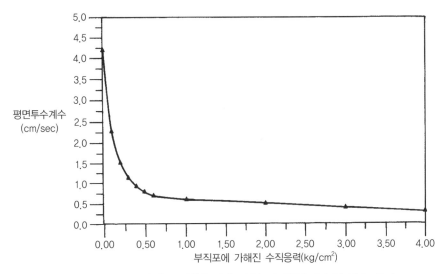

그림 5.8 부직포에 가해준 압축응력에 따른 평면투수계수의 감소 효과

– 터널시공 시 그림 5.9의 터널 단면에서와 같이 필터재는 숏크리트와 방수막 사이에 설치
  되어 방수막 시공이 끝난 후 콘크리트 라이닝을 설치하는바, 라이닝을 타설할 때 그림
  5.10에서와 같이 터널바닥부에서 최대의 압축응력이 부직포에 작용할 것이다.

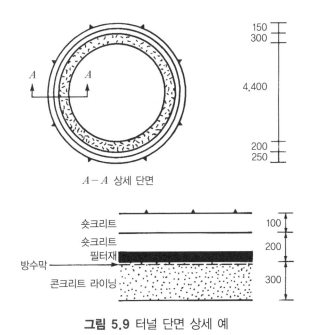

그림 5.9 터널 단면 상세 예

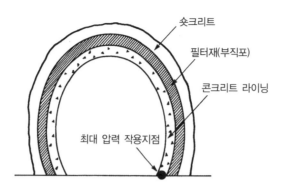

숫크리트

필터재(부직포)

콘크리트 라이닝

최대 압력 작용지점

그림 5.10 콘크리트 타설로 인하여 필터재에 작용되는 압력

– 상존 지하수위가 터널보다 높은 지반조건의 경우 중에서 시공 중에는 지하수위를 저하시켜 놓은 상태에서 터널공사를 하는 경우, 시공이 완료된 후에는 지하수위가 원래의 수위로 복원될 것이다. 지하수위가 복원된 경우 정상류 침투가 터널을 향하여 발생할 것이다. 정상류 침투가 발생하면 지하수가 흐르는 방향으로 침투수력이 발생하고, 이 침투수력에 의하여 부직포는 압축력을 받을 수 있다(침투수력 효과에 대한 상세한 사항은 다음 절에서 서술할 것이다).

– 지반에 이완하중이 작용되는 경우도 이 이완하중이 압축응력으로 부직포에 작용될 수 있다.

Note 여기에서 수행된 침투해석은 앞에서 서술한 대로 숫크리트층(그림 5.10 참조)의 투수계수가 원지반의 투수계수와 같다는 가정 하에 이루어진 것이다. 만일 숫크리트 층의 투수계수가 원지반의 투수계수보다 많이 작다면 숫크리트 층이 난투수층으로 작용하여 숫크리트 배면에 수압이 작용될 수 있다. 이 상호관계는 다음 절에서 기본 개념을 서술할 것이다.

[예제 5.5] 다음(예제 그림 5.5.1)과 같이 지하 15m에 직경 5m의 터널에 대하여 방수막과 숫크리트 사이에 존재하는 배수 필터재도 지반과 함께, 요소로 모델링하여 투수해석을 실시하고 물음에 답하여라. 단, 부직포의 두께는 3mm로서 평면투수계수는 1×10^{-1}cm/sec($\sigma_n = 0$kg/cm^{2}인 경우) 및 1×10^{-2}cm/sec(($\sigma_n = 0.5$kg/cm^{2}인 경우)로 가정하고 모델링하라. 단, 배수구는 인버트에만 존재한다고 가정하라.

(1) 배수구에서의 유입량을 구하라.
(2) 터널 주위로 부직포에 작용하는 수압의 분포도를 그려라.

(힌트 ; 부직포가 너무 얇아서 유한요소화하는 데 문제가 있을 수 있으므로 부직포를 약간 두껍게 모델링하고 대신 투수계수를 줄여줄 것)

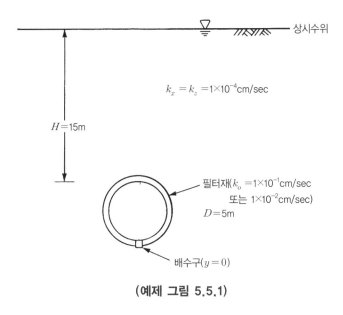

(예제 그림 5.5.1)

[풀이]

〈개요〉

– 범용 유한요소 프로그램인 SEEP/W를 사용하였다.

– 지반조건은 동일한 하나의 지반이고, 투수계수는 주어진 $k_x = k_z = 1*10^{-4}$cm/sec를 사용하였고, 터널 외부에 두께 3mm의 부직포는 300mm로 크게 모델링하고 이를 고려해서 투수계수는 1/100배인 0.001cm/sec 및 0.0001cm/sec를 사용하였다.

– 터널 내부의 수압은 '0'이므로, 수치해석 시 터널 인버트 부분에 전수두가 압력수두가 '0'인 위치수두만 주고, 나머지 터널 내부 경계면에는 review boundary를 주어서 수치해석을 하였다.

– x축에 대하여 –50~50m, z축에 대하여 0~50m의 범위를 주었다. 터널 직경이 5m이므로 x축에 대하여 양 옆으로 10D씩 경계조건을 충분히 주었다고 할 수 있다.

– 터널의 지하수해석은 지하수위가 저하하는 경우와 한강 밑과 같은 하저터널의 경우 계속적인 유량의 유입이 존재하여 지하수위가 변동 없는 경우가 존재한다. 이 문제의 경우 하저터널로 가정하여 지하수위의 변동이 없다고 가정하고 문제를 풀이하였다.

<u>유한요소망</u>

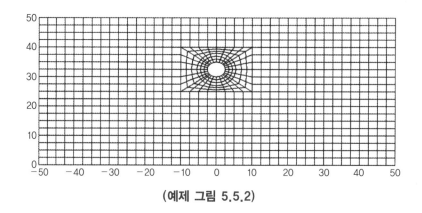

(예제 그림 5.5.2)

(1) 배수구에서의 유입량

전수두 분포도는 (예제 그림 5.5.3)과 같으며, 유량은 다음과 같다.

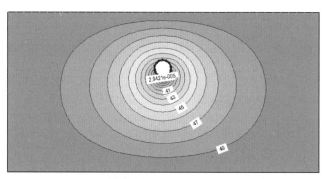

(a) k_0 =0.1cm/sec인 경우

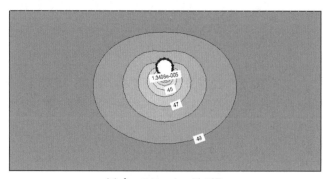

(b) k_0 =0.01cm/sec인 경우

(예제 그림 5.5.3)

① $k_0 = 0.1$cm/sec인 경우

$$Q = 2.9421 \times 10^{-5} \times 60 \times 60 \times 24 = 2.542\text{m}^3/\text{m}/\text{day} = 2.542\text{ton}/\text{m}/\text{day}$$

② $k_0 = 0.01$cm/sec인 경우

$$Q = 1.3406 \times 10^{-5} \times 60 \times 60 \times 24 = 1.158\text{m}^3/\text{m}/\text{day} = 1.158$$

(2) 터널 주위로 부직포에 작용하는 수압의 분포도

수압의 분포도는 (예제 그림 5.5.4)와 같다. 그림을 보면 부직포의 통수능력이 충분치 못하여 배수구가 설치된 인버트 부분을 제외하고는 터널주위로 수압이 '0'으로 떨어지지 않고 잔류수압이 존재함을 알 수 있으며, 이 현상은 부직포의 통수능이 작을수록 심해짐을 알 수 있다 [예제 그림 5.5.4의 (a) 및 (b)를 비교].

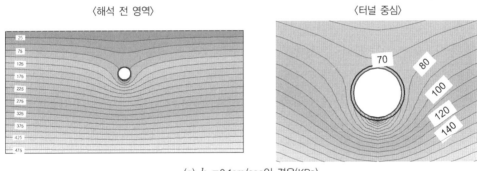

(a) $k_0 = 0.1$cm/sec인 경우(KPa)

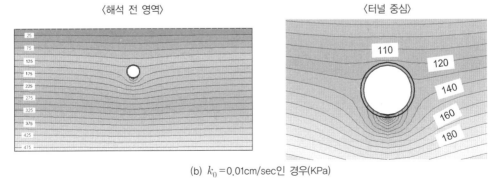

(b) $k_0 = 0.01$cm/sec인 경우(KPa)

(예제 그림 5.5.4)

5.3 지하수를 고려한 터널설계

5.3.1 개 괄

앞 절(5.2절)에서는 배수터널에서 투수해석을 실시하여 터널 주변에서의 전수두(또는 수압)와 침투유량을 구하는 방법에 대하여 집중적으로 서술하였다. 지하수위 조건이 달라지면 필연적으로 수압이 달라지며, 수압이 변하면 터널에 작용되는 압력도 변할 수밖에 없기 때문에 터널설계에서 지하수위 역할을 이해하는 것은 아무리 강조해도 지나치지 않을 것이다.

먼저 지반구조물에 대한 이해를 바로 하는 것이 무엇보다도 중요하다. 구조역학에서의 구조물 개념과 달리 지반구조물은 구조물 자체만으로는 의미가 전혀 없으며, 그 구조물과 같이 거동하는 지반 자체도 구조물로 보아야 한다는 것이다. 가장 쉽게 이해할 수 있는 구조물이 옹벽일 것이다. 옹벽구조물이라 함은 단순히 콘트리트로 시공된 옹벽 자체만이 아니라 옹벽의 거동을 지배하는 배면지반도 옹벽구조물의 일부이다. 그림 5.11(a)와 같이 옹벽에 작용되는 토압의 근원이 ABC로 이루어지는 소성상태에 이른 쐐기라고 하면 옹벽구조물은 '옹벽 + ABC 지반'으로 보아야 한다. 쐐기 ABC가 소성파괴에 이르면 'ABC'의 흙무게가 AB면에 작용되는 주동토압의 근본원인이 되기 때문이다. 다시 말하여 옹벽의 거동을 지배하는 control volume 모두를 옹벽으로 보아야 한다. 같은 원리로서 터널구조물의 경우 콘크리트 라이닝은 개념상 2차 지보재에 불과하므로 이를 터널이라 볼 수 없으며, 터널을 형성하는 주요 역할을 터널 주위 지반이 convex arch를 이루며 담당하는 것이므로, convex arch 작용이 일어나는 주변 지반을 터널구조물로 보아야 한다.

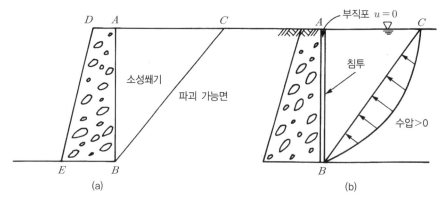

그림 5.11 옹벽구조물의 control volume

따라서 지하수를 고려한 지반구조물 설계 시에는 control volume 전체적인 관점에서 지하수가 구조물에 미치는 영향을 분석하여야 한다. 가장 단적인 예가 옹벽 배면에 설치된 연직배수재의 경우이다. 옹벽 배면에서의 수압은 '0'이라 하더라도 뒤채움재에 지하수가 지표면까지 차오른 상태라 그림 5.11(b)와 같이 옹벽 배면으로 침투가 발생하는 경우 침투수압의 영향으로 옹벽에 압력이 추가로 작용된다. 즉, AB면의 수압은 '0'이라 하더라도 BC면에는 수압이 작용되어 BC면 → AB면으로 이동하면서 비록 수압은 소멸되나 지하수가 흐르는 방향으로 투수에 의하여 차고 나가는 압력이 발생한다(옹벽과 지하수에 관한 상세한 사항은 먼저 『토질역학의 원리』 예제 11.9를 상세히 공부하길 바란다).

위의 침투수에 의한 영향을 터널구조물 설계 시에도 반드시 고려하여야 함을 밝혀둔다. 침투수의 영향을 고려한 터널설계 개념은 5.3.3절에서 자세히 설명하고자 한다.

5.3.2 배수형 터널과 비배수형 터널의 선택

지하수의 처리에 대한 기본 개념에 따라 터널은 배수형과 비배수형 터널로 구분한다고 서술하였다. 배수형을 선택할 것인가 아니면 비배수형 터널을 선택할 것인가의 판단 여부는 쉽지가 않다. 실제로 NATM 터널의 경우에 큰 개념 없이 비배수형으로 설계/시공되었으나, 누수로 인하여 원래의 목적대로 유지관리를 하지 못하고 터널 저부에 설치된 유공관으로 배수시키는 외부 배수형으로 변경된 경우가 허다하다. 본 장에서는 고려하여야 할 요소들을 종합하여 배수형 및 비배수형 터널의 선택과 이에 따른 문제점들을 다음에 요약하고자 한다.

1) 배수형 터널의 선택

배수형 터널은 근본적으로 콘크리트 라이닝에 수압이 작용하지 않도록 하는 터널의 구조개념이다. 이 형식은 기존에 국내에서 빈번히 적용해온 형식이며 터널의 배수시설을 수명 기간 동안 유입수를 원활히 처리할 수 있도록 계획하여야 한다. 배수형 터널은 배수방식에 따라 내부 배수형과 외부 배수형으로 구분하며, 내부 배수형(그림 5.12 참조)은 콘크리트 라이닝 내부에 배수로를 설치하여 배수하는 형식이며, 외부 배수형(그림 5.13)은 콘크리트 라이닝 밖에 배수로를 설치하는 형식을 말한다.

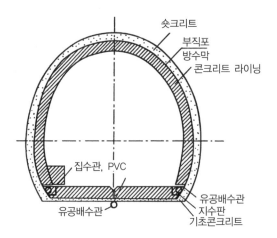

숏크리트
부직포
방수막
콘크리트 라이닝

집수관, PVC

유공배수관
지수판
기초콘크리트

유공배수관

그림 5.12 내부 배수형 단면 개념도

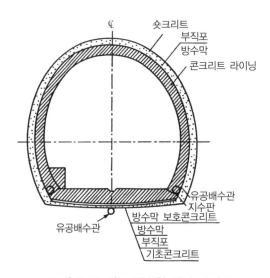

숏크리트
부직포
방수막
콘크리트 라이닝

유공배수관
지수판
방수막 보호콘크리트
방수막
부직포
기초콘크리트

유공배수관

그림 5.13 외부 배수형 단면 개념도

터널 내부를 완전히 건조한 상태로 유지하여야 하거나 내부에 습기에 민감한 시설물이 있을
경우 또는 유해 지하수로부터 콘크리트 라이닝을 보호해주어야 경우에는 외부 배수형을 채택
하는 것이 바람직하다. 이 경우에는 배수로 유지관리에 대한 대책을 수립하여야 한다. 배수형
터널은 유입수 처리 및 시설물 유지관리비를 증가시키기 때문에 유입수량을 최대로 억제해주
는 시공법을 병행하여야 하며 터널의 내구연한 동안 배수시설의 기능이 충분히 유지되어 가능
할수록 콘크리트 라이닝에 수압이 작용하지 않도록 고려해야 한다. 특히, 터널필터재로서의
부직포 선택은 아주 중요하다. 본 배수형 터널은 유입수량이 적거나 지하수위 저하가 심각하

지 않아 사회·경제적인 문제를 야기하지 않는 경우에 채택한다. 특히, 지하수위 수두가 높은 경우일지라도 지반의 투수성이 적어 터널 내부로의 유입수가 소량일 것으로 판단되는 지역은 모두 이러한 배수 터널을 채택하여야 한다. 강이나 하천 하부 등과 같이 지하수 유입이 많을 것으로 예상되는 지반조건에서는 적극적인 차수 그라우팅을 실시하여 유입수량을 현격히 감소시켰을 경우에도 본 배수형 터널을 적용하도록 한다. 산악지에 터널을 건설하는 경우와 같이 터널도 지하수가 일단 배제되고 나면 지하수위가 쉽게 하강할 수 있는 지반에서도 배수형 터널을 선택한다.

2) 비배수형 터널의 선택

지하수위 저하로 인한 터널 주위의 지반의 침하가 발생하고 주요 시설물에 영향을 미쳐 사회·경제적인 손실 발생이 우려되어 지하수위를 보존하여야 하거나, 차수공법으로는 지하수의 유입량을 감소시킬 수 없어서 고가의 유지비를 장기간 지불하여야 할 경우에는 지하수를 인위적으로 배수시키지 않는 비배수형 터널을 채택한다. 또한 앞에서 서술한 대로 세그먼트 라이닝은 어차피 방수가 되는 구조이므로 쉴드 TBM은 비배수형 터널이다. 이 경우에는 터널 굴착 시 일시적으로 저하되었던 지하수위가 시간이 경과되면서 원래의 상태로 복원되기 때문에 지하수압이 콘크리트 라이닝 또는 쉴드 TBM의 경우 세그먼트 라이닝에 작용하게 되므로 이에 대한 적합한 조치를 취하여야 한다. 특히, 콘크리트 품질을 확보하고 시공 중 방수막이 손상되지 않도록 하여야 하며 시공 이음부 및 개착구조물과의 이음부 방수에 대한 상세 보완이 필요하다. 비배수형 NATM 터널의 개념을 그림 5.14에 나타내었다.

선진국에서의 터널 배수 개념을 살펴보면 과거에는 배수형식을 채택하였으나 환경보존의 중요성이 강조되면서 비배수형식으로 바뀌게 되었고 이러한 목적을 달성하기 위한 노력이 계속 경주되어왔다. 이러한 추세에 비추어볼 때, 우리나라의 경우에도 비배수형 터널 적용은 미래 지향적인 선택으로 평가할 수 있으나, NATM 터널의 경우 현행의 방수설계 시스템으로는 실제로 비배수형으로 시공되기는 거의 불가능하다. 단순히 방수막 한 장을 터널 주위로 시공하였다고 해도, 방수막 손상으로 누수를 피할 수 없기 때문이다. 다시 말하여 방수를 위한 실제적인 상세설계가 필요하다. NATM 터널 상세설계에 포함되어야 할 사항은 다음과 같다.

(1) 수밀콘크리트 사용
(2) 2중 방수막 사용(상세도는 그림 5.34 참조)
(3) 시공 이음부에 대한 지수상세 보완 등

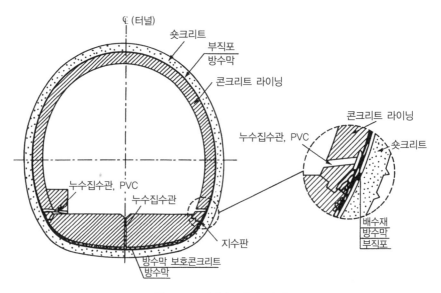

그림 5.14 비배수 단면 개념도

터널의 방·배수 구분에 대한 기준은 표 5.2를 참조하기 바란다.

표 5.2 터널의 방·배수 구분 기준

구분	시스템	적용조건	적용시설	특징
배수형 터널 (높은 수압, 양호한 지층에서 사용)	내부 유도 배수형	교통이나 방수처리 시설물을 수용하는 공간으로서 습기나 누수를 허용하는 조건	지하철, 철도, 도로 등의 대단면 일반터널(지하수 저하에 대한 영향이 없는 여건)	시공성이 용이하고 공사비 저렴, 보수보강이 용이
	외부 배수형	비교적 습기에 민감한 시설물, 저장물 등을 수용하는 공간으로서의 터널	통신구, 전력구 등 다소의 습기와 누수가 허용되는 터널(지하수 저하에 대한 영향이 없는 여건)	정교한 시공이 요구되며 배수 시스템의 유지관리가 필요. 하자 발생 시 조치 곤란
비배수형 터널 (낮은 수압, 지하수가 많고 지층이 불량한 구간에서 사용)	누수 유도처리	교통이나 방수처리시설물을 수용하는 공간으로서 다소의 습기나 누수를 허용하는 조건	통신구, 전력구 등 다소의 습기와 누수가 허용되는 터널	수밀 콘크리트 사용. 누수유도장치를 하여 과다 누수 시 수압 해소
	누수 차단처리	습기에 민감한 시설물, 저장물 등을 수용하는 공간으로서의 누수에 대한 제한이 엄격한 조건	주거공간, 습기에 민감한 시설, 건조 저장물의 터널	수밀 콘크리트, 2중 방수막 등 특수 재료의 사용과 정교한 시공으로 고가의 공사비, 하자 발생 시 조치 곤란

5.3.3 배수조건에 따른 터널의 설계개념

앞 절에서 배수형 터널과 비배수형 터널 선택의 기본에 대하여 설명하였다. 비배수형 터널은 어차피 물을 인위적으로 막는 구조이므로 수압이 전부 콘크리트 라이닝에 작용되게 되므로 개념상으로는 명백해진다. 반면에 배수형 터널의 경우, 분명히 부직포를 통해 지하수를 배제시키므로 부직포의 통수능력이 충분한 한 터널 주위에서의 수압을 '0'으로 될 것이나 주변 지반에서의 지하수 조건은 여러 경우가 될 수가 있다. 가장 극단적인 예로 지하수를 배제시킴으로써 지하수위 자체가 완전히 저하되는 경우는 실제로 지하수위 영향이 거의 없어 완전 배수형이라 명명하며, 반대로 지하수의 공급원이 충분한 경우는(예를 들어 하저/해저터널) 아무리 터널필터재에서 지하수가 소량 배제된다고 해도 지하수위는 일정하게 유지될 것이고 결국 터널 중심부로 향하여 계속 침투가 일어나게 될 것이다. 비록 터널 주위로의 수압은 동일하게 '0'이 된다 하더라도 지하수위가 아예 바닥으로 저하된 경우와 반대로, 지하수위는 항상 동일한 경우는 그 역학적 메커니즘이 완전히 다르다. 결론부터 말하면, 전자의 경우는 지하수의 영향으로부터 해방된 경우임에 반하여, 후자의 경우는 비록 터널주위에서 수압이 '0'이기는 하나 control volume의 관점에서 볼 때 터널구조물은 지하수의 영향을 받고 있는 것이다[그림 5.11(b)의 옹벽 설계 개념과 유사].

각 조건에 따른 구분과 해석조건을 표 5.3에 정리하였다. 다음 절에서는 완전 배수형 → 비배수형 → 침투를 고려한 배수형의 순서로 해석의 기본 개념을 서술하고자 한다.

표 5.3 배수형·비배수형 터널의 해석 개념

구분		배수형 터널		비배수형 터널
		완전 배수개념	침투를 고려한 배수개념	비배수 개념 (완전방수 개념)
개념				
지하수위		배수에 의한 강하	변동 없음	변동 없음
침투		발생	발생	발생 없음
해석 조건	해석 경계부	전응력(=유효응력)	유효응력+정수압	유효응력+정수압
	지중응력	유효응력(=전응력)	유효응력+침투수압	유효응력+정수압
	라이닝에 작용하는 수압	0	0	정수압

1) 완전배수 개념의 터널

완전배수개념의 경우에는 지하수위가 터널 인버트 근처까지 저하된 경우로서 건조상태의 터널과 같은 개념으로 해석하면 될 것이다. 수압이 존재하지 않으므로 '전응력＝유효응력'이 되며 단위중량으로는 습윤단위중량을 사용하면 될 것이다[표 5.4(a) 참조].

2) 비배수 개념의 터널

비배수 개념의 터널에서는[표 5.4(b) 참조] 수압이 정수압으로 존재하므로 지중응력으로는 '유효응력＋정수압'이 작용한다. 우선, 지반 자체(즉, 흙 입자)는 유효응력만 받으므로 1차 지보재 설계를 위한 터널해석은 단위중량으로서 수중단위중량을 사용하여 실시하고 이 유효응력에 대하여는 1차 지보재가 모든 응력을 담당하는 것으로 한다. 따라서 정수압은 2차 지보재인 콘크리트 라이닝이 모두 하중을 받는 것으로 해석한다. 단, 제3장에서 서술한 것과 같이 세그먼트 라이닝의 경우 수압과 이완하중을 공히 라이닝이 받아야 한다.

표 5.4 배수 개념에 따른 경계부 응력과 라이닝에 작용되는 수압

	(a) 완전배수 개념	(b) 비배수 개념(완전방수 개념)	(c) 침투를 고려한 배수 개념
경계부 응력	γ_t : 습윤단위중량 D $K_o \cdot \gamma_t \cdot z$ $\gamma_t \cdot z$	$\gamma' \cdot \gamma_w$ D $(K_o \cdot \gamma' + \gamma_w) \cdot z$ $(\gamma' + \gamma_w) \cdot z$	γ' 수압＝0 $\bullet A$ $(K_o \cdot \gamma' + \gamma_w)z$ $(\gamma' + \gamma_w)z$
라이닝에 작용하는 수압	0	$\gamma_w \cdot z$ D $\gamma_w(z+D)$	수압 증가 수압＝0

3) 침투를 고려한 배수 개념의 터널

지하수위의 변동이 없어 표 5.4(c)와 같이 터널 중심부로 정상류의 투수가 계속 발생하는 경우는 물론 라이닝에 작용되는 수압은 '0'이나 경계부에서는 비배수인 경우와 마찬가지로 '유효응력＋정수압'이 작용되며, 그림의 'A'점에서는 지중응력으로서 '유효응력＋침투수압'이 작용한다. 유효응력은 지반의 단위중량에서 오는 압력이므로 아칭이 발생하나, 침투수압은($i\gamma_w$/vol.)의 힘을 가진 응력으로 물이 차고 나가는 힘이기 때문에 지반 자체에 전달되는 유효응력의 일

종이며, 아칭작용이 없기 때문에 침투수력은 지하수가 흐르는 한 지속적으로 발휘된다.

침투수력의 크기는($i\,\gamma_w$/vol.)으로서 결국 control volume의 크기에 비례하여 커진다. 문제는 control volume의 크기를 어떻게 설정하느냐가 관건이다. 터널의 직경만큼의 지반은 터널로 보아 터널 직경 두께 정도의 링을 control volume으로 보는 것도 하나의 방법이다. 어차피 동수경사 i는 전수두차에 의하여 생기므로 그림 5.15에서 보여주는 것과 같이 터널 주위의 수압분포도를 그려서 수압이 정수압으로부터 감소하기 시작하는 범위를 control volume으로 보아도 무리가 없을 것이다. 만일 위와 같이 control volume을 가정하게 되면 control volume 경계면에서의 수압이 반대로 침투수압으로 지반 자체에 작용된다. 이 침투수압은 터널에 항상 반경방향응력으로 작용할 것이다. '유효응력+침투수압'이 작용되는 터널에 대한 해석은 다음과 같이 할 수 있다.

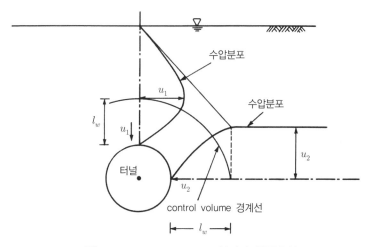

그림 5.15 Control volume 설정과 침투수압

(1) 단순해석

① 지반의 단위중량을 γ'으로 가정하고(즉, 유효응력으로) 터널해석을 하여 1차 지보재에 작용하는 응력 및 변위 등을 구한다(연속체 해석).

② 그림 5.15에서 구한 침투수압을 지보재(1차 지보재+콘크리트 라이닝)에 작용시켜 지보재에 작용하는 총응력과 변위 등을 구한다(합성 지보재의 구조해석). 단, 1차 지보재에 작용되는 총응력은 위의 ①단계+②단계에서의 응력의 합으로 구할 수 있으며, 변위도 두단계에서의 변위를 합해야 한다.

한걸음 더 나아가 해석을 더욱 간편하게 하기 위해서는 유효응력에 의한 하중은 1차 지보재가 전부 담당하고, 침투수압은 2차 지보재인 콘크리트 라이닝 작용한다고 가정하고 해석을 할 수도 있다. 이것은 안전측 설계가 될 것이다.

(2) 유한요소법을 이용한 해석의 tool

몇 단계의 유한요소해석을 조합하면 앞에서와 같이 지보재에 대해서만 구조해석을 하는 것이 아니라 연속체역학으로 문제를 풀 수 있다.

① 시공 시에는 지하수위가 완전히 저하된 것으로 가정하고 $\gamma = \gamma_{sat}$(포화단위중량)을 사용하여 터널해석을 실시하고 안전성을 검토한다.
② 완공 후에는 '유효응력 + 침투수압'이 작용한다.
– 투수해석으로 각 요소에 작용되는 침투수력을 구한다(침투수력 $= i\gamma_w \cdot$ 요소의 체적).
– 빔요소로 라이닝을 모델링하고, 침투수력으로 인하여 라이닝에 작용하는 축력 및 모멘트를 구하여, 라이닝의 안정성을 검토한다.

앞 절에서 서술한 대로 표 5.3에서 제시한 침투를 고려한 배수 개념은 기본적으로 숏크리트 층의 투수계수와 원지반의 투수계수와 같다는 것을 전제로 한 것이며, 또한 배수재인 부직포의 통수능력은 충분하다는 조건에서 적용할 수 있다. 그렇지 못한 경우로서 다음의 경우도 있을 수 있음을 밝혀둔다.

(1) 숏크리트 층의 투수계수가 지반 자체의 투수계수보다 크기가 작게 작용할 경우 숏크리트 배면에 수압이 작용할 수 있다.
(2) 배수재(부직포)의 통수능력이 충분하지 못한 경우 콘크리트 라이닝에도 수압이 잔류수압으로 작용할 수 있다.

4) 배수조건별 터널해석사례

위에서 제시한 세 경우에 대한 비교검토를 위하여 이인모 등(1994)은 그림 5.16에 제시된 지반조건에 대하여 ① 완전배수개념, ② 비배수개념, ③ 정상류 조건하의 침투를 고려한 배수 개념 각각에 대하여 터널해석을 실시하고 콘크리트 라이닝에 작용되는 응력을 비교 검토하였다. 다음에 이를 간략히 소개한다.

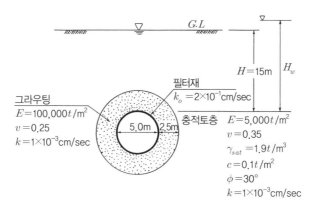

그림 5.16 해석 조건

(1) 지반조건 및 굴착 모델링

지반은 충적토로 구성된 사질토로서, 지반상수는 그림 5.16에 나타내었다. 토사 구간에 NATM 개념으로 시공하기 위하여 터널 주변 0.5D를 그라우팅으로 보강하였으며, 투수계수는 주변 지반과 동일한 값을 사용하여 균일(homogeneous)한 흐름조건이 되도록 하였다(만일 그라우팅 영역의 투수계수를 작게 설정하면 침투수력은 더욱 증가할 것이다). 해석에 적용된 하중분담률은 굴착 시 30%, soft 숏크리트 타설 시 40%, hard 숏크리트 타설 및 콘크리트 라이닝 설치 전에 30%를 적용하였다.

(2) 결과분석

그림 5.17은 지하수의 정상류 흐름 시 수압의 분포를 나타낸 것으로 터널굴착 및 배수에 의해 지하수위가 터널 하단부로 저하하지 않는 경우, 굴착경계면과 지하수위까지의 수두 차에 의한 침투수압이 발생한다. 그러므로 지중응력상태에는 '유효응력＋침투수압'이 되며, 침투를 고려한 배수조건에서는 이러한 지중응력 상태에서 라이닝에 작용하는 응력 및 변위를 검토하였다. 결과를 도시화하면 그림 5.18~5.19에 나타난 것과 같으며 결과에서 알 수 있듯이 배수조건에 따라 라이닝에 작용하는 하중 및 변위는 큰 차이를 보인다. 수압을 고려하지 않고 지중응력을 '전응력(＝유효응력)'으로 고려한 배수개념 해석에서는 라이닝에 거의 하중이 작용하지 않으며, 지중응력을 '유효응력＋정수압'으로 고려한 비배수 개념의 해석에서는 라이닝에 상당히 큰 하중이 작용한다. 정상류 상태의 지하수 흐름을 고려한 배수개념 해석에서 라이닝에 작용하는 축응력은 동일한 비배수 조건의 10~50% 정도의 크기가 작용한다. 또한 배수조건에 터널 천정부의 변위도 큰 차이를 보이며 결과는 그림 5.19에 도시한 것과 같다.

상기 결과에서 보인 것과 같이 지하수위의 저하가 크지 않은 지하수가 풍부한 배수터널에서 수압의 영향을 고려하지 않고 라이닝을 설계하는 해석방법은 상당한 위험 측의 설계임을 알 수 있다. 지하수를 고려한 터널의 합리적인 설계를 위해서는 터널의 배수조건에 따른 타당한 지중응력상태를 해석에 반영하여야 한다. 단 이 해석에서의 기본가정은 숏크리트와 콘크리트 라이닝 사이가 완전히 밀착되어 있다고 가정한 경우이다. 이 둘 사이에 존재하는 부직포가 쿠션으로 작용하는 경우 응력은 줄어들 것이다(Lee and Nam, 2001).

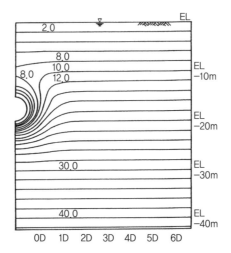

그림 5.17 지하수의 정상류 흐름 시 수압분포

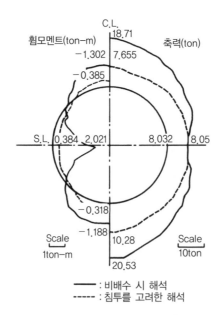

그림 5.18 배수조건에 따른 라이닝의 축력 및 휨모멘트

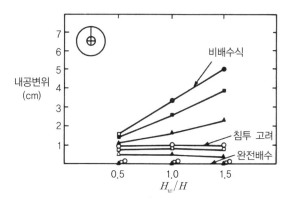

그림 5.19 터널 천정부의 수직변위

[예제 5.6]

(1) 다음 (예제 그림 5.6.1)의 지반 및 터널조건에 대하여 앞에서 제시한 단순해석방법으로 지보재의 안정성을 검토하라.

① 투수해석을 실시하고 그 결과로 control volume을 가정

② 침투수압을 지보재에 작용시키고 구조해석(단, 모든 침투수압은 2차 지보재인 콘크리트 라이닝이 부담한다고 가정하라)

(2) (예제 그림 5.6.1)의 터널 주위 지반에 $t = 2.5\text{m}$의 두께로 그라우팅을 실시하였다. 단순해석 및 유한요소 해석으로 2차 지보재의 안정성을 검토하라. 단, 그라우팅 영역의 투수계수는 $k_g = \dfrac{1}{20} \times 10^{-3}\text{cm/sec}$으로 가정하라(또한 $E_g = 100,000\text{t/m}^2$, $\mu_g = 0.25$).

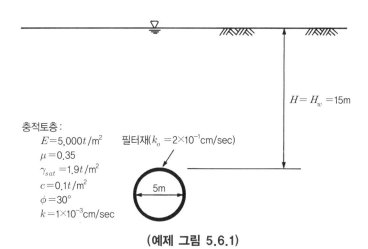

(예제 그림 5.6.1)

[풀이]

(1)번 풀이

유한요소망

유한요소망은 (예제 그림 5.6.2)와 같으며, 제반사항은 다음과 같다.

– 사용한 프로그램 : SEEP/W

– 해석영역 : 좌우 −50~＋50m, 상하 0~50m

– 터널의 중심좌표를 (0, 32.5)으로 설정하였으므로 좌우 경계부, 상부, 그리고 고정수두
  50m를 갖는 경계조건 적용

– 터널바닥면에 압력수두 '0'의 경계조건 적용

– 터널벽면에 대하여서는 review boundary 적용

– 콘크리트 라이닝의 두께는 40cm, 일축압축강도는 240kg/cm^2, 탄성계수는 270,000kg/cm^2
  으로 가정

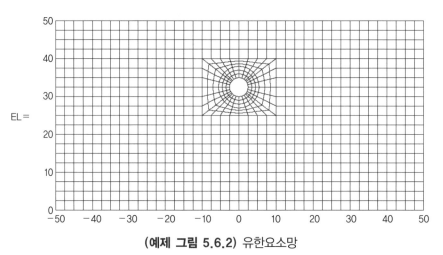

(예제 그림 5.6.2) 유한요소망

① Control volume 및 침투수압 계산

– 침투해석 결과의 수압분포는 다음과 같다.

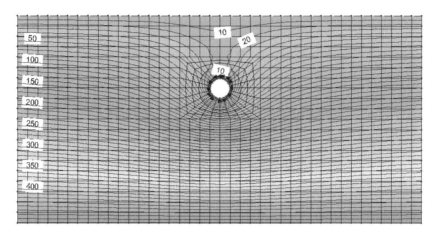

(예제 그림 5.6.3) 수압분포(kPa)

– 위의 결과를 이용하여 천정 상부 및 측벽 우단에서의 수압프로파일을 그리면 다음과 같다.

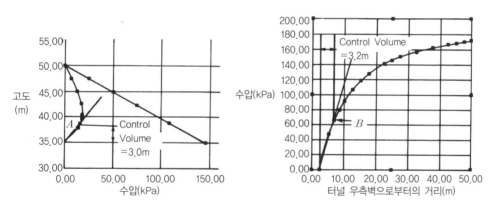

(예제 그림 5.6.4) 수압프로파일

– 침투수압의 분포

(그림 5.15)에서 보여준 대로 침투수압은 control volume의 끝단 [(예제 그림 5.6.4) A 및 B점]에서의 수압과 같다. 침투수압의 분포를 표 및 그림으로 나타내면 다음과 같다.

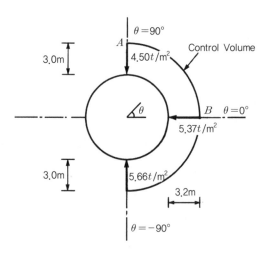

(예제 그림 5.6.5) 침투수압분포

(예제 표 5.6.1) 침투수압의 분포

터널벽면으로부터의 각도	침투수압(ton/m^2)	터널벽면으로부터의 각도	침투수압(ton/m^2)
90° (터널 천정)	4.50	0° (터널 측벽)	5.37
75°	4.65	−15°	5.42
60°	4.79	−30°	5.47
45°	4.94	−45°	5.51
30°	5.08	−60°	5.56
15°	5.23	−75°	5.61
0° (터널 측벽)	5.37	−90° (터널 인버트)	5.66

※ 단 침투수압의 방향은 터널의 중심방향

② 침투수압으로 인한 콘크리트 라이닝의 응력은 다음과 같다.

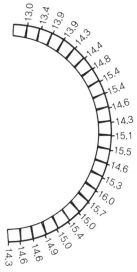

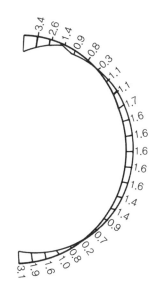

(예제 그림 5.6.6) 축력 분포(ton)   **(예제 그림 5.6.7)** 모멘트 분포(ton-m)

– 라이닝에 작용되는 휨-압축응력은 다음과 같다.

$$\sigma = \frac{P}{A} \pm \frac{N}{Z}$$

$$= \frac{155.5}{0.4} \pm \frac{6 \cdot (1.6)}{0.4^2} = 98.75 \text{t/m}^2 = 9.9 \text{kg/cm}^2$$

(2)번 풀이

단순 해석

유한요소망

유한요소망은 (예제 그림 5.6.2)와 동일하고, 단, $t = 2.5 \text{m}$ 구간은 그라우팅 구간으로서 $k_g = \frac{1}{20} \times 10^{-3} \text{cm/sec}$로 설정하였다.

① Control volume 및 침투수압 계산

– 침투해석 결과의 수압분포는 다음과 같다.

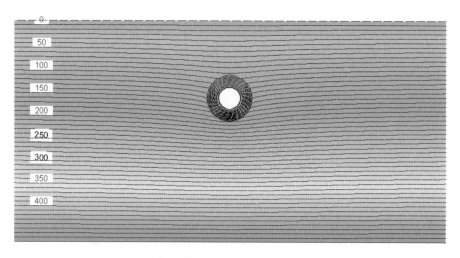

(예제 그림 5.6.8) 수압분포(kPa)

– 앞의 결과를 이용하여 천정 상부 및 측벽 우단에서의 수압프로파일을 그리면 다음과 같다.

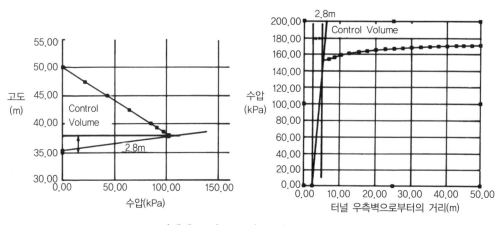

(예제 그림 5.6.9) 수압프로파일

– 침투수압의 분포

 (예제 그림 5.6.8, 5.6.9)를 이용하여 침투수압의 분포를 표 및 그림으로 나타내면 다음과 같다.

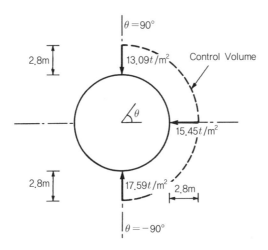

(예제 그림 5.6.10) 침투수압분포

(예제 표 5.6.2)

터널벽면으로부터의 각도	침투수압(ton/m^2)	터널벽면으로부터의 각도	침투수압(ton/m^2)
90° (터널 천정)	13.09	0° (터널 측벽)	15.45
75°	13.48	−15°	15.81
60°	13.88	−30°	16.16
45°	14.27	−45°	16.52
30°	14.66	−60°	16.88
15°	15.06	−75°	17.23
0° (터널 측벽)	15.45	−90° (터널 인버트)	17.59

※ 단 침투수압의 방향은 터널의 중심방향.

② 침투수압으로 인한 콘크리트 라이닝의 응력은 다음과 같다.

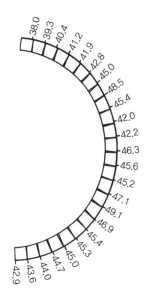

(예제 그림 5.6.11) 축력 분포(ton)

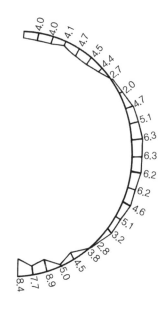

(예제 그림 5.6.12) 모멘트 분포(ton-m)

- 라이닝에 작용되는 휨-압축응력은 다음과 같다.

$$\sigma = \frac{P}{A} \pm \frac{N}{Z}$$

$$= \frac{46.3}{0.4} \pm \frac{6 \times 6.3}{0.4^2} = 352 t/m^2 = 35.2 kg/cm^2$$

- 그라우팅을 하지 않은 경우와 비교하면 침투수압이 2.9~3.0배 정도 증가하였으며(실제로 그라우팅 영역 외부는 거의 정수압 작용), 이에 따라 라이닝에 작용하는 응력도 크게 증가됨을 알 수 있다.

유한요소해석을 이용한 해법

유한요소망

- 유한요소해석은 범용프로그램 'PENTAGON-2D'를 이용하였으며 요소망은 (예제 그림 5.6.13)에 표시하였다. 제반사항은 다음과 같다.
- 사용한 프로그램 : PENTAGON-2D
- 해석영역 : 좌우 -50~+50m, 상하 0~50m

- 터널의 중심좌표를 (0, 32.5)으로 설정하였으므로 좌우 경계부와 상부에 고정 수두 50m 를 갖는 경계조건 적용
- 터널바닥면에 압력수두 '0'의 경계조건 적용
- 터널벽면과 막장면에 대하여서는 review boundary 적용
- 연계해석(coupled analysis) 적용
- 터널 굴착 후의 토압은 모두 1차 지보재가 받는다고 가정하였으므로, 굴착 후의 불평형력을 계산하여 굴착 후 반대방향으로 작용시켜 결과적으로 침투수력만을 콘크리트 라이닝에 작용시킴

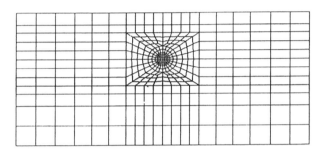

(예제 그림 5.6.13) 연계해석 유한요소망

해석 결과

- 유한요소해석 결과는 다음과 같다.

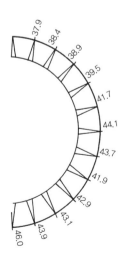

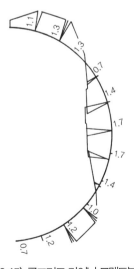

(예제 그림 5.6.14) 콘크리트 라이닝 축력분포(ton)　　**(예제 그림 5.6.15)** 콘크리트 라이닝 모멘트분포(ton-m)

$$\sigma = \frac{P}{A} \pm \frac{M}{Z}$$

$$= \frac{44.1}{0.4} \pm \frac{6 \times 1.7}{0.4^2} = 174 \text{t/m}^2 = 17.4 \text{kg/cm}^2$$

- 단순해석 결과와 비교하여 축력은 비슷한 결과를 얻었으나 모멘트는 낮은 수치를 보였다. control volume 선정 scheme에 기본적인 가정이 있으므로 유한요소 결과를 더 신빙하여도 문제가 없을 것이다.

5.4 외국의 하저·해저터널 시공사례

터널의 설계·시공에서 물의 흐름에 대한 고려를 해야 하는 가장 대표적인 예가 하저 또는 해저터널을 건설하는 경우이다. 전 세계적으로 가장 대표적인 해저터널을 꼽아보면 영국과 프랑스를 연결하는 'Channel' 터널과 일본에서 완성한 '세이칸' 터널일 것이다. 두 개의 터널은 그 지질구조가 전혀 다르며, 설계·시공 개념도 다르다. 본 장에서는 두 터널의 기본적인 설계 개념의 차이를 서술하고자 한다.

5.4.1 Channel 터널(유로터널)

터널은 가능한 깊지 않은 곳에 뚫어야 길이가 짧아지므로 경제적이 된다. 그러나 터널의 종단을 무한정 천층에 설치할 수만은 없다. 얕은 지층일수록 지반 자체가 풍화가 많이 진행되어 시공이 어려울 뿐만 아니라, 지하수 유입량도 많아지게 되기 때문이다. 물론 이 경우 완전방수로 계획할 수 있지만 아무리 천층에 터널을 설치한다 해도 그 수압이 대단하므로 라이닝의 두께가 상상할 수 없을 정도로 두꺼워져야 한다는 문제가 대두된다.

Channel 터널은 그 지질구조가 비교적 안정되고 간단하여 천층에 터널이 계획된 경우이다. 그림 5.20에서와 같이 지층은 주로 백악(chalk)으로 이루어져 있으며, 특히 지표 하 40m 되는 곳의 투수성이 급격히 감소하여 시공 중에 터널 내로 유입되는 유입량이 극소할 것으로 판단되는 백악 이회암(chalk marl) 층이 존재한다(그림 5.21). 물론 대부분의 구간은 쉴드 TBM으로 시공이 이루어졌다.

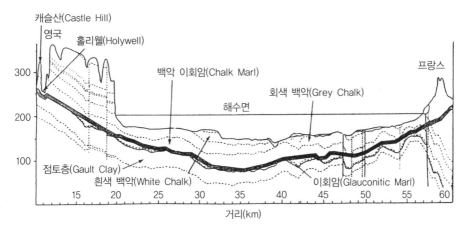

그림 5.20 Channel 터널의 지질 개요

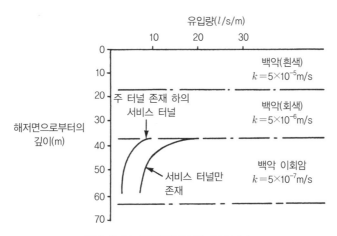

그림 5.21 지반단면도와 투수계수

따라서 본 터널은 백악 이회암층에 건설되었고, 또한 해저수위는 지표면으로부터 25~30m 정도에 불과하였다. 이 경우에도 그 양이 많지는 않을지라도 시공 중 유입되는 유량검토를 위하여 Channel 터널 설계 시 그림 5.22 같은 침투류 해석을 실시하였다.

Channel 터널은 쉴드 TBM 구간은 비배수로 설계·시공되었다. 다만, 일부 구간은 NATM 으로 설계·시공된 바, 이 구간만은 배수터널로 설계·시공되었으며 배수터널해석 시에 그림 5.23에서 보여주는 것과 같이 침투수압이 설계에 반영된 것을 알 수 있다.

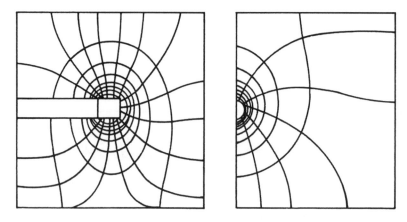

그림 5.22 Channel 터널의 침투류 해석

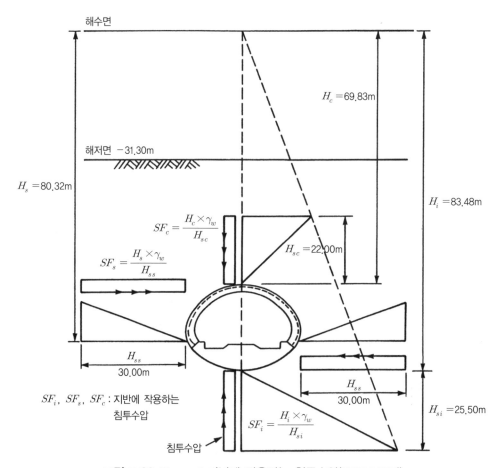

그림 5.23 Channel 터널에 작용하는 침투수압(NATM 구간)

5.4.2 세이칸 터널

1) 개괄

일본에서 시공한 세이칸 터널에 대한 설계의 기본 개념은 전술한 Channel 터널과 판이하게 다른 것으로 알려져 있다. 우선 NATM으로 설계·시공된 이 지역의 지질상황은 그림 5.24에 표시한 것과 같이 아주 복잡하고, 배수터널로 설계할 경우 유입량 또한 만만치 않은 것으로 판단되었다. 따라서 비교적 안정된 지층까지 이르고자 지표 하 100m 정도에 터널이 설치되는 것으로 계획하였으며, 수위선은 지표면으로부터 140m까지 이르는 악조건인 것으로 알려져 있다. 물론 이 경우 비배수 터널로 설계하는 것은 불가능하다. 최악의 경우 $240t/m^2$까지에 이를 수도 있는 엄청난 수압을 라이닝이 받아주는 것이 공학적 견지에서 불가능하기 때문이다.

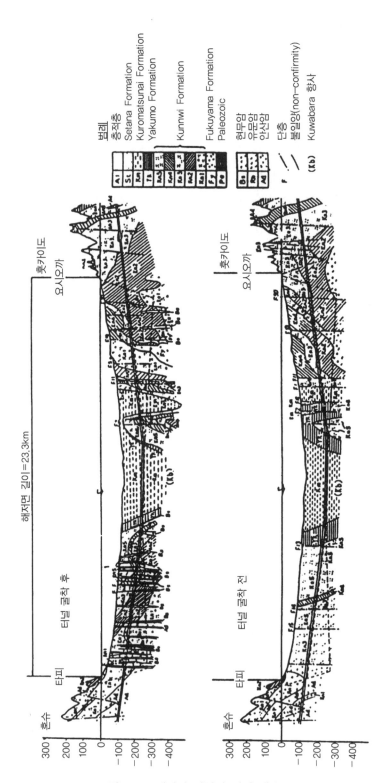

그림 5.24 세이칸 터널의 지질 개요

따라서 그림 5.25와 같은 방법으로 터널 주위로 그라우팅을 해주어 터널 내로 유입되는 지하수 양을 최대로 막고, 최후로 유입되는 누수량만을 집수정에 모아 유출시킨다는 개념을 도입하였다. 여기에서 한 가지 반드시 기술적으로 검토하여야 할 사항이 있다. 터널 주위로 그라우팅 작업을 해주면 그라우팅 실시 지역은 여타의 지역보다 상대적으로 불투수성 성향이 크므로 그림 5.26에서 보여주는 것과 같이 오히려 그라우팅 링 외부에 $\gamma_w z$에 육박하는 큰 수압이 작용할 수 있다는 점이다.

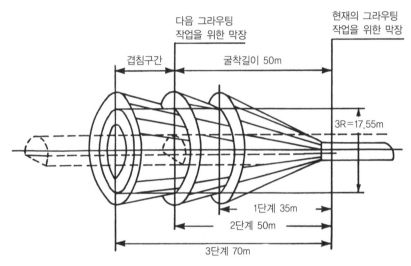

그림 5.25 세이칸 터널의 그라우팅 개념도

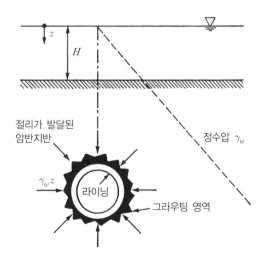

그림 5.26 그라우팅 링 외부에 작용하는 수압(세이칸 터널)

이러한 큰 수압이 그라우팅 영역을 지나면서 소산되어 이 영역에 큰 침투수력이 작용하는 결과를 가져오게 된다. 따라서 그라우팅의 두께에 대한 설계는 유입량이 작아지는 정도뿐만 아니라, 그라우팅 영역 외부에 작용되는 수압으로 인하여 발생되는 변위를 제어할 수 있는 정도까지 두껍게 해주어야 한다는 두 가지 요건을 다 만족시키는 방향으로 이루어졌음을 말해둔다. 즉, 터널에 작용하는 침투수력이 전체 터널설계를 지배하는 큰 인자가 되었다는 결론에 도달한다. 이에 대한 상세한 이론은 다음 절에서 서술할 것이다.

2) 그라우팅 두께 결정을 위한 분석

앞에서 서술한 대로 세이칸 터널의 안정에 필요한 그라우팅의 두께는 단순히 지하수 유입량을 줄일 수 있을 정도로만 설정하여서는 안 되는 것으로 분석되었다. 그림 5.26에서 보여주는 것과 같이 그라우팅 영역 밖에서 작용되는 수압으로 인하여 궁극적으로 터널에 발생하는 내공변위가 과다하게 발생할 수 있기 때문이다. 따라서 그라우팅 두께의 합리적인 결정을 위하여 일본토목학회에서는 이 문제를 해결할 수 있는 위원회를 결성하여 다각적인 검토를 실시하였다(JSCE Geotech Committee on Seikan Tunnel, 1986).

이 절에서는 그들의 검토방법과 결과를 요약하고자 한다.

(1) Pilot 터널시공 시 계측결과

현장 계측결과 세이칸 터널의 지보재에 작용되는 지보압은 연직방향의 경우 2~5kg/cm^2 수평방향의 경우 3~4kg/cm^2 정도인 것으로 알려졌다. 현장 암반에서의 초기의 최대 지중응력 $\sigma_{10}=158$kg/cm^2 정도로서 수평방향으로 최대 응력이 발생하였으며, 연직방향의 초기 지중응력은 $\sigma_{vo}=86$kg/cm^{2}이었다.

(2) 시험터널

터널에서의 배수조건이 터널의 내공변위에 미치는 영향을 검토하기 위하여 반경 1.5m의 시험터널이 계획되었다. 시험터널의 개요는 그림 5.27과 같다. 그림에서 보듯이 평균적으로 반경 $\rho_g=5.3$m까지 그라이팅을 실시하였으며, 그 외곽 범위까지 16개의 배수파이프를 묻어주어 배수파이프의 밸브를 열어주면 그라우팅 영역을 통하지 않고 직접 배수될 수 있도록 계획된 것이다. 그라우팅 영역에서의 내공변위와 지보재응력을 계측할 수 있도록 그림 5.28에 계측계획도 수립되어 있다. 계측이 이루어진 그라우팅 영역은 그림에서와 같이 파쇄대가 넓게 분포되어 있는 지역이다.

터널은 우선 배수파이프를 열어둔 채로 굴착을 하였으며, 그라우팅 영역에서의 차수층 형성이 터널의 내공변위에 미치는 영향을 검토하기 위하여 32일 경과 후에 배수파이프의 반을 잠 갔으며, 그로부터 6일이 더 지난 후 나머지 배수파이프도 잠가주었다.

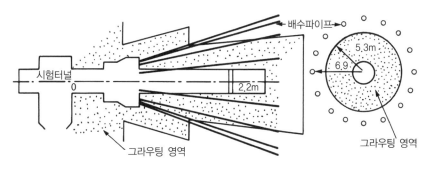

그림 5.27 시험터널의 개요

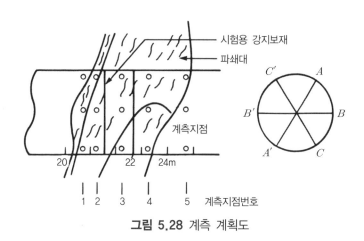

그림 5.28 계측 계획도

계측 결과

내공변위 계측 결과는 그림 5.29에 나타내었다. 결과를 요약하면 다음과 같다.

① 굴착 후에 계측된 내공변위는 $u_r(a) = 6{\sim}7$mm 정도이었으며, 강지보재에 작용된 지보 압은 0.4kg/cm^{2}이었다.

② 배수파이프의 반을 잠그었을 때는 $\Delta u_r(a) = 5{\sim}7$mm 정도의 변위가 추가로 발생하였으 며, 강지보재에 작용된 지보압은 1.0kg/cm^2 정도까지 상승하였다.

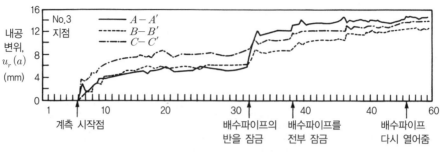

그림 5.29 내공변위 계측결과

(3) 시험터널에 대한 이론해

개요

앞에서 기술한 시험터널을 이론적으로 모사하기 위하여 그림 5.30에 보인 것과 같은 단순조건으로 이론해를 구하였다. 그 개요를 서술하면 다음과 같다.

- 지반은 탄성-완전소성 재료로 가정하였으며, 식 (2.30)에 제시한 비연합유동법칙을 채택하였다.
- 그라우팅 영역의 투수계수(k_g)는 원지반의 투수계수 (k_o)의 1/100배로 가정하였다. 또한 소성상태에 이른 지반의 투수계수는 탄성지반 투수계수의 5배로 가정하였다(즉, $k_{op} = 5k_o$, $k_{gp} = 5k_g$).
- 그라우팅 zone에서의 강도계수 및 탄성계수 등은 원지반과 같다고 가정하였다.
- 유효상재압력은 초기 유효지중응력인 62kg/cm²(86kg/cm²−24kg/cm²)의 각각

$$\underset{\text{초기 연직응력}}{\uparrow} \qquad \underset{\text{수압}}{\uparrow}$$

1/9배, 1/6배, 2/9배인 $p'(e)$=7, 10, 13.6kg/cm²으로 가정하였다. 그 이유는 그림 5.28에서 보듯이 파쇄대가 신선암 사이에 협재되어 있어 아칭작용으로 인하여 초기 지중응력이 다작용될 수 없을 것으로 판단하였기 때문이다.

해석에 사용된 각종 제원 및 지반물성치는 표 5.5에 정리되어 있다.

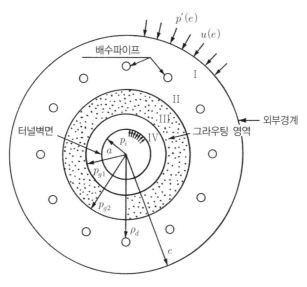

그림 5.30 시험터널의 이론해

표 5.5 각종 제원 및 지반물성치(시험터널)

제원	$a=1.6\text{m},\ e=40.0\text{m},\ \rho_{g1}=1.6\text{m},\ \rho_{g2}=5.3\text{m},\ \rho_d=6.9\text{m}$
지중응력/내압	$p'(e)=7,\ 10,\ 13.6\text{kg/cm}^2,\ p_i=0,\ 0.2,\ 0.4,\ 0.6,\ 0.8,\ 1.0\text{kg/cm}^2$
수압	$u(e)=24\text{kg/cm}^2$
변형계수	$E=3,000\text{kg/cm}^2,\ \mu=0.4$
강도정수	$\phi=30°,\ \psi=0°,\ c'=4.0,\ 4.5,\ 5.0\text{kg/cm}^2$
투수계수	$k_g=k_o/100,\ k_{op}=5k_o,\ k_{gp}=5k_g$

이론해의 결과

- 이론해의 결과로서 배수 파이프에서의 배수 유무의 영향을 그림 5.31에 나타내었다.
- 제2장에서 서술했던 대로 터널의 탄소성해석은 내압 p_i를 먼저 가정하고 소성영역의 범위 및 내공변위를 구한다.
- 그림에서 $m_d'=1.0$은 완전배수를, $m_d'=0$는 비배수 조건을 나타낸다.
- A점은 $p_i=0.4\text{kg/cm}^2$로서 완전배수조건, A'점은 $p_i=1.0\text{kg/cm}^2$로서 비배수 조건을 나타내므로 $A \to A'$은 현장실험을 모델링한 것으로 보면 된다.
- $c'=4.0\text{kg/cm}^2$일 때의 결과를 보면 A점에서의 $u_{r(r=a)}=48\text{mm}$이고 A'점에서의 $u_{r(r=a)}=53\text{mm}$로서, A로부터 A'에 이르는 동안 약 5mm 정도의 추가변위가 발생하여 현장조건과 비슷한 조건을 나타낸 것으로 평가할 수 있다.

• 한편 $p'(e)$의 영향과 점착력의 영향에 대한 결과는 그림 5.32에 나타내었다.

– 실선은 완전배수조건을 점선은 비배수조건을 나타낸다.

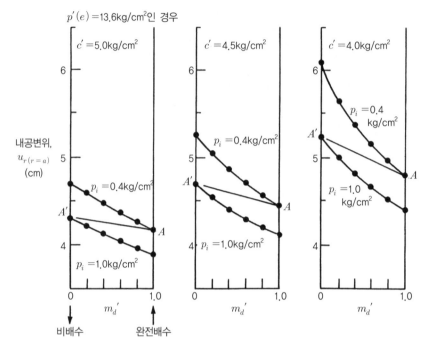

그림 5.31 배수조건별 내공변위

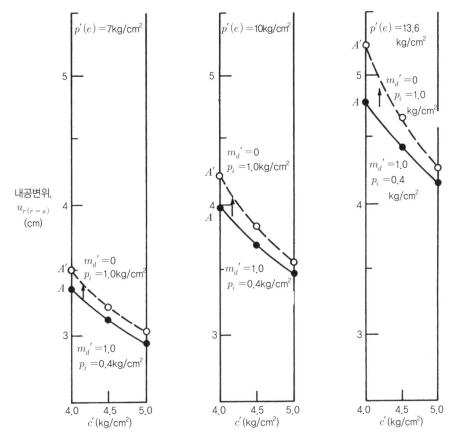

그림 5.32 $p'(e)$와 점착력에 따른 내공변위

표 5.6 각종 제원 및 지반물성치(실제 세이칸 터널)

제원	$a=5.0\mathrm{m}$, $e=40.0\mathrm{m}$, $\rho_{g1}=5.0\mathrm{m}$, $\rho_{g2}=$ 구해야 하는 값
지중응력/내압	$p'(e)=13.6\mathrm{kg/cm^2}$, $p_i=0,\ 1.0,\ 3.0,\ 5.0\mathrm{kg/cm^2}$ (계측치 $=2.0\sim5.0\mathrm{kg/cm^2}$)
수압	$u(e)=19.6\mathrm{kg/cm^2}$
변형계수	$E=3,000\mathrm{kg/cm^2}$ $\mu=0.4$
강도정수	$\phi'=30°$, $\psi=0°$, $c'=5.0\mathrm{kg/cm^2}$
투수계수	$k_g=k_o/100$, $k_{gp}=5k_g$

(4) 그라우팅 범위 결정

앞에서 서술한 시험터널에 대한 결과를 참조하여 실제 세이칸 터널을 대상으로 투수해석 및 탄소성해석을 실시하여 그라우팅 범위(ρ_{g2} 값)를 결정하고자 하였다. 제원 및 물성치는 표 5.6에 제시되었다. 실제 터널은 완전 파쇄대에 설치되는 것은 아니므로 수압은 하향조정하였으

며, 점착력은 상향조정되었음을 알 수 있다. 해석 결과는 그림 5.33에 정리되어 있다.

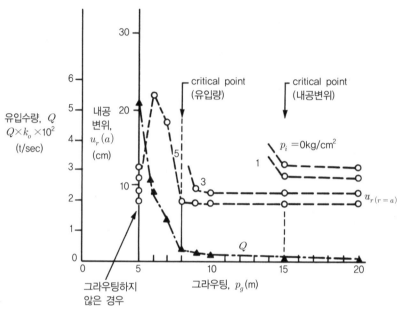

그림 5.33 그라우팅 두께 결정

해석결과 요약

– 유입량을 줄인다는 관점에서는 $\rho_g=8$m이면 충분하나 내공변위의 관점에서 보면 최대로 $\rho_g=15$m까지 확장되어야 함을 보여준다(단 지보재 압력이 3kg/cm^2 이상이면 $\rho_g=9$m 정도로 준다).

– 불충분한 두께로 그라우팅 작업을 해주면 그라우팅으로 인하여 역학적으로 불리하게 작용할 수도 있다. 예를 들어서, $p_i=5.0$kg/cm^{2}인 경우에 대하여 그라우팅을 전혀 실시하지 않은 경우는 $u_{r(r=a)}\fallingdotseq10$cm 정도이나, $\rho_g=6.5$m로 약 1.5m 두께로 그라우팅 작업을 하는 경우 $u_{r(r=a)}\fallingdotseq22$cm 정도로 내공변위가 크게 증가하여 안정성에 오히려 불리하게 됨을 알 수 있다.

5.5 허용누수량과 방수상세

5.5.1 방수등급별 허용누수량

기능적인 관점에서 볼 때 모든 터널을 완전건조상태로 유지해야 할 필요는 없다. 터널의 기능에 따라서 어느 정도 터널 내로의 누수를 허용할 수 있다. 예를 들어서 독일의 경우에는 표 5.7에 제시되어 있는 것과 같이 터널의 용도에 따라 5가지로 방수등급을 나누며, 각 등급에서도 허용누수량을 어느 정도 인정하고 있다. 여기서, 방수란 배수/비배수에 상관없이 터널 내로는 누수를 허용하지 않는 개념을 말한다. 예를 들어서 그림 5.13의 외부 배수형 터널은 분명 배수형 터널이기는 하나 지하수를 방수막 외부에서 배제시키므로 터널 내로는 물의 유입이 거의 없다. 따라서 이는 비록 배수형 터널이나 방수등급은 오히려 높은 터널이 된다. 방수형으로 설계·시공된 외국의 지하철 터널의 경우에 대한 허용누수량을 종합하여 표 5.8에 나타내었다.

표 5.7 터널의 방수 등급별 허용누수량

방수 등급	내부상태	용도	상태 정의	터널연장을 기준한 허용 누수량 ($\ell/m^2/day$)	
				10m	100m
1	완전 건조	주거공간, 저장실, 작업실	벽면에 수분의 얼룩이 검출되지 않을 정도의 누수상태	0.02	0.01
2	거의 건조	동결위험이 있는 교통터널, 정거장 터널	벽면의 국부적인 장소에 약간의 수분얼룩이 검출될 수 있는 정도, 수분의 얼룩을 건조한 손으로 접촉하여도 손에 물이 묻지 않을 정도, 흡수지 또는 신문지를 붙여보아도 붙여진 부분이 습기로 인해 변색되지 않을 정도의 누수	0.1	0.05
3	모관 습윤	방수 2등급 이상의 방수가 요구되지 않는 교통구간 터널	벽면의 국부적인 장소에 수분얼룩이 검출되는 정도, 수분의 얼룩에 흡수지 또는 신문지를 붙였을 경우 습기로 인해 변색되지만 수분이 방울져 떨어지지 않을 정도의 누수	0.2	0.1
4	물방울이 가끔 떨어짐	시설물 터널	독립된 장소에서 물방울이 가끔 떨어지는 정도의 누수	0.5	0.2
5	물방울이 자주 떨어짐	하수 터널	독립된 장소에서 물방울이 자주 떨어지거나 방울져 흐르는 정도	1.0	0.5

표 5.8 외국의 지하철 방수형 터널의 허용누수량(단위 : ℓ/분/100m)

구분	독일	영국	미국				호주	벨기에
	STUVA	CIRIA	워싱톤, 샌프란시스코, 아틀란타	보스톤	볼티모어	버펄로	멜버른	앤트워프
지하철 단선터널	0.28	1.39	1.25	2.5	0.97	0.28	0.14	0.14

* STUVA : 독일의 지하교통연구협회의 실용터널을 기준으로 한 값임.
* CIRIA : 영국 Construction Industry Research and Information Association이 지정한 Class A를 기준으로 한 값임.
* 미국, 호주, 벨기에의 허용누수량은 Tunnelling and Underground Space Technology(Vol. 6, No. 3, 1991)에서 발췌한 것으로 터널 주변장이 약 20m인 단선터널을 기준으로 환산한 것임.

5.5.2 방수상세

비배수형 터널의 적용을 위해서는 방수상세에 대한 정립이 급선무라고 생각한다. 이러한 상세도 설계에 필요한 근간을 다음에 제시한다.

1) 콘크리트 라이닝 및 방수막

비배수형 터널에서 누수를 최소화하기 위해서는 NATM 터널의 경우 수밀콘크리트를 사용하여야 하며, 거의 건조한 터널의 방수등급을 이루기 위해서는 이에 추가하여 2중 방수막 등의 채택이 필요하다. 독일에서 사용하는 2중 방수막의 예가 그림 5.34에 나타나 있다.

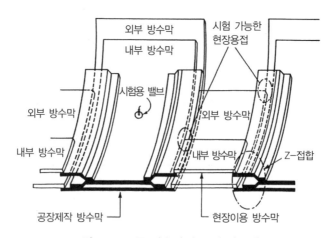

그림 5.34 2중 방수막의 구성도(독일)

2) 지수상세

콘크리트 이음부에는 반드시 지수판을 설치하여야 하며 또한 팽창·수축이 우려되는 곳에도 팽창 조인트의 설치가 필요하다. 그림 5.35 및 사진 5.1에 지수판 상세가 표시되어 있다. 특히 개착구조물과 터널의 접합부에도 지수상세가 필요하다(예 : 그림 5.36).

〈독일 지하철 사례〉

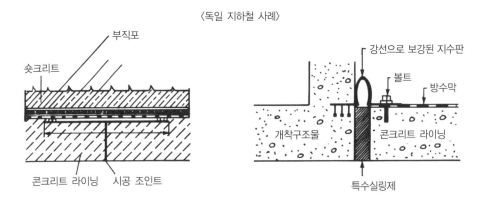

구분	......(DIN 18541)			......(DIN 7865)		
	형태	모양		형태	모양	
팽창 조인트	D			FM		
	DA			FMS		
	FA			AM		
시공 조인트	A			F		
	AA			FS		
				A		

그림 5.35 시공이음부의 시공사례 및 지수판(독일 지하철)

사진 5.1 시공이음부 지수판 설치 사진

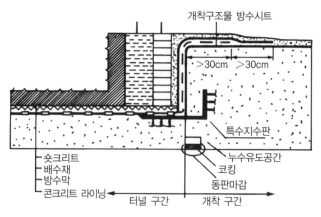

5.36 구조물의 접합부 상세(예)

3) 쉴드 TBM에서 세그먼트 라이닝의 방수

누누히 설명한 대로 쉴드 TBM에서의 지보재인 세그먼트 라이닝은 구조적 기능과 함께 비배수 터널로서의 방수기능을 담당한다. 세그먼트 라이닝 방수는 이음부 방수, 코킹 방수, 볼트공 방수, 뒤채움 주입공 방수 등이 있다(그림 5.37). 이음부의 실재 방수는 가장 중요한 것으로서 일본에서 많이 적용하고 있는 수팽창성 지수재 방식과 유럽에서 많이 적용되는 개스킷 방식이 있다.

세그먼트 라이닝 방수에 관한 상세한 사항은 (사)한국터널공학회, 터널공학 시리즈 3의 제9장을 참조하기 바란다.

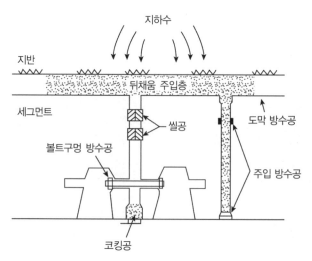

그림 5.37 세그먼트 라이닝 방수공 모식도

5.6 그라우팅 공법

5.6.1 개 괄

그라우팅의 주 목적은 터널 내로의 유입량의 감소와 지반보강이다. 그라우팅재에는 그 성분에 따라 여러 종류가 존재하며, 분류도로 이를 나타내면 그림 5.38과 같다. 이중 실제로 현업에서는 차수의 주 목적과 함께 지반보강을 부수적 목적으로 S.G.R 공법 및 L.W 공법이 가장많이 쓰인다. 또는 비록 공사비는 고가이나 차수 및 보강효과가 뛰어난 M.S.G 공법도 있다. 이들 공법을 간략히 소개하면 표 5.9와 같다.

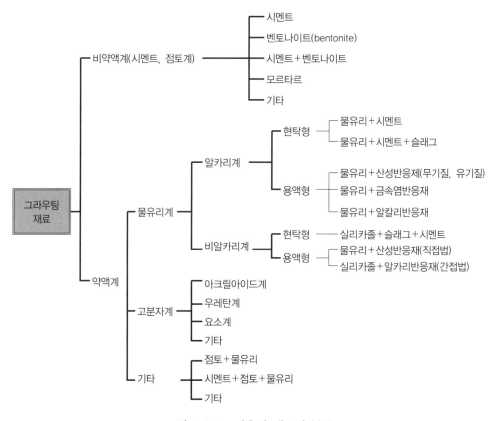

그림 5.38 그라우팅 재료의 분류도

표 5.9 차수 및 지반보강 그라우팅

구분	MSG 공법 (Micro Silica Grouting)	SGR 공법 (Space Grouting System)	LW 공법 (Cement Milk Grouting)
시공개요	이중관 주입 롯드에 특수 주입 장치를 장착하여 이중 팻커를 이용하여 주입	이중관 주입롯드에 특수 선단장치(로켓)를 합하여 대상지반에 유도 공간을 확보 후 복합주입	맨젯튜브나 파이프 삽입 후 이중 팻커를 설치하여 주입
주입방법	• 1.5 또는 2.0 Shot 방식 • 복합주입	• 2.0 Shot 방식 • 복합주입	1.0 또는 1.5 Shot
주재료	• 마이크로실리카(시멘트) • 규산소다	• 겔타임 조절 악액 • 시멘트 • 규산소다	• 시멘트 • 규산소다 • 벤토나이트
일축압축강도 (kg/cm^2)	20~30	6~10	6~15
차수효과 (kcm/sec)	$10^{-6} \sim 10^{-7}$	$10^{-5} \sim 10^{-6}$	$10^{-4} \sim 10^{-5}$
개량범위 (m)	1.0~1.5	0.8~1.2	0.8~1.0
장점	• 겔타임 조절이 용이(급결, 완결) • 주입재료의 입경이 작아(3.7~10μm) 미세한 암반 크랙까지 주입재의 침투가 가능 • 지하수에 의한 주입재의 용탈현상을 억재시키는 실리카졸계 활성규산이 사용되므로 내구성이 크고 영구적임 • 환경 및 지하수 오염에 대한 안정성 확보	• 겔타임 조절이 용이(급결, 완결) • 유도공간을 이용한 저압주입으로 지반의 교란이 적음 • 시공경험이 풍부 • 마이크로 시멘트 사용 시 미세 틈의 주입이 가능	• 장비가 소규모이고 작업이 단순 • 공사비가 경제적 • 시공경험이 풍부 • 간극이 다소 큰 지반에 지반보강 효과 양호
단점	• 주입재료의 공사비가 고가 • 시공 실적이 적음	• 지하수에 의한 약액의 용탈 및 용해로 인해 내구성이 미약 • 암반층의 시공효과 불량 • 미세 균열에는 충전 불가(암반층 절리 0.5mm 이하)	• 지하수에 의한 약액의 용탈 및 용해로 인해 내구성이 미약 • 차수효과가 기대 미흡 • 지하수에 의한 용탈현상 큼 • 환경오염 우려

5.6.2 유입량 감소 효과

그라우팅으로 인한 1차 효과는 투수계수의 감소일 것이다. 투수계수의 감소 효과는 그라우팅 재료와 지반조건 등에 따라 다를 것인바 몇 가지 사례를 열거해보면 다음과 같다.

- Oslo 터널(Karlsrud, 2000) : $k_g/k_o = \dfrac{1}{25} \sim \dfrac{1}{100}$

- 세이칸 터널(4.4.1절 참조) : $k_g/k_o ≒ \dfrac{1}{100}$

- Sau Paulo(Barton, 2002) : $k_g/k_o = \dfrac{1}{12} \sim \dfrac{1}{17}$

또한 충적층에 대한 그라우팅으로 인한 투수계수 감소 효과의 사례가 표 5.10에 표시되어 있다.

표 5.10 충적층에서의 그라우팅 효과 사례

댐명	국명	투수계수(cm/sec)	
		시공 전	시공 후
SerrePoncon	프랑스	$3.1 \times 10^{-2} \sim 9.1 \times 10^{-2}$	2.1×10^{-5}
Sylvenstein	독일	5.1×10^{-1}	1.3×10^{-4}
Terzaghi	캐나다	2.1×10^{-1}	4×10^{-4}
Notre	프랑스	$10^{0} \sim 3.1 \times 10^{-2}$	2.1×10^{-5}
Mattmark	스위스	$10^{-2} \sim 10^{-4}$	6.1×10^{-5}
High Aswan	이집트	$10^{-1} \sim 5 \times 10^{-3}$	3.0×10^{-4}
선명	일본	$10^{-1} \sim 10^{-2}$	10^{-4}

5.6.3 지반보강효과를 고려한 그라우팅 범위

보강을 목적으로 하는 그라우팅의 범위를 결정하기 위하여는 다음과 같은 방법들이 실제 설계에 쓰인다. 다만, 상존 지하수위가 터널 상부에 존재하는 경우에는 세이칸 터널에서 제시하였던 그라우팅 두께 결정법을 반드시 염두에 두어야 할 것이다.

1) Terzaghi의 이완영역 보강

Terzaghi의 이완영역에 대하여는 2.6.2절에서 상세히 기술한바, 그림 2.32에서 $(2B \times h_o)$ 또는 그림 2.33에서 $(2B \times H_2)$의 범위를 보강범위로 한다(그림 5.39 참조).

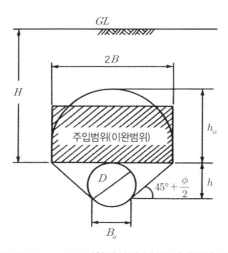

그림 5.39 Terzaghi 이완영역에 따른 지반보강 범위

2) 소성영역 보강

제2장에서 서술한 소성영역 $r = b$까지 보강함을 원칙으로 하며 다음의 두 가지 개념이 있다.

(1) 식 (2.15)에서 제시된 방법으로 b값을 구하되 p_i값은 지보재의 선택에 따른 내공-변위 제어법을 근간으로 추정한다.

(2) 지반 보강 후의 점착력을 c라 가정하고, 식 (2.15)에서 $\phi = p_i = 0$로 가정하고 b값을 구한다($p_i = 0$이면 내부마찰각에 의한 전단강도 증진 효과는 적음). 식 (2.15)로 b값을 구해보면 다음과 같은 식을 유도할 수 있다. 주입범위는 그림 5.40과 같다.

$$\ln b + \frac{b \cdot \gamma}{2c} = \frac{H\gamma}{2c} + \log a \tag{5.36}$$

여기서, γ : 지반의 단위중량

c : 지반 보강 후의 점착력

H : 지표면으로부터 터널 중심까지의 깊이

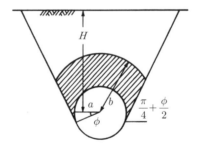

그림 5.40 소성론에 근거한 지반보강 범위

5.7 압력터널의 기본 개념

5.7.1 개 괄

용수공급을 위한 도수터널, 송수터널이나 수력발전용의 수로터널은 운영 중 수압으로 인하여 내압을('내수압'이라고 함) 받게 되며, 이를 압력터널이라고 한다. 이 압력터널은 시공 중의 안정성 확보차원과는 별도로 터널이 운영되는 과정에서 내수압을 고려하여야 한다. 압력터널은 라이닝을 시공하는 경우(lined tunnel)와 아예 라이닝 없이 1차 지보재 정도로 설계·시공을 마무리하는 무라이닝 터널의 두 가지를 혼용하여 채택한다. 무라이닝 터널은 피복두께가 충분하고 특히 신선암인 경우에 채택하며, 그렇지 않은 경우 어쩔 수 없이 철근콘크리트 라이닝이나 철판 라이닝을 설치한다.

압력터널의 주안점은 다음과 같다.

- 수밀 라이닝의 경우는 내수압이 모두 라이닝에 압력으로 작용한다(그림 5.41 참조).
- 투수가 어느 정도 가능한 라이닝이나 무라이닝의 경우는 이 내수압으로 인하여 침투수력이 지반에 작용된다. 이 침투수력은 물론 앞 절에서 일관되게 설명한 경우와 정 반대방향으로 작용한다(그림 5.41 참조).
- 특히, 내수압이 터널을 통과하는 지점의 초기 지중응력보다 크면 내수압에 의하여 암반 내의 절리를 더 확장시키는 현상(hydraulic fracturing)이나 또는 아예 피복지반을 들어주어 파괴되는 hydraulic jacking 현상이 발생할 수 있다. Hydraulic jacking 가능성이 있는 지반에서는 무조건 수밀 라이닝을 설치하여야 한다. 수밀 라이닝으로 고려될 수 있는 것은 철근콘크리트 라이닝이나 철관 라이닝이다. 무근콘크리트 라이닝이 내수압을 받는 경우 균열발생을 피할 수 없어 압력수는 이 균열부를 통하여 주변 암반으로 침투하게 된다. 이 절에서는 hydraulic jacking 현상만을 개념적으로 서술하고자 하며, 압력터널에 관한 상세한 사항은 Benson(1989), 이응천(1996), Fernandez(1994) 등의 문헌을 참조하기 바란다.

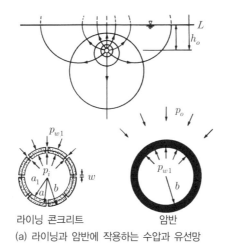

(a) 라이닝과 암반에 작용하는 수압과 유선망

그림 5.41 라이닝의 수밀성과 침투현상

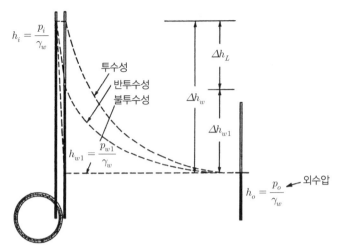

(b) 라이닝의 수밀성에 따른 압력수두분포

그림 5.41 라이닝의 수밀성과 침투현상(계속)

5.7.2 Hydraulic jacking에 대한 안정성

Hydraulic jacking은 내수압이 터널에 작용하는 초기 지중응력보다 클 때 일어나는 현상으로 이 현상은 어느 방향으로나 발생할 수 있다. 예를 들어서, 수평 암반지반에서는 연직방향으로 jacking될 수밖에 없으나, 계곡부 옆을 통과하는 터널의 경우는 계곡부 쪽으로 밀려나갈 수도 있다. 또한 이 터널 주위에 지하구조물이 존재하는 경우 침투수압으로 인하여 그림 5.42에서와 같이 지하구조물 부근의 블록이 밀려들어올 수도 있다.

설계 시에 일반적으로 적용되는 설계지침은 다음과 같다.

(1) 지표면이 수평인 경우

$$H_r = \frac{1.3\gamma_w H_w - \gamma_s H_s}{\gamma_r} \tag{5.37}$$

여기서, H_r : hydraulic jacking을 방지할 수 있는 암반피복

γ_r : 암반의 단위중량

γ_s : 표토부분 흙의 단위중량

H_s : 표토의 두께

H_w : 최대 압력수두(내수압/γ_w)

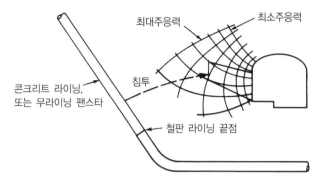

그림 5.42 침투압으로 인한 인근 지하구조물의 암반블록의 jacking

또는 표토가 존재하지 않는 암반지반의 경우는

$$H_r = \frac{1.3\gamma_w H_w}{\gamma_r} \tag{5.38}$$

(2) 경사지반의 경우

그림 5.43에서의 경사각도 θ로부터

$$H_r = \frac{1.3\gamma_w H_w}{\gamma_r \cos\theta} \tag{5.39}$$

경사각도 θ에 따른 피복두께비 설계지침이 그림 5.44에 표시되어 있다.

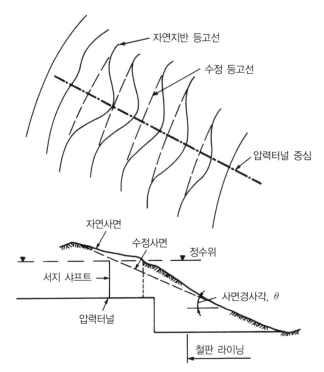

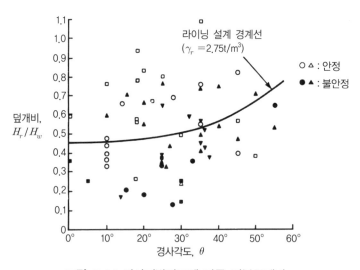

그림 5.43 경사지반에서의 hydraulic jacking 현상

그림 5.44 경사지반각도에 따른 피복두께비

참 고 문 헌

- 남석우, 이인모(2002), 터널굴진율을 고려한 막장에서의 침투력에 관한 연구, 한국지반공학회 논문집, Vol. 18, No. 5, pp.221~228.
- (사)한국터널공학회(1999), 터널설계기준, 제8장 배수 및 방수.
- (사)한국터널공학회(2008), 터널기계화시공: 설계편, 터널공학 시리즈 3.
- 이응천(1996), 압력수로 터널에서의 라이닝의 수리구조적 기능, 대한토목학회지, Vol. 44, No. 2 pp.30~41.
- 이인모, 김용진, 이명재, 남석우(1993), 터널 설계 시 지하수의 고려방안, 한국지반공학회 봄 학술발표회 논문집.
- 이인모, 남석우, 이명재(1994), 정상류 조건하의 토사터널의 해석 및 설계, 한국지반공학회지, Vol. 10, No. 2, pp.41~56.
- 정형식, 김승렬, 이인모, 김교원, 배규진, 오병환, 이상덕, 박봉기(1997), 서울 지하철 터널 방수개념 정립을 위한 연구, 대한토목학회, 연구보고서.
- 정형식, 이인모, 김주봉, 김승렬, 문상조, 이형주(1998), 통신구 터널의 방수설계 기술연구, 한국전기통신공사, 연구보고서.
- Anagnostou, G.(1995), The influence of tunnel excavation on the hydraulic head, Int. J. Num. & Analy. Meth. in Geomech., Vol. 19, pp.725~746.
- Barton, N.(2002), Some new Q-value correlations to assist in site characterization and tunnel design, Int. J. Rock Mech. & Min. Sci., Vol. 39, pp.185~216.
- Benson, R. P.(1989), Design of unlined and lined pressure tunnels, Tunnelling and Underground Space Tech, Vol. 4, No.2, pp.155~170.
- Eisenstein, Z. E.(1994), Large undersea tunnels and the progress of tunnelling technology, Tunneling and Underground Space Tech. Vol. 9, No. 3, pp.283~292.
- Fernandez, G.(1994), Behavior of pressure tunnels and guidelines for liner design, J. of Geotech. Eng, ASCE, Vol. 120, Vol.10, pp.1768~1791.
- Goodman, R., D., Schalwyk, A. and Javandal, I.(1965), Groundwater inflow during tunnel driving, Engrg. Geol., Vol. 2, pp.39~56.
- Karlsrud, K.(2002), Control of water leakage when tunnelling under areas in the Oslo region (Chap. 4), Water Control in Norwegian Tunnelling, No. 12, Norwegian Tunnelling Society.
- Lee, In-Mo and Nam, Seok-Woo(2001), The study of seepage forces acting on the

tunnel lining and tunnel face in shallow tunnels, Tunnelling and Underground Space Tech, Vol. 16, pp.31~40.

- Lee, In-Mo, Nam, Seok-Woo, and Ahn, Jae-Hun(2003), Effect of seepage forces on tunnel face stability, Canadian Geotech. J., Vol 40, No. 2, pp.342~350.
- Pöttler, R., Hagemneister, A., Schweiger, H. F., and Faust, P.(1994), Influence of tunnel drive on groundwater level, Computer Method and Advances in Geomechanics edited by Siriwardane and Zaman, Balkema, Rotterdam.
- Zhang, L. and Franklin, J. A(1993), Prediction of water flow into rock tunnels : an analytical solution assuming an hydraulic conductivity gradient, Int. J. Rock Mech. & Min. Sci. & Geomech. Abstr., Vol. 30, No. 1, pp.37~46.

제6장

터널의
구조지질학적
해석

제6장
터널의 구조지질학적 해석

Note 이 단원을 공부하기 전에 『암반역학의 원리』 중 제5장 '불연속면 역학편'을 반드시 숙지하기
를 바란다.

6.1 서 론

이제까지 일관되게 전개해온 터널의 기본이론은 근본적으로 연속체역학에 근간을 둔 경우
로서 불연속면이 거의 존재하지 않는 신선한 암(intact rock)이거나, 아니면 이와 정반대로
절리가 아주 많이 발달되어 있어 암반(rock mass)으로 볼 수 있는 지반, 또는 토사터널을 염
두에 둔 이론 전개였음을 다시 한 번 밝혀둔다. 연약지반에 건설하는 도심지 터널은 주로 이
범주에 속한다.

반면에, 지질구조(structurally-controlled)가 지하구조물의 안정성을 지배하는 경우는
역시 지하공간 상에 몇 개의 불연속면이 존재하는 경우이며, 이 불연속면의 조합으로 이루어
지는 블록의 이동 가능성으로 안정성을 검토하게 된다. 이 경우는 깊은 심도에 건설되는 지하
구조물, 또는 풍화가 거의 진행되지 않은 산악에 터널을 굴착하는 경우 등이 해당된다. 물론
이 경우 암반사면 안정해석과 마찬가지로 불연속면역학이 안정성해석에 주로 사용된다. 그러
나 암반사면에서의 불연속면역학 적용에 비하여 지하구조물에서의 불연속면역학 이용은 근본
적인 차이가 존재한다. 암반사면에서는 사면의 경사각이 일정한 경우이다. 즉, 자유면(또는

절취면)의 경사각이 하나이다. 그러나 터널의 경우 폐합형으로 이루어져 있으므로 자유면의 경사각도가 위치에 따라 계속 변한다. 예를 들어서, 지하 구조물의 형상을 편의상 그림 6.1과 같이 8각형으로 보는 경우에도 자유면의 경사각은 천정(crown)부터 인버트(invert, 바닥)까지 계속 변한다는 것이다.

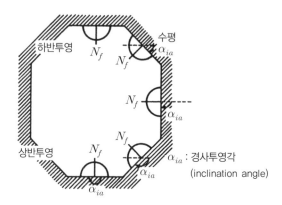

그림 6.1 터널의 단순화(8각형 터널)

불연속면의 조합으로 이루어지는 블록은 최소 3개 이상의 불연속면과 1개 이상의 자유면으로 이루어진다. 이때, 모든 블록이 파괴 가능성을 갖는 것이 아니다. 그림 6.2에서 보여주는 것과 같이 블록의 형상은 여러 모양이 가능하며, 이때 문제가 되는 것은 그림 6.2(e)의 키블록(key block)이다.

그림 6.2 블록의 형상과 키블록

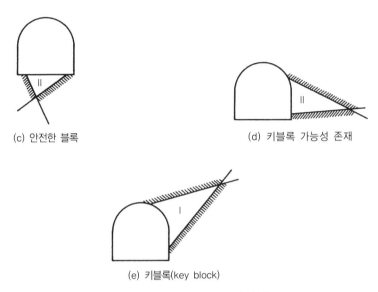

(c) 안전한 블록   (d) 키블록 가능성 존재

(e) 키블록(key block)

그림 6.2 블록의 형상과 키블록(계속)

암반사면 안정론(『암반역학의 원리』 8장)에서 사면파괴 가능성은 스테레오 투영에 의하여 평가하고, 파괴 가능한 파괴형태에 대하여 힘의 평형을 이용하여 안정해석을 하는 '운동학적 평가＋안정성 해석' 방법을 간편성 때문에 가장 빈번히 이용한다고 하였다.

이 방법은 사면의 경우 전술한 대로 자유면의 경사각이 하나이기 때문에 가능했고, 자유면이 수없이 많은 지하구조물의 경우는 이 방법을 적용하기가 쉽지 않다. 『암반역학의 원리』 중 9.2절에 가장 단순한 예로서 이 방법을 적용하여 천정부에서의 불연속면의 안정 가능성을 평가하는 방법을 예시하였다. 천정부 이외의 절취면에서의 안정 가능성을 위해서는 필히 블록이론(block theory)을 근간으로 한 벡터해법을 이용하여 블록의 이동 가능성을 평가하고 안정성 해석을 할 수밖에 없다.

다음 절에서는 블록이론을 간략히 서술하고 이를 이용하여 터널의 안정성 평가를 실시하는 예를 서술하고자 한다. 블록이론은 단순히 키블록을 찾아내고 키블록에 대한 안전율을 구하는 것으로, 이 이론을 적용하여도 터널에서의 변위는 구할 수가 없다. 지반을 '블록＋불연속면'으로 모델링하여 응력뿐만 아니라 변위 예측도 가능한 것이 소위 개별요소법(Distinct Element Method, DEM)이다. 6.2절의 블록이론에 이어서 6.3절에서는 DEM을 간략히 소개하고자 한다.

6.2 블록이론(Block Theory)을 이용한 터널의 안정성 평가

6.2.1 서 론

(기본 요구조건) 블록이론을 적용하기 위해서는 『암반역학의 원리』 5장에 근거하여 불연속면에 대한 평가가 먼저 이루어져야 하며 다음을 기본 물성으로 구해야 한다.

- 대표적인 불연속면의 경사방향 및 경사
- 가능하면 불연속면의 간격과 빈도
- 불연속면의 전단강도(ϕ 및 c값)

블록이론은 Shi 박사가 제안한 방법이다. 이는 소위 'Shi 법칙'에 근거하여 이동 가능한 블록을 찾아내고, 이동 가능한 블록에 대하여 힘의 평형조건으로부터 안정성을 정량적으로 평가하며, 안전율이 부족할 경우 록볼트나 숏크리트로서 보강을 해주어 소요의 안전율이 확보되도록 하는 방법이다.

하나의 블록은 근본적으로 3차원 공간에서 3개 이상의 불연속면과 1개 이상의 절취면으로 형성된다. 만일 정확히 세 개의 불연속면과 1개의 절취면으로 블록이 형성되었다면 다음 그림과 같이 사면체로 블록이 형성될 것이다.

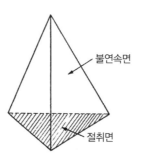

절취면이 1개인 평면파괴 또는 쐐기파괴의 가능성이 있는 암반사면은 스테레오 그래프 상에서 daylight envelope을 이용하여 이동 가능성을 평가하나, 절취면이 다수인 경우는 다음에 서술되는 'Shi의 법칙'을 이용한다. 이 법칙을 알기 쉽게 설명하기 위하여 그림 6.3에 표시한 것과 같이 plane strain 조건을 갖는 2차원 문제를 중심으로 그 개념을 서술할 것이다.

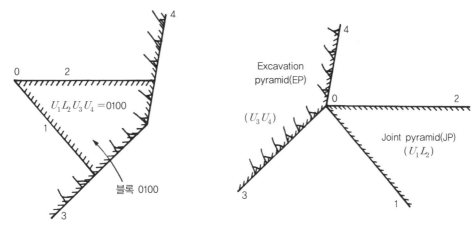

(a) 2개의 불연속면과 2개의 절취면을 가진 이동 가능 블럭   (b) Joint pyramid(JP)와 Excavation pyramid(EP)

그림 6.3 유한 블록에의 Shi 이론 적용(2차원 문제의 경우)

1) Shi의 법칙(블록의 이동 가능성 평가)

그림 6.3(a)를 보면 블록은 1, 2의 두 불연속면과 3, 4의 두 절취면으로 이루어져 있다. 이를 더 상세히 살펴보면 1번 절리의 상부(U_1, U는 upper를 뜻함), 2번 절리의 하부(L_2, L은 lower를 뜻함), 3번 절취면의 상부(U_3), 4번 절취면의 상부(U_4)로 이루어진 블록으로서 '$U_1 L_2 U_3 U_4$'로 표시되며, 상부 쪽을 '0'으로 하부 쪽을 '1'로 표시하면 다음과 같이 간략하게 도 표시할 수 있다.

$$U_1 L_2 U_3 U_4 = 0100$$

이제 모든 면이 '0'점을 지나도록 평행이동을 하면 그림 6.3(b)와 같이 된다. 그림에서 1, 2로 이루어진 피라미드는 절리로만 형성되었으므로 Joint Pyramid(JP)라고 명명하며, 3, 4로 이루어진 것은 Excavation Pyramid(EP)라고 한다[반면에 절취되어 없어진 부분은 Space Pyramid(SP)라고 함].

그림 6.3(a)를 보면 블록 0100은 이동 가능함을 직관으로 알 수 있다(즉, 유한 블록이다). 다시 그림 6.3(b)를 보면 JP와 EP는 점 '0'을 제외하고는 전혀 겹치는 부분이 없다. 즉, 다음과 같이 표시할 수 있다.

$$JP \cap EP = \phi$$

따라서 Shi의 법칙은 다음과 같이 정리할 수 있다.

'하나의 블록은 그 블록을 이루는 Joint Pyramid와 Excavation Pyramid가 전혀 겹치지 않을 때, 즉 $JP \cap EP = \phi$일 때 이 블록은 유한하다(또는 이동 가능성이 있다).'

한편, 그림 6.4(a)는 무한 블록(infinite block)을 보여준다. 이 블록은 직관적으로 보아도 절취면으로 이동하는 것이 불가능하다. 조인트 1과 조인트 2를 연장하여 만나는 점을 '0'라 하고 모든 면을 이 점을 통과하도록 평행이동하면 그림 6.4(b)와 같이 된다. 이 그림에서 보면 JP는 EP의 부분집합이다. 즉, $JP \subset EP$이다. 따라서 $JP \cap EP \neq \phi$이므로 이 블록은 무한 블록임을 알 수 있다.

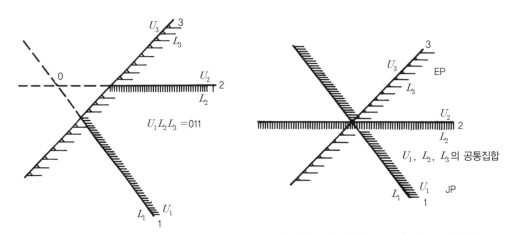

(a) 2개의 불연속면과 1개의 절취면을 갖는 무한 블럭   (b) 1개의 JP와 1개의 EP U_1, L_2, L_3의 공통집합

그림 6.4 무한 블록에의 Shi 이론 적용(2차원 문제의 경우)

위에서 제시한 예는 plane strain 조건 하에서의 2차원 문제인 경우이다. 전술한 대로 블록은 최소한 3개 이상의 절리면과 1개 이상의 절취면으로 이루어진다. 즉, 그림 6.3에서 보여준 것과 같은 4각(또는 3각)기둥이 아니라, 실제로는 사면체 이상으로 이루어진 3각뿔 형태를 띠게 된다. 이러한 3차원 상에서 표시되는 블록의 이동 가능성을 평가하기 위해서는 블록을 2차원으로 이루어진 평면에 표시하여야 하는데, 3차원 절리를 2차원으로 표시하는 것이 『암반역학의 원리』 제5장에서 소개한 스테레오 네트를 이용한 투영법이다.

2) 구조 지질학적 안정성 검토 단계

구조 지질학적인 접근법으로 지하구조물의 안정성을 검토하는 단계를 열거하면 다음과 같다.

- 1단계 : 현장 조사를 토대로 대표 절리군 결정(『암반역학의 원리』 제5장)
- 2단계 : 소요 지하구조물에 대하여 이동 가능한 블록(즉, 키블록)을 구함

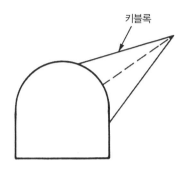

- 3단계 : 2단계에서 구한 키블록의 체적과 중량을 구하고 이로부터 미끄러짐 면에 작용하는 전단력과 전단저항력을 구함. 이렇게 구한 전단력 및 전단저항력으로부터 안전율을 구함
- 4단계 : 3단계에서 구한 안전율이 소요 안전율에 미치지 못할 경우 록볼트나 숏크리트 등 으로 지보재 보강

다음 절에서는 스테레오 투영법을 이용하여 이동 가능한 블록을 평가하는 방법을 서술하고 자 하는바, 이는 위의 네 단계 중에서 제2단계이며, 이 단계에 대한 평가도 스테레오 투영을 이용하는 것은 쉽지가 않다. 더욱이 3, 4단계를 스테레오 투영법을 이용하여 분석하는 것은 더 더욱 어렵다. 따라서 2~4단계를 일련하여 벡터해법을 이용하여 분석하는 것이 일반적이다.

벡터해법을 이용하여 이를 Shi 박사가 프로그램화하였으며, 이를 더욱 쉽게 이용할 수 있도 록 개발된 프로그램이 캐나다 토론토대학에서 개발한 'UNWEDGE'이다.

벡터해법은 공업수학을 근간으로 하며, 이를 상세히 서술하는 것은 이 책에서는 생략하고자 하는바, 관심 있는 독자는 Goodman and Shi(1985)의 저서를 참조하길 바란다. 따라서 다음 절에서는 독자들로 하여금 물리적인 의미를 이해할 수 있도록 스테레오 투영법을 이용하여 이 동 가능한 블록을 찾는 방법을 간략히 서술하고자 한다. 스테레오네트 상에 Joint Pyramid와 Excavation Pyramid를 그리고 두 피라미드 사이에 공통되는 부분이 없는 블록을 찾아내면 이 블록이 이동 가능한 블록이 된다.

6.2.2 스테레오 투영법을 이용한 블록의 이동 가능성 평가[*]

1) 상반 스테레오 투영법

　스테레오 투영법은 『암반역학의 원리』 중 5.3.1절에 상세히 서술되어 있으므로 본 단원을 공부하기 전에 이 절을 숙지하기 바란다. 다만, 5.3.1절에서 이용한 투영법은 북극을 원점으로 하는 하반등각투영이었다(『암반역학의 원리』 그림 5.19).

　이에 반하여 이동 가능 블록을 찾기 위한 투영법은 주로 남극을 원점으로 하는 상반등각투영법이다. 하반과 상반투영의 차이점은 그림 6.5에 잘 나타나 있다. 그림 6.5의 (a)가 하반투영법이며, 이에 반하여 상반투영도는 그림 6.5의 (b)에 표시되어 있다.

　그림에서 보듯이 상반투영을 하게 되면 대원이 하반의 경우에 비하여 180° 회전한 반대방향으로 표시됨을 알 수 있다.

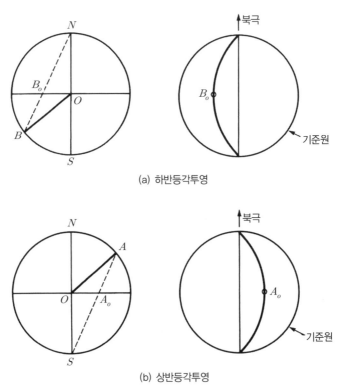

(a) 하반등각투영

(b) 상반등각투영

그림 6.5 상반 및 하반 스테레오 투영법

---

[*] 이 부분을 건너뛰고 공부하여도 전체 흐름을 이해하는 데 문제 없음.

그림 6.6은 $\alpha_d/\beta_d=90°/30°$인 불연속면을 상반 스테레오네트에 투영한 결과를 보여주고 있다. 하반투영의 경우와는 정반대로 기준원(reference circle)의 왼쪽에 대원이 그려진다. 또한 대원은 기준원(reference circle) 안에 존재하는 부분만을 그리는 것이 아니라, 그림에서와 같이 기준원 외곽부분도 그려주어야 한다.

기준원의 원의 중심을 O, 반경을 R이라 하고, 대원의 중심을 C, 반경을 r이라 하면 OC는 다음과 같이 구할 수 있다.

$$OC = R\tan\beta_d \tag{6.1}$$

또한 대원의 반경 r은 다음과 같다.

$$r = R/\cos\beta_d \tag{6.2}$$

기본원이나 대원의 내부에 존재하는 점은 상반으로 향하는 선분을 말하며, 반대로 외부는 하반으로 향하는 선분을 말한다.

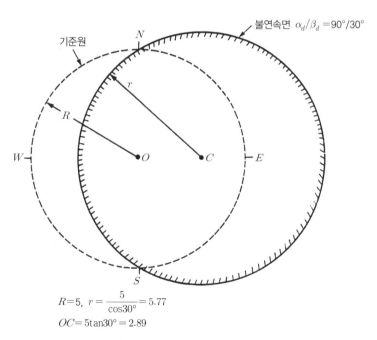

$R=5$, $r = \dfrac{5}{\cos 30°} = 5.77$

$OC = 5\tan 30° = 2.89$

그림 6.6 상반 스테레오 투영의 예

2) 블록의 이동 가능성 평가

상반 스테레오 투영법을 이용한 블록의 이동 가능성의 평가방법은, 일례로서 다음과 같은 예제를 통하여 설명하고자 한다.

(1) 불연속면

지하구조물을 건설하고자 하는 지역에 다음과 같은 세 가지의 불연속면이 존재한다.

① 층리 $\alpha_1/\beta_1 = 90°/30°,$ $\phi_1 = 25°$

② 전단면 절리 $\alpha_2/\beta_2 = 45°/60°,$ $\phi_2 = 16°$

③ 주절리 $\alpha_3/\beta_3 = 330°/20°,$ $\phi_3 = 35°$

위의 세 절리에 대한 스테레오 투영을 그리면 그림 6.7과 같다. 그림에서 세 절리의 대원으로 둘러싸인 것들이 각각의 Joint Pyramid를 의미한다. 예를 들어서 ABC로 이루어진 Pyramid는 옆 그림 형상을 띤다.

이는 '절리 1'의 내부에 '절리 2'의 외부에, '절리 3'의 내부에 존재하므로 '010' Pyramid이다. 그림 6.7을 자세히 보면 8개의 Joint Pyramid가 존재함을 알 수 있다.

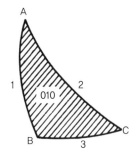

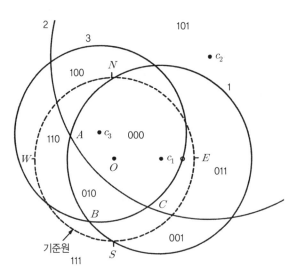

그림 6.7 3개의 대원과 이로 이루어진 Joint Pyramid

(2) 지하구조물

가장 단순한 예를 들어서 이동 가능한 블록을 찾아내는 방법을 서술하고자 한다. 위에서 서술한 3개의 절리로 이루어진 지반에 다음과 같이 정사각형의 지하구조물을 건설한다고 하자. 이 구조물의 종단은 수평이며, 터널의 축은 N21°E을 향하고 있다. 즉, 지하구조물의 트렌드/플런지는 $\alpha/\beta = 21°/0°$이다.

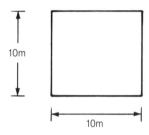

인버트에서의 유한 블록

인버트에서는 다음 그림과 같이 인버트를 중심으로 하반 쪽이 Excavation Pyramid(EP)가 된다.

이를 스테레오 상에서 보면 다음 그림과 같이 기준원의 바깥 부분이 된다.

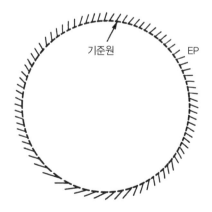

앞에서 서술한 대로 Shi의 법칙에 의하면 JP와 EP 사이에 공통부분이 없는 경우, 즉 JP∩EP = φ을 만족하는 블록이 유한 블록이다. 그림 6.7에서 인버트는 기준원 바깥부분을 의미하므로, JP는 반대로 기준원 안쪽에 위치한 블록이어야 한다. 즉, ABC로 이루어진 JP010이 유한 블록이 된다(그림 6.8 참조). 이 유한블록은 21°/0°로 뻗어 있는 지하구조물의 인버트와 만나는 블록이므로 이 블록의 형상은 다음과 같이 예측할 수 있다. 스테레오 투영도에서 표시되는 JP의 코너 부분은(예를 들어 그림 6.8에서 A, B, C) 실제의 형상에서는 두 평면의 교선을 의미한다. 즉, 블록의 모서리(edge) 부분을 의미한다. 이 교선이 N21°E만큼의 축방향을 갖고 있는 지하구조물과 만나는 형상은 다음 그림 6.9(a)을 이용하여 예측할 수 있다.

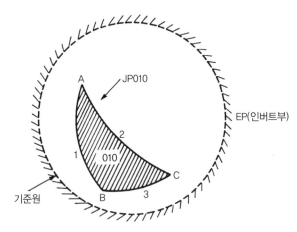

그림 6.8 인버트 부의 EP와 유한블록(JP010) 도해

스테레오 투영을 보면 A 모서리는 지하구조물 단면과 27°를 이루고 이때의 JP는 이 모서리의 상반 쪽에 위치하며, 또한 C 모서리는 24°의 각도로 역시 이 모서리의 상반 쪽에 위치한다. 이 모서리를 나타낸 것이 그림 6.9(b)이며, 이를 지하구조물과 함께 나타낸 것이 그림 6.9(c)이다. 여기서, B 모서리는 2차원으로는 나타낼 수가 없으며, 3차원 공간, 즉 터널 축방향 상에 나타낼 수 있는 모서리가 된다.

한편, JP010가 지하구조물 바닥면에 투영되는 모양을 구하고자 하면 그림 6.10으로부터 구할 수 있다. 그림 6.10(a)는 각 절리를 평면상에 나타낸 것이다(Plan View). JP010은 절리 1의 상반, 절리 2의 하반, 절리 3의 상반을 나타내므로 그림 6.10(b)의 형상을 띨 것이다. 물론 이 블록의 크기는 한없이 커질 수 있는 것이 아니라 N21°E의 방향에서 본 모서리의 최대 크기까지 커질 수 있다(그림 6.9(c) 참조). JP010은 유한 블록임에는 틀림없으나, 바닥면 하부에 위치하므로 파괴 가능성은 전혀 없는 블록이다. 즉, 키블록이 아니다.

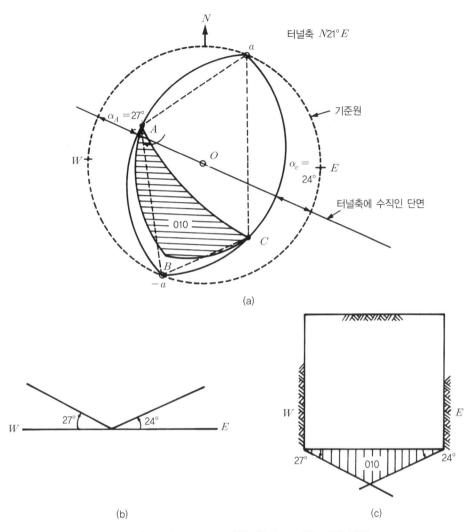

터널축 N21°E

기준원

터널축에 수직인 단면

(a)

(b)

(c)

그림 6.9 JP010에 대한 최대 크기의 유한 블록

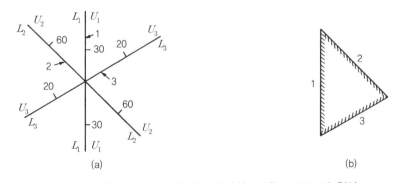

(a)

(b)

그림 6.10 터널 인버트 부에서 보이는 JP010의 형상

천정부에서의 이동 가능 블록

천정부의 EP는 기준원 내부를 의미하므로 이동 가능한 블록은 그림 6.7에서 기준원 밖에 있는 JP가 된다. 그림 6.11(a)로부터 JP101이 이동 가능한 블록임을 알 수 있다. 천정부에서의 블록의 형상은 그림 6.11(b)로부터 구할 수 있다. JP101은 인버트 부분과는 정반대로 절리 1의 하반, 절리 2의 상반, 절리 3의 하반을 나타내므로 그림 6.11(c)의 모습을 띨 것이다. 이 블록의 형상은 위에서 아래쪽으로 바라본 형상이며, 이를 아래에서 천정 쪽으로 바라본 형상은 그림 6.11(d)와 같다.

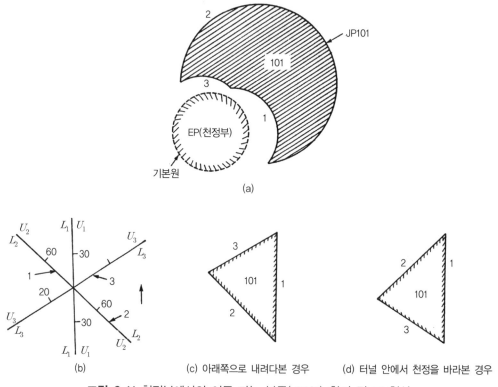

(a)

(b)   (c) 아래쪽으로 내려다본 경우   (d) 터널 안에서 천정을 바라본 경우

그림 6.11 천정부에서의 이동 가능 블록(JP101) 찾기 및 그 형상

오른쪽 벽에서의 이동 가능 블록

지하구조물 오른쪽 벽은 $21°/0°$의 축 오른쪽이 EP가 되므로 그림 6.12에서와 같이 JP100이 이동 가능한 블록이 된다. 블록의 형상은 그림 6.13(a)로부터 각 절리가 $21°/0°$에 수직인 단면과 만나는 각도를 구하고 이를 그림 6.13(b)와 같이 표시한 뒤에 절리 1의 하반, 절리 2의 상반, 절리 3의 상반을 구하면 그림 6.13(c)의 형상을 구할 수 있다. 이를 터널 내부에서의 형상으로 바꾸어주면 그림 6.13(d)와 같다.

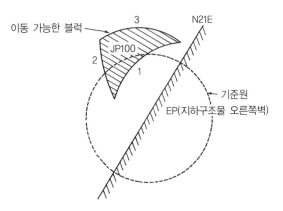

그림 6.12 오른쪽 벽에서의 이동 가능한 블록

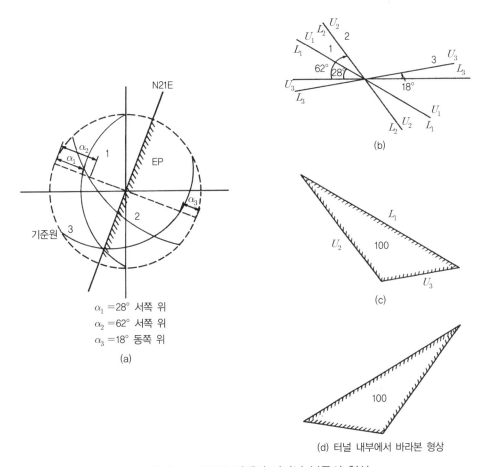

$\alpha_1 = 28°$ 서쪽 위
$\alpha_2 = 62°$ 서쪽 위
$\alpha_3 = 18°$ 동쪽 위

(a)

(b)

(c)

(d) 터널 내부에서 바라본 형상

그림 6.13 오른쪽 벽에서 나타난 블록의 형상

(3) 터널에서의 이동 가능한 블록

옆 그림과 같은 원형 터널의 경우에의 Excavation Pyramid는 터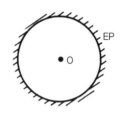널 축에 평행인 한 어느 방향에서도 존재할 수 있다.

이는 전술한 정사각형 터널의 경우 EP는 천정 상부, 인버트 하부, 측벽의 바깥부분 2곳을 포함하여 4영역에 불과한 것과 대조를 이룬다. 따라서 원형 터널의 경우 Excavation Pyramid는 모든 방향으로 가능하므로 거의 모든 JP는 이동 가능성을 갖고 있다고 볼 수 있다(다만, 소위 tunnel axis theorem에 의해 터널축을 포함하는 JP는 이동 가능 블록이 될 수 없음. 즉, 그림 6.15에서 a, −a점을 통과하는 블록). 따라서 가능한 모든 JP에 대하여 이동 가능성을 평가해야 하며, 이때 JP∩EP= ϕ 를 만족하는 JP를 찾음으로써 이동 가능성을 평가하는 것이 아니라 소위 '최대 크기의 이동 가능한 블록'을 각각의 JP에 대하여 구함으로서 키블록을 찾을 수 있다.

비교적 단순한 예로서 그림 6.14에서 보여주는 것과 같은 일종의 마제형 터널을 생각해보자. 이 터널의 천정부 위에 그림과 같은 절리가 있는 경우 일반적으로 절리의 크기와 간격은 알 수가 없으므로 그림에서와 같이 같은 절리로도 작은 크기부터 큰 크기의 블록이 모두 키블록이 될 수 있다. 이때 설계자로서는 블록의 정확한 위치와 크기를 알 수 없는 한 이동 가능한 블록 중에서 가장 큰 크기의 블록이 존재한다고 가정할 수밖에 없다. 따라서 최대 크기의 이동 가능 블록인 ABD 블록을 키블록으로 보고 설계한다. 전술한 대로 최대 크기의 이동 블록은 그림 6.7에 표시된 모든 Joint Pyramid에 대하여 스테레오 투영법을 이용하여 구한다. 그중 한 예가 JP010에 대하여 그림 6.9의 그림을 중심으로 인버트에서의 최대 크기의 유한 블록을 구한 것이었다.

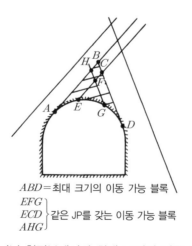

ABD=최대 크기의 이동 가능 블록
EFG
ECD }같은 JP를 갖는 이동 가능 블록
AHG

그림 6.14 터널 천정부에서의 최대 크기의 이동 가능한 블록

또한 예로 JP001에 대한 최대 크기의 이동 가능한 블록을 찾아보자. JP001에 대한 스테레오 투영결과가 그림 6.15에 표시되어 있다.

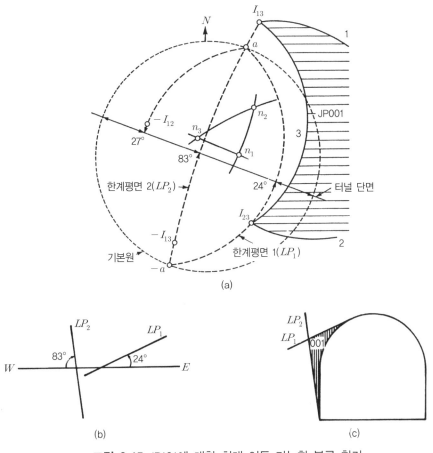

그림 6.15 JP101에 대한 최대 이동 가능한 블록 찾기

그림에서 절리 1과 2의 교선인 I_{12}는 기준원 밖에 있으므로(하반에 존재하므로) 반대방향의 벡터인 $-I_{12}$를 기준원 안에 그릴 수 있다. $-I_{12}$는 n_1, n_2 수직 벡터로 이루어진 공통평면의 등가극점이다. N21°E의 트렌드를 갖는 마제형 터널에 대한 최대 크기의 블록은 그림에서와 같이 I_{23}과 I_{13}을 통과하는 대원들임을 알 수 있다. I_{23}을 통과하는 대원(한계평면1)은 동쪽에서 위쪽으로 24°, I_{13}을 통과하는 대원(한계평면2)은 서쪽위 83°이다. 이를 그림으로 나타내면 그림 6.15(b)와 같다.

한편 그림 6.15(a)에서 JP001은 한계평면 1의 바깥쪽에, 또한 한계평면 2의 안쪽에 존재하므로 그림 6.15(c)에서와 같이 한계평면 1의 하부와 한계평면 2의 상부로 이루어진 키블록을 그릴 수 있다(또 하나의 코너는 물론 − I_{12}로서 이는 서쪽 아래로 27°이므로 한계평면이 될 수 없다).

그림 6.15(a)에서 a, −a점을 포함하는 Joint Pyramid인 JP000와 JP111을 제외한 모든 JP에 대하여 같은 방법으로 스테레오 투영법을 이용하여 최대 크기의 이동 가능한 블록을 구해야 하며, 그 결과가 그림 6.16에 나타나 있다. 그림에서 보면 JP101, JP100, JP001이 키블록으로서 파괴 가능성이 있는 것으로 평가된다. 그림 6.16에 표시한 것은 2차원 상에 표시된 JP로서 제3의 모서리까지 포함한다면 이동 가능한 블록을 3차원 상에 표시하는 것도 가능하다.

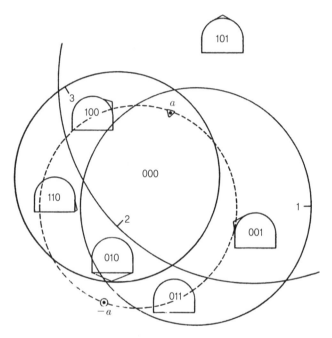

그림 6.16 주어진 터널 형상에 대한 각 JP의 최대 크기의 이동 가능한 블록의 형상

[예제 6.1] 정사각형 형태의 지하구조물을 건설하고자 하는 현장에서 불연속면 조사를 실시한 결과 다음과 같은 세 개의 대표 절리를 얻을 수 있었다.

대표절리 : ① 70°/30°, ② 140°/50°, ③ 270°/60°

지하구조물은 수평이며 동서방향으로 설치하고자 한다. 즉, 지하구조물 축의 트렌드/플런지＝90°0°이다.

(1) 지하구조물의 북쪽방향의 연직벽($\alpha_d / \beta_d = 90°90°$)에서 이동 가능한 블록을 구하라.

(2) 지하구조물의 남쪽방향의 연직벽($\alpha_d / \beta_d = 90°90°$)에서 이동 가능한 블록을 구하라.

(3) 북쪽 연직벽에서 나타나는 블록의 형상을 그려라(단, 터널 안쪽에서 벽을 바라보았을 때 보이는 형상).

[풀이]

세 개의 절리에 대한 스테레오 투영 결과는 (예제 그림 6.1.1)과 같다.

$R = 5.3$	$r = \dfrac{R}{\cos\beta}$	$OC = R\tan\beta$
$\alpha_1 / \beta_1 = 70°/30°$	6.12	3.06
$\alpha_2 / \beta_2 = 140°/50°$	8.15	6.32
$\alpha_3 / \beta_3 = 270°/60°$	10.6	9.18

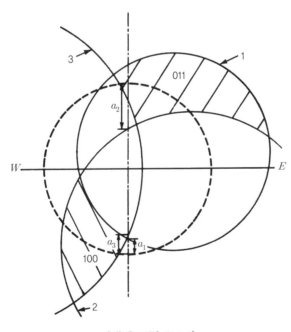

(예제 그림 6.1.1)

(1) 북쪽벽은 그림에서 wall로 표시된 선(WE선)의 위쪽이 EP이므로 JP ∩ EP = φ인 JP는 JP100이다.

(2) 남쪽벽은 wall로 표시된 선(WE 선)의 아래쪽이 EP이므로 JP ∩ EP = φ인 JP는 JP011

이다.

(3) (예제 그림 6.1.1)을 통해서 α_1, α_2, α_3를 찾아보면 다음과 같다.

구분	각도(°)	방향
α_1	12°	N
α_2	42°	S
α_3	14°	N

위의 표를 통해서 블록의 형상을 알아보면 다음과 같다.

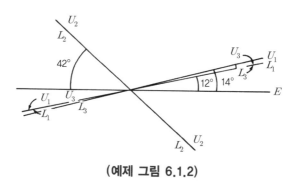

(예제 그림 6.1.2)

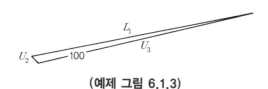

(예제 그림 6.1.3)

(예제 그림 6.1.3)을 터널 안쪽에서 북쪽으로 바라본 형상으로 바꾸어주면 (예제 그림 6.1.4)와 같다.

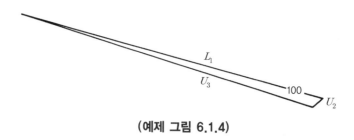

(예제 그림 6.1.4)

[예제 6.2] 원형으로 된 터널을 트렌드/플런지＝20°/0°의 방향으로 굴착하고자 한다. 이 지역에 존재하는 불연속면은 앞의 예제와 동일하다. 대표적으로 JP101의 Joint Pyramid에 대한 최대 크기의 이동 가능한 블록을 구하고 이를 터널 단면에 표시하라.

[풀이]

예제 6.1의 (예제 그림 6.1.1)을 통하여 JP101에 대한 스테레오넷 투영결과는 (예제 그림 6.2.1)과 같다. 트렌드/플런지＝20°/0°의 원형 터널에 대한 최대 크기의 블록은 그림에서와 같이 I_{23}과 I_{13}을 통과하는 대원들임을 알 수 있다. I_{13}을 통과하는 대원은 동쪽에서 위쪽으로 28°, I_{23}을 통과하는 대원은 서쪽 위 78°이다. 이를 그림으로 나타내면 (예제 그림 6.2.2)와 같다. 한편 (예제 그림 6.2.1)에서 JP101은 한계 평면 1의 바깥쪽에, 또한 한계평면 2의 안쪽에 존재하므로 (예제 그림 6.2.3)에서와 같이 한계평면 1의 하부와 한계평면 2의 상부로 이루어진 키블록을 그릴 수 있다.

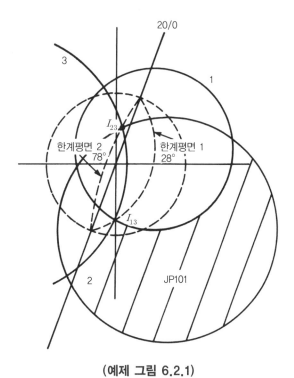

(예제 그림 6.2.1)

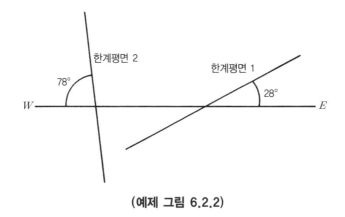

(예제 그림 6.2.2)

LP$_1$

JP101

LP$_2$

(예제 그림 6.2.3)

6.2.3 벡터해법

스테레오 투영법을 이용하여 그림 6.16과 같은 해석결과를 얻어서 JP101, JP100, JP001이 키블록이 되는 것으로 해법을 구하였다고 해석이 끝나는 것이 아니다. 6.2.1절에서 소개한 4 단계 중 두 번째 단계가 끝난 것이며, 이 결과로부터 구한 키블록에 대하여 블록의 3차원 형상을 구하고 이 3차원 형상으로부터 블록의 체적 및 중량을 구해야 한다. 또한 이 키블록들의 파괴 모드도 구해야 한다. 예를 들어서 JP101은 천정에 위치한 블록이므로 블록의 중량에 의한 낙반 모드로 파괴가 일어날 것이며, 반면에 JP100, JP001은 미끄러짐 파괴의 가능성이 큰 것으로 생각된다. 미끄러짐 파괴의 경우에도 암반사면 안정론에서 서술한 것과 같이 단일 절리면에 의한 파괴도 있을 수 있고 두 절리면을 통한 일종의 쐐기파괴 가능성이 있을 수도 있다. 이는 온전히 키블록의 형상과 위치에 따라 결정된다.

그림 6.16에 표시된 스테레오 투영도는 불연속면이 3개에 불과한 경우이었으나 실제의 현 장문제에서는 이보다 훨씬 많은 대표 절리가 존재하는 것이 더 흔할 것이다. 따라서 이러한 일

련의 문제들을 스테레오 투영법만을 이용하여 해결하고자 하는 것은 사실상 불가능에 가깝다. 다만, 앞 절에서 스테레오 투영법을 비교적 상세히 소개한 이유는 독자들로 하여금 구조 지질학적 해석법에 대한 물리적인 의미를 이해하도록 유도하기 위함이었다.

앞에서 서술한 여러 단계의 해법들은 벡터개념을 사용하면 해결할 수 있다. 불연속면 및 절취면을 벡터를 이용하여 표시할 수 있기 때문이다. 이 벡터해법은 그 자체가 책 한권을 이룰 정도로 방대하기 때문에 이 책에서의 서술은 생략하고자 한다. 블록 이론을 벡터해법으로 해결하여 상용화된 프로그램 중 하나가 캐나다 토론토대학에서 개발한 'UNWEDGE'이다. 상업화되지는 않았으나 Shi 박사도 기본적으로 모든 해법을 프로그램화한 것으로 알고 있다.

6.2.4 지보재의 선택

키블록 파괴가 주종을 이루는 구조지질학적 해법의 경우 키블록의 파괴를 방지할 수 있는 가장 유효한 지보재는 록볼트이며, 숏크리트도 어느 정도의 역할은 할 수 있다. 절리가 다수 존재하여 암반역학(rock mass)으로 해결하여야 하는 지반에서는 전면접착형 록볼트가 주로 이용되나 키블록 문제의 경우에는 선단에서만 정착시키는 앵커볼트(선단 접착형 록볼트)도 유효하게 사용된다.

1) 록볼트의 저항력

(1) 앵커볼트의 경우

앵커볼트는 그림 6.17(a)에 표시된 바 앵커볼트의 저항력을 지배하는 요소는 다음과 같으며, 이 중 최솟값을 띠는 것을 저항력으로 보면 될 것이다.

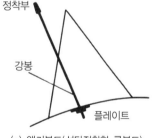

정착부

강봉

플레이트

(a) 앵커볼트(선단정착형 록볼트)

그림 6.17 록볼트의 개요도

- 앵커 자체의 저항력(선단정착부에서)
- 앵커 두부 플레이트의 강도
- 강봉의 인장강도

(2) 전면접착형 록볼트의 경우

전면접착형 록볼트의 개요는 그림 6.17(b)에 표시되었으며 주요 인자는 다음과 같다.

– 앵커 정착부에서의 저항력

앵커 저항력＝앵커길이×(그라우트제의 부착력×
앵커의 원주)

– 쐐기부에서의 강도

쐐기부 길이×(그라우트제의 부착력×앵커의 원주),
또는 두부 플레이트 강도 중 큰 값

– 강봉의 인장강도

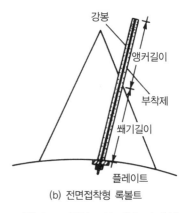

(b) 전면접착형 록볼트

그림 6.17 록볼트의 개요도(계속)

록볼트의 저항력은 'T'로 표시하기로 한다. 그림 6.18
은 록볼트를 이용하여 천정에서의 키블록 낙반을 방지
한 예를 보여주고 있다.

UNWEDGE-STABILITY ANALYSIS		RESULTS
Top View Zoom Add Edt Del	Perspective View Animate	Wedge # 1 53 Tonnes Wedge May fall S.F. =2.07 Pattern Bolt Spacing 1.8m×1.8m Length 5.00m Drill Centre 47.5m, 53.0m Spot Bolts Load Length Tonnes Metres
Front View Zoom Add Edt Del	L. Side View Zoom Add Edt Del	
		Use Page up & Down to Zoom Use Arrow keys to Rotate
〉Use arrow keys (IESC) to exit〉		SCALE 2 M

그림 6.18 록볼트를 사용한 키블록의 보강 예('UNWEDGE' 프로그램을 이용한 해석 결과)

볼트의 효용성

록볼트는 인장력으로 버틸 수도 있고, 전단모드로 버틸 수도 있으나 전단모드에 대한 저항력은 상대적으로 작으므로 인장력으로만 저항할 수 있다고 일반적으로 가정한다(그림 6.19 참조).

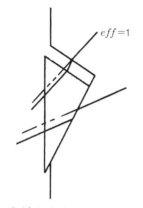

(a) 효율 '1'인 경우(록볼트가 인장력으로 작용)   (b) 효율 '0'인 경우(록볼트가 압축력으로 작용)

$$eff=1, \;\; Ts_i \;\; or \;\; Ts_{ij} \leq 0$$
$$eff=0, \;\; Ts_i \;\; or \;\; Ts_{ij} > 0$$

(c) 판단의 기준(Ts는 다음 절 참조)

그림 6.19 록볼트의 효율

2) 숏크리트의 저항력

숏크리트는 다음 그림 6.20과 같이 6개의 파괴모드가 가능하나 주로 펀칭(punching)에 의한 직접 전단파괴가 지배한다고 가정한다. 그림 6.21에서 숏크리트의 전단강도를 τ_{sf}라 한다면 숏크리트의 저항력은 다음 식으로 계산할 수 있다.

$$C = (L_1 + L_2 + L_3) \cdot t \cdot \tau_{sf} \tag{6.3}$$

여기서, t : 숏크리트의 두께

τ_{sf} : 숏크리트의 전단강도

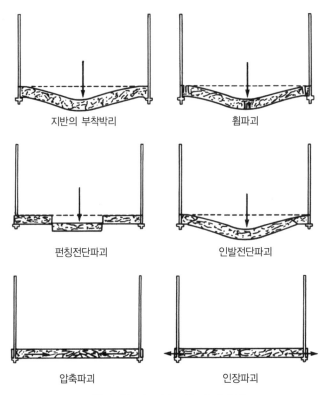

지반의 부착박리   휨파괴

편칭전단파괴   인발전단파괴

압축파괴   인장파괴

그림 6.20 숏크리트의 파괴 모드

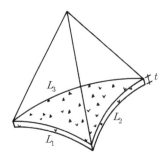

그림 6.21 숏크리트의 저항력(편칭 전단파괴)

6.2.5 키블록의 파괴에 대한 안전율

지하구조물에 작용된 키블록은 그 위치에 따라 다음의 세 종류의 파괴모드를 갖는다고 하였다.

– 낙반(falling)파괴–천정부에 위치한 블록

– 단일 절리면에서의 미끄러짐 파괴–측벽부에 위치한 블록
– 두 절리면의 교선방향으로의 미끄러짐 파괴–측벽부에 위치한 블록

위의 각 파괴모드에 대한 안전율을 수식으로 나타내면 다음과 같다.
먼저, 안전율 공식에 사용된 각종 기호들을 정리해보면 다음과 같다.

N_i = 키블록 무게(W)의 절리면 i에 대한 수직력

S_i = 키블록 무게(W)의 절리면 i에 대한 미끄러짐 방향의 전단력

S_{ij} = 키블록 무게(W)의 절리 i 및 j에 대한 교선방향 전단력

T_{ni} = 록볼트 저항력(T)의 절리면 i에 대한 수직력

Ts_i = 록볼트 저항력(T)의 절리면 i에 대한 미끄러짐 방향의 전단력

Ts_{ij} = 록볼트 저항력(T)의 절리 i 및 j에 대한 교선방향 전단력

eff = 록볼트의 효율

n = 록볼트의 개수

C_{ni} = 숏크리트의 저항력(C)의 절리면 i에 대한 수직력

Cs_i = 숏크리트의 저항력(C)의 절리면 i에 대한 미끄러짐방향의 전단력

Cs_{ij} = 숏크리트의 저항력(C)의 절리면 i 및 j에 대한 교선방향 전단력

A_i = 절리면 i의 면적

c_i, ϕ_i = 절리면 i에서의 점착력과 내부마찰력

(1) 낙반 파괴

$$F_s = \frac{\sum_{l=1}^{n} [T_g^l eff^l] + C_g}{W_g} \tag{6.4}$$

여기서, g는 중력방향을 의미한다.

(2) 절리면 i방향으로 미끄러짐 파괴

$$F_s = \frac{N_i \cdot \tan\phi_i + A_i \cdot c_i}{S_i} + \frac{\sum_{l=1}^{n}[(T_{ni}^l \tan\phi_i + Ts_i^l) \cdot eff^l] + Cs_i}{S_i}$$

$$+ \frac{C_{ni} \cdot \tan\phi_i + Cs_i}{S_i} \tag{6.5}$$

(3) 절리면 i, j에 대한 교선방향으로의 미끄러짐 파괴

$$F_s = \frac{N_i \cdot \tan\phi_i + N_j \cdot \tan\phi_j + A_i \cdot c_i + A_j \cdot c_j}{S_{ij}}$$

$$+ \frac{\sum_{l=1}^{n}[(T_{ni}^l \tan\phi_i + T_{nj}^l \tan\phi_j + Ts_{ij}^l) \cdot eff^l]}{S_{ij}} \tag{6.6}$$

$$+ \frac{C_{ni} \cdot \tan\phi_i + C_{nj} \cdot \tan\phi_j + Cs_{ij}}{S_{ij}}$$

6.2.6 블록이론의 적용성

블록이론을 이용하여 키블록을 구하게 되면 키블록이 존재하는 부분에만 지보재를 설치하면 되므로 경제적인 지하구조물 설계/시공이 될 수 있다. 문제는 대표절리를 현장조사로 구하기도 쉽지 않을 뿐더러 대표절리를 구했다 하더라도 터널의 종단상에 어느 위치에 키블록이 존재하는지를 알 수가 없다. 이 키블록의 위치를 알기 위해서는 터널시공 중 막장관찰을 통하여 막장전방의 절리를 예측하여 'unrolled trace map'을 계속하여 그려가야 한다. 이러한 일련의 작업은 결코 쉽지가 않다.

[예제 6.3] 10m×10m의 정사각형 모양의 지하구조물을 건설하고자 한다(예제 그림 6.3.1). 현장의 불연속면은 대표적으로 다음과 같이 4개의 주절리가 존재한다.

절리번호	경사방향	경사	내부마찰각	점착력(kPa)	절리간격(m)
1	2°	61°	28°	1.0	2
2	66°	87°	30°	2.0	3
3	188°	85°	33°	3.0	4
4	212°	59°	36°	1.0	5

터널의 축방향 트렌드/플런지＝$300°/0°$라 할 때,

(1) 이동 가능한 블록을 찾아라.

(2) 최대 이동 가능한 블록의 형상과 크기를 결정하라.

(3) 지보재를 설계하라.

단, 최소 안전율은 2.0이 되도록 하라. 또한 록볼트의 저항력은 '5ton/m당'으로 가정하라.
'UNWEDGE' 등의 상용 프로그램을 이용하라.

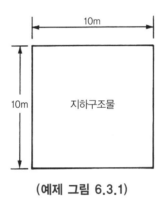

(예제 그림 6.3.1)

[풀이]

상용 프로그램 'UNWEDGE' v 3.0을 사용하여 주어진 예제를 풀면 다음과 같다.

(1) 이동 가능한 블록

• 인버트 부분, 천정부위, 왼쪽 측벽부 하단, 오른쪽 측벽부 상단 4개의 이동 가능한 블록이
  생성된다. 그 모양은 다음과 같다.

위에서 본 것	투영그림
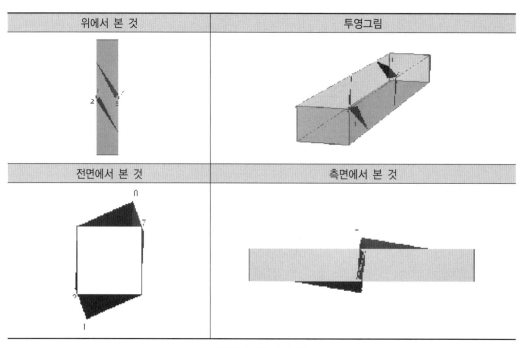	
전면에서 본 것	측면에서 본 것

(예제 그림 6.3.2)

(2) 이동 가능한 블록의 형상과 크기 및 안전율 계산 결과는 다음과 같다.

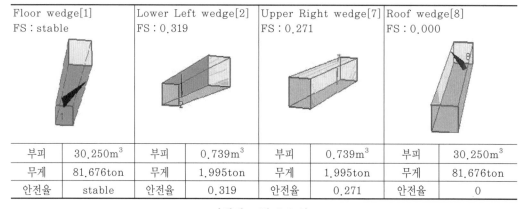

Floor wedge[1] FS : stable		Lower Left wedge[2] FS : 0.319		Upper Right wedge[7] FS : 0.271		Roof wedge[8] FS : 0.000	
부피	$30.250m^3$	부피	$0.739m^3$	부피	$0.739m^3$	부피	$30.250m^3$
무게	81.676ton	무게	1.995ton	무게	1.995ton	무게	81.676ton
안전율	stable	안전율	0.319	안전율	0.271	안전율	0

(예제 그림 6.3.3)

(3) 지보재를 설계결과는 다음 (예제 그림 6.3.4) 및 (예제 표 6.3.1)과 같다.

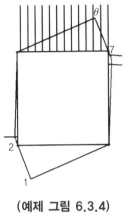

(예제 그림 6.3.4)

단, 록볼트는 m당 5ton의 힘을 받을 수 있는 것으로 가정한 경우이다.

(예제 표 6.3.1)

웨지 번호	지보재 형태	길이 (m)	볼트 간 간격(m)	z축 간 간격(m)	볼트축 각도(°)	버텨주는 볼트 갯수	지보재 설치 후 안전율
1	록볼트	0	0	0	0	0	stable
2	록볼트	1.5	2.0	2.5	0	1개	2.722
7	록볼트	1.5	2.0	2.5	−5	2개	3.63
8	록볼트	5	0.8	1.0	0	32개	2.02

[예제 6.4] 지하구조물의 형상이 (예제 그림 6.4.1)과 같다고 할 때, 위 예제를 다시 풀어라. 단, 그 외의 모든 조건은 (예제 6.3)과 동일하다고 가정하라.

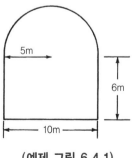

(예제 그림 6.4.1)

[풀이]

(1) 이동 가능한 블록은 다음과 같다.

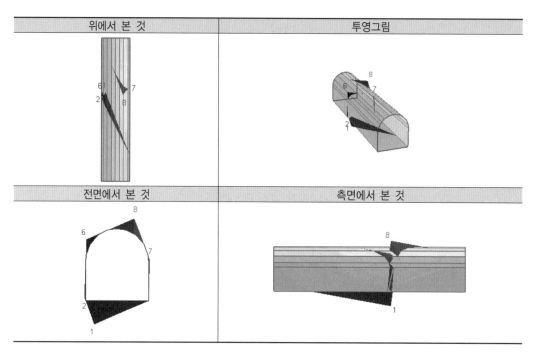

위에서 본 것	투영그림
전면에서 본 것	측면에서 본 것

(예제 그림 6.4.2)

(2) 이동 가능한 블록의 형상과 크기 및 안전율은 다음과 같다.

Floor wedge[1] FS : stable		Lower Left wedge[2] FS : 0.335		Upper Left wedge[6] FS : 0.105		Lower right wedge[7] FS : 0.933		Roof wedge[8] FS : 0.000	
부피	30.250m^3	부피	0.739m^3	부피	0.739m^3	부피	0.739m^3	부피	30.250m^3
무게	81.676ton	무게	1.995ton	무게	1.995ton	무게	1.995ton	무게	81.676ton
안전율	stable	안전율	0.319	안전율	0.271	안전율	0.271	안전율	0

(예제 그림 6.4.3)

(3) 지보재의 설계결과는 다음과 같다.

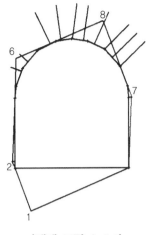

(예제 그림 6.4.4)

(예제 표 6.4.1)

웨지 번호	지보재 형태	길이 (m)	볼트 간 간격(m)	z축 간 간격(m)	볼트축 각도(°)	버텨주는 볼트 갯수	지보재 설치 후 안전율
1	록볼트	0	0	0	0	0	stable
2	록볼트	1	1	2.5	0	1개	11.46
6	록볼트	1	1	2.5	0	2개	3.314
7	록볼트	1	1	1	0	1개	6.958
8	록볼트	3	1	1	0	9개	2.419

6.3 개별요소법

6.3.1 서 론

앞 절에서 서술한 '블록 이론'은 이동 가능한 블록을 찾아내고 이 블록에 대한 역학적 안정성을 검토하여(즉, 작용력과 저항력을 비교하여) 필요시 지보재로서 저항력을 증가시켜주는 일종의 역학(또는 응력) 이론이다. 블록이론을 적용하면 키블록 안정성에 대한 안전율은 구할 수 있으나 이 블록으로 인한 변위는 알 수가 없다. 안정성과 함께 변위를 검토할 수 있는 방법이 소위 개별요소법(Distinct Element Method, DEM)이다.

개별요소법은 그림 6.22에 나타난 것과 같이 전 지역을 절리로 이루어진 블록과 블록 사이의 절리면으로 모델링한다. 절리면을 제대로 모사하기 위해서는 3차원 상에서 블록과 절리면을 모사해야 원칙이나, 계산량과 모델링의 복잡성으로 인해 2차원으로 모델링하는 것이 더 일반적이다. 블록 자체는 전혀 변형을 하지 못한다는 가정 하에 완전 강체로 모델링할 수도 있고, 또는 블록 자체도 탄성체 또는 탄소성체의 거동을 한다고 가정할 수 있다. 물론 가장 큰 변위를 유발하는 요소는 블록과 블록사이의 불연속면에서의 변형이다.

개별요소법에 의한 프로그램으로는 Cundall 등을 중심으로 개발된 UDEC(Universal Distinct Element Code)가 대표적이며, 특히 3차원 분석 프로그램 3DEC(3-Dimensional Distinct Element Code)도 이들에 의하여 개발되었다. 이와 별도로 블록이론을 창시한 Shi 박사에 의해 개발된 DDA(Discontinuous Deformation Analysis)도 개별요소법에 의한 프로그램으로 볼 수 있다. DEM과 DDA는 개별요소법이라는 공통점을 갖고 있으나, DEM은 불평형력에 의한 운동을 분석하는 force method임에 비하여 DDA는 유한요소법의 모형화와 마찬가지로 변위(displacement)를 먼저 구하는 방법이라는 점에서 다르다고 할 수 있다. 이 책에서는 DEM의 개요만을 간략히 소개하고자 한다.

개별요소법 적용을 위한 기본 요구조건

개별요소법을 지하구조물 설계에 적용하기 위해서는 먼저 불연속면에 대한 기하학적 평가가 이루어져야 함은 말할 필요가 없다. 소요되는 요소들을 나열하면 다음과 같다.

- 각 불연속면의 경사 방향과 경사
- 각 불연속면의 간격과 빈도
- 각 불연속면의 연속성(길이 : 무한길이 또는 유한길이)
- 각 불연속면의 강성계수(6.3.3절 참조)

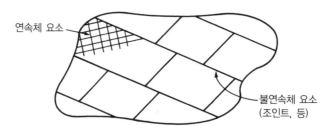

그림 6.22 개별요소법의 개요

개별요소법은 전산해석에 소요되는 시간이 워낙 많이 소요되므로 3차원해석은 잘 이루어지지 않고 주로 2차원 해석을 하게 된다. 이 경우 지하구조물 축방향을 바라본 단면에 대한 각 불연속면의 경사 및 간격을 구해야 한다.

[예제 6.5] 어느 현장에서 불연속면 조사를 한 결과 (예제 6.3)에 제시된 4개의 대표절리에 대한 경사방향/경사와 함께 절리간격을 얻었다. 터널의 축방향 트렌드/플런지 α_s / β_s = 300°/0°이다. 터널 단면방향에서의 각 절리의 겉보기 경사, 겉보기 간격을 구하라. 모든 절리는 연속되어 있다고 가정하고 터널 단면방향에 대하여 절리들을 그림으로 나타내라.

[풀이]

[예제 6.3]에서 제시된 4개의 대표절리는 다음과 같다.

(예제 표 6.5.1) 대표절리

절리번호	경사방향(°)	경사(°)	절리간격(m)
1	2	61	2
2	66	87	3
3	188	85	4
4	212	59	5

위에서 제시된 절리들의 수직벡터에 대한 트렌드/플런지(α_n / β_n)는 다음과 같다.

(예제 표 6.5.2) 수직벡터

절리번호	트렌드(α_n)	플런지(β_n)	절리간격(m)
1	182°	29°	2
2	246°	3°	3
3	8°	5°	4
4	32°	31°	5

터널축과 각 절리 사이의 사잇각(δ)은 『암반역학의 원리』의 식 (5.20)인 다음 식으로 구할 수 있다.

$$\cos\delta = \cos(\alpha_s - \alpha_n)\cos\beta_s \cdot \cos\beta_n + \sin\beta_s \cdot \sin\beta_n$$

즉,

$$\cos\delta_1 = \cos(300° - 182°)\cos0° \cdot \cos29° + \sin0° \cdot \sin29° = -0.41$$
$$\cos\delta_2 = \cos(300° - 246°)\cos0° \cdot \cos3° + \sin0° \cdot \sin3° = 0.59$$
$$\cos\delta_3 = \cos(300° - 8°)\cos0° \cdot \cos5° + \sin0° \cdot \sin5° = 0.37$$
$$\cos\delta_4 = \cos(300° - 32°)\cos0° \cdot \cos31° + \sin0° \cdot \sin31° = -0.03$$

$\cos\delta_1$와 $\cos\delta_4$가 음수이므로 절댓값으로 수정해주면

$$|\cos\delta_1| = 0.41, \ |\cos\delta_4| = 0.03$$

『암반역학의 원리』 식 (5.18)을 통하여 겉보기 간격 x_s를 구해보면 다음과 같다.

$$x_s = \frac{x}{\cos\delta}$$
$$x_1 = \frac{2}{0.41} = 4.88\text{m}$$
$$x_2 = \frac{3}{0.59} = 5.09\text{m}$$
$$x_3 = \frac{4}{0.37} = 10.81\text{m} > 10\text{m}$$
$$x_4 = \frac{5}{0.03} = 166.67\text{m} \gg 10\text{m}$$

겉보기 경사는 (예제 그림 6.5.1)에 표시된 스테레오넷 상태에서 구하면 다음과 같다.

절리번호	겉보기 간격	겉보기 경사
1	4.88m	56°E
2	5.08m	86°E
3	10.81m>10m	85°W
4	116.67m≫10m	59°W

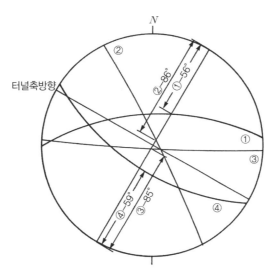

(예제 그림 6.5.1) 하반등각투영 결과

이를 그림으로 나타낸 것이 (예제 그림 6.5.2)이다.

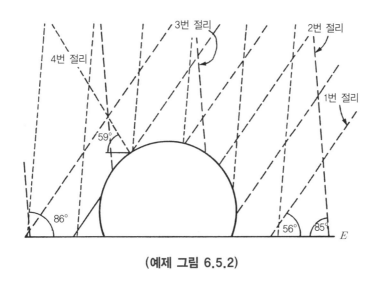

(예제 그림 6.5.2)

6.3.2 개별요소법의 근간

만일 블록 자체를 강체라고 가정하면 블록에서의 거동은 물리학적 운동(motion)으로만 취급하므로 기본적으로 강체인 블록 자체는 구성방정식이 필요하지 않다. 따라서 구성방정식은 다음 그림 6.23과 같이 블록과 블록 사이의 접촉면에서만 필요하다.

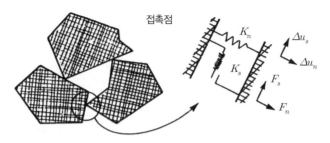

접촉점

그림 6.23 블록과 블록 사이의 접촉면에서의 구성방정식

불연속면에서의 구성방정식

불연속면의 접촉면에서의 거동은 그림 6.23에서와 같이 수직방향 스프링과 전단방향 스프링으로 묘사한다. 스프링 계수 K_n과 K_s는 각각, 수직강성계수, 전단강성계수이다(『암반역학의 원리』6.4.1절 참조, pp.219~221).

그림 6.23에서 Δv, Δu는 전(前) 단계($t = t - \Delta t$)에서 구한 수직 및 전단방향의 변위라고 하자. 이 변위에 의하여 수직방향으로 $K_n \cdot \Delta v \cdot A$, 전단방향으로 $K_s \cdot \Delta u \cdot A$의 저항력이 생기게 되므로 다음 단계에서의(즉, $t = t$에서의) 접촉력은

$$F_{n(t)}^e = F_{n(t - \Delta t)}^e - K_n \cdot \Delta v \cdot A \tag{6.7a}$$

$$F_{s(t)}^e = F_{s(t - \Delta t)}^e - K_s \cdot \Delta u \cdot A \tag{6.7b}$$

가 될 것이다(단, 여기서 A = 접촉면의 면적). 다만, 전단방향의 힘, 즉 전단력은 최대 전단저항력(전단강도×접촉면의 면적) 이상이 될 수가 없다.

블록에서의 운동방정식

식 (6.7a), (6.7b)는 블록과 블록 사이의 한 접촉면에서의 힘을 나타내며, 만일 그림 6.24에서 나타난 것과 같이 블록 A 주변으로 여러 개의 접촉면이 존재한다면 i방향으로 향하는 블록 A의 도심에서의 힘은 다음 식과 같이 각 접촉면에서의 힘을 더한 것과 같다.

$$F_{i(t)} = \sum F_{i(t)}^e \tag{6.8}$$

또한 블록 A의 도심에 작용되는 모멘트는 다음 식과 같이 표현될 수 있다.

$$M_{(t)} = \sum e_{ij} x_i F_{j(t)} \tag{6.9}$$

여기서, e_{ij}는 변환(permutation) 텐서를, x_i는 팔길이를 의미한다.

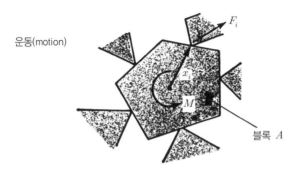

운동(motion)

F_i

x_i

M

블록 A

그림 6.24 블록에서의 운동방정식

블록 A의 도심에 작용되는 힘과 모멘트를 구하였으면 이로부터 블록 자체의 이동거리 및 회전각은 다음과 같이 구할 수 있다.

'F = 질량×가속도'의 관계식으로부터 다음 식이 성립된다.

$$\frac{d\dot{u}_{i(t)}}{dt} = \frac{F_{i(t)}}{m} \tag{6.10}$$

여기서 u_i는 블록의 i방향으로의 이동거리, $\dot{u}_i$는 블록의 i방향으로의 이동속도, m은 블록의 질량을 의미한다. 식 (6.10)의 좌측항을 유한차분으로 표시하면 다음과 같다.

$$\frac{d\dot{u}_{i(t)}}{dt} = \frac{\dot{u}_i(t+\Delta t) - \dot{u}_{i(t)}}{\Delta t} \tag{6.11}$$

식 (6.11)을 식 (6.10)에 대입하여 정리하고, 중력가속도까지 고려하면 $(t+\Delta t)$시간에 블록의 i방향으로의 이동속도는 다음과 같이 표현된다.

$$\dot{u}_i(t+\Delta t) = \dot{u}_i(t) + \left(\frac{F_{i(t)}}{m} + g_i\right)\Delta t \tag{6.12}$$

마찬가지로 회전각에 대하여도 같은 수순을 밟으면 다음 식을 얻는다.

$$\dot{\theta}(t+\Delta t)=\dot{\theta}(t)+\left(\frac{M_{(t)}}{I}\right)\Delta t \tag{6.13}$$

여기서, I＝블록 A의 관성모멘트, $\dot{\theta}$＝블록 A의 각속도

따라서 시간 t로부터$(t+\Delta t)$ 사이에 발생하는 블록 A의 i방향으로의 이동량 Δu_i와 회전각 $\Delta\theta$는 다음 식으로 구할 수 있다.

$$\Delta u_i=u_i(t+\Delta t)=\dot{u}_i(t+\Delta t)\cdot\Delta t \tag{6.14}$$
$$\Delta\theta=\theta(t+\Delta t)=\dot{\theta}(t+\Delta t)\cdot\Delta t \tag{6.15}$$

결국, 시간$(t+\Delta t)$에서의 블록의 위치는 다음 식으로 표시된다.

$$x_i(t+\Delta t)=x_i(t)+\Delta u_i \tag{6.16}$$
$$\theta(t+\Delta t)=\theta(t)+\Delta\theta \tag{6.17}$$

식 (6.14)와 식 (6.15)로부터 각 접촉면에서의 변위 Δu_n 및 Δu_s를 구할 수 있으며, 이로부터 식 (6.7a), 식 (6.8b)로 돌아가서 다음 시간에 대한 이동량을 반복해서 구할 수 있다.

Note

1) 블록에 작용되는 운동방정식을 유도할 때, 본 교재에서는 독자들의 이해를 쉽게 하도록 forward difference로 유한차분식을 제시하였으나[식 (6.11)], 실제로는 central difference 방법을 많이 사용한다.

2) 위에서 제시한 수식들은 근본적으로 블록 자체는 강체라고 가정한 경우이므로 블록 자체에 대하여는 구성방정식은 필요 없이 운동방정식만을 유도하였다. 만일 블록 자체도 변형을 한다고 가정하면 불연속면뿐만 아니라 블록 내에 대하여도 구성방정식이 필요하며, 시스템 전체의 이동량은(블록의 변형량＋불연속면에서의 변형량)이 될 것이다.

6.3.3 불연속면에서의 구성방정식

1) 개괄

개별 요소법으로부터 지하구조물 굴착으로 인한 거동을 평가하는데 있어서, 가장 핵심이 되는 인자는 역시 식 (6.7a), (6.7b)에 소요되는 수직 및 전단강성계수 K_n 및 K_s이다. 그림 6.25(b)에 개략적으로 나타낸 불연속면에서의 응력−변형률곡선으로부터 수직강성계수 (normal stiffness)는 다음 식으로 정의된다고 하였다.

$$K_n = \frac{d(\Delta\sigma_n)}{d(\Delta v)} \tag{6.18}$$

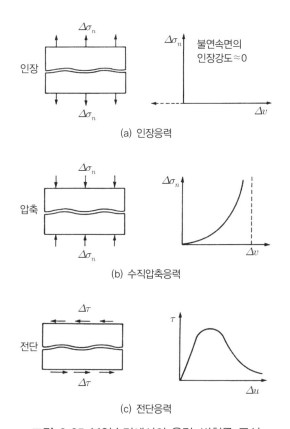

(a) 인장응력

(b) 수직압축응력

(c) 전단응력

그림 6.25 불연속면에서의 응력−변형률 곡선

그림 6.25(b)에 표시된 대로 K_n값은 일정하지 않으며 연직방향의 변위 Δv가 커질수록 K_n값도 증가한다.

그림 6.25(c)로부터 전단강성계수(shear stiffness)는 다음 식으로 정의된다.

$$K_s = \frac{d(\Delta \tau)}{d(\Delta u)} \tag{6.19}$$

불연속면에서의 전단응력은 전단변위가 증가함에 따라 계속 증가하다가 전단 강도에 이르면 파괴가 된다. 즉, 그림 6.25(c)를 간략히 다시 그려주면 그림 6.26(a)와 같이 된다. 물론 전단면에 가해지는 수직응력 σ_n 이 클수록 전단강도가 증가하는 것은 자명한 일이다.

한편, 『암반역학의 원리』 5.6.2절에서 서술한 대로 절리면에 전단 변위가 증가하게 되면 불연속면 위쪽에 있는 암석이 아래쪽에 있는 암석을 타고 올라가는 거동으로 인하여 전단 시에 수직방향으로 팽창되는 현상이 있다고 하였다. 그림 6.26(b)는 팽창거동을 단순화하여 그린다.

결론적으로 말하여, K_n 및 K_s 은 일정한 값이 아니며, 또한 실험에 의존하지 않고는 그 값을 구하기도 쉽지가 않다.

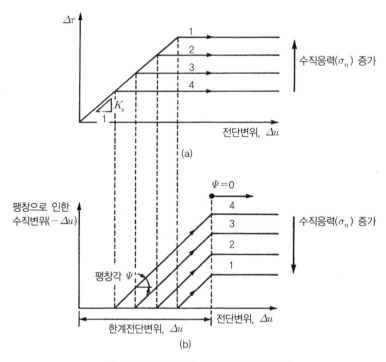

그림 6.26 불연속면 전단거동의 이상화

2) Barton-Bandis 모델

Barton과 Bandis는 그들의 논문에서(Bandis 등, 1983; Barton 등, 1985) 불연속면에서의 응력-변형관계를 구할 수 있는 수식을 제안하였으며, 이 모델을 개별요소 프로그램 UDEC에 삽입하여 이를 'UDEC-BB'로 명명하였다. Barton-Bandis 모델의 특징을 요약하면 다음의 두 가지로 정리할 수 있다.

(1) 불연속면에서의 구성관계식을 K_n, K_s 등으로 단순화시킨 것이 아니라 비선형곡선을 그대로 이용할 수 있도록 하였다.
(2) Barton의 전단강도 모델(『암반역학의 원리』 중 5.6.3절)에서 제시된 ϕ_b, JRC, JCS 값 등을 이용하여 구성방정식을 제시할 수 있도록 하였다.

수직변형 거동

수직응력-변형률 관계는 그림 6.25(b)에 제시된 곡선을 그대로 모델링하여 쌍곡선식을 이용한다. 즉,

$$\Delta v = \frac{\Delta \sigma_n}{c + d(\Delta \sigma_n)} \tag{6.20}$$

또는,

$$\Delta \sigma_n = \frac{\Delta v}{a - b(\Delta \sigma_n)} \tag{6.21}$$

여기서, a, b는 계수로서 이 값들을 JRC, JCS 등의 함수로 나타내었다. 뿐만 아니라 그림 6.27과 같은 반복재하 시의 거동도 모델링할 수 있는 값들을 제안하였다.

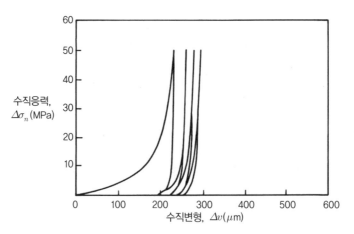

그림 6.27 반복재하 시의 수직방향 거동

전단변형거동

Barton의 전단강도 모델을 근간으로 하여 전단응력-전단변형의 관계식을 유도하였다. 즉, Barton 전단강도 시의 최대변형 Δu_{max} 값은

$$\Delta u_{max} = \frac{L}{500} \, (L은 \ 불연속면의 \ 길이) \tag{6.22}$$

임을 밝히고 Δu와 $\Delta \tau$와의 관계식을 제안하였다. 즉, 그림 6.25(c)에 개략적으로 표시한 $\Delta u \sim \Delta \tau$ 곡선을 수식으로 표현하였다. 자세한 사항은 Bandis 등(1983)의 논문과 Barton 등(1985)의 논문을 참조하기 바란다.

참고문헌

- Bandis, S.C., Lumsden, A.C., and Barton, N.(1983), Fundamentals of rock joint deformation, Int. J. Rock Mech. & Min. Sci & Geomech. Abstr., Vol. 20, No. 6, pp.249~268.

- Barton, N., Bandis, S.C., and Bakhtar, K.B.(1985), Strength, deformation and conductivity coupling of rock joints, Int. J. Rock Mech. & Min. Sci & Geomech. Abstr. Vol. 22, No. 3, pp.121~140.

- Goodman, R.E.(1989), Introduction to rock mechanics, 2nd Edition, John Wiley & Sons, New York.

- Goodman, R.E. and Shi, G.-H.(1985), Block theory and its application to rock engineering, Prentice-Hall, New Jersey.

- Itasca Consulting Group, Inc.(1993), UDEC(Universal Distinct Element Code), Version 2.0, User's Manual.

- Lee, I.M. and Park, J.K.(2000), Stability analysis of tunnel keyblock : a case study, Tunnelling and Underground Space Technology, Vol. 15, No. 4, pp.453~462.

제7장

발파굴착의
기본 이론

발파굴착의 기본 이론

7.1 서 론

NATM으로 설계/시공되는 경우 암반 지반에서는 굴착공법으로서 발파공법(drill-and-blasting)을 주로 이용한다.

발파굴착은 많은 부분이 화약 및 시공에 관계되는 것으로서 화약학이나 시공의 관점에서 서술된 책들은 다분히 많으므로 여기서는 다루지 않을 것이며, 이 장의 주안점으로서 토목공학을 전공한 터널기술자가 기본적으로 알아야 하는 발파설계의 근간을 먼저 서술하고자 하며, 더 나아가 파동역학의 기본이론을 서술하여 발파 메커니즘에 대한 이해를 돕고자 한다.

7.2 발파의 기본 메커니즘

7.2.1 기본 메커니즘

화약을 장약하고 발파시키면 발파공 주위의 형태는 그림 7.1과 같이 나타낼 수 있다. 그림 7.1(a)에서 ①은 발파를 위한 천공 직경을 나타내며, ②는 완전히 파괴되는 분쇄구역을, ③은 반경방향으로 크랙이 생성되는 것을 보여준다. 발파하중에 의하여 발파공벽에 내압이 작용되면 발파공 주변의 암석입자에는 반경방향으로는 압축응력이 작용되나, 접선방향으로는 인장응력이 작용되어, 암석에 크랙이 발생한다. 한편 압축응력이 그림 7.1(b)에서와 같이 자유면을 만나면 인장파로 되돌아오게 되고 인장파로 인하여 암석의 표면부터 떨어져 나간다.

발파 시점부터 위에서 서술한 현상이 발생되는 것을 통틀어 응력파의 효과(stress wave effect)라고 한다. 한편 발파로 인하여 발파공에는 고압가스가 발생하며, 이 고압가스가 이미 생성된 크랙 사이로 들어가서 고압으로 암석을 밀어주면 암석이 완전히 분쇄되고 만다. 이를 가스압력효과(gas pressure effect)라고 한다. 발파로 인하여 생성되는 주된 파는 종파로서 압축파이며, 횡파의 생성은 크지 않은 것으로 알려져 있다.

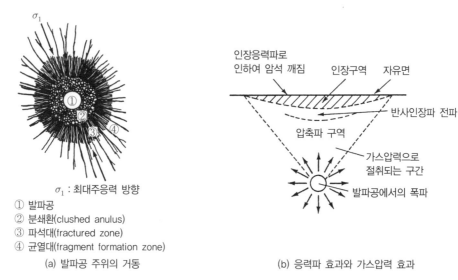

그림 7.1 발파의 개요

7.2.2 자유면 형성

앞서 서술한 것과 같이 발파문제에서 인장파로 되돌아오도록 유도하기 위하여 자유면을 갖는 것이 핵심이라고 할 수 있다. 노천공 발파에서는(그림 7.2), 자유면이 자연적으로 존재하므로, 자유면에서 가까운 열부터 차례로 발파하면 되나(자유면과 발파공 사이의 거리를 최소저항선이라고 한다), 터널 발파 시에는 자유면이 존재하지 않는다.

따라서 터널의 본발파 이전에 자유면을 형성하기 위하여 실시하는 발파를 심발공(cut)이라고 한다. 심발공에는 대표적으로 경사공심발공과 평행공심발공이 있다(표 7.1).

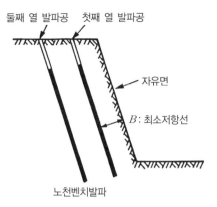

둘째 열 발파공   첫째 열 발파공

자유면

B : 최소저항선

노천벤치발파

그림 7.2 노천발파의 개요

표 7.1 경사공심발과 평행공심발 설계방법 및 개요도

구분	설계방법	개요도
경사공심발공법	• 가장 일반적인 심빼기 발파공법 • 어느 정도의 터널폭 요구 • 터널의 최대 굴진장으로 터널폭의 50% 이내 • 막장면만을 자유면으로 활용하는 1자유면 발파 　→ 2자유면 발파에 비해 진동이 크게 발생 　→ 경사천공에 의해 비산거리도 커지게 됨 • 심발공의 각도는 60° 이상 • 천공각도는 수렴점을 기준 • 심발공의 최소저항선은 1.5m 이하 　→ 1.5m 이상일 경우 보조 심발공 배치	
평행공심발공법	• 최초 1자유면을 갖는 경사공 심발 방법과는 달리 평행공 심발공법은 무장약공의 벽면을 자유면으로 이용 　→ 무장약공을 중심으로 자유면을 확대 • 무장약공의 직경 　→ 발파공과 동일한 직경 사용(Burn-cut) 　→ ϕ76~105mm 직경 사용(Cylinder-cut) 　→ ϕ365mm 이상 무장약공을 설치(PLHBM-cut) • ϕ102mm 이상의 무장약공을 2개 내지 4개 천공하는 Cylinder-cut을 가장 많이 선호 • 평행공 심발 공법의 발파효율을 좌우하는 요소 　→ 천공의 정확성	

7.2.3 장약량 산출의 기준

발파 시 화약 장약량의 산출 기본식은 Houser의 식이 기본으로 사용된다. 장약량은 최소저

항선의 세제곱에 비례한다는 것이다. 즉,

$$L = C \cdot B^3 \tag{7.1}$$

여기서, L : 장약량

B : 최소저항선

C : 폭파계수로서 다음 식으로 표시된다.

$$C = d \cdot e \cdot g \cdot f(B) \tag{7.2}$$

여기서, d : 전색계수

e : 폭약 위력계수

g : 암석 항력계수

$f(B)$: 누두함수

식 (7.1)에서 B^3이 의미하는 것은 결국 장약량 L을 발파시켜서 일정한 부피의 암석을 굴착하여야 하는바, 부피는 B^3에 비례한다는 개념이다. 실제로 발파 설계 시에 식 (7.1)을 직접 사용하는 것이 아니라, Nitro Nobel 사 등에서 그간의 경험과 이론을 바탕으로 천공 직경, 천공장, 화약의 종류 등에 따라 매뉴얼 식으로 설계법을 제시한바, 다음 절에서는 설계 매뉴얼에 의한 발파 설계법을 서술하고자 한다(Olofsson, 1991).

7.2.4 제어발파

발파 시 굴착 예정지역의 암반은 완전히 절취시켜야 하나 남아 있는 주위 암반으로는 에너지전달을 최소화하여 손상을 가능한 한 좁은 범위로 국한시키도록 하여야 하는 양면성을 가지고 있다. 굴착공간의 설계나 지보 시스템 설계가 현지조건을 충분히 고려하여 안정한 형태로 이루어졌다 해도 굴착과정에서 주위 암반에 과도한 손상을 준다면 안정성 저해요인이 될 수 있기 때문이다.

주위의 암반의 손상은 최소화하고, 굴착면이 잘 형성되도록 하기 위한 것이 제어발파이다. 굴착면 형성을 위한 제어발파의 기본 개념은 발파에 의한 파쇄 메커니즘에서 공 주위의 파쇄대와 원주방향의 균열의 생성을 최대한 억제하고 공과 공 사이의 파단면만을 형성시키도록 제어하는 것이다. 일반발파에서는 파쇄효율을 높이기 위하여 폭약과 공벽의 커플링을 좋게 하고 장약밀도를 높이는 방법을 이용하는 반면, 공 주위에 균열생성을 억제하기 위하여 폭발력이 직접 주위의 암반으로 전달되지 않도록 장약 주위에 공간을 형성함으로써 공기가 초기 화약에 너지를 흡수하여 고압의 충격효과를 완화시키는 디커플링(decoupling) 방법을 이용한다.

발파공 직경과 폭약의 직경 비를 디커플링 지수라 하며 폭약과 암반의 특성에 따라 적정한 수치를 선택한다(그림 7.3 참조).

$$\text{디커플링 지수} = \frac{d}{d_e} \tag{7.3}$$

여기서, d_e : 폭약의 직경

d : 발파공의 직경

그림 7.3에서와 같이 디커플링 장약을 하게 되면 발파로 인한 압력은 크게 줄게 되나 압력의 지속시간은 가스압력으로 인하여 증가한다.

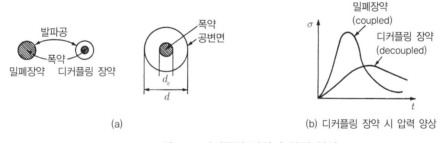

(a)   (b) 디커플링 장약 시 압력 양상

그림 7.3 디커플링 장약과 압력 양상

공과 공 사이에 깨끗한 파단면을 형성하기 위해서는 전술한 것과 같이 장약밀도를 작게 하고 인접한 공의 발파 시 공 주위에 형성되는 인장응력이 서로 보강되게 하여 두 공을 잇는 선과 수직한 방향의 인장응력을 이용하여 두 공을 연결하는 인장 파단면을 형성하는 것이다. 이러한 발파 방법들로서 대표적으로 프리스플리팅(pre-splitting)과 스무스블라스팅(smooth blasting)이 있다.

1) 프리스플리팅(pre-splitting)

작업 마무리 면의 암반보호 및 매끈한 굴착면을 형성하기 위하여 굴착 예정선에 발파공을 천공한 다음, 이 발파공을 본 발파에 앞서 발파함으로써 미리 파단면을 형성시키고 나머지 부분을 발파하는 방법이다. 이 발파공들의 간격은 좁게 천공한다. 즉, 일반적으로 본 발파 최소저항선의 50% 정도로 실시하고 장약량도 적게 사용한다.

이 방법의 원리는 인접되는 두 개의 공을 동시에 발파하면 충격파가 방출되면서 발파공 사이의 지역에서 인장력이 서로 중첩되는 것을 이용한다. 이 인장력에 의해 발생되는 균열이 발파공과 공 사이에 서로 만나 하나의 파단면을 형성하도록 하는 것이다. 그림 7.4는 그 원리를 도식화한 것이다.

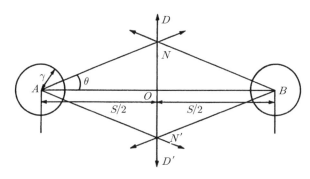

그림 7.4 프리스플리팅의 원리

2) 스무스블라스팅(smooth blasting)

이 발파방법은 노천이나 지하터널작업 모두에서 사용할 수 있지만 주로 지하터널 작업에서 많이 사용되는 발파법이다. 일반 발파방법과 마찬가지로 예상 굴착면의 발파공을 맨 나중에 발파시키는 점에서는 같지만 천공형태는 정상적인 발파작업에 비해 공 간격을 좁게 하고 다른 공보다 작은 지름과 낮은 장약밀도를 가진 폭약을 사용하는 점에서 차이가 있다.

스무스블라스팅과 프리스플리팅의 주된 차이점은 전자는 심빼기 발파공으로부터 인접공 발파공까지 주 발파공을 먼저 발파하고 디커플링장약을 한 외곽공을 가장 나중에 발파하는 방법이고 후자는 외곽공을 먼저 발파하는 방법이다. 스무스블라스팅은 암반 중에 터널을 굴착하는 경우에 주로 적용되고 프리스플리팅이 노천에 적용되는 것은 먼저 외곽공을 발파할 경우 지압이 높게 작용하고 있을 때에는 실패할 확률이 높기 때문이다.

스무스블라스팅의 효과를 좌우하는 중요한 요소는 그림 7.5에서 공 간격(S) 대 최소저항선(B)의 비이며, 일반적으로 공 간격은 최소저항선의 $0.7 \sim 0.8$ 정도로 하면 양호한 결과를 얻을 수 있다고 알려져 있다.

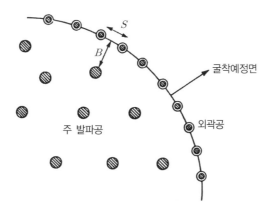

그림 7.5 굴착예정면의 천공 패턴

7.3 터널발파 설계의 개요

7.3.1 개 괄

이제까지 토목공학을 전공한 터널공학자들은 발파설계에 익숙하지 않아서 발파 패턴 설계가 이루어진 표준도를 대부분 그대로 사용하고 단지 이에 근거하여 적산품을 산정하는 정도였다고 생각한다. 실제로는 전 절에서 서술한 대로 발파 패턴 설계는 매뉴얼화되어 있는 것이 일반적이다. 따라서 이 매뉴얼을 따라서 초기 설계를 할 수 있으므로 토목기술자도 발파설계의 근간을 이해하라는 의미에서 이 절을 삽입하였다. 이 절에서 소개하는 설계 기본은 축적된 경험을 바탕으로 저술된 Olofsson(1990)의 문헌을 중심으로 설계법을 소개한 것이다. 실제로 저자는 Nitro Nobel 사에서 개최하는 '발파 워크숍'에 참여하여 2주일간 발파교육을 받은 적이 있어서, Nitro Nobel 사에서의 제품을 중심으로 기술하고자 하니 독자들의 양해를 바라며, 또한 선진국에서는 이미 경사공심발공법보다는 평행공심발공법을 선호하므로 이 책에서는 평행공심발공법을 중심으로 서술하였으며, 경사공심발공법은 나중에 추가하였다. 누누이 밝힌 대로 이 책의 근본 목적은 기술자가 그대로 설계에 이용할 수 있는 매뉴얼의 작성에 있는 것이 아니라 기본이론을 기술자로 하여금 습득하게 하는 데 있으므로, 이러한 취지에서 전단면 굴착을 중심으로 서술하였음을 밝혀둔다. 이 절을 공부한 뒤에 이미 표준화되어 있는 발파 패턴도의 개요를 이해할 수 있게 되면 이 책의 저술목적은 달성한 셈이다.

7.3.2 터널발파의 기본 사항

1) 발파공의 명칭

터널발파공의 명칭은 그림 7.6과 같은 바, 독자들은 명칭에 먼저 익숙하여야 할 것이다.

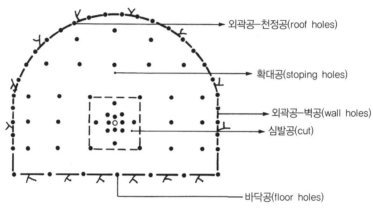

외곽공-천정공(roof holes)

확대공(stoping holes)

외곽공-벽공(wall holes)

심발공(cut)

바닥공(floor holes)

그림 7.6 발파공의 명칭

2) 외향각 천공(Look out) 및 여굴

터널의 설계 단면이 좁아지는 것을 방지하기 위하여 외곽공을 약 4° 경사지게 천공하는 것을 말한다(그림 7.7). 이는 어쩔 수 없는 여굴이며, 천공장의 길이와 강지보재의 설치 여부에 따라 다음과 같이 다르게 적용되어야 한다.

① 강지보재가 없는 경우 : 10cm + 천공장×3cm/m
② 강지보재가 설치되는 경우 : 10cm + 강지보재의 두께 + 천공장×3cm/m

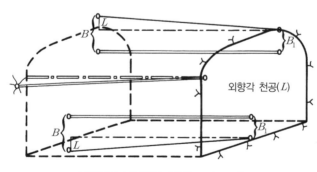

외향각 천공(L)

그림 7.7 외향각 천공(Lock out)

3) 장약량

터널 굴착에 소요되는 장약량은 자유면이 하나이므로 2~3 자유면이 존재하는 노천발파에 비하여 3~10배 정도 많이 소요된다. 터널의 단면적에 따른 m^2당 평균 장약량은 그림 7.8에 예시된 바와 같다. 당연히 심발공에서의 장약량은 약 $7kg/m^3$ 정도로서 가장 많으며 외곽공에서는 $0.9kg/m^3$ 정도로 가장 적게 소요된다.

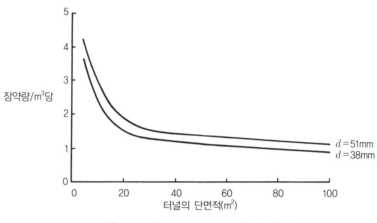

그림 7.8 터널의 단면적에 따른 장약량

7.3.3 설계의 근간

1) 심발공 설계

앞에서 서술한 대로 이 책에서는 평행공심발공법을 중심으로 서술하고자 한다. 일반적으로 심발공은 $2m^2$의 면적 정도면 무리가 없는 것으로 알려져 있다. 심발공의 위치는 또한 일반적으로 터널 단면의 중심에서 하부 쪽에 설치하는 것이 좋다고 알려져 있다. 발파 시 비산도 줄일 수 있고 심발공 위의 확대공은 하방향 발파이므로 장약량도 줄일 수 있기 때문이다.

무장약공의 설치 패턴

무장약공은 직경이 큰 것을 1공만 설치하는 것이 같은 천공장에 대하여 발파 굴진장의 비율을 크게 하므로(그림 7.9) 가장 좋으나, 대구경 굴착장비가 없을 경우에는 그림 7.10과 같이 작은 직경의 무장약공을 2~4개 천공한다. 직경 d의 무장약공이 n개 천공되었다고 할 때, 등가의 무장약공 직경은 다음 식으로 구한다.

$$\phi = \sqrt{n} \cdot d \tag{7.4}$$

여기서, ϕ : 등가의 무장약공 직경

d : 실제 천공된 무장약공의 직경

n : 무장약공의 천공수

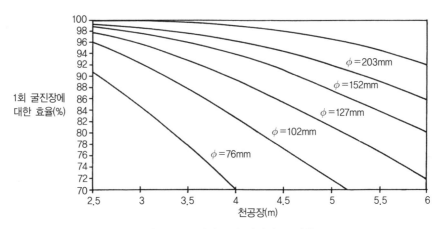

그림 7.9 무장약공의 직경과 굴진율

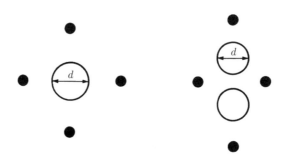

그림 7.10 무장약공의 설치 패턴

무장약공과 장약공 사이의 최소저항선 선택

그림 7.11에서 보여주는 대로 무장약공과 장약공 사이의 최소저항선 길이의 선택이 중요한 바, 최소저항선을 길게 하면 발파가 완벽하게 이루어지지 않을 수가 있으며, 또한 이를 너무 짧게 하면 천공이 완전 평행을 이루지 못한 경우 두 공이 천공장 끝부분에서 만나게 되어 낭패를 볼 수도 있기 때문이다. Nitro Nobel 사의 오랜 경험에 의하면 $a = 1.5\phi$가 최적으로 보고되고 있다.

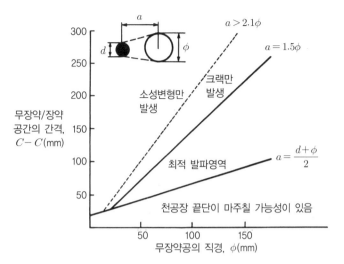

그림 7.11 무장약공과 장약공 사이의 저항선의 선택

심발공의 배치

심발공은 대부분 4개의 정사각형 구도로 나누어 설계됨이 일반적이다(그림 7.12 참조). 다음 절에 각 사각형에 대한 설계근간을 서술할 것이다.

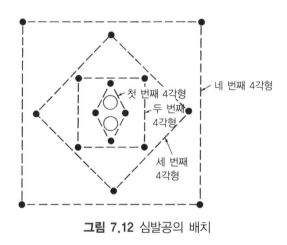

그림 7.12 심발공의 배치

(1) 첫 번째 사각형 설계근간

  ㅡ 최소저항선 : $a = 1.5\phi$를 사용한다.

  ㅡ 폭 : $W_1 = \sqrt{2}\,a$

– 각 무장약공 직경에 대한 a 및 W_1값

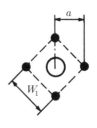

ϕmm=	76	89	102	127	154
$a$mm=	110	130	150	190	230
W_1mm=	150	180	210	270	320

– 장약량 : 그림 7.13을 이용하여 장약량(천공길이 1m당 장약량)을 구한다.

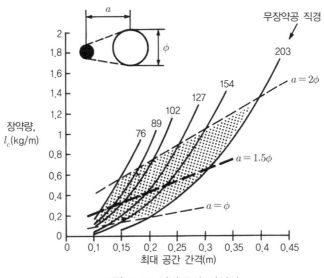

그림 7.13 심발공의 장약량

(2) 나머지 4각형 설계근간

• 최소저항선 B : $B \approx W$가 되도록 설계한다(W는 폭을 의미한다).

• 장약량

  – 천공장에서 칼럼부분 : 그림 7.14를 기준으로 장약량을 구한다.

  – 저부 장약 : 칼럼 장약량의 두 배를 저부 장약량으로 하며, 저부의 길이는 $h_b = 1.5B$를 표준으로 한다.

  – 전색 : 전색 길이는 $h_o = 0.5B$를 표준으로 한다.

• 두 번째 4각형 $B_1 = W_1$

$$C - C = 1.5\,W_1$$

$$W_2 = 1.5\,W_1\,\sqrt{2}$$

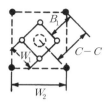

ϕ mm $=$	76	89	102	127	154
W_1 mm $=$	150	180	210	270	320
$C - C =$	225	270	310	400	480
W_2 mm $=$	320	380	440	560	670

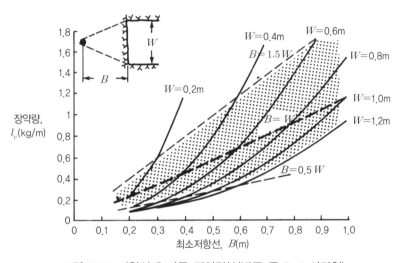

그림 7.14 저항선에 따른 장약량(심발공 중 2-4 사각형)

• 세 번째 4각형 $B_2 = W_2$

$$C - C = 1.5\,W_2$$

$$W_3 = 1.5\,W_2\,\sqrt{2}$$

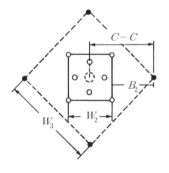

ϕ mm $=$	76	89	102	127	154
W_2 mm $=$	320	380	440	560	670
$C - C =$	480	570	660	840	1000
W_3 mm $=$	670	800	930	1180	1400

• 네 번째 4각형 $B_3 = W_3$

$$C - C = 1.5\ W_3$$

$$W_4 = 1.5\ W_3\ \sqrt{2}$$

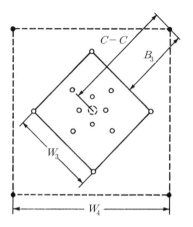

ϕmm =	76	89	102	127
W_3mm =	670	800	930	1180
$C - C$ =	1000	1200	1400	1750
W_4mm =	1400	1700	1980	2400

(3) 경사공심발공법의 설계근간

경사공심발공법은 우리나라에서는 아직도 가장 많이 이용되는 심발공법으로서 천공의 정확성이 발파효율의 핵심인 평행공심발공법에 비하여 천공 정밀도가 약간 떨어져도 발파효율에 영향이 상대적으로 적은 이점을 갖고 있다. 특히 leg drill을 천공장비로 사용하는 경우와 굴진장이 2m 이하인 장소에서 효과적인 것으로 알려져 있다. 이 심발공법은 다음을 설계 시 고려하여야 한다.

- 터널의 최대 굴진장은 터널폭의 45~50% 이내이다.
- 심발공의 각도는 60° 이상이 되도록 한다.
- 심발공은 충분한 자유면 확보를 위해 되도록 3조 이상을 설치한다(최소 2조).
- V형 사이의 기폭 시차는 발파암석의 이동과 팽창을 고려하여 50ms 이상이 되도록 한다.
- 일반적으로 채택되는 표준단면은 그림 7.15와 같다.

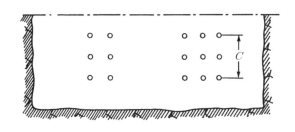

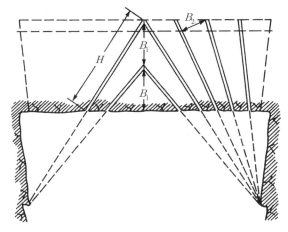

그림 7.15 경사공심발공법의 표준단면(계속)

- 저항선(B) 및 높이 (C) 설계 : 그림 7.16을 표준으로 발파공의 직경을 따라 선택한다.
- 장약량
  - 저부 장약량 l_b는 그림 7.16을 표준으로 한다.
  - 저부 장약의 높이 h_b는 $\frac{1}{3}H(H$는 천공장)으로 가정한다.
  - 칼럼 장약량 l_c는 $(0.3{\sim}0.5)l_b$ 정도로 한다.
  - 전색 길이 : $h_o = 0.3B_1$ 또는 $h_o = 0.5B_2$ 정도만큼 전색한다.

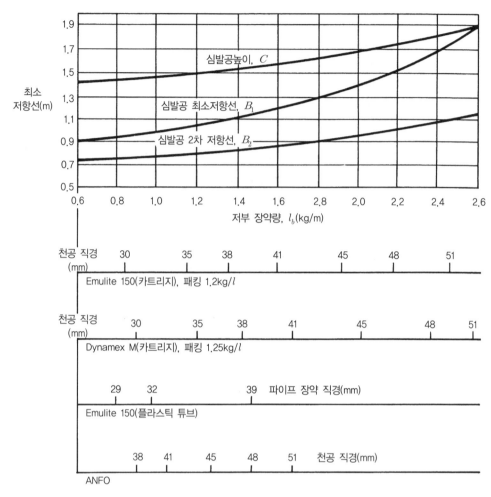

그림 7.16 경사공심발공법의 최소저항선, 높이 및 저부 장약량

2) 확대공 및 외곽공 설계

확대공과 바닥공에 대한 설계와 외곽공의 경우 스무스블라스팅을 채택할 필요가 없는 표준적인 설계는 다음을 표준으로 한다. 특히 확대공인 경우 상향 및 수평 또는 하향발파 여부에 따라 설계의 패턴이 달라짐에 유의하여야 한다.

- 최소저항선 및 저부장약량 : 그림 7.17을 표준으로 한다.
- 칼럼장약량, 저부장약의 높이, 전색설계 : 표 7.2를 표준으로 설계한다.

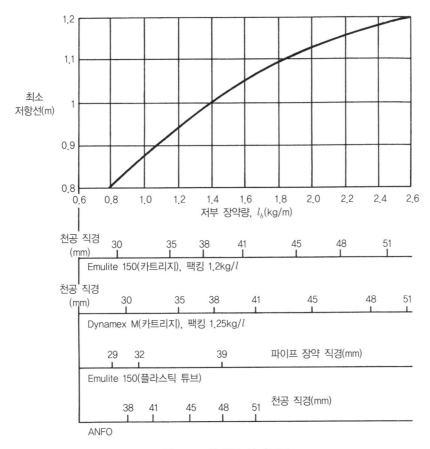

그림 7.17 확대공 설계표준

표 7.2 확대공, 바닥공, 외곽공 설계 개요

| 발파공 위치 | 최소저항선(m) | 간격(m) | 저부장약 높이(m) | 장약량 | | 전색(m) |
				저부(kg/m)	칼럼(kg/m)	
바닥	$1 \times B$	$1.1 \times B$	$1/3 \times H$	1_b	$1.0 \times 1_b$	$0.2 \times B$
벽	$0.9 \times B$	$1.1 \times B$	$1/6 \times H$	1_b	$0.4 \times 1_b$	$0.5 \times B$
천정	$0.9 \times B$	$1.1 \times B$	$1/6 \times H$	1_b	$0.3 \times 1_b$	$0.5 \times B$
확대공:						
상향	$1 \times B$	$1.1 \times B$	$1/3 \times H$	1_b	$0.5 \times 1_b$	$0.5 \times B$
수평	$1 \times B$	$1.1 \times B$	$1/3 \times H$	1_b	$0.5 \times 1_b$	$0.5 \times B$
하향	$1 \times B$	$1.1 \times B$	$1/3 \times H$	1_b	$0.5 \times 1_b$	$0.5 \times B$

스무스블라스팅 설계

외곽공에 대하여서도 앞에서 제시한 표준장약으로 발파할 경우 여굴 과다 및 잔여암반에 손상영역이 크게 발생한다는 것은 이미 서술한 것과 같다. 손상영역을 최소화하기 위하여 외곽공 설계 시에는 스무스블라스팅 설계를 해주어야 하며, 그림 7.18에 화약의 종류에 따른 손상영역의 범위가 제시되어 있다.

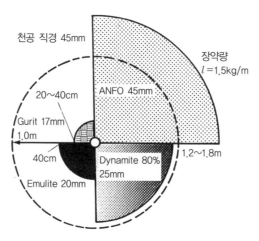

그림 7.18 화약의 선택에 따른 손상영역

• 스무스블라스팅의 설계는 표 7.3을 표준으로 한다.

표 7.3 스무스블라스팅 설계 개요

외곽공 천공 직경(mm)	장약량(kg/m)	화약의 종류	최소저항선(m)	간격(m)
25~32	0.11	11mm Gurit	0.3~0.5	0.25~0.35
25~48	0.23	17mm Gurit	0.7~0.9	0.50~0.70
51~64	0.42	22mm Gurit	1.0~1.1	0.80~0.90
51~64	0.45	22mm Emulite	1.1~1.2	0.80~0.90

단, 저부에는 Emulite 150, 25×200 등을 1개 정도 장약한다.

3) 기폭 패턴

최소저항선과 장약에 대한 설계를 마친 후에는 기폭(detonation) 패턴을 설계하여야 하는 바 다음을 고려하여 설계한다.

- 심발공에서의 발파 각도는 어쩔 수 없이 50° 정도밖에 될 수 없으나 기타의 확대공에서는 각도가 90° 이상이 되도록 기폭 패턴을 설계한다.
- 터널 발파에서는 발파공 사이에 충분한 지연시간을 갖는 것이 중요하다.

- 특히 심발지역에서는 파쇄암석이 무장약공을 향하여 날아갈 수 있을 만큼 충분히 길어야 한다.
- 심발공에서의 연소초시는 75~100ms 정도가 표준이다. 처음의 두 사각형에서는 각각의 발파공에 지연시차를 주며, 나중의 두 사각형에서는 각 지연시차당 2공을 동시에 발파한다.
- 확대공/외곽공의 지연시차는 100~500ms가 되도록 한다.
- 천정공/벽공은 각각 동시에 기폭하며, 천정공의 연소초시를 벽공에 비해 1~2단 늦추어 준다.

기폭순서 예시

위에서 제시한 고려사항을 바탕으로 기폭순서를 제시한 예가 그림 7.19에 제시되어 있다.

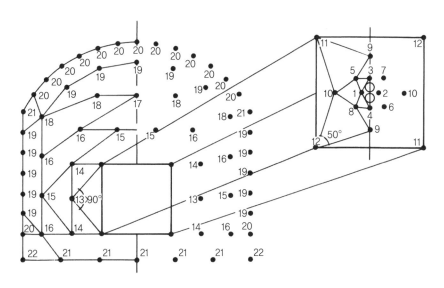

그림 7.19 기폭순서 예시

전기뇌관의 기폭 패턴

- 전기뇌관은 다음에 제시된 바와 같이 MS/HS 뇌관을 사용한다.

  (MS＝milli-second, HS＝half-second)

전기뇌관	인터벌 번호	지연시간
VA/MS	1	25ms
VA/MS	4	100ms
VA/MS	7	175ms
VA/MS	10	250ms
VA/MS	13	325ms
VA/MS	16	400ms
VA/MS	18	450ms
VA/MS	20	500ms
VA/HS	2	1.0sec
VA/HS	3	1.5sec
VA/HS	4	2.0sec
VA/HS	5	2.5sec
VA/HS	6	3.0sec
VA/HS	7	3.5sec
VA/HS	8	4.0sec
VA/HS	9	4.5sec
VA/HS	10	5.0sec
VA/HS	11	5.5sec
VA/HS	12	6.0sec

- 전기뇌관에 대한 뇌관번호 예시가 그림 7.20에 표시되어 있다.

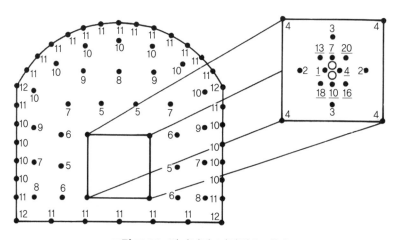

그림 7.20 전기뇌관 뇌관번호 예시

비전기뇌관의 기폭 패턴

- 비전기뇌관은 다음에 제시된 바와 같이 desi-second, half-second 뇌관을 사용한다.

비전기뇌관	인터벌 번호	지연시간	지연시차 (인터벌 간의)
Nonel GT/T	0	25ms	
Nonel GT/T	1~12	100~1,200ms	100ms
Nonel GT/T	14, 16 18, 20	1,400~2,000ms	200ms
Nonel GT/T	25, 30, 35 40, 45, 50 55, 60	2,500~6,000ms	500ms

- 비전기뇌관에 대한 뇌관번호 예시가 그림 7.21에 표시되어 있다.

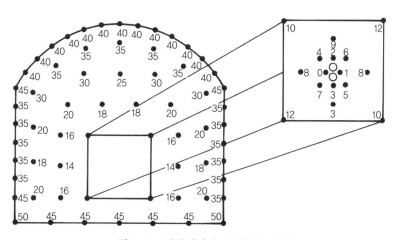

그림 7.21 비전기뇌관 뇌관번호 예시

[예제 7.1] (예제 그림 7.1.1)에서 보여주는 것과 같이 경암지역에 $A = 88m^2$의 터널을 발파로 굴착하고자 한다. 경암지반이므로 전단면 굴착으로 계획하였으며 천공 및 화약은 다음을 표준으로 한다. 발파설계를 완성하라.

- 천공 : 천공장 = 3.9m, 천공 직경 ϕ = 38mm, 발파굴진효율 = 90% 이상
- 사용화약 : 심발공 및 확대공 = Emulite 150 : 25mm, 29mm 또는 Dyamax(예제 표 7.1.1 및 7.1.2 참조)

외곽공＝Gurit 17×500mm

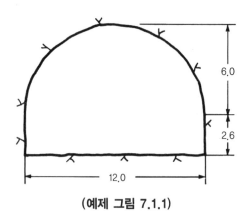

(예제 그림 7.1.1)

[풀이]

먼저 무장약공의 직경을 결정해야 한다. 그림 7.9에서 천공장＝3.9m, 굴진율≥90%를 만족하는 직경은 ϕ＝127mm이다. 따라서 ϕ127-1공이나, ϕ89-2공을 선택할 수 있으며, ϕ127-1공을 채택한다.

(1) 심발공의 설계

① 첫 번째 사각형

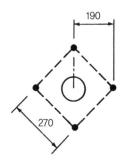

• a＝1.5ϕ＝1.5×127＝190mm

• W_1＝$\sqrt{2}\,a$＝$\sqrt{2}$×190＝270mm

• 장약량 : 그림 7.13으로부터 소요 장약량

$$=l_c=0.5\text{kg/m}$$

표 7.1.2로부터 Emulite 150 : 25×200

$$=110\text{g/200mm} \rightarrow \frac{110}{1000}\times\frac{1000}{200}=0.55\text{kg/m}$$

• 전색길이 : 전색길이는 보통 $h_o=a\fallingdotseq0.2$m

• 사용 장약량 : $Q=l_c(H-h_o)=0.55(3.9-0.2)=2.0$kg

② 두 번째 사각형

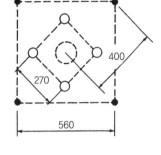

- $B_1 = W = 0.27$m

  $C - C = 1.5W - 1 = 1.5 \times 0.27 = 0.4$m

  $W_2 = 1.5 W_1 \sqrt{2} = 1.5 \times 0.27 \times \sqrt{2} = 0.56$m

- 장약량 : 그림 7.14로부터 $l_c = 0.37$kg/m

  $l_b = 2 \times l_c = 0.74$kg/m

  Emulite 150 : $25 \times 200 = 0.55$kg/m 사용(칼럼장약)

  Emulite 150 : $29 \times 200 = 0.75$kg/m 사용(저부장약)

- 저부길이 : $h_b = 1.5 B_1 = 1.5 \times 0.27 = 0.4$m

- 전색길이 : $h_o = 0.5 B_1 = 0.5 \times 0.27 = 0.15$m

- 총장약량 : $Q = l_c (H - h_o - h_b) + l_b h_b$

  $= 0.55(3.9 - 0.15 - 0.4) + 0.75 \times 0.4 = 2.14$kg

③ 세 번째 사각형

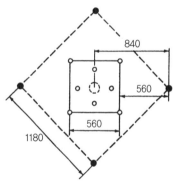

- $B_2 = W_2 = 0.56$m

  $C - C = 1.5 W_2 = 1.5 \times 0.56 = 0.84$m

  $W_3 = 1.5 W_2 \sqrt{2} = 1.5 \times 0.56 \times \sqrt{2} = 1.18$m

- 장약량 : 그림 7.14로부터 $l_c = 0.65$kg/m

  $l_b = 2 \times l_c = 0.65 \times 2 = 1.3$kg/m

  표 7.1.2로부터 Emulite 150 : 29×200

  $= 150\text{g}/1000 \times \dfrac{1.0}{0.2} = 0.75$kg/m(칼럼장약)

  표 7.1.2로부터 Dynamix M : $29 \times 200 = 0.88$kg/m(저부장약) $< l_b$

  $\rightarrow$ tamping 요

- 저부길이 : $h_b = 1.5 \times B_2 = 1.5 \times 0.56 = 0.8$m

- 전색길이 : $h_o = 0.5 \times B_2 = 0.5 \times 0.56 = 0.3$m

- 총장약량 : $Q = l_c (H - h_o - h_b) + l_b h_b$

  $= 0.75(3.9 - 0.3 - 0.8) + 1.3 \times 0.8 = 3.14$kg

④ 네 번째 사각형

네 번째 4각형의 경우는 $B_4 = W_3 = 1.18$m로서 최소저항선이 1.18m에 이르나, 확대공의 최소저항선보다 길어질 수 있으므로 확대공의 최소저항선과 비교해보고 작은 값을 택해야 한다. 확대공의 경우 굴착공이 $\phi 38$이면 $B = 1.0$m로서(그림 7.17 참조) 앞의 값보다 작으므로 $B_3 = 1.0$m를 택한다.

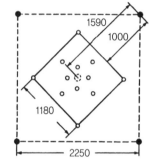

- $B_3 = 1.0$m(그림 7.17)
$$C - C = \frac{W_3}{2} + B_3 = \frac{1.18}{2} + 1.0 = 1.59\text{m}$$
$$W_4 = (C - C)\sqrt{2} = 1.59 \times \sqrt{2} = 2.25\text{m}$$

- 장약량 : 최소저항선을 구할 때 확대공을 적용하였으므로 장약량도 같이 확대공을 적용한다.
  - 그림 7.17로부터 $l_b = 1.35$kg/m
  - 표 7.2로부터 $l_c = 0.5 l_b = 0.5 \times 1.35 = 0.67$kg/m
  - 표 7.1.2로부터 Dynamix M : $29 \times 200 = 0.88$kg/m(저부장약) → tamping 요
  - 표 7.1.2로부터 Emulite 150 : $29 \times 200 = 0.75$kg/m(칼럼장약)

- 저부길이 : 표 7.2로부터 $h_b = \dfrac{H}{3} = \dfrac{3.9}{3} = 1.3$m
- 전색길이 : 표 7.2로부터 $h_o = 0.5 B_3 = 0.5 \times 1 = 0.5$m
- 총장약량 : $Q = l_c(H - h_o - h_b) + l_b h_b$
$$= 0.75(3.9 - 0.5 - 1.3) + 1.35 \times 1.3 = 3.33\text{kg}$$

(2) 외곽공 및 확대공 설계

물론 발파 자체는 심발공 → 확대공 → 벽공 → 천정공 → 바닥공의 순서로 이루어지나 설계적인 측면에서는 (예제 그림 7.1.2)에서와 같이 바닥공 → 벽공 → 천정공 → 수평 및 상향 확대공 → 하향 확대공의 순서로 이루어진다. 그 이유는 외곽공에서의 최소저항선과 간격이 결정되어야 이에 맞추어 심발공의 위치설정 및 확대공의 배치를 할 수 있기 때문이다. 외곽공의 경우 외향각 천공을 생각하면(강지보재가 없다고 생각하고) 여굴은 '10cm + 3.9m×3cm/m≒ 20cm'를 표준으로 설계한다.

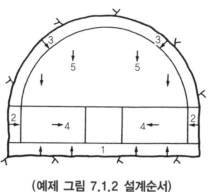

(예제 그림 7.1.2 설계순서)

① 바닥공의 설계

외향각 천공
↓

- 최소저항선 : $B=1.0\text{m}$(그림 7.17), $B'=1.0-0.2=0.8\text{m}$(바닥면으로부터)

  간격 : $S=1.1B=1.1\times1.0=1.1\text{m}$(표 7.2)

- 장약량 :

  $-\ l_b=1.35\text{kg/m}$ (그림 7.17)

  $-\ l_c=1.0l_b=1.35\text{kg/m}$ (표 7.2)

  $-$ 표 7.1.2로부터 Dynamix M : $29\times200=0.88\text{kg/m}$(저부 및 칼럼장약)

$\to$ tamping 요

- 저부길이 : $h_b=\dfrac{H}{3}=\dfrac{3.9}{3}=1.3\text{m}$(표 7.2)

- 전색길이 : $h_o=0.2B=0.2\times1.0=0.2\text{m}$(표 7.2)

- 총장약량 : $Q=l_c(H-h_o-h_b)+l_bh_b$

  $$=1.35(3.9-0.2-1.3)+1.35\times1.3=5.0\text{kg}$$

- 배치 : 배치는 다음 그림과 같다.

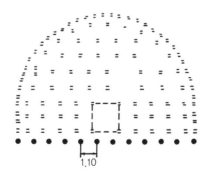

1.10

② 벽공의 설계

벽공은 스무스블라스팅으로 설계한다.

외향각 천공
↓

- 최소저항선 : 표 7.3으로부터 $B = 0.8m$, $B' = 0.8 - 0.2 = 0.6m$(벽으로부터)
- 간격 : 0.6m(표 7.3)
- 장약 : $l_c = 0.23kg/m$(표 7.3)

  - Gurit $17 \times 50 = 115g/500 \times \dfrac{1.0}{5} = 0.23kg/m$

  - 칼럼장약 : Gurit 17×500 7개 $= 7 \times 0.115 = 0.81kg$

  - 저부장약 : Emulite 150, 25×200 1개 $= 0.11kg$

- 총장약량 : $0.81 + 0.11 = 0.92kg$
- 배치는 아래 그림 참조

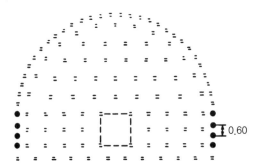

③ 천정공의 설계

- 천정공도 스무스블라스팅으로서 벽공과 동일하다. 즉,

  $B = 0.8m$(외향각 천공 0.2m 추가 고려)

  $S = 0.6m$

  $Q = 0.92kg$

• 배치는 다음 그림 참조

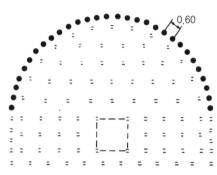

④ 수평 및 상향 확대공

• 최소저항선 : $B=1.0$m(그림 7.17)

• 간격 : $S=1.1B=1.1$m(표 7.2)

• 장약량

    － $l_b=1.35$kg/m(그림 7.17)

    － $l_c=0.5l_b=0.5\times1.35=0.67$kg/m(표 7.2)

    － 표 7.1.2로부터 Dynamex M : 29×200＝0.88kg/m(저부장약)

                                             → tamping 요

    － 표 7.1.2로부터 Emulite 150 : 29×200＝0.75kg/m(컬럼장약)

• 전색길이 : $h_o=0.5B=0.5\times1.0=0.5$m(표 7.2)

• 저부길이 : $h_b=\dfrac{H}{3}=\dfrac{3.9}{3}=1.3$m

• 총장약량 : $Q=l_c(H-h_o-h_b)+l_b h_b$

               $=0.75(3.9-0.5-1.3)+1.35\times1.3=0.33$kg

• 배치는 아래 그림 참조

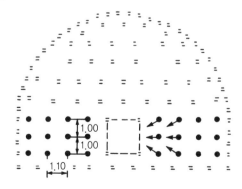

⑤ 하향 확대공

하향 확대공의 경우는 간격 $S=1.2B$만이 수평 및 상향 확대공과 다르며 나머지는 동일하다 (표 7.2).

- $B=1.0$m

  $S=1.2$m

  $Q=3.33$kg
- 배치는 아래 그림 참조

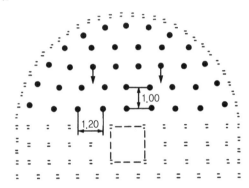

(3) 종합

- 1막장 발파마다 다음과 같이 총 127공의 ϕ38mm 장약공과 1공의 ϕ127mm 무장약공으로 구성된다.

발파공	공수	장약량/공(kg)	총장약량(kg)
심발공			
1사각형	4	2.0	8.0
2사각형	4	2.14	8.56
3사각형	4	3.14	12.56
4사각형	4	3.33	13.32
바닥공	12	5.0	60.00
벽공	8	0.92	7.36
천정공	10	0.92	27.60
확대공			
상향	8	3.33	26.64
수평	16	3.33	53.28
하향	37	3.33	123.21
계	127		340.73

- 터널의 굴진율을 90%라 가정하면 1막장 거리＝3.9×0.9＝3.55m이다.

$$화약소비량/m^3당 = \frac{340.73}{3.55 \times 88} = 1.09kg/m^3 (그림\ 7.8과\ 비슷한\ 수치임)$$

(4) 기폭 패턴

기폭 패턴은 다음(예제그림 7.1.3)을 이용한다. 단, 비전기뇌관으로 계획한다.

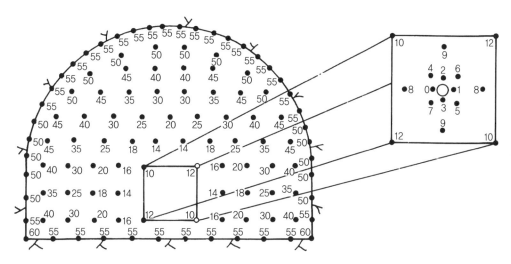

(예제 그림 7.1.3 천공 및 기폭 패턴)

(예제 표 7.1.1) 화약의 특성(예시)

제품명	밀도(gr/c.c.)	ANFO에 대한 상대무게	폭굉속도(m/s)	물에 대한 저항력
Dynamex AM	1.40	127	6,000	아주 우수
Dynamex M	1.40	121	5,000	아주 우수
Gurit	1.00	85	4,000	양호
Emulite 100	1.20	78	5,300	아주 우수
Emulite 150	1.21	113	5,100	아주 우수
Emulite 200	1.25	78	4,900	아주 우수
Emulite 300	1.28	76	4,900	아주 우수
Emulite 1,200	1.25	78	4,900	아주 우수
EMULAN 5,000	1.30	88	5,000	우수
ANFO	0.80	100	2,500	불량
Emulite 20	0.22	74	1,850	불량
Emulite 30	0.33	81	2,000	불량
Emulite 40	0.40	86	2,200	불량
Emulite 50	0.50	89	2,650	불량
Primex	1.50	127	6,000	아주 우수

(예제 표 7.1.2) 화약의 제원(예시)

화약	크기(mm)	중량	제품상태
Dynamex AM	29×200	175g	카트리지
	40×200	330g	〃
Dynamex M	22×200	100g	카트리지
	25×200	125g	〃
	29×200	175g	〃
	40×200	320g	〃
Dynamex M	50×550	1.4kg	플라스틱 호스
	55×550	1.7kg	〃
	65×550	2.4kg	〃
	80×400	2.7kg	〃
	90×375	3.0kg	〃
	125×375	5.4kg	〃
Dynamex M	25×1,100	0.74kg	플라스틱 파이프
	29×1,100	0.98kg	〃
	32×1,100	1.2kg	〃
	39×1,100	1.6kg	〃
Gurit	11×460	50g	플라스틱 파이프
	17×500	115g	〃
	22×725	310g	〃
Emulite 150	22×200	90g	카트리지
	25×200	110g	〃
	29×200	150g	〃
	40×200	280g	〃
Emulite 150	25×1,100	0.64kg	플라스틱 튜브
	29×1,100	0.86kg	〃
	32×1,100	1.05kg	〃
	39×1,100	1.54kg	〃
Emulite 150	43×550	0.90kg	플라스틱 호스
	50×550	1.30kg	〃
	55×550	1.50kg	〃
	60×550	1.86kg	〃
	65×550	2.20kg	〃
	75×550	2.70kg	〃

7.4 발파의 기본 이론

어떤 관점에서 보면 제 7장은 연역적으로 서술되었다고 할 수 있다. 발파에 대한 이론 전개 없이 우선 Nitro Nobel사에서 정리된 매뉴얼식 설계법을 이용하여 발파 패턴을 설계할 수 있는 근간을 먼저 제시하였다. 이제, 발파에 대한 이론을 이 절에서부터 서술하고자 한다. 앞 절에서 매뉴얼식으로 발파설계를 했다고 해서 절대로 설계가 끝나는 것이 아니라, 표준 발파 패턴도를 이용하여 현장에서 시험발파를 하여 현장 암반조건에 맞도록 패턴을 수정해야 하며,

특히 발파 시 진동이 과다한 경우는 장약량을 조절하여 입자의 최대진동속도를 허용치 이하로 감소시켜야 한다. 장약량이 작아지면 필연적으로 최소저항선도 줄어들어야 함은 당연할 것이다. 이 절에서 서술하고자 하는 발파의 이론은 이러한 과정들을 뒷받침해 주고자 진동의 기본 이론으로 시작하여 충격파의 특성까지 기본적으로 알아야 되는 사항들을 서술할 것이다.

7.4.1 발파진동의 일반적인 특징

1) 발파로 인한 진동파의 특징

발파로 기인하여 발생한 진동운동의 특징들을 열거하면 다음과 같다.

① 발파가 행해지면 일반적으로 발파지역으로부터 근거리에서는 체적파(body wave)가 주로 발생하며, 이 생성된 파가 다른 암반매질이나, 토사지반, 또는 지표면 근처에 도달하면 전단파나 표면파가 생성된다.

② 그림 7.22에서 나타낸 바와 같이 발파지역 인근(close-in explosion)에서는[그림 7.22(a)의 A점] 순간적으로 피크에 이르는 충격파가 생성되며, 이 충격파는 1~2ms 정도만 지속되고 곧 소멸된다. 반면에 그림 7.22(a)의 B점에서와 같이 발파지점에서 멀리 떨어진 지점에서는 오히려 정현파(sinusoidal pulse)에 가까운 파가 생성되는데, 이는 직접파, 반사파 및 회절파가 조합되어 나타나는 현상으로 볼 수 있다.

③ 그림 7.23에 발파로 인한 진동, 핵폭파로 인한 진동, 지진 시의 진동 기록을 대표적으로 표시해준바, 그림에서 보듯이 발파진동에 의한 진동수(frequency)가 핵폭파로 인한 진동이나, 지진에 의한 진동수보다 훨씬 큼을 알 수 있으며, 반면에 이 두 진동에 비하여 발파로 인하여 생성되는 에너지는 아주 작다.

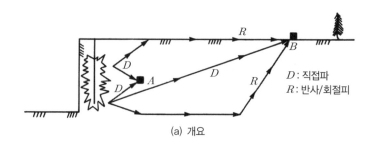

(a) 개요

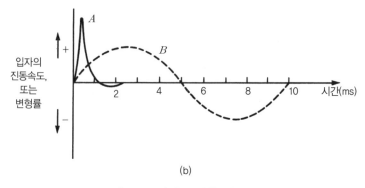

(b)

그림 7.22 발파로 인한 파의 특징

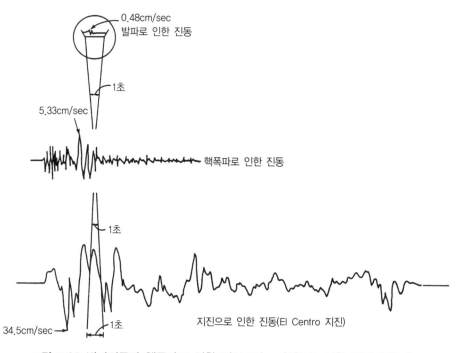

그림 7.23 발파진동과 핵폭파로 인한 진동 또는 지진으로 인한 진동과의 비교

④ 또한 발파 진동 시의 기본진동수의 변화의 폭이 다른 두 진동의 경우와 비교하여 그리 크지 않다. 발파로 인한 각종 정수들의 범위를 보면 다음의 한도 내에 대부분 존재한다.

- 변위 : $10^{-4} \sim 10$mm
- 입자속도 : $10^{-4} \sim 10^{3}$mm/sec

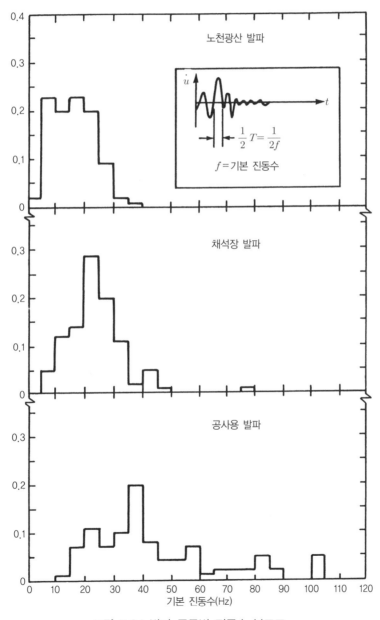

그림 7.24 발파 종류별 진동수 분포도

- 입자가속도 : $10 \sim 10^5 \mathrm{mm/sec}^2$
- 충격의 지속시간 : $0.5 \sim 2\mathrm{sec}$
- 파장 : $30 \sim 1500\mathrm{m}$
- 진동수 : $0.5 \sim 200\mathrm{Hz}$
- 변형률 : $3.0 \sim 5{,}000\mu$

한 예로 노천광산, 채석장 및 공사를 위한 발파진동의 진동수 분포가 그림 7.24에 나타나 있다. 그림에서 보듯이 공사용 발파의 경우가 여타의 발파에 비하여 진동수의 범위도 넓고, 고주파 성분도 갖고 있음을 알 수 있다.

2) 전형적인 진동기록의 예

계측기를 이용하여 한 점에서 발파진동을 기록하는 경우 다음에 나타난 것과 같이 방사방향(radial, R), 연직방향(vertical, V) 및 수평방향(transverse, T)의 세 방향에서의 진동이 각각 기록된다.

평면도

대표적인 발파진동속도의 예가 그림 7.25, 7.26에 표시되어 있다. 진동기록치를 이용하여 대표적 기본 진동수, 최대진폭, 진동시간 등을 구해야 하는데, 기본 진동수는 fast Fourier transform (FFT)를 이용하면 용이하다. 특히 최대진폭의 경우는 그림 7.26에서 보듯이 세 방향의 경우가 각각 다른 시간에 가장 큰 진폭값을 갖는다. 최대입자의 진동속도를 표시하는 방법에는 다음의 세 가지 경우가 가능하다.

- 최댓값만을 취하는 경우 : 그림 7.26에서 방사방향 시간 ①의 값이 제일 크므로

$$\dot{u}_{\max} = 0.9$$

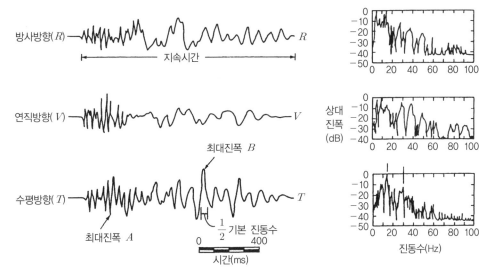

그림 7.25 대표적 발파진동 기록 1

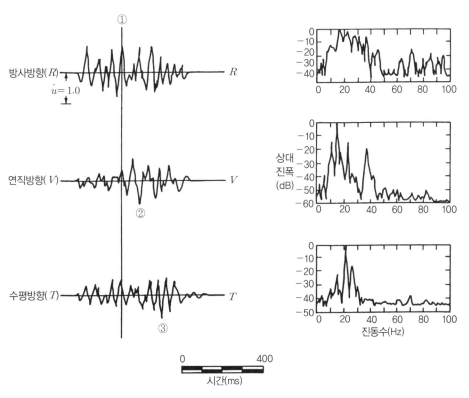

그림 7.26 대표적 발파진동 기록 2

– 시간 ①에서의 벡터합을 취하는 경우

$$\dot{u}_{\max} = \sqrt{\dot{u}_R^2 + \dot{u}_V^2 + \dot{u}_T^2}$$
$$= \sqrt{0.9^2 + 0.25^2 + 0.25^2} = 0.96$$

– 각 방향의 최댓값을 벡터합하는 경우

$$\dot{u}_{\max} = \sqrt{\dot{u}_{R,\max}^2 + \dot{u}_{V,\max}^2 + \dot{u}_{T,\max}^2}$$
$$= \sqrt{0.9^2 + 0.75^2 + 0.75^2} = 1.4$$

$$\uparrow \qquad \uparrow \qquad \uparrow$$
$$① \qquad ② \qquad ③$$

위의 세 방법 중 마지막 방법은 입자의 최대진동속도를 너무 과대평가하며, 저자의 생각에 두 번째 방법이 실제 문제에서는 무난할 것으로 판단된다.

7.4.2 원거리 진동(far-field motion)

1) 개괄

발파로 야기되는 문제는 발파로 인한 잔여 암반손상 문제와 진동문제 등으로 대별될 수 있다. 발파 시 굴착예정선은 완전히 절취시켜야 하나, 주위 암반에서의 손상은 최소화해야 한다는 목적으로 제어발파를 하게 되고 터널인 경우 스무스블라스팅으로 이 목적을 실무적인 차원에서는 어느 정도 달성한다고 볼 수 있다. 아무리 제어발파를 한다고 하더라도 잔존 암반에의 최소한의 손상은 피할 수 없는바, 이 손상영역에서는 신선한 암석에 비하여 불리한 물성치를 갖게 될 것이다. 이 손상의 기본 메커니즘을 규명하기 위한 첫 번째 단계가 발파하중의 예측이다. 발파하중은 화약폭파에 기인하므로 이를 이론적으로 규명하는 것은 결코 쉽지 않다. 7.4.3절에서는 이 발파하중을 밝히기 위한 기본이론을 서술할 것이다. 다만, 이로부터 손상영역을 추정하고 손상영역의 물성치를 예측하는 것은 소위 'continuum damage mechanics' 등의 이론을 요하므로 이책에서는 생략하고자 하며 관심 있는 독자는 이인모 등(2003)의 논문을 참조하기 바란다.

발파원으로부터 어느 정도 떨어진 거리에서는 발파로 인한 진동문제가 가장 큰 이슈로 볼 수 있다. 실제로 실무적으로는 장약량과 거리에 따른 입자의 최대진동속도(peak particle velocity)만을 예측하여 이를 토대로 이 속도가 허용치 이내로 들어가는지를 평가하게 된다. 그러나 이 진동속도로부터 실제로 인근 구조물에 가해지는 응력과 변형을 구하고자 하면 원거리 진동의 기본이론을 알아야 한다.

7.5.1절에서는 입자의 최대진동속도, 변위, 가속도를 구하는 경험식을 제시하는바, 이 값으로부터 응력과 변형률을 이 절에서 서술하는 방법대로 구하면 7.6절 등에서 소개하는 발파로 인한 인근 구조물의 응력/변형문제를 풀 수 있을 것이다.

발파원으로부터 어느 정도 떨어진 지점에서의 진동문제(즉, 원거리 진동)는 다음의 특징을 갖고 있다.

① 원거리에서는 탄성파만이 진동의 근원이 된다고 볼 수 있다.
② 원거리에서는 plane wave로 가정할 수 있다. plane wave란 한 방향으로만 평행으로 전달되는 파를 말한다.
③ 원거리에서는 sine 정현파로 가정하고 문제를 단순화할 수 있다.

2) Sine파의 특징

sine파는 그림 7.27(a)와 같이 한 지점에서 시간에 관한 sine파로 표시할 수도 있고, 그림 7.27(b)에서와 같이 주어진 시간에 거리에 따른 sine파로 표시할 수도 있다. 즉, sine파 함수에서의 변위는 다음 식으로 표시할 수 있다.

$$u = U \sin(Kx + wt) \tag{7.5}$$

여기서, u = 입자의 변위, U = 진폭을 나타내며, K는 파번호(wave number)로서 다음 식으로 표시된다.

$$K = \frac{2\pi}{\lambda} \tag{7.6}$$

여기서, λ : 파의 길이(wave length)[그림 7.27(b) 참조]

또한 w는 각속도로서 다음 식과 같다.

$$w = \frac{2\pi}{T} = 2\pi f \tag{7.7}$$

여기서, T : 주기, f : 진동수

파의 길이 λ와 주기 T 사이에는 다음과 같은 관계가 성립한다.

$$\lambda = cT \tag{7.7a}$$

여기서, c : 파의 전파속도(wave velocity)이다.

> **Note**
> 파의 전파속도 c와 입자의 속도 $\dot{u}$를 혼동하지 말 것(『암반역학의 원리』 p.371 Note 참조)

식 (7.7)이 의미하는 것은, T시간 동안 파가 λ만큼의 거리를 진행한다는 뜻이다.
식 (7.5)는 그림 7.27(a), (b)에 따라 다음 식과 같이 간략화될 수 있다.

$$u = U\sin(\text{const} + wt), \text{ 그림 } 7.27(a) \tag{7.8}$$

또는

$$u = U\sin(Kx + \text{const}), \text{ 그림 } 7.27(b) \tag{7.9}$$

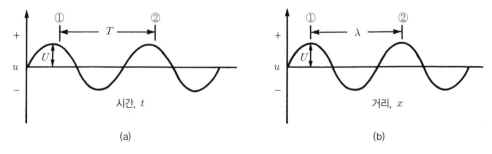

그림 7.27 sine파의 제원

식 (7.8)에서 입자의 최대변위는 $u_{max} = U$이므로 입자의 최대진동속도 및 최대가속도는 다음 식으로 표시된다.

$$u_{max} = U \tag{7.10}$$

$$\dot{u}_{max} = \left(\frac{du}{dt}\right)_{max} = 2\pi f u_{max} \tag{7.11}$$

$$\ddot{u}_{max} = \left(\frac{d\dot{u}}{d\dot{t}}\right)_{max} = 2\pi f \dot{u}_{max}$$

$$= (2\pi f)^2 u_{max} \tag{7.12}$$

즉, sine파로 간략화하는 한 지반의 기본진동수 f를 아는 경우에, 입자의 변위, 속도, 가속도의 최댓값은 이 중 하나의 값만 알면 나머지는 쉽게 구할 수 있다.

3) Plane파의 역학

그림 7.28에서와 같이 발파로 인한 파는 발파진원지 부근에서는 구형 또는 원통형(spherical or cylindrical)으로 퍼져나가게 되나 진원으로부터의 거리 R이 긴 경우(예를 들어서 폭 10m 정도의 구조물에 대한 고려 시 $R \geq 15$m 정도인 경우)는 파가 평행으로 전파된다고 가정하여도 큰 무리가 없다. 즉, plane파로 가정하고 문제를 풀어도 된다. plane파에서의 거동을 살펴보면 다음과 같다.

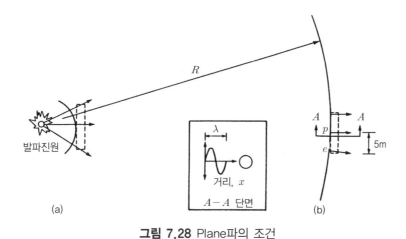

그림 7.28 Plane파의 조건

종방향의 Plane파

종방향 plane파인 경우의 파전파 양상은 그림 7.29와 같다. 그림에서 근거리인 경우는 충격파로서 그림 7.29(a)의 양상을 띠나 실제로 근거리인 경우 plane파로 가정하기에는 무리가 따른다. 반면에, 원거리의 경우에는 그림 7.29(b)와 같이 plane의 sine파로 보아도 무리가 없을 것이다. 그림에서 변위를 단순히 다음 식으로 표시하자.

$$u = \sin(x - c_p t) \tag{7.13}$$

여기서, c_p : 종파의 전파속도 $\approx \sqrt{\dfrac{E}{\rho}}$

식 (7.13)을 시간에 관하여 미분하면

$$\dot{u} = \frac{du}{dt} = -c_p \cos(x - c_p t) \tag{7.14}$$

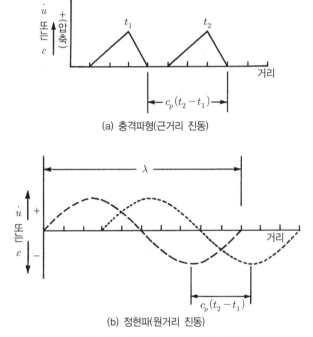

(a) 충격파형(근거리 진동)

(b) 정현파(원거리 진동)

그림 7.29 종방향 plane파의 전달

또한 식 (7.13)을 거리에 관해 미분하면

$$\varepsilon = \frac{du}{dx} = \cos(x - c_p t) \tag{7.15}$$

식 (7.14)와 식 (7.15)를 비교해보면 변형률과 입자의 진동속도 사이에는 다음의 관계가 성립함을 알 수 있다(단, 압축을 $\oplus$로 보는 경우).

$$\varepsilon = \frac{\dot{u}}{c_p} \tag{7.16}$$

즉, 발파진동으로 인하여 발생한 입자의 최대진동속도와 파전파속도를 알면 변형률을 구할 수 있으며, 이뿐 아니라 탄성상태인 경우 동적응력의 평형조건을 이용하면(유도는 생략하고자 하며 관심 있는 독자는 Kolsky(1963) 또는 Dowding(1985)의 문헌을 참조할 것) 다음 식으로 응력의 증가량을 구할 수 있다.

$$\Delta\sigma = \rho c_p \dot{u} \tag{7.17}$$

여기서, ρ는 암반의 밀도이다.

이 종방향의 plane파는 파의 진행방향으로 식 (7.16)으로 표시된 압축변형률을 야기시킬 뿐 아니라 전단변형률도 발생되는데, 그 값은 압축변형률과 같다. 즉,

$$\gamma = \frac{\dot{u}}{c_p} \tag{7.18}$$

의 전단변형률이 발생한다.

이형매질에서의 투과와 반사
그림 7.30과 같이 파가 하나의 암반에서 다른 매질을 만나면 일부는 통과하고 일부는 반사파로 되돌아오는바 입사파의 응력을 σ_I, 반사파의 응력을 σ_R, 투과파의 응력을 σ_T라고 하면

투과파 및 반사파의 응력은 다음 식으로 구할 수 있다.

$$\sigma_T = \frac{2\sigma_I(\rho_2 c_2)}{\rho_1 c_1 + \rho_2 c_2} \tag{7.19}$$

$$\sigma_R = \frac{\sigma_I(\rho_2 c_2 - \rho_1 c_1)}{\rho_1 c_1 + \rho_2 c_2} \tag{7.20}$$

식 (7.19)[또는 7.20]에서 $\rho\,c$를 매질의 임피던스라고 한다. 식 (7.20)을 보면 첫 번째 매질의 임피던스에 비하여 두 번째 매질의 임피던스가 아주 큰 경우(즉, $\rho_1 c_1 \ll \rho_2 c_2$)는 $\sigma_R \approx \sigma_I$로서 입사파가 그대로 압축파로 반사되어 돌아오며, 반대로 두 번째 매질의 임피던스가 첫 번째 매질에 비하여 아주 작은 경우(즉, $\rho_1 c_1 \gg \rho_2 c_2$)는 $\sigma_R \approx -\sigma_I$로서 입사된 파가 인장파로 바뀌어 반사됨을 의미한다.

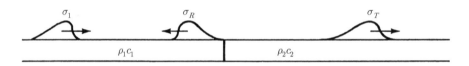

그림 7.30 이형매질에서의 파전파

전단 plane파

파의 진행방향과 90°의 방향으로 입자의 운동이 발생되는 전단파가 평행을 이루며 plane파로 진행될 경우 전단파의 전파속도는 다음과 같다.

$$c_s = \sqrt{\frac{G}{\rho}} \tag{7.21}$$

이때 발생하는 전단변형률은 다음 식과 같다.

$$\gamma = \frac{\dot{u}_s}{c_s} \tag{7.22}$$

또한 전단응력의 증가량은 다음 식으로 표시된다.

$$\Delta\tau = \rho c_s \dot{u}_s \qquad (7.23)$$

한편, 전단파가 다음과 같이 x방향과 45°의 방향으로 진행되면 이 전단파로 인하여 x방향으로 압축변형률을 야기시키며 그 값은 다음과 같다.

$$\varepsilon = \frac{\gamma}{2} = \frac{\dot{u}_s}{2c_s} \qquad (7.24)$$

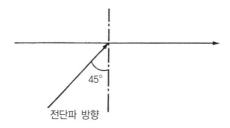

7.4.3 발파의 메커니즘*

1) 발파응력파의 특징

발파진동을 고려한 해석에서 이제까지는 주로 탄성파(elastic wave)의 전파만을 고려하였으며 앞 절에서 서술한 plane파도 당연히 탄성파이다. 실제로 발파하중에 의한 에너지는 작기 때문에 발파진동원으로부터 거리가 약간만 떨어져 있어도(1m 정도) 탄성파만이 퍼져 나가게 된다. 발파진동에 미치는 주요 인자를 보아도 지발당 장약량, 탄성파 전파속도 등의 함수이지, 발파시의 순간적인 충격하중의 영향은 무시할 만큼 작다. 그러나 최근에 계속하여 문제가 제기되는 발파로 인한 인근 암반의 손상평가에는 발파하중이 반드시 필요하다. 이 절에서는 이러한 관점에서 발파로 인한 압력에 대하여 기본 개념을 서술할 것이다.

발파공 주위의 암반은 그림 7.1(a)에서 보여주는 것과 같이 분쇄환 → 파석대 → 균열대(또는 파석 형성대) → 탄성영역으로 이루어져 있으며, 발파로 인하여 발생하는 파는 충격파 → 소성파 → 탄성파로 구분된다. 이 메커니즘을 좀 더 상세히 서술하고자 한다.

---

* 폭굉이론에 익숙하지 않은 터널기술자는 이절을 건너뛰어도 전체 흐름을 이해하는 데 문제가 없음.

(1) 응력 – 체적변형률 곡선

고압을 받고 있는 고체의 응력 – 체적변형률 곡선을 그려보면 그림 7.31(a)와 같다. 또는 이를 단순화하여 다시 그린 그림 7.31(b)로 표시된다. 그림 7.31(a)는 『암반역학의 원리』의 그림 4.3과 같은 그림이다.

- 그림 4.3의 I, II구간 → 그림 7.31(a)의 OA
- 그림 4.3의 III구간 → 그림 7.31(a)의 AB
- 그림 4.3의 IV구간 → 그림 7.31(a)의 BCD

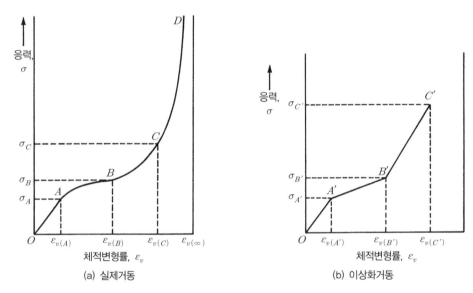

그림 7.31 응력 – 체적변형률 곡선

그림 7.31(b)로 단순화된 그림에서 각 구간을 살펴보면 다음과 같다.

① OA' : 탄성영역이며 탄성파만 존재
② $A'B'$: 소성영역으로서 암석입자에 $\sigma_A{}'$ 이상의 등방압력이 가해지면 암석 내부에 존재하는 미소간극이 완전히 밀착되는 단계이다.
③ $B'C'$: 충격하중(shock wave) 영역으로서 암석에 충격하중이 가해지면 이제는 오히려 체적변형이 적게 일어난다.

파의 전파속도는 그림 7.31 곡선의 기울기에 대한 평방근에 비례한다[다음에 기술하는 식

(7.31c) 참조]. 즉, 기울기가 크면 클수록 파전파 속도가 크다고 보면 된다. 파의 전파속도의 상대크기를 살펴보면 충격파의 경우는 탄성파의 파전파 속도보다 빠르게 전파하며, 반대로 $A'B'$ 구간에 해당하는 소성파는 탄성파보다 오히려 느리게 전파된다. 따라서 발파로 인하여 발생되는 파의 양상을 다음 절에서 소개하고자 한다.

(2) 응력파의 전파

응력파는 반경방향으로 전파하며 응력의 크기는 발파공에서 거리가 멀어짐에 따라 재료감쇠와 기하감쇠로 인하여 감소한다. 발파공 주변에서는 거리에 따라 응력파 형태가 그림 7.32과 같이 크게 세 가지로 구분될 수 있다. 그림 7.32(a)는 충격파속도가 탄성파속도보다 큰 경우로 발파공과 분쇄환에서 발생하는 충격파형태이다. 그림 7.32(b)는 소성파 속도가 탄성파 속도보다 작은 경우로 파석대에서 발생하며 소성파와 탄성파의 복합형태이다. 그림 7.32(c)는 발파 최대 압력이 암반 동적항복강도 이하로 되는 탄성영역에서 발생하는 탄성파형태이다.

즉, 그림에서 보듯이 발파공 부근에서는 충격파가 순간적으로 발생되었다 소멸되며 이어서 따라오는 탄성파 → 소성파의 순으로 소멸된다. 이와 달리 파석대에서는 더 이상 충격파는 존재하지 않으며 파전파 속도가 빠른 탄성파에 의하여 압력이 약간 발생되며 이어서 따라오는 소성파에 의하여 최대 압력까지 상승하며 역시 소멸도 같은 순서로 일어난다. 발파공으로부터 어느 정도 떨어진 지역에서는 탄성파만 존재하며 따라서 비록 진동은 일어나도 암반에 손상은 거의 주지 않게 된다. 다음 절에서는 충격파의 기본이론을 서술할 것이다.

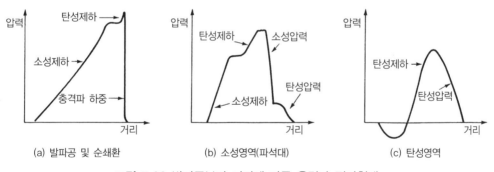

(a) 발파공 및 순쇄환   (b) 소성영역(파석대)   (c) 탄성영역

그림 7.32 발파공부터 거리에 따른 응력파 전파형태

2) 충격파 및 폭굉파 이론

충격하중이란 '순간적으로 극히 높은 유한 값으로 상승하였다가 급격히 감소되고 마는 하중'을 말하며, 이때 연소반응을 동반한 충격파를 폭굉하중이라고 한다. 즉, 발파로 인한 하중은

폭굉하중이다. 먼저 충격파의 기본이론을 서술하고 이에 연소반응을 삽입한 폭굉하중을 소개할 것이다.

(1) 기초식

그림 7.33에 충격파에 대한 개요도가 표시되어 있다. 피스톤으로 순간하중을 가했다고 하면 이 순간의 충격으로 인한 파는 이미 ⓐ점까지 도달해 있으며, 피스톤 자체는(입자로 보면된다) ⓑ점에 머무른다. D를 충격파의 속도, u를 입자의 속도라 할 때 dt시간 동안에 파 및 입자가 간 거리는 다음과 같다.

- 파가 간 거리＝Ddt
- 입자(피스톤)가 간 거리＝udt
- 따라서 $(D-u)dt$ 구간의 밀도는 $\rho_1 = \rho_o + \Delta\rho$로 변하게 된다.

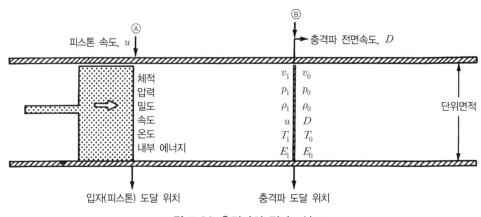

그림 7.33 충격파의 전파모식도

질량보전의 법칙

Ddt 구간의 질량과 $(D-u)dt$ 구간의 질량이 같아야 하므로

$$\rho_o Ddt = \rho_1 (D-u)dt \tag{7.25}$$

이 식을 정리하면

$$\rho_o D = \rho_1 (D - u) \tag{7.26}$$

여기서, $\rho_0 =$ 입자의 초기 속도

$\rho_1 =$ 충격파 발생 후의 밀도

운동량보전의 법칙

운동량보전의 법칙은 다음 식으로 표시된다.

$$\rho_o D^2 - \rho_1 (D - u)^2 = p_1 - p_o \tag{7.27}$$

$$\text{또는 } \rho_o Du = p_1 - p_o \tag{7.28}$$

에너지보전의 법칙

내부 에너지 변화는 $\rho_o D(E_1 - E_o)$로 표시되며, 운동에너지 변화는

$$\rho_o D \left[\frac{(D-u)^2}{2} - \frac{D^2}{2} \right] \text{으로 표시할 수 있다.}$$

이때 재료에 가해지는 일은$= p_o D - p_1 (D - u)$이다.

'내부 에너지 변화+운동에너지 변화=가해진 일'의 에너지보전의 법칙을 이용하면 다음 식을 얻을 수 있다.

$$p_1 u = \rho_o D \left(E_1 - E_o + \frac{u^2}{2} \right) \tag{7.29}$$

(2) Rankine-Hugoniot 방정식

앞에서 제시되었던 질량보전, 운동량보전, 에너지보전의 법칙으로부터 구한 세 방정식을 충격파의 Rankine-Hugoniot 방정식이라고 한다. 세 식을 다시 정리하여보면 다음과 같다.

질량보전 $\quad : \rho_o D = \rho_1 (D - u)$ $\tag{7.26}$

운동량보전$: p_1 - p_o = \rho_o Du$ $\tag{7.28}$

$$\text{에너지보전} : p_1 u = \rho_o D \left(E_1 - E_o + \frac{u^2}{2} \right) \tag{7.29}$$

한편 비체적(specific volume)은 다음 식과 같이 밀도의 역수로 정의한다.

$$v = \frac{1}{\rho} \tag{7.30}$$

식 (7.30)을 식 (7.26)에 대입하여 정리하면 다음 식과 같이 된다.

$$D = v_o \sqrt{\frac{p_1 - p_o}{v_o - v_1}} \tag{7.31a}$$

또는 체적변형률 $\varepsilon_v = \dfrac{v_o - v_1}{v_o}$ \hfill (7.31b)

이므로 식 (7.31)은 다음 식으로 표시된다.

$$D = \sqrt{\frac{dp}{d\varepsilon_v} \cdot v_o} \tag{7.31c}$$

또한 식 (7.28)은 다음 식과 같이 표현될 수 있다.

$$u = \frac{p_1 - p_o}{\rho_o D} = \frac{p_1 - p_o}{\dfrac{v_o}{v_o} \sqrt{\dfrac{p_1 - p_o}{v_o - v_1}}} = \sqrt{(p_1 - p_o)(v_o - v_1)} \tag{7.32}$$

식 (7.31a), (7.32)를 식 (7.29)에 대입하면 다음 식을 얻을 수 있다.

$$E_1 - E_o = \frac{1}{2}(p_1 + p_o)(v_o - v_1) \tag{7.33}$$

Hugoniot 곡선

에너지 E는 다음 식으로 표시된다.

$$E = c_v T = \frac{1}{r-1} \frac{p}{\rho} \tag{7.34}$$

여기서, γ는 단열지수로서 다음 식으로 표시된다.

$$\gamma = \frac{c_p}{c_v} = \frac{정압비열}{정용비열} \tag{7.34a}$$

식 (7.34)를 식 (7.33)에 대입하여 정리하면

$$\frac{p}{p_o} = \left\{ \frac{r+1}{r-1} - \frac{v_1}{v_o} \right\} \Big/ \left\{ \frac{r+1}{r-1} \cdot \frac{v_1}{v_o} - 1 \right\} \tag{7.35}$$

식 (7.35)는 압력 p와 비부피 v와의 관계식을 나타내는 식으로서 이를 그림으로 나타내면 그림 7.34와 같다. 그림 7.34에 표시된 곡선 (H)을 Hugoniot곡선이라고 한다. 한편 AB를 직선으로 연결한 선을 Rayleigh선이라고 하며 이 곡선의 기울기를 δ 라고 할 때 충격파의 파전파속도 D는 다음 식으로 표시된다.

$$D = v_o \sqrt{\frac{p_1 - p_o}{v_o - v_1}} = v_o \sqrt{\tan \delta} \tag{7.36}$$

그림 7.34를 보면 초기 압력 p_o, 비체적 v_o인 매질에 충격파를 가하면 압력은 p_1으로 증가되며 이로 인하여 비체적은 v_1으로 감소됨을 나타낸다.

충격파의 파속도 D와 입자의 속도 u 사이에는 일반적으로 다음과 같이 선형적인 관계가 있는 것으로 알려져 있다.

$$D = c + su \tag{7.37}$$

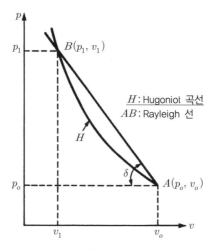

그림 7.34 충격파의 Hugoniot 곡선

(3) 폭굉파 이론

폭굉파는 연소반응을 동반한 충격파로서 충격파 이론에 연소반응을 더해주면 될 것이다. 다만 식 (7.33)에 연소반응에 의한 생성열을 추가해야 하므로 다음 식으로 수정되어야 한다.

$$E_1 - E_o + Q = \frac{1}{2}(p_1 + p_o)(v_o - v_1) \tag{7.38}$$

단, D, u, v_1, p_1 등의 미지수를 구하기 위해서는 식 (7.26), 식 (7.28), 식 (7.38)의 세 식 외에 다음과 같은 상태방정식과 안전한 폭굉속도의 조건식 등을 추가로 이용하여야 한다.

$$f(v, p, T) = 0 \tag{7.39}$$

$$D = c + u \tag{7.40}$$

여기서, c는 폭발가스 중의 음속

폭굉파의 Hugoniot 곡선

폭굉파의 Hugoniot 곡선은 그림 7.35에 나타내었다. 그림에서 H_o는 충격파의 Hugoniot 곡선이며, 따라서 초기 조건은 A 점(p_o, v_o)이다. 폭굉이 발생되면 연소반응에 의하여 H_1 곡선으로 바뀌게 된다. A 점에서 H_1 곡선에 접선을 그으면 ACB의 직선을 구할 수 있고 이때의 기울기

δ는 폭굉속도 D와 관계가 있다고 하였었다. C점은 기울기가 가장 작은 점을 나타내므로 가장 작은 값의 폭속, 즉 안정된 폭굉속도를 나타내는 점으로서 이를 $C-J$점(Chapman–Jouguet 점)이라고 한다.

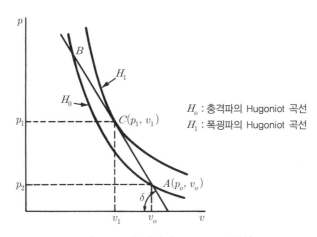

그림 7.35 폭굉파의 Hugoniot 곡선

따라서 폭굉 시의 압력 p_D는 $C-J$점에서의 압력으로 본다. 즉, $p_D = p_{C-J}$로 가정한다. 이 p_D값이 폭파 시에 발생되는 발파압력으로 보면 될 것이다. 이 폭굉압은 Hydrodynamics 로부터 구할 수 있으며, $\rho_o > 1,000\text{kg/m}^3$인 고체화약인 경우의 폭굉압, 폭굉 시의 밀도, 폭굉 시의 입자속도, 폭굉 시의 음속은 다음과 같이 구할 수 있다.

$$p_D = \frac{1}{\gamma+1}\rho_o D^2 \tag{7.41}$$

$$\rho_D = \frac{\gamma+1}{\gamma}\rho_o \tag{7.42}$$

$$u_D = \frac{1}{\gamma+1}D \tag{7.43}$$

$$c_D = \frac{\gamma}{\gamma+1}D \tag{7.44}$$

여기서, p_D : 폭굉압

ρ_D : 폭굉파의 밀도

u_D : 폭굉파의 입자속도

c_D : 폭굉파의 음속

D : 화약의 폭굉속도

ρ_o : 화약의 밀도

γ : 단열지수(adiabatic exponent)

$$\gamma \fallingdotseq 3.0 \ \text{또는} \ \gamma \fallingdotseq 1.9 + 0.69\rho_0 \tag{7.45}$$

(4) 폭굉파가 매체에 전달될 경우의 압력

식 (7.41)로 계산된 폭굉압은 발파공 안에서 장약된 화약이 폭발되면서 발생한 압력으로서, 이 압력이 발파공으로부터 주위 암반을 만나게 되면 암반매질을 통하여 파가 전파된다. 하나의 매질에서 다른 매질로 전파되는 경우 압력과 입자의 속도가 달라진다. 다른 매체를 만나서 압력과 입자의 속도가 달라지는 양상을 그림 7.36에 표시하였다. 이 압력과 입자의 속도는 박봉기 등(2003)의 논문에 자세히 유도되어 있으니 이 논문을 참조하기 바라며, 약산식으로 식 (7.19)를 이용하면 다음과 같이 암반에서의 압력을 구할 수 있다.

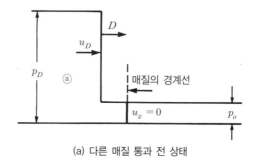

(a) 다른 매질 통과 전 상태

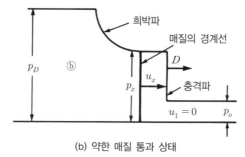

(b) 약한 매질 통과 상태

그림 7.36 폭굉파의 이형매질 전달

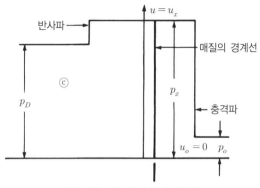

(c) 강한 매질 통과 상태 충격파

그림 7.36 폭굉파의 이형매질 전달(계속)

$$p_x = \frac{2\rho_r c_r}{\rho_r c_r + \rho_D D} p_D \tag{7.46}$$

여기서, ρ_r : 암반의 밀도

c_r : 암반에서의 충격파의 속도로서 이는 다음 식과 같이 표시될 수 있다.

$$c_r = c_s + K u_x \tag{7.47}$$

여기서, c_s : 음속

u_x : 암반에서의 입자의 속도

한 예로서, p_D와 p_x 값을 비교한 것이 표 7.4에 나타나 있다. 표에서 보듯이 암반에 전달된 압력이 폭굉압보다 1.03~1.82배 정도 커지며, 암반이 단단할수록 p_x 값은 더 커짐을 알 수 있다.

표 7.4 폭약과 암반과의 경계면에 생기는 최고압력과 폭약 p_D 압력과의 비의 값

암석	폭약과 암석의 임피던스	TNT $\begin{cases} \rho = 1.0 g/cm^3 \\ D = 4,850 m/s \end{cases}$	Tetry 1 $\begin{cases} \rho = 1.0 g/cm^3 \\ D = 5,400 m/s \end{cases}$	암석의 쇼크임피던스 $c_r \cdot \rho_r$ $(g \cdot km/cm^3 \cdot s)$
대리석 A		1.82	1.80	17.6
화강암 A		1.79	1.75	17.2
대리석 B		1.71	1.68	17.0
화강암 B		1.62	1.58	14.5
현무암		1.56	1.52	12.8
석회암		1.53	1.49	11.3
암염		1.43	1.40	9.4
사암		1.39	1.37	9.0
콘크리트		1.27	1.19	8.5
응회암		1.07	1.03	5.0

(5) 디카플링 장약에서의 발파압력

디카플링 장전에서는 발파공 직경보다 장약 직경이 작으므로 폭굉압은 무시할 수 있을 정도로 크지 않으며, 오히려 폭파 후에 발생되는 가스압이 거동을 지배한다고 알려져 있다. 따라서 디카플링 시의 발파압력은 밀폐장약시의 압력보다 크게 작으며, 반대로 최대 압력 도달시간은 훨씬 커지게 된다. 또한 최대 압력에 도달한 압력은 쉽게 감소되는 것이 아니라 어느 정도 지속된다[그림 7.3(b) 참조]. 디카플링 장전 시의 발파압력 파형에 대한 상세한 사항은 이 책에서는 생략하고자 하며 이인모 등(2004)의 논문을 참조하기 바란다.

> **Note**
> 발파하중은 물론 발파로 인한 동적거동을 규명하는데, 하중원으로서 근본적으로 필수요소이며, 특히 발파로 인한 파괴 및 균열 양상 분석과 잔존암반의 손상영역평가에 필수요소이다. 이인모 등(2003)의 논문을 참조하기 바란다.

7.5 발파진동의 해석(원거리 진동)

이제까지 발파진동을 평가할 수 있는 기본이론을 정리하여 서술하였다. 진동이론을 전부다 서술하기에는 그 분량이 방대하여 발파진동에 반드시 필요한 사항들만을 정리하였음을 밝혀두며, 실제로 설계에서는 이러한 모든 요소들을 다 고려할 수 없으므로 입자의 최대진동속도를 예측(또는 실측)하여 허용치 이내에 있는지만을 검토하는 것이 대부분이다. 이 절에서는 입자의 최대진동속도뿐만 아니라 최대변위, 가속도 예측할 수 있는 수식을 정리하여, 응답스

펙트럼을 이용한 진동평가를 할 수 있는 기본사항을 제시하고자 한다.

7.5.1 입자의 최대진동속도, 변위 및 가속도

발파 진원지에서 가까운 곳에서의 거동은 화약의 폭굉속도 등이 지배하나, 발파원으로부터 비교적 원거리에서의 진동을 지배하는 것은 오히려 발파원으로부터의 거리 R과 지발당 장약량 W가 주된 인자로 알려져 있다. 여기서 지발당 장약량이란 8ms 이내에 폭파되는 화약의 총량을 의미한다. 물론 매질의 파전파 속도 c와 매질의 밀도 ρ도 진동에 영향을 미치는 것은 사실이나 R 및 W보다는 영향이 적다.

입자의 최대변위, 속도, 가속도의 무차원 값은 u/R, $\dot{u}/c$ 및 $\ddot{u}R/c^2$으로 나타낼 수 있으며, 이 무차원 값과 다음과 같은 환산거리 사이에는 비례관계가 있는 것으로 알려져 있다.

$$- \text{제곱근 환산거리} : \frac{R}{W^{\frac{1}{2}}} \tag{7.48}$$

$$- \text{세제곱근 환산거리} : \frac{R}{W^{\frac{1}{3}}} \tag{7.49}$$

제곱근 환산거리와 세제곱근 환산거리 중 어느 것이 무차원 값들과 비례관계에 더 가까운가 하는 것은 각 현장조건에 따라 다른 것으로 알려져 있다. 어찌 되었든지 우리나라에서도 최대 진동속도를 환산거리를 이용하여 예측하는 경험공식이 수없이 발표되었으므로 여기에서 이를 매뉴얼식으로 나열하지 않으려 하며 Dowding(1985)의 연구결과를 근거로 기본 원리의 설명에 충실하고자 한다. Dowding은 무차원 값인 u/R, $\dot{u}/c$ 및 $\ddot{u}R/c^2$과 역시 무차원 계수인 $\frac{R(\rho c^2)^{1/3}}{W^{1/3}}$ 사이에는 그림 7.37과 같이 선형의 관계가 성립함을 밝혔다. 이 선형관계식으로부터 발파로 인한 입자의 최대변위, 최대진동속도, 최대진동가속도는 각각 다음 식으로 나타낼 수 있다.

$$u_{\max} = 0.072\text{mm}\left(\frac{30.5\text{m}}{R}\right)^{1.1}\left(\frac{3050\text{m/s}}{c}\right)^{1.4}\left(\frac{W}{4.54\text{kg}}\right)^{0.7}\left(\frac{2.4}{\rho}\right)^{0.7} \tag{7.50}$$

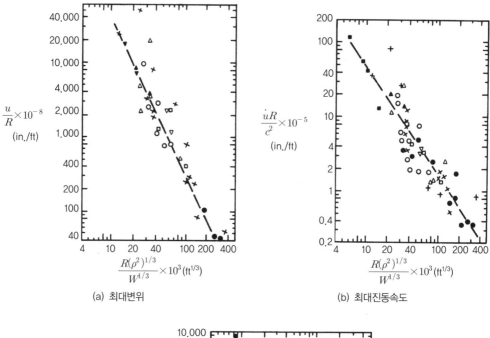

(a) 최대변위　　　　　　　　　　(b) 최대진동속도

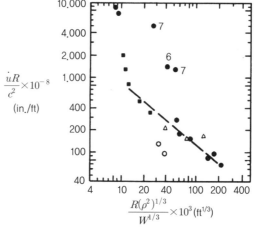

(c) 최대진동가속도

그림 7.37 $\dfrac{u}{R}$, $\dfrac{\dot{u}}{c}$, $\dfrac{\ddot{u}R}{c^2}$ 과 $\dfrac{R(\rho c^2)^{1/3}}{W^{1/3}}$ 과의 관계식

$$\dot{u}_{\max} = 18.3\,\mathrm{mm/s}\left(\frac{30.5\mathrm{m}}{R}\right)^{1.46}\left(\frac{W}{4.54\mathrm{kg}}\right)^{0.48}\left(\frac{2.4}{\rho}\right)^{0.48} \tag{7.51}$$

$$\ddot{u}_{\max} = 0.81\mathrm{g}\left(\frac{30.5\mathrm{m}}{R}\right)^{1.84}\left(\frac{c}{3050\mathrm{m/s}}\right)^{1.45}\left(\frac{W}{4.54\mathrm{kg}}\right)^{0.28}\left(\frac{2.4}{\rho}\right)^{0.28} \tag{7.52}$$

여기서, ρ : 매질의 밀도(g/cm^3)

식 (7.50)~(7.52)를 비교하여 보면변위는 $R^{-1.1}$, 입자의 속도는 $R^{-1.46}$, 가속도는 $R^{-1.84}$에 비례하여 거리에 따라 그 값들이 줄어들어 가속도의 감소가 가장 빠르고 변위의 감소가 가장 느림을 알 수 있다. 물론 이 식들은 Dowding(1985)이 취합한 자료인 그림 7.37을 근거로 한 것이며, 현장여건에 따라 달라질 수도 있다. 예를 들어서 Wu 등(1998)이 싱가포르에서 발파실험을 하여 Dowding이 제안한 공식과 비교 검토하였다(그림 7.38, 7.39 참조). 그림을 보면 가속도 계측결과는 비교적 잘 일치하였으나, 진동속도의 경우에는 계측치가 Dowding 예측치에 비하여 30~50% 적은 값을 나타냈다.

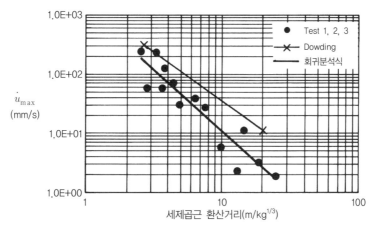

그림 7.38 입자의 진동속도 계측치

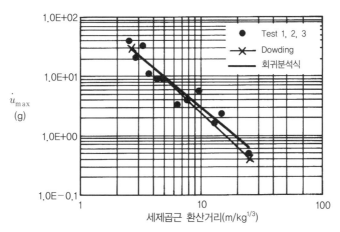

그림 7.39 입자의 진동가속도 계측치

[예제 7.2] 지발당 장약량 $W = 11.4\text{kg}$으로 발파를 하였을 때 발파원으로부터 7.6m 이격된 곳에서의 입자의 최대변위, 최대진동속도, 최대가속도를 구하라. 단, 매질은 $c = 3050\text{m/s}$인 암반이고 $\rho = 2.7\text{g/cm}^3$이다.

[풀이]

식 (7.50)~(7.52)로부터

$$u_{\max} = 0.072\text{mm}\left(\frac{30.5}{7.6}\right)^{1.1}\left(\frac{3050}{2500}\right)^{1.4}\left(\frac{11.4}{4.54}\right)^{0.7}\left(\frac{2.4}{2.7}\right)^{0.7} = 0.76\text{mm}$$

$$\dot{u}_{\max} = 18.3\text{mm/sec}\left(\frac{30.5}{7.6}\right)^{1.46}\left(\frac{11.4}{4.54}\right)^{0.48}\left(\frac{2.4}{2.7}\right)^{0.48} = 204.6\text{mm/sec}$$

$$\ddot{u}_{\max} = 0.81\text{g}\left(\frac{30.5}{7.6}\right)^{1.84}\left(\frac{2500}{3050}\right)^{1.45}\left(\frac{11.4}{4.54}\right)^{0.7}\left(\frac{2.4}{2.7}\right)^{0.7} = 13.7\text{g}$$

7.5.2 발파진동의 기본진동수

실제 문제에서 입자의 최대진동속도 등의 값뿐만 아니라 발파로 인하여 발생한 진동의 기본진동수(principal frequency)도 중요한 역할을 한다. 발파로 인한 기본 진동수의 개요를 요약하면 다음과 같다.

- 발파로 인한 진동의 기본진동수는 지진이나 핵폭파 등으로 발생되는 진동수보다 아주 큰 편이다.
- 발파를 위한 장약량이 적을수록 기본진동수는 증가한다.
- 기본 진동수는 또한 매질의 종류에 따라 달라진다. 매질이 토질인 경우는 1~40Hz 정도, 암반인 경우는 10~100Hz 또는 그 이상의 진동수를 갖는다.
- 발파로 인하여 발생한 고주파성분은 지반매질을 따라 퍼져 나가면서 점점 상쇄되어 저주파성분으로 변한다. 그 한 예가 Wu 등(1998)에 의하여 실험한 결과로서 그림 7.40에 예시되어 있다. 발파로 인한 고주파성분은 암반매질을 10m정도 전파하면서 감쇄되어 기본진동수가 저주파로 변함을 보여준다.

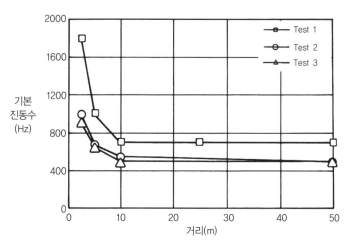

그림 7.40 기본진동수의 거리에 따른 감소

기본진동수의 예측방법

7.4절의 초두에서 서술한 대로 발파지점에서 비교적 거리가 먼 경우(far-field motion)에는 정현파(sine wave)로 가정할 수 있다고 하였다. sine파로 가정하는 경우, 속도, 가속도 및 변위 사이에는 다음과 같은 관계가 있게 된다.

$$\ddot{u}_{max} = 2\pi f \, \dot{u}_{max} \tag{7.53}$$

$$\dot{u}_{max} = 2\pi f \, u_{max} \tag{7.54}$$

또는

$$\ddot{u}_{max} = (2\pi f)^2 \, u_{max} \tag{7.55}$$

여기서, f : 발파진동의 기본진동수

결국 식 (7.50)~(7.52)로 u_{max}, $\dot{u}_{max}$, $\ddot{u}_{max}$를 예측하게 되면 식 (7.53)~(7.55)를 이용하여 기본진동수의 범위에 대한 예측이 가능하다.

[예제 7.3] 앞의 [예제 7.2]의 발파진동에 대하여 기본진동수(principal frequency)를 예측하라.

[풀이]

[예제 7.2]로부터 $u_{max} = 0.076\text{cm}$, $\dot{u}_{max} = 20.5\text{cm/sec}$, $\ddot{u}_{max} = 13.7g = 13,440\text{cm/sec}^2$
이다.

- 식 (7.53)을 적용하면 $f = \dfrac{\ddot{u}_{max}}{2\pi \dot{u}_{max}} = \dfrac{13,440}{2\pi \times 20.5} = 104\text{Hz}$

- 식 (7.54)를 적용하면 $f = \dfrac{\dot{u}_{max}}{2\pi u_{max}} = \dfrac{20.5}{2\pi \times 0.076} = 43\text{Hz}$

- 식 (7.55)를 적용하면 $f = \dfrac{1}{2\pi}\sqrt{\dfrac{\ddot{u}_{max}}{u_{max}}} = \dfrac{1}{2\pi}\sqrt{\dfrac{13,440}{0.076}} = 67\text{Hz}$

기본진동수는 43Hz~104Hz 사이에 존재하며 산술평균치 $f = 70\text{Hz}$ 정도로 간주한다.

7.6 발파진동으로 인한 구조물의 거동

7.6.1 개 괄

7.5절에서 구했던 u_{max}, $\dot{u}_{max}$, $\ddot{u}_{max}$는 모두 발파로 인하여 지반에서 발생되는 최대진동치들이다. 즉, 그림 7.41의 '1' 지점에서의 진동예측치들이다. 그림에서 보면 '1' 지점에서의 진동양상과 1층 건물의 옥상인 '4' 지점, 지하실인 '3' 지점, 또는 지하구조물인 '2' 지점에서의 진동양상은 사뭇 다를 수 있다. 발파진동의 허용기준을 보면 단순히 지상('1' 지점)에서의 입자의 최대진동속도가 허용기준치(예를 들어서 '암반역학의 원리'에서 표 10.1, p.385) 이내에 속하는지의 여부만을 평가하게 되어 있다. 그러나 실제로는 발파로 인한 지반 자체의 진동으로부터, 구조물의 진동을 예측하여, 구조물에 작용되는 진동치가 구조물에 영향을 주는지의 여부로 판단하여야 원칙일 것이다. 같은 발파진동이라 하더라도 그림 7.41의 '4' 지점과 같은 지상구조물의 거동과 '2' 지점과 같은 지하구조물의 거동은 판이하게 다른 것이 일반적이다. 이 절에서는 대표적으로 지상건물과 지하구조물로서 터널구조물에 미치는 영향을 서술하고자 한다.

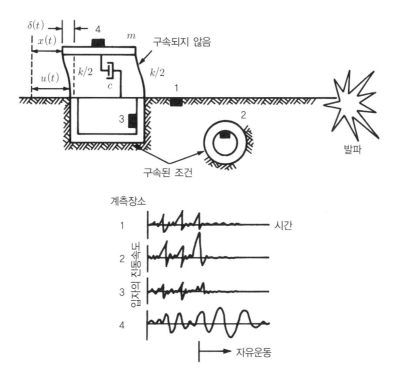

그림 7.41 발파로 인한 각종 구조물의 거동

7.6.2 지상구조물의 진동

발파로 인하여 발생되는 지상구조물의 진동은 지상구조물의 특성뿐만 아니라 발파진동의 시간이력곡선에 의하여 영향을 받는다. 그러나 실제로 지표면에서 자료로 얻을 수 있는 것은 u_{max}, $\dot{u}_{max}$, $\ddot{u}_{max}$ 와 기본진동수가 전부라고 해도 과언이 아니다. 따라서 건물의 바닥면에서의 자료로부터 지상구조물의 거동을 예측하기 위하여 지진공학에서 사용되는 응답 스펙트럼 (response spectrum)의 개념을 발파진동에도 그대로 적용할 수 있을 것이다. 응답 스펙트럼이란 그림 7.42에서와 같이 1자유도 구조로서 스프링 및 질량이 1개인 1자유계의 최대상대변위를 의미한다. 즉, 벽체의 강성이 k, 댐핑값 c, 천정의 질량이 m인 1층 구조물의 옥상에서의 지반운동에 대한 상대변위, δ를 뜻한다. 이를 수식으로 표시하면 다음과 같다.

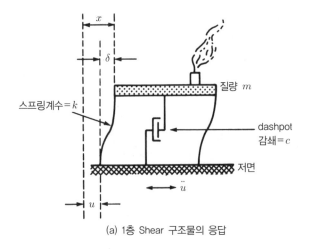

(a) 1층 Shear 구조물의 응답

(b) 모델

그림 7.42 응답 스펙트럼의 개요

$$m\ddot{\delta} + c\dot{\delta} + k\delta = -m\ddot{u} \qquad (7.56)$$

여기서, $\ddot{u}$: 지표면에서의 진동가속도에 대한 시간이력곡선

위의 식은 상부구조물의 기본진동수에 절대적으로 영향을 받는다. 상부구조물의 기본진동수는 다음 식으로 표시된다.

$$f_s = \frac{1}{T} = \frac{1}{2\pi}\sqrt{\frac{k}{m}}\sqrt{1-\beta^2} \qquad (7.57)$$

$$\beta = \frac{c}{2\sqrt{mk}} \qquad (7.58)$$

상부구조물의 최대상대변위 $\delta_{\max}$ 를 구하였으면, 정현파의 가정으로부터 의사속도(pseudo velocity, PS_V) 및 의사가속도(pseudo acceleration, PS_A)는 다음 식으로 구할 수 있다.

$$PS_V = 2\pi f_s \delta_{\max} \tag{7.59}$$

$$PS_A = (2\pi f_s)^2 \delta_{\max} \tag{7.60}$$

응답 스펙트럼을 이용하여 지상구조물의 거동을 예측하는 방법은 지진의 경우와 동일하여 여기에서는 생략하고자 하며, 관심 있는 독자는 Dowding(1985)의 책을 참조하기 바란다.

7.6.3 지하구조물의 진동

터널발파로 인하여 인근 지하구조물에 미치는 영향은 제9장에서 서술하는 지진하중에 대한 설계와 동일하다. 여기에서는 그 결과만을 정리하기로 하고 상세한 사항은 9장을 참조하면 될 것이다. 단, 지진 시에는 전단파만을 주로 고려하나 발파하중인 경우는 종파와 전단파를 둘 다 고려하여야 한다. 특히, 터널구조물 자체는 연성으로서 지반과 같이 거동한다고 가정하면 발파진동으로 인한 거동은 먼저 지반 자체의 변형률을 구한 뒤, 이 변형률로부터 터널 라이닝에 작용되는 휨 응력 등을 검토하면 될 것이다.

1) 터널의 축방향 변형률

종방향의 plane파로 인한 축방향 변형률

아래 그림과 같이 종방향 plane파가 터널의 종방향과 ϕ의 각도로 만날 때, 축방향 변형률 ε^{ab}는 축방향 변형과 휨(bending)에 의한 변위로부터 다음 식으로 구할 수 있다.

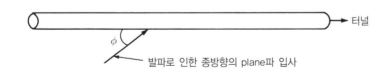

$$\varepsilon^{ab} = \frac{\dot{u}_{\max}}{c_p}\cos^2\phi + a\frac{\ddot{u}_{\max}}{c_p^2}\sin\phi \cdot \cos^2\phi \tag{7.61}$$

$$\underset{\text{축방향 변형}}{\uparrow} \qquad \underset{\text{휨 변형}}{\uparrow}$$

여기서, a = 터널의 반경

만일 $\phi = 0°$, 즉 종방향 plane파가 터널축과 평행이라면 위의 식 (7.61)은 다음과 같이 축방향 변형에 의한 성분만 존재할 것이다.

$$\varepsilon^a = \frac{\dot{u}_{max}}{c_p} \tag{7.62}$$

전단파로 인한 축방향 변형률

한편, 발파로 인하여 생성된 전단파가 역시 터널 축방향과 ϕ의 각도로 만나게 되면 전단파로 인한 축방향 변형률은 다음 식으로 구할 수 있다.

$$\varepsilon^{ab} = \frac{\dot{u}_{max}}{c_s} \sin\phi \cdot \cos\phi + a\frac{\ddot{u}_{max}}{c_s^2} \cos^3\phi \tag{7.63}$$

$$\uparrow \qquad\qquad\qquad \uparrow$$
$$\text{축방향 변형} \qquad\qquad \text{휨 변형}$$

만일 $\phi = 0°$인 경우의 전단파의 휨변형으로 인한 축방향 변형률만을 고려한다면 다음 식으로 구할 수 있다.

$$\varepsilon^b = \frac{\ddot{u}_{max}}{c_s^2}a \tag{7.64}$$

전단파는 종방향파에 비하여 전파속도가 느리기 때문에 축방향 변형률인 식 (7.62)와 식 (7.64)는 별도의 식으로 생각하면 되며 두 식에 의한 변형률 중에서 큰 값이 터널 라이닝에 발생된 축방향 변형률로 생각하면 될 것이다.

2) 터널의 횡방향 변형

연직 상방향으로 전파되는 전단파에 의하여 전단변형률 γ_{max}가 다음 식과 같이 발생한다 (식 7.22 참조).

$$\gamma_{\max} = \frac{\dot{u}_{\max}}{c_s} \qquad\qquad (7.65)$$

이 전단변형률로 인하여 터널에 발생되는 변형률은 다음 식으로 표시된다.

$$\varepsilon_{\max} = \frac{\gamma_{\max}}{2} = \frac{\Delta d}{2a} \qquad\qquad (7.66)$$

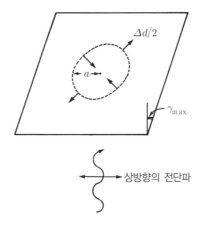

참 고 문 헌

- 박봉기, 이인모, 김동현(2003), 암반에 전달된 밀장전의 확률론적 예측 I-최대발파압력을 중심으로, 터널기술, Vol. 5, No. 4, pp.337~348.
- 이인모, 김상균, 권지웅, 박봉기(2003), 터널발파설계 최적화를 위한 실험 및 수치해석적 접근, 한국지반공학회 논문집, Vol. 19, No.2, pp.75~85.
- 이인모, 박봉기, 박채우(2004), 터널발파로 인한 굴착선 주변 암반거동의 확률론적 연구, 한국지반공학회 논문집, Vol. 20, No. 4, pp.89~102.
- 한국터널공학회(2003), 터널의 이론과 실무, 터널공학 시리즈 (1).
- Dowding, C.H.(1985), Blast vibration monitoring and control, Prentice Hall, Englewood Cliffs.
- Henrych, J.(1979), The dynamics of explosion and its use, Elsevier, Amsterdam.
- Kolsky, H.(1963), Stress waves in solids, Dover, New York.
- Olofsson, S.O.(1991), Applied explosives technology for construction and mining, Nitro Nobel, Arla.
- Persson, P.-A., Holmberg, R. and Lee, J.(1994), Rock blasting and explosive engineering, CRC Press, Boca Raton.
- Wu, Y.K., Hao, H., Zhou, Y.X., and Chong, K.(1998), Propagation characteristics of blast-induced shock waves in a jointed rock mass, Soil Dym. & Earthq. Eng., Vol. 17, pp.407~412.

제8장

터널의
시간의존적 거동

제8장
터널의 시간의존적 거동

> **Note** 독자들은 이 장은 공부하기 전에 『암반역학의 원리』 중 6.5절 '암반의 시간의존적 거동' 편을 먼저 숙지하기 바란다.

8.1 서 론

『암반역학의 원리』 6.5절에서 암반은 그 종류에 따라 또는 암반이 받고 있는 응력의 크기에 따라 시간의존적 거동을 할 수 있다고 하였다. 특히 시간의존성 모델로서 일반적인 버거모델에 소요되는 5가지 지반정수를 구하는 방법도 예제와 함께 상세히 서술하였다. 이 장에서는 암석의 시간의존성으로 인하여 터널이 어떻게 거동하는지를 집중적으로 서술하고자 한다. 즉, 암석의 시간의존성 거동으로서 팽창성(swelling)과 압착성(squeezing)이 터널거동에 어떤 영향을 주는 것인지를 보고자 한다.

(1) 팽창성 암(swelling rock)
팽창성 암은 단순히 암석이 팽창하므로 말미암아 체적이 증가하여 터널 지보재를 밀어주는 거동을 하는 암석을 말한다.

(2) 압착성 암(squeezing rock)

압착성 암도 결국 터널지보재에 작용되는 하중을 증가시킨다는 결과 자체는 팽창성 암과 매일반이나 압착성 암은 암의 체적팽창으로 발생하는 것이 아니라 시간의존적 전단거동으로 인하여 터널지보재에 작용되는 하중을 증가시키는 암석을 말한다. 이러한 현상은 상대적으로 천층에 존재하는 천매암(phyllite), 이암(mudstone), 미사암(siltstone), 암염(salt) 등의 연약한 암석에서 발생되는 것으로 알려져 있으며, 화성암과 변성암도 풍화되었거나 암석이 전단응력을 받고 있는 경우는 압착현상(squeezing)이 일어날 수 있다고 알려져 있다.

8.2 터널의 점탄성거동

암석의 점탄성 모델로서 버거(burger)모델을 선택하면 다음 그림 8.1(b)에서와 같이 다섯 개(K, G_1, G_2, η_1, η_2)의 암반정수가 소요된다. 이 크리프모델은 근본적으로 압착성 암을 수식화하는 것으로서 체적변형은 시간의존거동을 하지 않는 것으로 가정한다(즉, 체적계수 K는 탄성으로 가정한다).

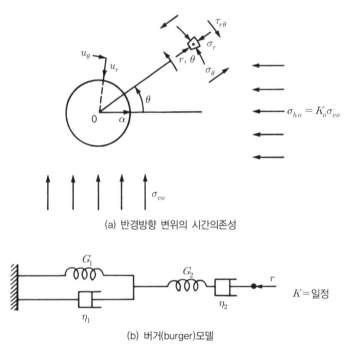

(a) 반경방향 변위의 시간의존성

(b) 버거(burger)모델

그림 8.1 무라이닝 터널의 시간의존성

8.2.1 무라이닝 터널

무라이닝 터널의 탄성해는 'Kirsh의 해'로서 『암반역학의 원리』 9.3.1절에 이미 그 해를 제시하였다. 만일, 암석이 시간의존거동을 하는 경우에도 터널에 작용되는 응력(반경방향응력, 접선방향응력, 전단응력)은 Kirsh의 해와 동일하다. 다만, 변위만이 시간에 따라 변화한다. 그림 8.1(a)의 원형 터널에 대한 변위는 다음 식으로 표시된다.

$$
\begin{aligned}
u_r(t) = & \left(A - C + B\frac{d_2}{d_4} \right)\frac{m}{q} + \left(\frac{B(d_2/G_1 - d_1)}{G_1 d_3 - d_4} - \frac{A-C}{G_1} \right)e^{(-G_1 t/\eta_1)} \\
& + B\left(\frac{d_2(1 - m/\alpha) + d_1(m - \alpha)}{G_2(G_1 d_3 - d_4)} \right)e^{-(\alpha t/\eta_1)} + \frac{A - C + B/2}{\eta_2}t
\end{aligned}
\tag{8.1}
$$

여기서,

$$
A = \frac{\sigma_{vo}(1 + K_o)}{4}\frac{a^2}{r}
$$

$$
B = (K_o - 1)\sigma_{vo}\frac{a^2}{r}\cos 2\theta
$$

$$
C = \frac{(K_o - 1)\sigma_{vo}}{4}\frac{a^4}{r^3}\cos 2\theta
$$

$$
m = G_1 + G_2 \qquad\qquad d_3 = 6K + 2G_2
$$

$$
q = G_1 G_2 \qquad\qquad d_4 = 6Km + 2q
$$

$$
d_1 = 3K + 4G_2 \qquad\qquad \alpha = \frac{3Km + q}{3K + G_2}
$$

$$
d_2 = 3Km + 4q
$$

만일, 암석의 포아송비 $\mu = 0.5$라면, 식 (8.1)은 다음 식과 같이 간단하게 표현된다.

$$
u_r(t) = \left[A + B\left(\frac{1}{2} - \frac{a^2}{4r^2} \right) \right]\left(\frac{1}{G_2} + \frac{1}{G_1} - \frac{1}{G_1}e^{-(G_1 t/\eta_1)} + \frac{t}{\eta_2} \right)
\tag{8.2}
$$

[예제 8.1] 깊이 $H = 150\text{m}$에 직경 $D = 9\text{m}$인 원형 터널을 라이닝 없이 굴착하였다. 현장 암반은 암염으로서 다음과 같이 물성치를 갖고 시간의존적 거동을 하는 것으로 보고되었다. 이 터널의 시간에 따른 내공변위를 구하라(단, 측벽과 천정에서만 그려라).

암반의 물성치 : $\mu = 0.5$, $K_o = 2.0$, $\gamma = 22\text{kN/m}^3$

$$G_1 = 2.1 \times 10^6 \text{kPa}, \ G_2 = 7.0 \times 10^6 \text{kPa}$$

$$\eta_1 = 4.9 \times 10^9 \text{kPa} \cdot \text{min}$$

$$\eta_2 = 5.8 \times 10^{11} \text{kPa} \cdot \text{min}$$

[풀이]

초기 연직응력은 $\sigma_{vo} = \gamma H = 22 \times 150 = 3{,}300\text{kPa}$이다.

$\mu = 0.5$이므로 식 (8.2)를 이용하여 $u_{r(r=a)}$를 계산한 결과를 그림으로 나타내면 (예제 그림 8.1.1)과 같다.

그림에서 보면 시공 초기의 탄성내공 변위는 크지 않으나, 약 4~5일에 걸쳐 큰 규모의 1차 크리프 변위가 발생하고 그 후에 2차 크리프 변위를 띠고 있음을 나타낸다. 2차 변위 이후의 거동에 대해서는 다음 절에서 다시 설명할 것이다.

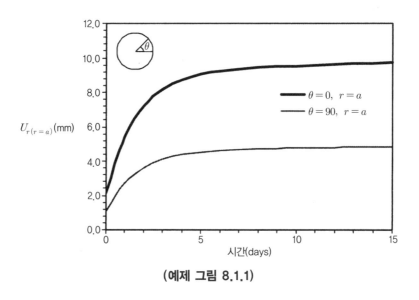

(예제 그림 8.1.1)

록볼트의 제어효과

아무리 무라이닝 터널이라 하더라도, 지보재로서 록볼트(또는 필요시 숏크리트)는 요소요소에 설치하여준다. 실제로 록볼트는 암반의 시간의존성 거동을 제어하여 주는 효과는 크지 않은 것으로 알려져 있다. 록볼트의 지보재응력＝$p_{s(bol)}$이라고 하고, 내압 $p_i = p_{s(bol)}$에 의하여 터널 바깥쪽으로 발생되는 변위를 $\widetilde{u_r}(t)$라고 하면 이 변위가 록볼트로 인하여 발휘되는 제어변위가 된다. 록볼트의 길이가 아주 길다고 가정하면 $\widetilde{u_r}(t)$는 다음 식으로 표시된다.

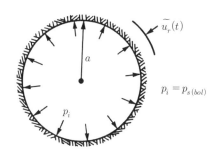

$$\widetilde{u_r}(t) = \frac{p_i\dfrac{a^2}{r}}{2G_2} + \frac{p_i\dfrac{a^2}{r}}{2G_1} - \frac{p_i\dfrac{a^2}{r}}{2G_1}e^{(-G_1 t/\eta_1)} + \frac{p_i\dfrac{a^2}{r}}{2\eta_2}t \qquad (8.3)$$

결국, 터널의 시간의존성 변위는 식 (8.1)에서 식 (8.3)을 뺀 정도만큼 발생할 것이다.

[예제 8.2] 다음의 조건을 가진 터널에서 물음에 답하라.

터널의 직경 : $D = 15\text{m}$

암반의 물성치 : $\sigma_{vo} = 1.4 \times 10^4 \text{kPa}$, $K_o = 2.0$

$\qquad G_1 = 3.5 \times 10^5 \text{kPa}$, $G_2 = 3.5 \times 10^6 \text{kPa}$

$\qquad \eta_1 = 5.8 \times 10^{10} \text{kPa} \cdot \text{min}$, $\eta_2 = 5.8 \times 10^{12} \text{kPa} \cdot \text{min}$

$\qquad K = 7.0 \times 10^6 \text{kPa (체적계수)}$

단, 이 암반은 체적변형은 탄성거동을 하고, 전단변형은 버거모델로 점탄성거동을 한다.

(1) $\theta = 30°$인 경우 터널벽면($r = a = 7.5$m)과 $r = 12$m에서의 반경방향 변위를 시간의 함수로 나타내고 그림으로 표시하여라.

(2) 터널 굴착 후 12시간 후에 길이 4.5m인 록볼트를 $\theta = 30°$ 각도로 설치하였다. 록볼트 설치로 인한 변위제어 효과는 거의 없다고 가정할 때,

① 록볼트에서의 변형률 변화 양상을 시간에 따라 나타내어라.

② 록볼트는 $\phi = 3.0$cm인 강재라고 할 때, 록볼트에 작용되는 응력을 시간에 따라 구하라. (단, $E_{st} = 2.1 \times 10^8$kPa, 강재의 항복응력$= 4.0 \times 10^5$kPa이다)

[풀이]

(1) $r = 7.5$m와 $r = 12$m를 각각 식 (8.1)에 대입하여 $u_{r(r=7.5)}(t)$ 및 $u_{r(r=12)}(t)$를 그림으로 표시하면 다음과 같다.

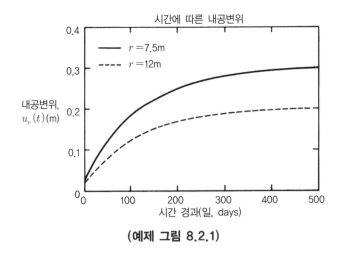

(예제 그림 8.2.1)

(2) $r = 7.5$m에서의 내공변위와 $r = 12$m에서의 반경방향 변위의 차에 의하여 록볼트에 변형률이 발생한다. 또한 록볼트가 항복에 이르는 한계변형률은 다음과 같다.

$$\varepsilon_{cr} = \frac{\sigma_{y,st}}{E_{st}} = \frac{4 \times 10^5}{2.1 \times 10^8} = 1.9 \times 10^{-3}$$

즉, 변형률이 $\varepsilon_{cr} = 1.9 \times 10^{-3}$에 다다르면 록볼트에 작용되는 응력은 더 이상 증가하지 않

고 $\sigma = \sigma_{y,st} = 4.0 \times 10^5 \text{kPa}$로 일정하게 된다.

12시간(720분) 후에 록볼트를 설치하였으므로 록볼트 설치 후에 록볼트에 작용되는 변형률은 다음과 같이 구할 수 있다.

$$t = t(t \geq 720분)에서의 \; 변형률$$

$$\varepsilon(t) = \frac{\Delta u}{l}$$

$$= \frac{[u_{r(r=7.5)}(t) - u_{r(r=7.5)}(t=720)] - [u_{r(r=12)}(t) - u_{r(r=12)}(t=720)]}{4.5}$$

위 식을 이용하여 시간에 따른 변형률 양상과 록볼트에 작용되는 응력을 표로 나타내면 다음과 같다.

(예제 표 8.2.1)

시간(T)	변형률($\varepsilon(t)$)	록볼트응력($=\varepsilon(t) \cdot E_{st}$), kPa
720분(12시간)	0	0
1,440분(1일)	8.310×10^{-5}	1.745×10^4
2,880분(2일)	2.481×10^{-4}	5.209×10^4
5,760분(4일)	5.732×10^{-4}	1.204×10^5
10,080분(1주일)	1.049×10^{-3}	2.203×10^5
20,160분(2주일)	$2.109 \times 10^{-3*}$	4.000×10^5

* 주) 한계변형률을 초과함.

[**예제 8.3**] 깊이 300m 이하에 $D = 12$m의 터널을 굴착하였다. 현장 암반은 암염으로서 다음의 물성치로 점탄성거동을 한다. (단, 체적변형은 탄성거동)

암염의 물성치 : $K_o = 1.0$, $K = 5.6 \times 10^6 \text{kPa}$

$$G_1 = 0.7 \times 10^6 \text{kPa}, \; G_2 = 4.2 \times 10^6 \text{kPa}$$

$$\eta_1 = 7.0 \times 10^8 \text{kPa/min}, \; \eta_2 = 7.0 \times 10^{12} \text{kPa/min}$$

$$\gamma = 25 \text{kN/m}^3$$

터널을 굴착한 후 24시간이 경과한 뒤에 내압 $p_i = 700$kPa을 터널에 가해주었다고 할 때, 터널의 벽변에서의 내공변위를 시간에 따라 구하고 그림으로 나타내라.

[풀이]

$K_o = 1$인 터널이므로 식 (8.1)에서 $B = C = 0$이다. 또한 $r = a$일 때 $A = \dfrac{\sigma_{vo}(1 + K_o)}{4} \dfrac{a^2}{r} = \dfrac{\sigma_{vo} \cdot 2 \cdot a}{4} = \dfrac{\sigma_{vo} \cdot a}{2}$ 가 된다. 따라서 식 (8.1)은 다음과 같이 간략히 표기할 수 있다.

$$u_{r(r=a)}(t) = \frac{\sigma_{vo} \cdot a}{2} \frac{G_1 + G_2}{G_1 \cdot G_2} - \frac{\sigma_{vo}a}{2G_1}e^{(-G_1 t/\eta_1)} + \frac{\sigma_{vo} \cdot a}{2\eta_2} \cdot t \tag{8.1a}$$

$t = 24$시간 $= 1,440$분 경과 후에는 지보압 $p_i = 700\text{kPa}$을 가하므로 지보압에 의한 변위는 다음 식과 같다.

$$\tilde{u}_{r(r=a)}(t) = \frac{p_i \cdot a(G_1 + G_2)}{2G_1 G_2} - \frac{p_i a}{2G_1}e^{[-G_1(t-1440)/\eta_1]} + \frac{p_i a}{2\eta_2}(t - 1440) \tag{8.3a}$$

종합적으로 내공변위량은 다음 식으로 구한다.

① $0 \leq t \leq 1,440$분

$$\hat{u}_{r(r=6)}(t) = u_{(r=6)}(t); \ \text{식 (8.1a)}$$

② $t \geq 1,440$분

$$\hat{u}_{(r=6)} = u_{r(r=6)}(t) - \tilde{u}_{r(r=6)}(t); \ \text{식 (8.1a)}{\sim}(8.3a)$$

위의 식을 이용하여 시간에 따른 내공변위 양상을 보면 다음 그림 및 표와 같다.

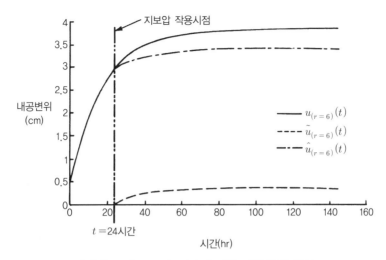

(예제 그림 8.3.1) 시간에 따른 내공변위 양상

(예제 표 8.3.1) 시간에 따른 내공변위 양상

시간(t)	$u_{(r=6)}(t)$(cm)	$\tilde{u}_{(r=6)}(t)$(cm)	$\hat{u}_{(r=6)}(t)$(cm)	비고
1분	0.5389	–	0.5389	
5분	0.5517	–	0.5517	
30분	0.6307	–	0.6307	
1시간(60분)	0.7229	–	0.7229	
3시간(180분)	1.0653	–	1.0653	
6시간(360분)	1.5076	–	1.5076	
12시간(720분)	2.1857	–	2.1857	
24시간(1,440분)	2.9889	0.0500	2.9389	지보압 작용시점
36시간(2,160분)	3.3800	0.2040	3.1760	
2일(2,880분)	3.5705	0.2790	3.2915	
3일(4,320분)	3.7086	0.3332	3.3754	
4일(5,760분)	3.7417	0.3461	3.3955	
5일(7,200분)	3.7499	0.3492	3.4007	
6일(8,640분)	3.7522	0.3500	3.4022	

8.2.2 라이닝 터널

일반적으로 터널은 굴착을 완료한 후에 최종적으로 2차 지보재로서 콘크리트 라이닝을 설치하게 된다. 따라서 굴착을 완료한 시점은 이미 탄성변형이 완료된 상태로서 콘크리트 라이닝에는 자중을 제외하고는 응력이 작용되지 않는다. 결론적으로 말하여 그림 8.1(b)의 버거모

델에서 스프링 $G_2 = 0$으로 가정해도 무리가 없을 것이다.

라이닝이 설치된 터널의 경우 비록 시공 초기에 콘크리트 라이닝에 작용되는 응력은 거의 없다고 해도 시간이 흐름에 따라 암반은 점탄성으로 인하여 반경방향으로 변형하고 싶어 하나, 라이닝으로 인하여 쉽게 변형이 발생되지 못하는 대신 라이닝에 시간에 따라 압력이 증가되는 양상으로 작용할 것이다. 점탄성해의 개요는 다음과 같다.

1) 라이닝에 작용되는 시간의존적 응력

터널의 반경 $r = a$이며, 콘크리트 라이닝의 내경 $r = a_i$인 터널에 작용되는 점탄성거동을 구해보자. 암반과 라이닝의 소요설계 정수값들은 다음과 같다.

암반의 모델 정수
$$\overline{K, \ G_1, \ \eta_1, \ \eta_2, \ G_2 = 0}$$

콘크리트 라이닝 정수
$$\overline{G', \ \mu'}$$

라이닝과 주변 암반의 경계선인 $r = a$에서 시간의존성 거동으로 인하여 라이닝에 작용하는 추가응력은 다음과 같다.

$$p_i(t) = \sigma_{vo}(1 + Ce^{r_1 t} + De^{r_2 t}) \tag{8.4}$$

여기서,

$$C = \frac{\eta_2}{G_1} r_2 \left[\frac{r_1(1 + \eta_1/\eta_2) + G_1/\eta_2}{(r_1 - r_2)} \right] \tag{8.5}$$

$$D = \frac{\eta_2}{G_1} r_1 \left[\frac{r_2(1 + \eta_1/\eta_2) + G_1/\eta_2}{(r_2 - r_1)} \right] \tag{8.6}$$

r_1과 r_2는 다음 식의 실근이다.

$$\eta_1 B s^2 + \left[G_1 B + \left(1 + \frac{\eta_1}{\eta_2} \right) \right] s + \frac{G_1}{\eta_2} = 0 \tag{8.7}$$

$$B = \frac{1}{G'}\left(\frac{(1-2\mu')a^2 + a_i^2}{a^2 - a_i^2} \right) \tag{8.8}$$

2) 라이닝에 작용하는 응력과 변위

라이닝에 작용하는 응력과 변위는 다음 식과 같다($a_i < r < a$).

$$\sigma_r(t) = p_i(t)\frac{a^2}{a^2 - a_i^2}\left(1 - \frac{a_i^2}{r^2} \right) \tag{8.9}$$

$$\sigma_\theta(t) = p_i(t)\frac{a^2}{a^2 - a_i^2}\left(1 + \frac{a_i^2}{r^2} \right) \tag{8.10}$$

$$u_r(t) = \frac{a^2 r p_i(t)(1-2\mu' + a_i^2/r^2)}{2G'(a^2 - a_i^2)} \tag{8.11}$$

3) 암반지반에 작용되는 응력과 변위

시간의존성을 고려한 지중응력과 변위는 다음 식과 같다($r \geq a$).

$$\sigma_r(t) = \sigma_{vo}\left(1 - \frac{a^2}{r^2} \right) + p_i(t)\frac{a^2}{r^2} \tag{8.12}$$

$$\sigma_\theta(t) = \sigma_{vo}\left(1 + \frac{a^2}{r^2} \right) - p_i(t)\frac{a^2}{r^2} \tag{8.13}$$

$$u_r(t) = \frac{a^2}{r}p_i(t)\left\{ \frac{(1-2\mu')a^2 + a_i^2}{2G'(a^2 - a_i^2)} \right\} \tag{8.14}$$

[예제 8.4] 터널의 직경=9m이며, 라이닝과 암반의 정수들은 다음과 같다.

콘크리트 라이닝 : 두께= 0.3m

$$E' = 2.45 \times 10^7 \text{kPa}, \ \mu' = 0.2$$

암반지반 : $\sigma_{vo} = 7,000\text{kPa}$

$$G_1 = 3.5 \times 10^5 \text{kPa}$$

$$\eta_1 = 3.5 \times 10^{11} \text{kPa} \cdot \text{min}$$

$$\eta_2 = 7.0 \times 10^{13} \text{kPa} \cdot \text{min}$$

$$K = \infty \, (\mu = 0.5)$$

위의 터널에 대하여 콘크리트 라이닝과 암반지반에 작용되는 시간의존적 응력과 변형을 구하라.

[풀이]

콘크리트 라이닝과 암반지반에 작용되는 시간의존적 응력과 변형을 구하기 위해 먼저 라이닝에 작용되는 시간의존적 추가응력을 구해야 한다. 이 과정은 다음과 같다. 콘크리트 라이닝의 G'는 아래와 같다.

$$G' = \frac{E'}{2(1+\mu')} = \frac{2.45 \times 10^7}{2 \times (1+0.2)} = 1.02 \times 10^7 \text{kPa}$$

식 (8.7)의 실근 r_1과 r_2를 구하기 위해 B는 식 (8.8)로 구할 수 있다.

$$B = \frac{1}{G'} \left[\frac{(1-2\mu')a^2 + a_i^2}{a^2 - a_i^2} \right]$$

$$= \frac{1}{1.02 \times 10^7} \left[\frac{(1-1 \times 0.2) \times 4.5^2 + 4.2^2}{4.5^2 - 4.2^2} \right] = 1.12 \times 10^{-6} (\text{kPa}^{-1})$$

위에서 구한 B값과 η_1, η_2, G_1값들로 식 (8.7)을 정리하면 다음과 같다.

$$3.91 \times 10^5 s^2 + 1.40 s + 5 \times 10^{-9} = 0$$

r_1, r_2는 위 식의 실근이므로 다음과 같다.

$$r_1 = -3.58 \times 10^{-9}, \; r_2 = -3.56 \times 10^{-6}$$

C와 D는 식 (8.5), (8.6)으로 구할 수 있다.

$$C = -0.280, \quad D = -0.720$$

위에서 구한 값들을 가지고 시간의존성 거동으로 인하여 라이닝에 작용되는 추가 응력은 식 (8.4)를 이용해 구할 수 있다.

$$p_i(t) = \sigma_{vo}(1 + Ce^{r_1 t} + De^{r_2 t})$$

$$= 7000(1 - 0.80e^{-3.58 \times 10^{-9}} - 0.720e^{-3.56 \times 10^{-6}})$$

(1) 콘크리트 라이닝에 작용되는 시간의존적 응력과 변형

식 (8.9)~(8.11)을 이용하여 $r = a$에서의 응력과 변위를 구하면 아래 표와 같다.

(예제 표 8.4.1)

시간(일)	$\sigma_r(t)$(kPa)	$\sigma_\theta(t)$(kPa)	$u_{r(r=a)}$(mm)
0	0	0	0
1	2.07×10^{-2}	3.00×10^{-1}	5.20×10^{-2}
7	1.78×10^{-1}	2.58	4.48×10^{-1}
28	6.75×10^{-1}	9.80	1.70
56	1.26	18.3	3.17
183	3.07	44.6	7.73
356	4.23	61.5	10.7
712	4.92	71.4	12.4
3650	5.08	73.7	12.8

위의 표를 그래프로 표현하면 아래 그림과 같다.

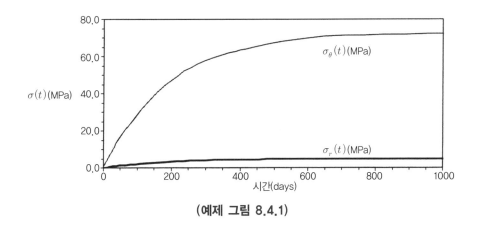

(예제 그림 8.4.1)

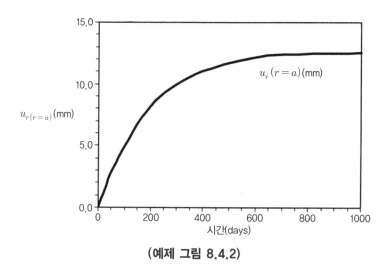

(예제 그림 8.4.2)

(2) 암반지반에 작용되는 시간의존적 응력과 변형

식 (8.12)~(8.14)를 이용하여 $r = a$에서의 응력과 변위를 구하면 아래 표와 같다.

(예제 표 8.4.2)

시간(일)	$\sigma_r(t)$ (kPa)	$\sigma_\theta(t)$ (kPa)	$u_{r(r=a)}$ (mm)
0	0	14.0	0
1	2.07×10^{-2}	14.0	5.20×10^{-2}
7	1.78×10^{-1}	13.8	4.48×10^{-1}
28	6.75×10^{-1}	13.3	1.70
56	1.26	12.7	3.17
183	3.07	10.9	7.73
356	4.23	9.77	10.7
712	4.92	9.08	12.4
3650	5.08	8.92	12.8

위의 표를 (예제 표 8.4.1)과 비교하면 콘크리트 라이닝과 암반지반의 접촉면($r = a$)에서는 접선방향응력만 다른 것을 알 수 있다. 그리하여 변위에 대한 그래프는 (예제 그림 8.4.2)와 같으므로 생략하고 응력에 관한 그래프는 다음과 같다.

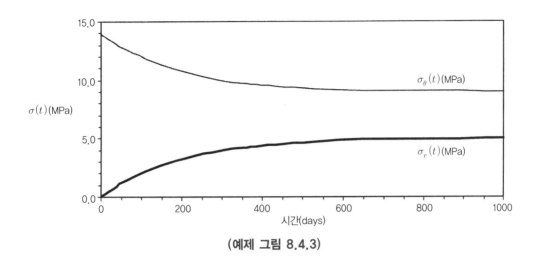

(예제 그림 8.4.3)

8.3 터널의 점소성거동

8.3.1 크리프 현상의 재조명

크리프 현상은 그림 8.2와 같이 초기 크리프(transient), 2차 크리프(secondary), 최종 크리프(tertiary)의 세 단계로 나눈다. 『암반역학의 원리』 6.5절에서 서술한 대로 암염은 암석 자체가 점토의 경우와 같이 크리프 현상을 띠는 것으로 알려져 있다. 이에 반하여 화강암이나 석회석과 같이 단단한 암석은 일정한 값 이상의 압력을 지속적으로 받아야 크리프 현상을 띠는 것으로 알려져 있으며, 이 임계 하중을 'creep threshold'라고 한다.

예를 들어서 가해주는 압축응력이 암석의 일축압축강도의 1/2 이상이 되어야 크리프 현상 가능성이 있다고 볼 수 있다. 압축응력이 압축강도의 1/2에 이르면 암석에 균열이 발생되기 시작하여 이 압력을 장시간 가할 경우, 계속 균열이 확장되면서 크리프 현상을 보인다. 그림 8.2의 세 단계를 다시 정리하여보면 다음과 같다.

1) 크리프 거동의 3단계

(1) 1차 크리프(transient) : 하중을 가하고 탄성변형에 이어서 계속하여 발생하는 변형을 말하며, 이 현상이야말로 진정한 의미에서 암석의 점탄성 성질로 인하여 발생하는 크리프이다.

(2) 2차 크리프(secondary) : 앞에서 서술한 대로 이 단계는 암석 자체의 고유성질에 의하

여 발생하는 변위라기보다는 비록 안정적이기는 하나 미세크랙의 발생으로 발생되는 변형이다(stable crack propagation).

(3) 3차 크리프(tertiary) : 하중을 장시간 가하고 있을 경우 2단계에서 발생한 크랙이 더 확장되면서 발생되는 변형이다(unstable crack propagation).

결론적으로, 2차 및 3차 크리프는 새로이 암석에 크랙이 발생하므로 야기되는 변형으로서 크랙발생 및 전파는 에너지 손실을 유발하므로 점탄성이 아니라 점소성(visco-plastic) 거동으로 보아야 한다. 즉, 이는 소성거동(소성파괴)으로 보아야 하며, 단지 소성파괴가 하중을 가함과 동시에 발생되는 것이 아니라 시간이 흐른 뒤에 발생한다는 것이 소성거동(plastic behavior)과 점소성거동이 다른 것으로 이해하면 된다.

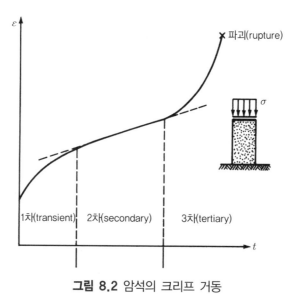

그림 8.2 암석의 크리프 거동

2) 암석의 장기거동

앞에서 서술한 것을 다시 정리하여보면, 결국 암석에서의 크리프란(암염과 같이 진정한 의미에서의 점탄성거동을 보이는 암석을 제외하고는) 하중을 가해주는 시간이 아주 장기간 일 때, 비록 초기에는 파괴가 발생하지 않았으나 종국에 가서는 파괴가 된다는 현상을 말한다. 그림 8.3의 예를 보면 시간경과에 따른 일축압축강도비를 나타낸 그림으로서, 결국 시험에 사용된 응회암(tuff)과 이암(mudstone)인 경우(단시간에 실험을 끝낸) 일축압축강도의 60% 정도의 하중을 장시간 방치하면 이 암석은 파괴가 발생할 것이다.

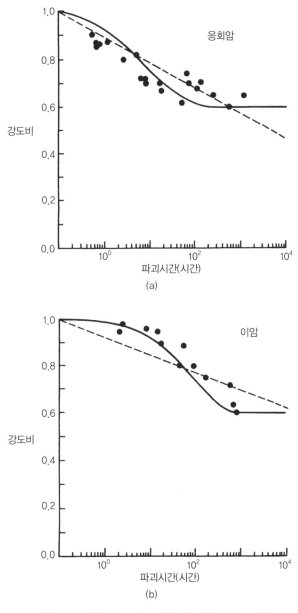

그림 8.3 암석의 크리프 거동에 의한 강도 저하

8.3.2 점소성역학의 기본

1) 강도실험 결과와 크리프 실험 결과의 상관관계

제2장에서 기본적으로 가정했던 파괴거동은 취성파괴로서 암석은 첨두강도(ϕ, c)에 이르자마자 잔류강도(ϕ_{res}, c_{res})로 줄어든다는 개념이었다(그림 8.4 ① 참조). 이와 반면에 완전

소성은 일단 첨두강도에 이르면 변형이 계속 발생하더라도 강도(ϕ, c)는 계속 유지되는 것으로 보면 된다(그림 8.4 ②).

실제 문제에서의 암석거동은 변형률 연화(strain-softening)거동으로서 그림 8.4 ③에 나타난 대로 변형률이 증가함에 따라 완전소성 → 잔류강도로 변해가는 과정을 보인다. 한편 크리프 실험은 그림 8.4 ④에서와 같이 단기강도의 일정 비율(예를 들어 그림 8.3의 경우 60%)의 하중을 계속 가하는 경우이다.

그림 8.4에서 암석의 변형률이 ε_p 정도가 되면 파괴상태에 이르며 변형이 더 발생하여 ε_r에 이르면 잔류강도로 강도가 저하될 것이다. 물론 첨두강도(ϕ, c)가 잔류강도(ϕ_{res}, c_{res})로 변할 때, 내부마찰각과 점착력이 둘 다 줄어들 수 있으나 대부분의 경우 내부마찰력은 크게 변하지 않으며, 점착력이 줄어들게 된다. 어찌 되었는지 암석의 변형률이 과도하게 되면 이 암석은 점착력을 상실하고 과도한 변형으로 인하여 터널 라이닝에 하중을 가중시켜 압착거동(squeezing 현상)을 유발하게 된다.

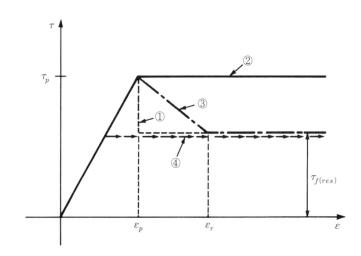

그림 8.4 암석의 응력-변형률 거동

2) 점소성역학에 의한 압착성(squeezing) 검토

결국 그림 8.4에서 횡축을 변형률(ε) 대신에 시간(t)축으로 전환하면 점소성이론에 의한 압착성은 다음과 같이 정리될 수 있다.

① 점소성을 띠는 암반은 탄성영역에서는 크리프 현상이 없는 것으로 가정하며, 소성상태에 이른 영역에서만 크리프 현상이 발생한다고 본다.

② 소성상태에 이른 암반은 시간이 감에 따라 변형률이 계속 발생하여 잔류상태에 이르면
   암반은 점착력을 점점 상실하며, 저하된 강도로 인하여 소성영역은 점점 확장되며, 이로
   인하여 터널 라이닝에 작용되는 하중은 점점 커진다.

③ 잔류강도에 이르는 변형률은 암반의 종류 및 현장여건에 따라 다르나, $\dfrac{u_{r(r=a)}}{D} = 2 \sim 6\%$

   (D는 터널 직경) 정도에 이르면 잔류거동을 보이는 것으로 알려져 있으며, $\dfrac{u_{r(r=a)}}{D}$ 값은

   그림 8.5와 같이 p_i/σ_{vo}의 함수인 것으로 알려져 있다.

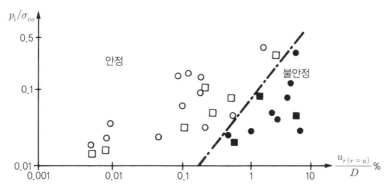

그림 8.5 잔류강도에 이르는 내공변위와 내압과의 관계

3) 점소성거동에서의 지반반응곡선

그림 8.4의 ①, ②, ③ 각각의 경우에 대한 지반반응곡선이 그림 8.6(a)에 표시되어 있다.
이를 시간개념으로 보면 ②는 $t = o$인 경우, ③은 $t = t$인 경우, ①은 $t = \infty$인 경우로서 점소
성은 곡선 ②에서 → 곡선 ①로 변해가는 현상을 말하며, 결국 그림 8.6(b)에서와 같이 처음에
는 ②곡선의 거동을 하다가 변형률이 한계변형률에 이르면 수직으로 점프하여 그 이후에는 ①
의 곡선을 따라 거동할 것이다.

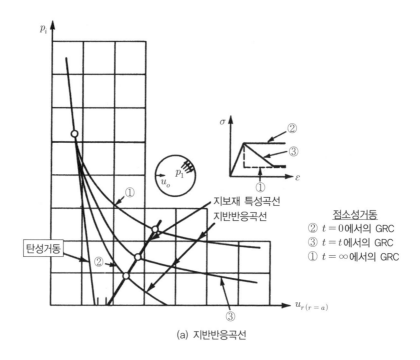

(a) 지반반응곡선

점소성거동
② $t = 0$에서의 GRC
③ $t = t$에서의 GRC
① $t = \infty$에서의 GRC

지보재 특성곡선
지반반응곡선
탄성거동

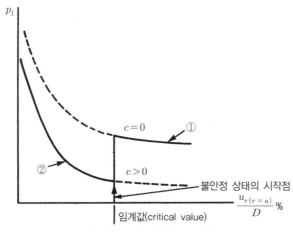

(b) 임계값 불안정상태의 시작점

그림 8.6 점소성거동에서의 지반반응곡선

8.4 탄성·점소성 모델의 수학적 모델링

8.4.1 서 론

Malan(1999, 2002)은 호주의 심부에 존재하는 광산터널이 시간의존성 거동을 보이기는 하나 아주 신선하고 단단한 암반지반에 터널이 위치하기 때문에, 이 암반이 점탄성거동을 하지 않는 것에 착안하여 파괴기준이 시간에 따라 변한다는(첨두강도 → 잔류강도) 가정에 근거하여 탄성-점소성거동을 수학적으로 모델링함으로써 심부터널의 시간의존성 거동을 규명하고자 하였다. 다음에 탄성-점소성 모델의 모델링 개요를 설명하고자 한다.

8.4.2 모델링 개요

1) 탄성-점소성 모델

탄성-점소성 모델은 그림 8.7과 같이 스프링 1개와 소위 Bingham unit가 직렬로 연결된 모델을 사용한다. 여기서 Bingham unit은 그림 8.7의 왼쪽과 같이 미끄럼요소 한 개와 점성요소 한 개를 병렬로 연결한 것을 말한다. Bingham의 요소를 설명하면 다음과 같다.

- 미끄럼요소(St. Venant element)는 파괴강도에 다다른 경우에는 움직이고, 강도 이하에서는 움직이지 않는 거동을 보인다.

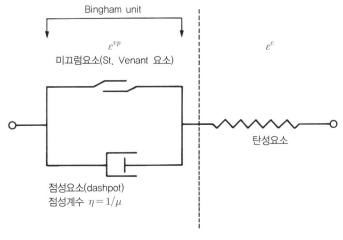

그림 8.7 탄성-점소성 모델

- 점성요소(dashpot)는 미끄럼요소와 병렬로 연결된 것으로 미끄럼요소는 그 성질상 일단 파괴강도에 이르면 너무 변형이 빨리 일어날 수 있으므로 이 점성요소를 이용하여 변형률을 조절한다.

2) 파괴기준과 소성법칙

점소성이론과 소성이론이 다른 것 중 하나는 소성이론에서는 일단 응력상태가 파괴면에 다다르면 더 이상 이 파괴면 이상의 응력을 가질 수 없었는 데[식 (4.58)] 반하여, 점소성 모델에서는 파괴기준면이 첨두강도로부터 잔류강도로 시간에 따라 계속 감소하게 되므로, 응력의 상태가 파괴면 상태에서의 응력보다도 더 커질 수 있다는 것이다.

(1) 파괴기준

임의의 시간 t에서 Mohr-Coulomb 파괴기준 식은 다음 식과 같다(그림 8.8 참조).

$$f(t) = \sigma_1 - \sigma_3 K_{\phi c} - 2c_c \sqrt{K_{\phi c}} \tag{8.15}$$

$$K_{\phi c} = \frac{1 + \sin\phi_c}{1 - \sin\phi_c} \tag{8.16}$$

여기서, ϕ_c : 시간 t에서의 내부마찰각

　　　　c_c : 시간 t에서의 점착력

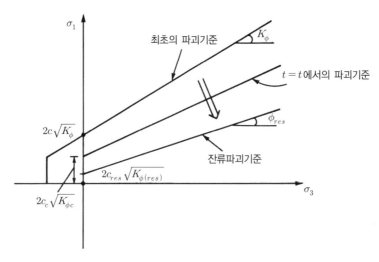

그림 8.8 시간 t에서의 파괴기준

<u>초기 조건($t = 0$)</u>

초기에는 ($t = 0$) 첨두강도를 사용하므로 식 (8.15), (8.16)에서 $\phi_c = \phi$, $c_c = c$를 사용한다.

<u>최후 조건($t = \infty$)</u>

궁극적으로는 잔류강도에 다다르므로 $t = \infty$에는 $\phi_c = \phi_{res}$, $c_c = c_{res}$를 사용한다. 또한 앞에서 서술한 것과 같이 내부마찰각은 시간에 따라 변하지 않는 것으로 가정하고, 대부분의 경우 점착력만 감소되는 것으로 본다.

(2) 점소성 유동법칙

전단파괴가 발생한 경우(소성영역에 다다른 경우), 점소성 변형률의 변화율 $d\varepsilon_{ij}^{vp}$은 다음 식으로 구한다.

$$d\varepsilon_{ij}^{vp} = \mu < f(t) > \frac{\partial Q}{\partial \sigma_{ij}} \tag{8.17}$$

여기서, μ는 유동계수(fluidity parameter)로 부르며, $\langle f(t) \rangle$의 정의는 다음과 같다.

$$< f(t) > = 0, \qquad f(t) < 0 \text{인 경우} \tag{8.18a}$$
$$< f(t) > = f(t), \qquad f(t) \geq 0 \text{인 경우} \tag{8.18b}$$

비연합 유동법칙으로서 Q는 다음 식을 사용한다.

$$Q(\sigma_3, \sigma_1) = \sigma_1 - \sigma_3 K_\psi - 2c_c \sqrt{K_\psi} \tag{8.19}$$
$$K_\psi = \frac{1 + \sin\psi}{1 - \sin\psi} \tag{8.20}$$

결국 변형률 증가량은 탄성증가량과 점소성 증가량의 합으로서 다음 식으로 표시할 수 있다.

$$d\varepsilon_{ij} = d\varepsilon_{ij}^e + d\varepsilon_{ij}^{vp} \tag{8.21}$$

(3) 시간의존성 강도

결국 전단강도는 시간이 지남에 따라 점착력에 한하여 $c_c = c$로부터 $c_c = c_{res}$로 감소되는 것으로 모델화할 수 있으며, 점착력 감소는 잔류강도를 상회하는 응력 초과량에 비례하여 감소하는 것으로 가정한다. 즉,

$$dc_c = K_c < f_{res} >$$ (8.22)

여기서, K_c : 점착력 감소계수

$$f_{res} = \sigma_1 - \sigma_3\,K_\phi - 2\,c_{res}\,\sqrt{K_\phi}$$ (8.23)

$$K_\phi = \frac{1 + \sin\phi}{1 - \sin\phi}$$ (8.24)

8.4.3 예제 해석

Malan(1999, 2000)은 앞에서 제시한 수학적 모델을 수치해석으로 풀기 위하여 앞 절에서 제시한 모델을 그대로 범용 프로그램인 'FLAC'에 FISH 함수로 프로그램에 삽입하였으며 계산 예를 제시하면 다음과 같다.

예제 터널

터널은 단면 길이＝4m인 정사각형 터널로서 해석에 사용한 암반물성치는 표 8.1과 같다. 해석결과로서 측벽에서의 내공변위는 그림 8.9와 같으며, 시간변화에 따른 소성구역의 범위는 그림 8.10과 같다. 시간이 흐름에 따라 소성영역이 계속 확장되고 있음을 보여준다.

표 8.1 점소성 해석을 위한 암반물성치

암반의 계수	물성치
연직응력	70MPa
수평응력	40MPa
체적계수	27.7GPa
전단계수	20.8GPa
단위중량	2700kg/m^3
신선암의 점착력	22MPa
내부마찰각(첨두 및 잔류)	30°
잔류 점착력	15MPa
점착력 감소계수	0.001day^{-1}
팽창각	25°
유동계수	1×10^{-11}Pa^{-1}day^{-1}

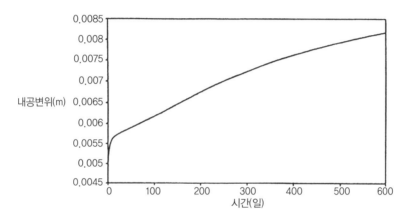

그림 8.9 측벽에서의 내공변위 증가 양상

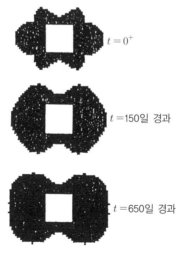

그림 8.10 소성영역의 확장

8.5 시간의존성 암에 건설된 터널의 내공변위

시간의존성을 보이는 터널에서의 내공변위 일반식은 제2장 표 2.7에서와 같이 다음 식으로 표시된다.

– 점탄성 지반의 경우는

$$u_r(x, t) = a\{1 - \exp(-bx)\} + c\{1 - \exp(-dt)\} \tag{8.25}$$

– 탄성-점소성 지반의 경우는

$$u_r(x, t) = a\left\{1 - \left(\frac{X}{X+x}\right)^2\right\} \times \left[1 + m\left\{1 - \left(\frac{T}{T+t}\right)^n\right\}\right] \tag{8.26}$$

식 (8.26)의 앞부분은 소성거동을 뒷부분은 점소성을 나타낸다. 특히 각 계수의 의미를 정리해보면 다음과 같다.

– X는 소성영역의 영향을 나타내는 것으로 터널 주위로 소성영역이 커질수록 X값도 크다.
– a는 $(t = 0,\ x = \infty)$에서의 내공변위를 나타낸다.
– $(1+m)$은 $(t = \infty,\ x = \infty)$에서의 내공변위와 a의 비를 표시하여 시간의존성 거동의 중요성을 나타낸다.

Panet(1996)은 탄성-점소성을 보이는 Frejus 터널에 대하여 실제로 내공변위를 계측하였는바, 그 예가 그림 8.11에 표시되어 있다. 그림에서 보듯이 이 터널의 계측치로부터 각 계수들을 구해보면 $X = 13\text{m}$, $T = 3.75$일, $n = 0.3$, $m = 4$이었다. $X = 13\text{m}$는 소성영역이 크게 발달한 터널임을 뜻하고, $m = 4$는 시간의존성 변위가 심각함을 보여준다.

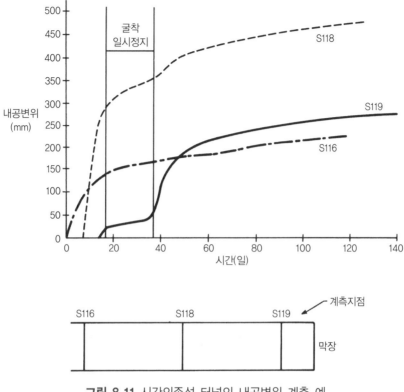

그림 8.11 시간의존성 터널의 내공변위 계측 예

지반의 시간의존성 거동으로 인하여 콘크리트 라이닝이나 숏크리트 층에 과도한 변위가 발생하면 라이닝에는 크랙이 발달하기 쉽다. 이를 방지하게 위한 설계법이 제안되어왔다. 사진 8.1에 한 예가 표시되어 있다.

라이닝 응력 제어(lining stress controller, LSC)를 라이닝 한쪽에 설치하는 것이다.

사진 8.1 라이닝 응력 제어(LSC)이 설치된 라이닝 전경

참 고 문 헌

- Goodman, R.E.(1989), Introducion to rock mechanics, Wiley, New York, pp.250~256.
- Lo, K.Y. and Yuen, C.M.K(1980), Design of tunnel lining in rock for long term time effects, Can. Geotech.J., Vol. 18, pp.24~39.
- Aydan, Ö., Akagi, T. and Kawamoto, T.(1996), The sqeezing potential of rock around tunnels: theory and prediction with examples taken from Japan, Rock Mech. & Rock Eng, Vol. 29, No. 3, pp.125~143.
- Aydan, Ö., Akagi, T., and Kawamoto, T.(1993), The squeezing potential of rocks around tunnels : theory and prediction, Rock Mech. & Rock Eng., Vol. 26, No. 3, pp.137~163.
- Eggar, P.(2001), Design and construction aspect of deep tunnels (with particular aspect on strain softening rock), Tunnelling and Underground Space Technology, Vol. 15, No. 4, pp.403~408.
- Fakhimi, A.A. and Fairhurst, C.C.(1994), A model for the time dependent behavior of rock, Int. J. Rock Mech. & Min. Sci, Vol. 31, pp.117~126.
- Ladanyi, B.(1993), Time−dependent response of rock around tunnels, Comprehensive Rock Eng., Vol. 2, Elsevier, pp.77~112.
- Panet, M.(1996), Two case histories of tunnels through sgueezing rocks, Rock Mech. & Rock Eng., Vol. 29, No. 3, pp.155~164.
- Malan, D.F.(1999), Time−dependent behavior of deep level tabular excavations in hard rock, Rock Mech. & Rock Eng., Vol. 32, No. 2, pp.123~155.
- Malan, D.F.(2002), Simulating the time−dependent behavior of excavations in hard rock, Rock Mech. & Rock Eng., Vol. 35, No. 4, pp.225~254.

제9장

지하구조물의
내진해석법

지하구조물의 내진해석법

9.1 서   론

전 세계적으로 지진이 빈번하게 일어나고 있으며, 우리나라에서도 홍성지진 이후에 내진설계의 중요성이 날로 대두되고 있어, 급기야 건설교통부에서 내진설계기준을 제정하였다. 이 장에서는 지하구조물에 대한 내진해석법의 개요를 서술하고자 하는바, 이 장을 포함하는 기본 목적은 지중거동을 이해하는 터널기술자들이 내진해석의 기본사항을 이해하도록 돕는 데 있다. 왜냐하면 지하구조물의 지진 시 거동은 지상구조물과는 완전히 다르기 때문에 지상구조물의 개념으로 내진해석/설계를 하면 자칫 과설계를 할 가능성이 있기 때문이다. 지반공학자들에게 내진이라고 하면 액상화 현상(liquefaction)과 사면안정을 떠올리게 된다. 그러나 이러한 주제들은 '토질동역학'에서 대부분 다루게 되므로 여기에서는 이 문제들은 거론하지 않을 것이다. 오직 지진에 의한 지하구조물의 역학적 거동만을 다루게 될 것이다.

9.1.1 지진에 의한 터널피해의 일반 상황

우선적으로 역사적으로 발생한 지진에 의해 터널이 피해를 입은 현황을 다음과 같이 요약한다.

- 같은 지진에 대해서 지하구조물은 지상구조물에 비하여 일반적으로 피해가 적은 편이며, Dowding과 Rozen에 의하면 지진 시의 최대지반가속도가 0.2g를 넘는 경우에 피해가 크

게 발생하는 것으로 조사되었다(St.John and Zahrah, 1987).

- 터널이 깊은 심도에 위치할수록 피해가 적다.
- 라이닝이 있는 터널이 무라이닝 터널에 비하여 피해가 적으며 특히 라이닝과 암반 사이의 공동을 그라우팅으로 밀실하게 채워준 경우가 더 안전한 것으로 조사되었다.
- 터널 라이닝을 두껍게 하거나, 강성을 크게 하는 것은 집중응력이 작용되어 오히려 불리할 수 있음을 주지하여야 한다.
- 지진 시 터널 갱구부에서 사면파괴가 종종 일어나는 것으로 보고되곤 한다.
- 일본 고베 지진에 의해 Daikai 지하철이 파괴된 것이 지반의 불안정(liquefaction 등)으로 야기된 것이 아니라 지진력으로 터널구조물이 파괴된 첫 예가 되는 것으로 보고되었다.
- 특히 1999년 대만에서 발생한 Chi-Chi 지진 시에는 그 리히터 규모가 7.3에 이르러 산악 터널에도 수많은 피해가 발생하였다. 관심 있는 독자들은 Wang 등(2001)의 논문을 참조하기 바란다.

9.1.2 지하구조물의 진동 특성

지하구조물의 진동 특성은 일반적으로 지진 시 큰 피해를 받는 지상구조물의 진동 특성과 완전히 다르다. 예를 들어서 자유도 1인 지상구조물의 경우에(그림 9.1 참조), 지표면에서 $\ddot{u}$ 의 가속도 시간이력으로 지진에 의한 진동이 일어나면 지상구조물은 지표면의 진동유형 그대로 발생하는 것이 아니라 지상구조물의 질량(m), 강성(k) 및 감쇄(c) 특성에 의하여 거동이 달라진다. 특히 지상구조물의 질량에 의한 관성력($m\ddot{\delta}$)도 지상구조물의 거동에 주요 요소로 작용한다.

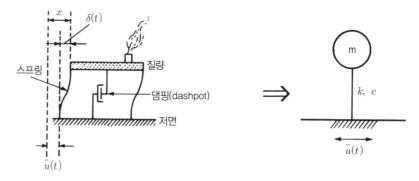

그림 9.1 자유도 상부구조물의 거동

반면에 지하구조물은 지중에 있기 때문에 대부분의 경우 지반운동에 순응하여 구조물이 진동하는 연유로 큰 증폭현상이 나타나지 않는다. 큰 증폭현상이 일어나지 않는 원인을 요약하면 다음과 같다.

첫째, 대부분의 지반에 있어서 깊이에 따른 지반운동의 크기가 지표면에서 최대가 되며 지중에서는 상대적으로 작은 지반운동 진폭을 갖기 때문이다.

둘째, 지하구조물의 강성은 일반적으로 주변 지반의 강성보다 작기 때문에 대부분의 경우 지하구조물은 주변 지반과 같이 움직일 수밖에 없다(예를 들어서 콘크리트의 강도 $\approx 210 \text{kg/cm}^2$, 암반의 강도 $\approx 500 \text{kg/cm}^2$ 이상). 또한 지하구조물의 겉보기 단위중량(라이닝의 중량을 터널의 전체체적으로 나눈 값)은 주변 지반의 단위중량보다 작기 때문에 지하구조물에 작용되는 관성력이 작다. 관성력이 작으면 지하구조물은 지반의 운동에 대하여 상대적인 새로운 거동을 할 수가 없으며, 지반과 같이 움직일 수밖에 없다. 즉, 대부분의 경우 지반의 변형량과 지하구조물의 변형량은 거의 같다. 이 사실에 근거하여 지하구조물의 내진해석방법으로 '응답변위법'이 개발되었다.

셋째, 지하구조물은 주변이 지반으로 둘러싸여 있기 때문에 구조물에서 주변 지반으로 빠져나가는 에너지, 즉 발산감쇄(radiation damping)가 크다는 점이다. 즉, 지상 구조물에는 재료감쇄(material damping)만이 존재하나 지반에서는 두 감쇄작용이 같이 일어난다. 이는 만일에 지하구조물이 주변 지반에 대해 상대적인 진동을 일으켰다 하더라도 곧 쉽게 소멸된다는 것을 의미한다.

그림 9.2는 지상 및 지하구조물에서의 가속도 이력곡선의 예를 지표면 운동과 함께 도시하고 있다. 그림에서 보면

- 지표면에서의 최대 지진가속도는 600Gal임에 비하여 지중구조물이 위치한 지반에서는 351Gal로 줄어들었음을 보여주며, 특히 지하구조물 주변 지반에서는 276Gal로 약간 더 줄어들었음을 보여준다.
- 반면에 지상구조물의 옥상에서는 770Gal로서 지표면에서의 최대지진 가속도에 비해 $770/600 \approx 1.3$배 정도 증폭되었음을 보여준다.
- 가속도의 시간이력곡선을 면밀히 비교하여보아도 지상구조물의 파형은 지표면과 다르게 거동함을 보여주나, 지하구조물은 주변 지반의 파형과 거의 흡사함을 알 수 있다.

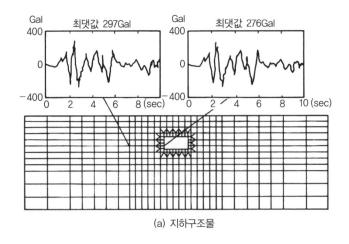

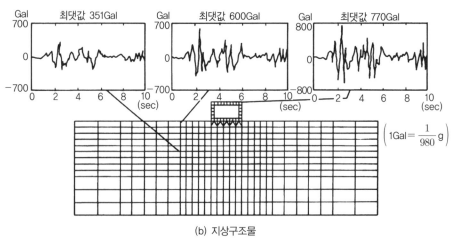

$$\left(1\mathrm{Gal} = \frac{1}{980}\,g\right)$$

(b) 지상구조물

그림 9.2 지상 및 지하구조물에서의 가속도 응답파형(계속)

9.1.3 지진 시 지하구조물의 변형 양상

지진파에 의하여 발생되는 지하구조물의 변형 양상을 나타낸 것이 그림 9.3이다. 그림 9.3(a) 및 (b)는 각각 터널축방향과 터널 단면방향으로 전달되어 오는 P파(종방향파)에 의하여 터널에 발생하는 현상이다. 이 종방향 plane파는 제7장에서 서술한 대로 발파로 인하여 야기되는 주된 생성파이었다. 물론 지진에 의하여 종파도 발생되기는 하나 전단파의 영향이 워낙 지대하기 때문에 종파에 의한 거동을 분석에서 대부분 생략한다.

지진으로 인하여 발생되는 전단파에 의한 터널거동이 내진해석에서는 주류를 이룬다. 그림 9.3과 전단파와의 관계를 서술하면 다음과 같다.

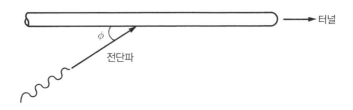

- 전단파가 터널축과 ϕ 각도만큼 경사지게 입사되는 경우는(위의 그림 참조) 터널구조물에 압축-인장변형 거동[그림 9.3(d)] 휨 거동을 유발시킨다[그림 9.3(c)]. 특히 $\phi = 0°$인 경우, 즉 터널구조물에 평행되게 입사하는 경우는 대표적으로 휨 거동만이 생길 것이다[그림 9.3(c)].
- 전단파가 상방향으로 전파되는 경우에는 이로 인하여 원형 터널에는 ovaling 거동을 야기하며[그림 9.3(e)], 박스 구조물과 같은 사각형의 지하구조물에는 racking 거동을 유발시킨다[그림 9.3(f)].

9.3.2절에서 서술하는 내진해석법에서는 위에서 제시한 두 경우가 주된 주제가 될 것이다.

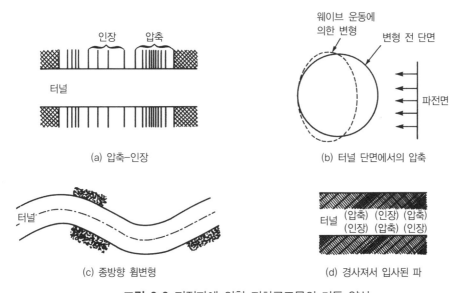

그림 9.3 지진파에 의한 지하구조물의 거동 양상

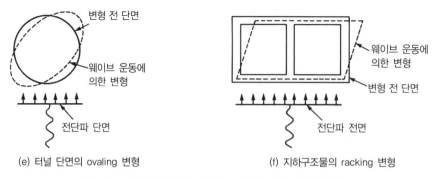

(e) 터널 단면의 ovaling 변형　　　　　(f) 지하구조물의 racking 변형

그림 9.3 지진파에 의한 지하구조물의 거동 양상(계속)

9.1.4 지하구조물의 내진해석법

구조물의 내진해석을 위한 계산법은 크게 진도법, 응답변위법, 그리고 동적해석법으로 나뉜다.

(1) 진도법

진도법은 교량 등의 지상에 존재하는 구조물의 경우에 간단히 사용되는 방법으로서 동적인 지반운동을 정적으로 변환하여 해석하는 방법이다. 그림 9.4(a)에 표시된 개략도와 같이 지상구조물의 중량에 설계진도를 곱한 힘을 관성력으로 작용시켜 지진에 의해 구조물에 발생되는 응력 등을 구하는 방법이다.

그림 9.4(a)에서 관성력 F_I는 다음 식과 같다.

$$F_I = m \cdot \ddot{\delta}_{\max} = \frac{W}{g} \cdot (a \cdot g) = W \cdot a$$

여기서, 최대 지진가속도 $\ddot{\delta}_{\max} = a \cdot g$로서 값 a가 설계진도에 해당한다.

한편, 그림 9.4(b)에 보여주는 사면안정문제에서는 지진으로 인한 관성력은(사면파괴 가능 부위의 질량 × 최대 지진가속도)로 계산하는바, 이도 또한 진도법의 개념을 도입한 것으로 볼 수 있다.

지하구조물의 경우에는 앞에서 서술한 바와 같이 발산감쇄가 크고 특히 질량이 무시할 정도로 작아서 관성력을 구할 수가 없다. 따라서 진도법을 지하구조물의 내진해석법으로 이용하는 것은 거의 불가능하다.

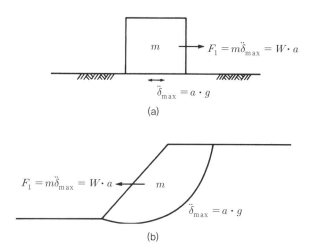

$$F_1 = m\ddot{\delta}_{\max} = W \cdot a$$

$$\ddot{\delta}_{\max} = a \cdot g$$

(a)

$$F_1 = m\ddot{\delta}_{\max} = W \cdot a$$

$$\ddot{\delta}_{\max} = a \cdot g$$

(b)

그림 9.4 진도법의 개요

(2) 응답변위법

응답변위법은 특별히 지하구조물의 내진계산을 위하여 고안된 방법으로서 동적인 지반운동을 정적으로 전환하여 지진해석을 한다는 점은 진도법과 같으나, 관성력을 구하는 것이 아니라 지진운동으로 인한 주변 지반의 변위를 먼저 구하고 주변 지반의 변위에 의해 지하구조물에도 거의 같은 변위가 발생한다고 가정하여 이 변위에 의한 구조물의 응력 등을 구하는 방법으로서 진도법과는 근본적인 차이가 있다.

이 책의 다음 절 이후에 소개되는 지하구조물의 해석법은 응답변위법을 주도하여 서술하고자 한다.

(3) 동적해석법

동적해석법은 구조물 및 주변 지반을 적절히 모델링하고 해석대상의 내부 또는 경계면에 시간이력 지진운동을 입력하여 지반 및 구조물의 거동, 그리고 지보재에 발생하는 단면력 등을 동적으로 구하는 것이다. 동적해석법은 주로 구조물의 형상이나 지반조건이 복잡한 경우 등에 대해 실시하는 경우가 많으며 응답변위법에 의한 계산 결과를 확인하거나 다층지반인 경우, 응답변위법의 적용에 필요한 지반의 자유장운동을 파악하기 위해서 적용되기도 한다.

내진해석의 기본을 서술하는 것이 이 책의 기본 목적이므로 동적해석에 대한 서술은 생략하고자 한다. 이에 관심 있는 독자들은 이인모 등(1999)의 참고문헌을 참조하기 바란다.

9.2 설계지반운동 설정

9.2.1 응답변위법의 개요

앞에서 서술한 대로 지하구조물의 내진해석에 가장 빈번히 사용되는 응답변위법을 이 장에서는 주로 소개하고자 한다. 응답변위법은 지진에 의하여 지반이 변형하는바, 지반의 변형양상을 먼저 구하고(이를 자유장운동이라고 한다), 자유장운동에 근거하여 구한 지반변형량을 지하구조물에 임의로 가하여 이로 인한 지하구조물의 변형률 및 응력을 산출하게 된다. 많은 경우의 지하구조물은 지반의 변형과 동일한 변형이 발생하나, 비교적 연약한 지반에 설치한 지하철용 박스구조물 등은 구조물의 강성이 지반보다 크기 때문에 지반 변형량보다 작은 변형이 발생할 수도 있다. 이를 고려한 해석법은 '지반-구조물 상호작용에 근거한 내진해석법'이라고 한다. 따라서 이후에 서술할 응답변위법은 다음의 순서로 이루어질 것이다.

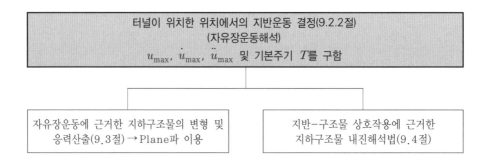

9.2.2 설계지반운동(자유장운동)

1) 개요

내진설계는 건설교통부에서 제정한 '내진설계기준'에 근거하여 실시하는바, 근본적으로 설계기준에서 제시된 지진하중은 지표면에서의 운동이다. 지하구조물은 지표 하에 위치하기 때문에 지표면에서의 지반운동을 그대로 지하구조물 내진해석에 사용할 수 없다. 따라서 가장 먼저 해야 하는 작업이 내진설계기준에서 제시한 지표면 운동으로부터 지하구조물이 위치한 깊이에서의 지반운동을 구하는 것이다. 여기에서 구하는 지반운동은 지하구조물이 설치되지 않은 상태에서의 거동을 말하며, 이를 자유장운동(free-field motion)이라고 한다. 즉, 지진하중으로 인한 다음의 값들을 설계지반운동으로 먼저 설정하여야 한다.

- 지하구조물 심도에서의 최대지반가속도, $\ddot{u}_{\max}$
- 지하구조물 심도에서의 최대지반속도, $\dot{u}_{\max}$
- 지하구조물 심도에서의 최대지반변위, $u_{\max}$
- 지하구조물 심도에서의 지반의 기본 진동 주기, T
- 지하구조물 심도에서의 지반의 파의 길이(wave length), λ

설계지반운동을 설정하는 방법에는 응답스펙트럼을 이용하는 방법과 지진응답해석법을 이용하는 방법이 있으며, 실무에서는 파전파 이론을 프로그램화한 'SHAKE 91' 프로그램을 주로 이용한다. 이 책에서는 두 방법을 모두 서술할 것이다.

2) 내진설계기준에서의 지표면 지반운동

건설교통부가 제정한 '내진설계기준'에 의하면 우리나라 전역을 표 9.1과 같이 지진구역 I, II로 구분하였다. 표 9.2는 지진구역 계수로서 500년 주기에 대한 최대지반가속도로 생각하면 된다. 즉, 지진구역 I의 $a_{\max}=0.11\mathrm{g}$, 지진구역 II의 $a_{\max}=0.07$이다. 표 9.3은 재현주기에 따른 보정계수이다. 표 9.4에는 내진성능 목표가 제시된 바 우선 구조물의 중요도에 따라 II/I/특등급으로 구분하였으며 성능에 따라 기능수행과 붕괴방지 수준으로 구분된다.

- 기능수행(ODE; Operating Design Earthquake) : 지진이 일어난 경우에도 구조물의 기본 목적에 맞는 기능을 상실하지 않는 수준을 의미한다.
- 붕괴방지(MDE; Maximum Design Earthquake) : 대규모 지진 시에도 구조물의 완전한 붕괴는 피해야 하는 수준을 의미한다.

표 9.1 지진구역 구분

지진구역		행정구역
I	시	서울특별시, 인천광역시, 대전광역시, 부산광역시, 대구광역시, 울산광역시, 광주광역시
	도	경기도, 강원도 남부, 충청북도, 충청남도, 경상북도, 경상남도, 전라북도, 전라남도 북동부
II	도	강원도 북부, 전라남도 남서부, 제주도

표 9.2 지진구역 계수(재현주기 500년에 해당)

지진구역	I	II
구역 계수, $Z(g$값$)$	0.11	0.07

표 9.3 재현주기에 따른 보정계수, I

재현주기(년)	50	100	200	500	1,000	2,400
위험도계수, I	0.40	0.57	0.73	1	1.4	2.0

표 9.4 내진성능 목표

재현주기 ＼ 성능수준	기능수행*	붕괴방지**
50년	II등급	
100년	I등급	
200년	특등급	
500년		II등급
1,000년		I등급
2,400년		특등급

* 기능 수행(ODE; Operating Design Earthquake)
** 붕괴 방지(MDE; Maximum Design Earthquake)

표 9.5에는 지반의 종류를 제시한바, 경암을 S_A로, 가장 연약한 지반을 S_F로 하여 6종류의 지반으로 크게 나뉘게 된다.

표준응답 스펙트럼

일반적으로 내진설계기준에서는 지표면 운동으로서 표준응답 스펙트럼이 제시되며 우리나라도 예외는 아니다. 건설교통부가 제정한 표준응답 스펙트럼은 그림 9.5와 같다. 이는 스펙트럼 가속도(spectral acceleration)를 구하는 곡선이며, 그림에서 표시된 지진계수 C_a는 표 9.6에 지진계수 C_v는 표 9.7에 표시되어 있다. 표 9.6을 보면 지반 S_B, 지진구역 I일 때의 $C_a =$ 0.11로서 가장 표준적인 지진가속도(재연주기 500년)로 보면 될 것이다.

응답 스펙트럼(response spectrum)은 그림 9.1(또는 그림 7.40)에서와 같이 1 자유도 구조인 지상구조물에서의 최대 지진가속도(의사가속도; pseudo acceleration, PS_A)를 의미한다. 단, 7.6.2절에서는 최대상대변위 $\delta_{\max}$를 제시하였으나, 최대상대변위와 의사속도 및 의사가속도 사이에는 식 (7.59)~(7.60)의 상호관계가 있으므로 지상구조물의 기본진동수만 알면 상호관계를 쉽게 구할 수 있다.

표 9.5 지반의 종류

지반 종류	지반 종류의 호칭	상부 30.480m에 대한 평균 지반특성		
		전단파속도(m/s)	표준관입시험 N치	비배수전단강도 s_u(kPa)
S_A	경암지반	1,500 초과	-	-
S_B	보통 암지반	760~1,500		
S_C	매우 조밀한 토사지반 또는 연암지반	360~760	>50	>100
S_D	단단한 토사지반	180~360	15~50	50~100
S_E	연약한 토사지반	180 미만	<15	<50
S_F	부지고유의 특성평가가 요구되는 지반			

표 9.6 지진계수 C_a

지반 종류	지진구역	
	I	II
S_A	0.09	0.05
S_B	0.11	0.07
S_C	0.13	0.08
S_D	0.16	0.11
S_E	0.22	0.17

표 9.7 지진계수 C_v

지반 종류	지진구역	
	I	II
S_A	0.09	0.05
S_B	0.11	0.07
S_C	0.18	0.11
S_D	0.23	0.16
S_E	0.37	0.23

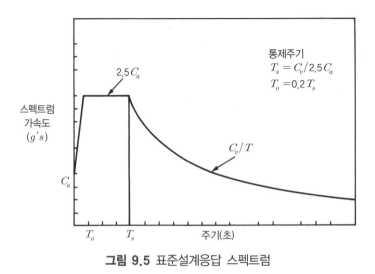

그림 9.5 표준설계응답 스펙트럼

[예제 9.1] 서울 근교의 어느 지역에서의 지반조건은 (예제 그림 9.1.1)과 같고, 지반의 물성치는 (예제 표 9.1.1)과 같다. 내진설계의 기본 요구조건으로는

- 내진성능 수준 1등급
- 재현주기 1,000년(붕괴방지 수준)

이다. 표준설계응답 스펙트럼을 구하라.

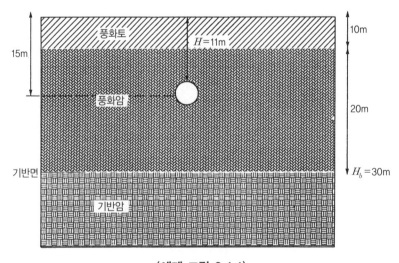

(예제 그림 9.1.1)

(예제 표 9.1.1)

물성치 지층	단위중량 (kN/m³)	점착력 (kPa)	내부마찰각 (도)	동적탄성 계수(MPa)	포아송비	전단파 속도 (m/sec)	비고
풍화토	19	20	30	200	0.35	200	
풍화암	22	100	35	600	0.3	328	
기반암	27	200	40	5,500	0.2	904	
라이닝	25	–	–	25,000	0.2	–	라이닝 두께 (30cm)

[풀이]

표 9.1로부터 서울지역의 지진구역은 I이다.

(예제 표 9.1.1)을 보면 지표면은 풍화토로서 전단파속도는 200m/sec 정도이다. 표 9.5로부터 이 현장은 S_D지반으로 볼 수 있다. 표 9.6 및 표 9.7로부터 S_D지반/지진구역 I에서의 $C_a = 0.16$, $C_v = 0.23$인 것을 알 수 있다. 그러나 이 값은 재현주기가 500년인 경우의 값임으로 표 9.3으로부터 1,000년 재현주기에 대한 보정계수를 구하면 $I = 1.4$이다.

따라서 설계지진계수 C_a, C_v는 다음의 값을 사용한다.

$$C_a = 0.16 \times 1.4 = 0.224g, \quad C_v = 0.23 \times 1.4 = 0.322$$

또한 T_s 및 T_o는

$$T_s = C_v/2.5 C_a = 0.575초, \quad T_o = 0.2 T_s = 0.115초$$

위의 값들로부터 설계응답 스펙트럼을 구해보면 (예제 그림 9.1.2)와 같다.

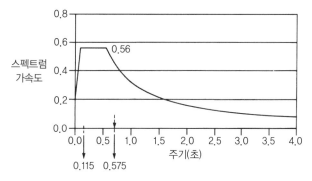

(예제 그림 9.1.2) 설계응답 스펙트럼

3) 응답 스펙트럼 이용법

응답변위법은 어차피 복잡한 전산해석을 피하고, 가능하면 터널기술자가 쉽게 지진에 의한 지하구조물의 거동을 해석하고자 하는 것이 기본 취지이므로 이러한 관점에서 지하구조물이 위치한 주변 지반에서의 변위를 구할 수 있는 방법을 제시한 것이 응답 스펙트럼이용법이다. 이를 엄밀히 정의하면 '응답 스펙트럼＋1st 모드에 의한 모드 해석법'으로 말할 수 있다.

(1) 응답 스펙트럼 도입

앞에서 서술한 대로 내진설계기준으로서 주어진 것은 지표면에 대한 응답 스펙트럼으로서 이는 지상 1층 전단벽체의 건물응답에 사용될 수 있다. 지하구조물은 지하에 위치하고 있으므로 지표면 운동과는 다르다. 그림 9.6에서 보여주는 것과 같이 기반암까지의 깊이가 $z = H_b$인 상부지층을 하나의 질량과 스프링계수를 가진 단자유도계로 가정하자는 것이다. 즉, 기반암에서의 표준응답 스펙트럼을 알면 상부지층에서의 평균거동은 예측할 수 있다는 이야기가 된다. 상부지층의 평균 전단파속도를 c_s라고 하면 상부지층의 기본 주기는 다음 식으로 구할 수 있다.

$$T = \frac{4H_b}{c_s} \tag{9.1}$$

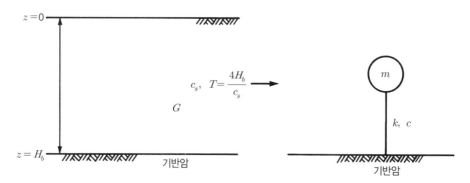

그림 9.6 기반암 상부지층의 단순 모형화

문제는 기반암에서의 응답 스펙트럼이 필요하다는 점이나, 내진설계기준에는 이 값이 제시되어 있지 않다(지표면에서의 표준응답 스펙트럼만이 제시되어 있다). 다만, 윤종구 등(2003)의 연구에 의하면 지반의 기본주기 T가 0.4초를 넘지 않는 지반에서는 S_A 지반에 대한 지표면 표준설계응답 스펙트럼을 그대로 기반암의 스펙트럼으로 사용할 수 있다고 하였다.

다음 예제로 상부지층에 대한 거동을 이해하기 바란다.

[예제 9.2] (예제 그림 9.1.1)의 지반에서 기반암이 $H_b = 30$m에 위치하고 있다. 기반암 상부
지층에 대한 평균최대가속도, 속도, 상대변위를 예측하라.

[풀이]

앞에서 서술한 대로 S_A 지반에 대한 지표면 응답 스펙트럼을 기반면에서의 응답 스펙트럼으
로 가정한다.

표 9.6, 9.7로부터 S_A 지반에 대한 $C_a = 0.09$, $C_v = 0.09$이다.

표 9.3으로부터 재현주기 1,000년에 대한 $I = 1.4$이므로

- $C_a = 0.09 \times 1.4 = 0.126g$
- $C_v = 0.09 \times 1.4 = 0.126$
- $T_s = C_v/2.5\,C_a = \dfrac{0.126}{2.5 \times 0.126} = 0.4$초
- $T_o = 0.2\,T_s = 0.2 \times 0.4 = 0.08$초이다.

이로부터 기반면에 대한 상부지층($z = 0{\sim}30$m)의 가속도 응답 스펙트럼은 (예제 그림
9.2.1)과 같다.

한편, 상부지층은 $H_1 = 10$m 깊이의 풍화토와 $H_2 = 20$m 깊이의 풍화암으로 이루어져 있으
므로 $z = 0{\sim}30$m 구간의 평균 전단파속도는 다음과 같이 구할 수 있다.

$$c_s = \frac{\sum H_i}{\sum \dfrac{H_i}{c_{si}}} = \frac{30}{\dfrac{10}{200} + \dfrac{20}{328}} = 270\text{m/sec}$$

따라서 상부지층의 기본주기는 다음과 같다.

$$T = \frac{4H_b}{c_s} = \frac{4 \times 30}{270} = 0.44 \text{초}$$

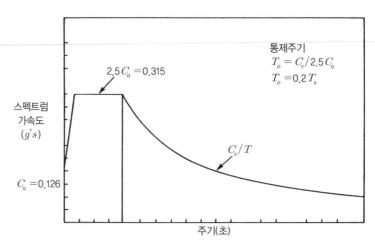

통제주기
$T_o = C_v/2.5\,C_a$
$T_o = 0.2\,T_s$

2.5C_a =0.315

스펙트럼
가속도
($g's$)

C_v/T

C_a =0.126

주기(초)

(예제 9.2.1) 기반암 상부지층에 대한 응답 스펙트럼

이 값은 윤종구 등이 제안한 0.4초를 약간 상회하나 크게 상회하지 않으므로 응답 스펙트럼을 이용할 수 있다고 가정한다.

따라서 기반암 상부지층의 (깊이에 대한 평균) 의사지반가속도(또는 최대지반가속도), 의사속도, 최대상대변위는 다음 식으로 계산할 수 있다.

$$-\ PS_A = C_v/T = \frac{0.126}{0.44} = 0.286g\,(\text{예제 그림 9.2.1 참조})$$

$$-\ PS_V = \left(\frac{T}{2\pi}\right)PS_A = \left(\frac{0.44}{2\pi}\right)\times 0.286 \times 9.81 = 0.197\mathrm{m/sec}$$

$$-\ PS_D = \left(\frac{T}{2\pi}\right)^2 PS_A = \left(\frac{0.44}{2\pi}\right)^2 \times 0.286 \times 9.81 = 0.014\mathrm{m}$$

> **Note**
>
> PS_A = 의사가속도(spectral acceleration)
>
> PS_V = 의사속도(spectral velocity)
>
> PS_D = 의사상대변위(spectral relative displacement)

(2) 1st 모드 해석법의 도입

앞에서 제시한 응답 스펙트럼 이용의 결과는 기반면 상부지층을 지층의 중심부에 집중질량 m을 가진 단 자유도계로 본 것이므로 지층 $z = 0$m로부터 지층 $z = H_b$까지 이르는 운동의 profile은 알 수가 없다. 이 profile은 모드 해석법을 이용하여 구할 수 있다. 모드해석법은 구조동역학의 기본해법 중의 하나로서 여기에서 그 기본 이론을 상세히 설명할 수는 없다. 다만 그 개요만을 서술하면 다음과 같다. 연직으로 전파되는 전단파의 파전파방정식은 다음과 같다.

$$\frac{\partial^2 u}{\partial t^2} = \frac{G}{\rho} \frac{\partial^2 u}{\partial z^2} \tag{9.2}$$

위의 식을 풀 수 있는 방법 중 하나가 모드 해석법으로서 수평방향의 변위 $u(z, t)$는 여러 주기에 의한 운동의 합으로 표시된다. 즉,

$$u(z, t) = \sum_{i=0}^{\infty} q_i(t) X_i(z) \tag{9.3}$$

여기서,

$$X_i(z) = \cos \left[\left(\frac{2i-1}{2H_b} \right) \pi z \right] \tag{9.4}$$

여러 주기 중에서 가장 주기가 긴 것을 기본 주기라 하며, 기본 주기에 의한 운동을 1st 모드라고 한다. 이 모드에 의한 거동이 가장 중요하므로 1st 모드만을 취하면

$$u(z, t) = q_1(t) \cdot X_1(z) \tag{9.5}$$

가 되며, 여기서 $q_1(t)$의 최댓값은 다음 식으로 표시된다.

$$|q_1|_{\max} = \frac{4}{\pi} P S_D \tag{9.6}$$

따라서 상부지층의 의사상대변위 PS_D를 알 때, 이로부터 지표면으로부터 깊이에 따른 최대상대변위는 다음 식으로 계산할 수 있다(그림 9.7 참조).

$$u_{\max}(z) = | q_1 |_{\max} X_1(z) = \frac{4}{\pi} PS_D \cdot \cos\left(\frac{\pi z}{2H_b}\right) \tag{9.7}$$

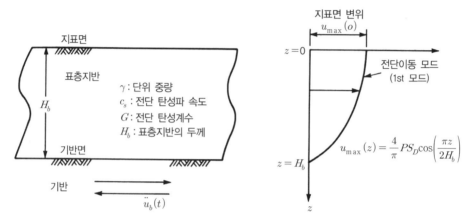

그림 9.7 최대상대변위의 profile

[예제 9.3] [예제 9.1]의 지반에서 최대상대변위의 profile을 $z = 0$부터 $z = 30$m까지 그려라. 또한 이 지반의 심도 $z = \left(H + \frac{D}{2}\right) = 15$m에 $D = 8$m의 터널을 설치하였다. 터널 심도에서의 최대상대변위, 최대지반속도, 가속도를 예측하라.

[풀이]

[예제 9.2]로부터 $PS_D = 0.014$m임을 알 수 있으며 $u_{\max}(z)$는 다음 식으로 계산된다.

$$\begin{aligned}
u_{\max}(z) &= \frac{4}{\pi} PS_D \cos\left(\frac{\pi z}{2H_b}\right) \\
&= \frac{4}{\pi} \times 0.014 \times \cos\left(\frac{\pi z}{60}\right) \\
&= 0.01867 \cos(3.0z)^\circ
\end{aligned}$$

따라서 깊이에 따른 변위 profile을 그리면 (예제 그림 9.3.1)과 같다.

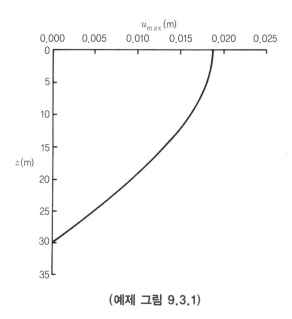

u_{max}(m)

z(m)

(예제 그림 9.3.1)

$z = 15$m에서의 최대상대변위, 최대지반속도, 가속도는

$$u_{max}(z = 15\text{m}) = 0.01867 \times \cos(45°) = 0.013\text{m} = 1.3\text{cm}$$

$$\dot{u}_{max}(z = 15\text{m}) = \left(\frac{2\pi}{T}\right)u_{max} = \left(\frac{2\pi}{0.44}\right) \times 0.013 = 0.186\text{m/sec}$$

$$\ddot{u}_{max}(z = 15\text{m}) = \left(\frac{2\pi}{T}\right)^2 u_{max} = \left(\frac{2\pi}{0.44}\right)^2 \times 0.013 = 2.65\text{m/sec}^2 = 0.27\text{g}$$

한편 $z = 0$에서의 최대지반가속도를 구해보면

$$\ddot{u}(z)_{max} = \left(\frac{2\pi}{0.44}\right)^2 \times 0.01867 \times \cos 0° = 3.80\text{m/sec}^2 = 0.388\text{g}$$

이 값을 (예제 9.1)에서 구한 지표면 최대지반가속도와 비교해보면 $C_a = 0.224$g로서, 여기에서 제안한 응답 스펙트럼 이용법을 이용하는 것이 너무 과설계가 될 수 있음을 보여준다. 따라서 필자는 다음과 같은 간이예측법을 제시하고자 한다.

(3) 간이예측법

[예제 9.1]~[예제 9.3]의 예제 지반에 대하여 지반가속도는 다음과 같다.

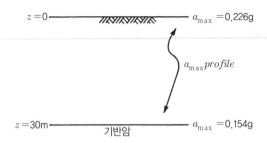

표 9.1에서 보면 전단파속도 $c_s = 904$m/sec 지반은 S_B에 해당되므로 $C_a = 0.11 \times 1.4 = 0.154$g)

위의 그림을 보면 지중에서의(즉, $z = 0 \sim z = 30$m 사이에서의) 최대지반가속도는 $0.154 \sim 0.226$g 사이에 있을 것이다.

Power 등은 지표면 최대지반가속도에 대한 지중의 가속도 비를 표 9.8과 같이 제안하였다. 따라서 다음의 순서로 응답 스펙트럼을 이용한 해석을 실시한다.

(1) $z = \dfrac{H_b}{2}$ 에서의 최대지반가속도를 표 9.8을 이용하여 예측한다. 이를 PS_A로 가정한다.

(2) $z = \dfrac{H_b}{2}$ 에서의 최대지반가속도 PS_A로부터 PS_V, PS_D를 구한다.

$$PS_V = \left(\frac{T}{2\pi}\right) PS_A \tag{9.8}$$

$$PS_D = \left(\frac{T}{2\pi}\right)^2 PS_A \tag{9.9}$$

(3) 식 (9.7)을 이용하여 깊이에 따른 최대상대변위를 구한다.

[예제 9.4] Power의 표 9.8을 이용하여 [예제 9.3]에 제시된 변위 profile을 그려라. 또한 터널이 위치한 깊이에서의 최대상대변위, 최대지반속도, 최대지반가속도를 구하라.

표 9.8 심도에 따른 최대지진가속도의 감소(Power 등의 제안; Hashash 등, 2001)

터널심도(m)	지표면에서의 지반운동에 대한 터널심도에서의 운동비
≤6	1.0
6~15	0.9
15~30	0.8
>30	0.7

[풀이]

$z = 15\text{m}$에서의 가속도비는 0.9이므로(표 9.8)

$$\ddot{u}_{\max}(z = 15\text{m}) \approx S_A = 0.9 \times 0.226g = 0.203g$$

$$S_D = \left(\frac{T}{2\pi}\right)^2 S_A = \left(\frac{0.44}{2\pi}\right)^2 \times 0.203 \times 9.81 = 0.00978\text{m} = 0.98\text{cm}$$

$$u_{\max}(z) = \frac{4}{\pi} S_D \cos\left(\frac{\pi z}{2H_b}\right) = \frac{4}{\pi} \times 0.98 \times \cos\left(\frac{\pi z}{2 \times 30}\right)$$

$$= 1.25\cos(3z)^\circ\text{cm}$$

지반변위 profile은 (예제 그림 9.4.1)과 같다.

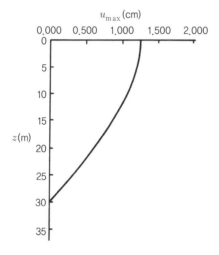

(예제 그림 9.4.1)

$z = 15\text{m}$에서

$$u_{\max}(z = 15\text{m}) = 1.25\cos(3 \times 15)^\circ = 0.88\text{cm}$$

$$\dot{u}_{\max}(z = 15\text{m}) = \left(\frac{2\pi}{T}\right)u_{\max} = \left(\frac{2\pi}{0.44}\right) \times \frac{0.88}{100} = 0.126\text{m/sec}$$

$$\ddot{u}_{\max}(z = 15\text{m}) = \left(\frac{2\pi}{T}\right)^2 u_{\max} = \left(\frac{2\pi}{0.44}\right)^2 \times \frac{0.88}{100}$$

$$= 1.79\text{m/sec}^2 = 0.183g$$

식 (9.7)에 제시된 최대상대변위함수는 근본적으로 단일 지층의 가정하게 유도된 것으로 (예제 그림 9.1.1)에 제시된 것과 같이 두 개의 지층으로 이루어진 경우는 평균 전단파속도로부터 단일지층으로 가정하고 해를 구할 수도 있으나 일본 운수성에서는 두 개의 지반을 모델링한 이중 코사인 함수도 제시한바, 관심 있는 독자는 윤종구 등(2003)의 논문을 참조하기 바란다.

4) 자유장 이론을 이용한 지진응답해석법

식 (9.2)의 파전파 이론을 이용하여 자유장(free-field)에서의 지진응답을 구할 수 있는 프로그램이 제시된 바, 가장 일반적으로 사용되는 프로그램이 'SHAKE 91'이다. 예제 문제로서 'SHAKE 91' 프로그램을 이용하여 지진응답을 구하는 방법을 설명하고자 한다.

[예제 9.5] (예제 9.3)에 제시된 자유장운동을 'SHAKE 91' 프로그램을 이용하여 풀어라.

[풀이]

지표면에서의 지표면 가속도 이력곡선을 구하여 이를 지표면에 입력시켜 deconvolution으로서 $z = 0 \sim 30\text{m}$에 이르는 최대지반가속도 및 변위 profile을 구해야 한다(다음 그림 참조).

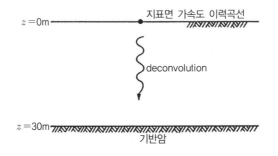

이 해석에 필요한 인자는 지표면 가속도 이력곡선과 지반의 비선형 동적 물성치이다.

(1) 지표면 가속도 이력곡선

(예제 그림 9.1.2)에 지표면에서의 설계응답 스펙트럼이 제시된 바 이를 인공지진파 생성 프로그램을 이용하면 설계응답 스펙트럼에 부합되는 가속도시간 이력곡선을 구할 수 있다. Gasparini 등에 의하여 개발된 'SIMQUE' 프로그램이 주로 이용된다. (예제 그림 9.1.2)의 응답 스펙트럼을 'SIMQUE'를 이용하여 가속도 이력곡선을 구한 것이 (예제 그림 9.5.1)이다.

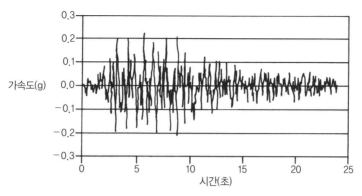

(예제 그림 9.5.1) 지표면 가속도시간 이력곡선

(2) 지반의 비선형 동적 물성치

대상 지반의 동적 물성치로서 전단계수와 damping 계수의 전단변형률과의 관계가 필요하다. 대표적인 곡선이 프로그램에 내장되어 있으며, 또는 우리나라 지반에 적합한 그림 9.8을 이용하여도 될 것이다.

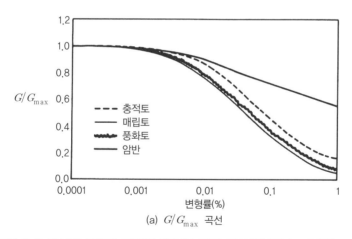

(a) $G/G_{\max}$ 곡선

그림 9.8 해석에 사용된 지반의 비선형 동적 물성치(감동수, 추연욱, 2001)

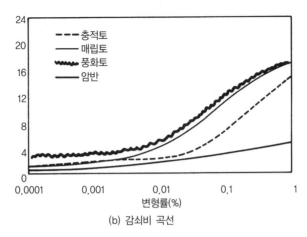

(b) 감쇠비 곡선

그림 9.8 해석에 사용된 지반의 비선형 동적 물성치(감동수, 추연욱, 2001)(계속)

(3) 해석 결과

'SHAKE 91' 프로그램을 이용하여 해석한 결과로서 최대지반가속도 profile은 (예제 그림 9.5.2), 최대지반상대변위 profile은 (예제 그림 9.5.3), 최대지반전단응력 profile은 (예제 그림 9.5.4)와 같다. 그림에서와 같이 파동방정식을 이용한 전산해석결과가 단순해석법(단일 코사인)에 비하여 작은 변위를 나타냄을 알 수 있다.

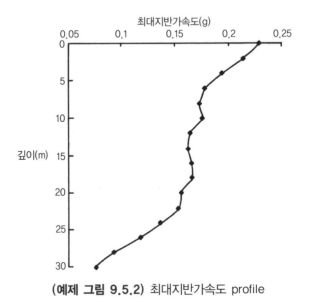

(예제 그림 9.5.2) 최대지반가속도 profile

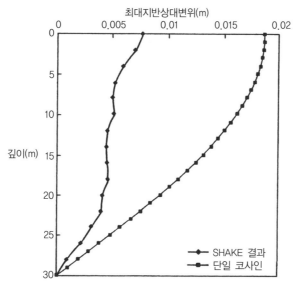

(예제 그림 9.5.3) 최대지반상대변위

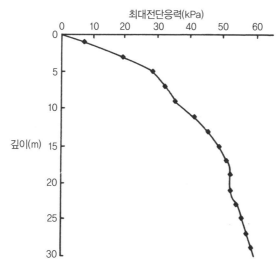

(예제 그림 9.5.4) 최대지반전단응력

9.3 자유장운동에 근거한 내진해석

9.3.1 기본 개념

앞 절에서 이미 자유장운동에 근거하여 $z = 0$부터 $z = H_b$m 에 이르는 최대지반상대변위, 최대지반속도, 최대지반가속도의 profile을 구하였다. 자유장운동에 근거한 내진해석법이란 자유장운동으로 인하여 발생한 변위가 그대로 지하구조물에 똑같이 발생한다고 보고 이 변위로 인한 구조물의 안정성을 검토하는 방법이다. 지하구조물의 강성이 적어(flexible structure) 지반이 움직이는 대로 순응하여 지하구조물도 움직일 수밖에 없는 경우의 해석법으로서 이번 절에서 상세히 서술할 내용이다. 이것이 소위 '응답변위법'의 개요로 볼 수 있다.

한편 연약지반에 건설된 지하철 박스구조물과 같이 지하구조물의 강성이 주변 지반보다 크게 되면(rigid structure) 자유장운동에 의한 지반변위보다 작은 변위가 지하구조물에 발생될 것이다. 이는 지반–구조물 상호작용을 고려한 내진해석으로서 다음 절(9.4절)에서 서술할 것이다.

내진해석을 위한 기본 물성
앞 절에서의 해석을 바탕으로 다음이 기본 파라미터로 이미 주어져야 한다.
- $u_{max}(z)$, $\dot{u}_{max}(z)$, $\ddot{u}_{max}(z)$ profile, 특히 터널이 위치한 깊이에서의 값들이 필요하며 편의상 이 값들을 u_{max}, $\dot{u}_{max}$, $\ddot{u}_{max}$로 표시하고자 함. 즉,

$$u_{max} = u_{max}(z = \text{터널 심도})$$
$$\dot{u}_{max} = \dot{u}_{max}(z = \text{터널 심도})$$
$$\ddot{u}_{max} = \ddot{u}_{max}(z = \text{터널 심도})$$

- 상부 지층의 T(기본 주기), c_s(전단파 속도), $\lambda(= c_s T$, 파의 길이)가 주어져야 함

내진해석을 위한 기본가정
지진으로 인한 전단파 만이 주로 지하구조물의 거동을 지배한다고 가정하며, 종파의 영향은 일반적으로 무시한다. 또한 진앙지로부터 거리가 먼 site에서 잔층에 지하구조물이 설치된 경우에는 Rayleigh파의 영향이 있을 수 있으나, 여기에서는 고려하지 않을 것이다.

9.3.2 탄성파에 대한 이론해

1) 기본 이론

St. John and Zahrah(1987)은 그림 9.9와 같이 파의 길이 λ, 진폭 A를 가진 사인파가 전단파로서 터널축과 ϕ의 각도로 입사한다고 가정하고 탄성해를 구하였다.

$$u = A \sin\left(\frac{2\pi}{\lambda}x' - \frac{2\pi}{T}t\right) \tag{9.10}$$

만일 위의 식에서 시간에 관한 항을 무시하면 다음 식이 될 것이다.

$$u = A \sin\frac{2\pi x'}{\lambda} \tag{9.11}$$

식 (9.11)의 사인파가 터널 축과 ϕ의 각도를 가지고 입사하였으므로 이로 인하여 터널에서 축방향 변위 u_x와 전단방향 변위 u_y가 동시에 발생한다.

$$u_x = A \sin\phi \sin\left(\frac{2\pi x}{\lambda/\cos\phi}\right) \tag{9.12}$$

$$u_y = A \cos\phi \sin\left(\frac{2\pi x}{\lambda/\cos\phi}\right) \tag{9.13}$$

여기서, A는 진폭으로서 앞 절에서 구한 터널이 위치한 깊이에서의 최대상대변위로 보면 될 것이다.

$$A = u_{max} = u_{max}(z = \text{터널 심도}) \tag{9.14}$$

$$\dot{u}_{max} = \left(\frac{2\pi}{T}\right)u_{max} = \left(\frac{2\pi}{T}\right)A \tag{9.15}$$

$$\ddot{u}_{max} = \left(\frac{2\pi}{T}\right)^2 u_{max} = \left(\frac{2\pi}{T}\right)^2 A \tag{9.16}$$

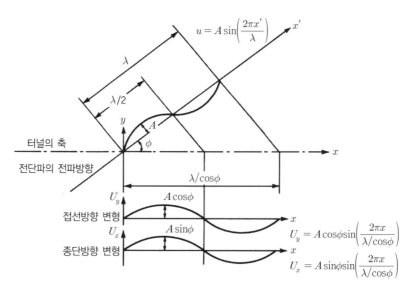

$$u = A \sin\left(\frac{2\pi x'}{\lambda}\right)$$

$$U_y = A\cos\phi\sin\left(\frac{2\pi x}{\lambda/\cos\phi}\right)$$

$$U_x = A\sin\phi\sin\left(\frac{2\pi x}{\lambda/\cos\phi}\right)$$

그림 9.9 터널축과 ϕ의 각도로 입사된 전단파의 거동

식 (9.12), (9.13)을 근간으로 구한 이론 해를 Hashah 등(2001)이 도표화하였으며, 이를 표 9.9에 수록하였다. 표에서 보듯이 ϕ 각도로 입사하는 전단파에 의한 종단방향, 수직방향 변형률, 전단변형률, 그리고 곡률의 이론해가 제시되었다. 이에 대한 상세한 유도는 생략하고자 하며, 관심 있는 독자는 St. John and Zabrah(1987)의 문헌을 참고하기 바란다.

표 9.9 전단파로 인한 변형률과 곡률

변형방향	변형률	최대변형률
종단방향 변형	$\varepsilon_l = \dfrac{\dot{u}_{\max}}{c_s}\sin\phi\cos\phi$	$\varepsilon_{l,\max} = \dfrac{\dot{u}_{\max}}{2c_s}(\phi=45°)$
수직방향 변형	$\varepsilon_n = \dfrac{\dot{u}_{\max}}{c_s}\sin\phi\cos\phi$	$\varepsilon_{n,\max} = \dfrac{\dot{u}_{\max}}{2c_s}(\phi=45°)$
전단 변형	$\gamma = \dfrac{\dot{u}_{\max}}{c_s}\cos^2\phi$	$\gamma_{\max} = \dfrac{\dot{u}_{\max}}{c_s}(\phi=0°)$
곡률	$K = \dfrac{\ddot{u}_{\max}}{c_s^2}\cos^3\phi$	$K_{\max} = \dfrac{\ddot{u}_{\max}}{c_s^2}(\phi=0°)$

$K=$ 전단파로 인한 자유장곡률

1) 터널의 축방향 변형률

터널에 발생하는 축방향 변형률은 표 9.9에 제시된 종단방향 변형률과 곡률(휨)에 의한 변형률의 합으로 이루어진다.

$$\varepsilon^{ab} = \left[\frac{\dot{u}_{\max}}{c_s} \sin\phi \cdot \cos\phi + \frac{a\ddot{u}_{\max}}{c_s^2} \cos^3\phi \right]$$

$$\quad\quad\quad\quad\quad\quad\uparrow\quad\quad\quad\quad\quad\quad\uparrow$$

종단방향 변형률   곡률에 의한 변형률

(9.17)

여기서, a = 터널의 반경

식 (9.17)은 $\phi = 40°$ 근처에서 최댓값을 띠는 것으로 알려져 있다. 또는 보다 보수적인 해법으로서 종단방향 변형률의 최댓값($\phi = 45°$에서 최대)과 곡률(휨)으로 인한 최댓값($\phi = 0°$에서)을 더할 수도 있다.

$$\varepsilon^{ab} = \varepsilon^a_{\max} + \varepsilon^b_{\max} = \varepsilon_{l,\max} + a \cdot K_{\max}$$

$$\quad\quad = \frac{\dot{u}_{\max}}{2c_s} + \frac{a\ddot{u}_{\max}}{c_s^2}$$

(9.18)

2) 원형 터널의 ovaling 변형

그림 9.3(e)에서 보이는 대로 연직상방향으로 전파되는 전단파에 의하여 ovaling 변형이 일어나며 그림 9.10으로부터 전단파에 의한 지반의 전단변형률은 다음 식과 같다.

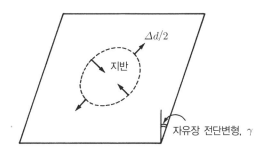

그림 9.10 터널의 ovaling 거동

$$\gamma_{\max} = \frac{\dot{u}_{\max}}{c_s}$$

(9.19)

따라서 터널의 횡단방향 변형률은 다음 식으로 표시된다.

$$\frac{\Delta d}{D} = \pm \frac{\gamma_{\max}}{2} = \pm \frac{\dot{u}_{\max}}{2c_s} \tag{9.20}$$

3) 박스형 지하구조물에서의 racking 변형

그림 9.11에 표시된 바와 같이 사각형 지하구조물에서의 A점과 B점 사이의 상대변위 Δ_{diff} 는 변위 profile을 이용해도 되며(예제 그림 9.3.1 등) 전단변형률을 이용해도 상관없다.

$$\Delta_{diff} = \gamma_{\max} \cdot H = \frac{\dot{u}_{\max}}{c_s} \cdot H \tag{9.21}$$

> **Note**
> 지하구조물에 작용된 변형률이나 변위를 알면 이로부터 구조해석으로 지하구조물에 작용되는 응력 등을 체크하면 해석이 종료된다. 구조해석은 이 책에서는 생략하기로 한다. 관심있는 독자는 김동수 등(2004)의 논문을 참조하기 바란다.

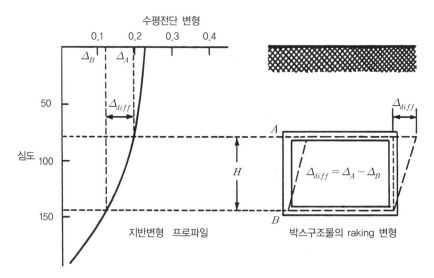

그림 9.11 박스형 지하구조물의 raking 거동

9.4 지반-구조물 상호작용에 근거한 내진해석

9.4.1 서 론

전 절에서 서술한 대로 자유장운동에 의한 변위가 그대로 지하구조물에 전달되는 것이 아니라 지반과 구조물 사이의 강성비에 따라 구조물의 변형을 감소시킨 효과를 고려한 방법이며, 대부분 구조해석을 수반한다. 여기서는 그 결과만을 제시하고자 하며 보다 상세한 사항은 Hashash 등(2001)에 잘 정리되어 있으므로 관심 있는 독자들은 이 문헌을 이용하길 바란다.

9.4.2 터널의 축방향력과 모멘트

그림 9.12에 전단파에 의하여 터널 단면에 작용되는 힘과 모멘트가 표시되어 있다. 탄성기초에 작용되는 빔(beam on elastic foundation) 이론에 의하여 유도된 축방향 변형률과 힘 및 모멘트는 다음 식들과 같다.

1) 터널의 축방향 변형률

입사각 $\phi = 45°$로 입사되는 전단파에 의하여 터널종단방향의 최대변형률은 다음과 같다.

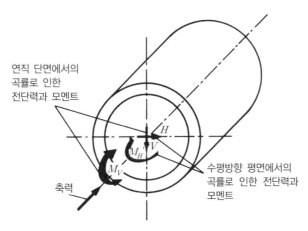

그림 9.12 전단파로 인하여 터널축방향으로 작용되는 축력과 휨모멘트

$$\varepsilon^a_{\max} = \frac{\left(\dfrac{2\pi}{\lambda}\right)u_{\max}}{2 + \dfrac{E_l A_c}{K_a}\left(\dfrac{2\pi}{\lambda}\right)^2}$$

(9.22)

여기서, K_a : 주변 지반의 종단방향 스프링계수로서 다음 식으로 표시된다.

$$K_a = \frac{16\pi G_m (1 - \mu_m)}{(3 - 4\mu_m)}\frac{D}{\lambda}$$

(9.23)

여기서, G_m 과 μ_m 는 각각 지반의 전단계수와 포아송비이며,

A_c : 터널 라이닝의 단면적

E_l : 터널 라이닝의 탄성계수

D : 터널 직경

한편, $\phi = 0°$에서 입사되는 전단파에 기인한 곡률(휨)로 인한 축방향 최대변형률은 다음과 같다.

$$\varepsilon^b_{\max} = \frac{\left(\dfrac{2\pi}{\lambda}\right)^2 \cdot u_{\max} \cdot a}{1 + \dfrac{E_l I_c}{K_t}\left(\dfrac{2\pi}{\lambda}\right)^4}$$

(9.24)

여기서, I_c : 터널 단면의 단면 2차 모멘트

K_t : 주변 지반의 횡방향 스프링계수($\approx K_a$)

a : 터널의 반경

보수적인 해법으로서 종단방향의 최대변형률과($\phi = 45°$로 입사), 곡률(휨)로 인한 축방향 최대변형률($\phi = 0°$로 입사)을 더한 값을 터널 축방향의 최대변형률로 볼 수 있다.

$$\varepsilon^{ab} = \varepsilon^a_{\max} + \varepsilon^b_{\max}$$

(9.25)

2) 축방향력, 휨모멘트, 전단력

앞에서 구한 변형률을 이용하여 최대 축방향력($Q_{\max}$), 최대휨모멘트($M_{\max}$), 최대 전단력($V_{\max}$)을 각각 다음과 같이 구할 수 있다.

$$Q_{\max} = E_l A_c \varepsilon_{\max}^a \tag{9.26}$$

$$M_{\max} = \frac{E_l I_c \varepsilon_{\max}^b}{a} \tag{9.27}$$

$$V_{\max} = \left(\frac{2\pi}{\lambda}\right)\left(\frac{E_l I_c \varepsilon_{\max}^b}{a}\right) \tag{9.28}$$

9.4.3 원형 터널에서의 Ovaling 변형

식 (9.20)으로 표시되는 터널의 횡방향 변형률은 근본적으로 터널 라이닝이 유연구조(flexible structure)로서 지반변형에 그대로 순응하여 변형한다는 가정 하에 사용될 수 있는 식이다. 만일에 라이닝에 어느 정도의 강성이 있다면 지반변형보다 적은 양만큼 변형될 것이다. 터널 라이닝과 주변 지반의 상대강성비는 다음 식으로 표시된다(그림 9.13 참조).

$$F_1 = \frac{E_m(1-\mu_l^2)a^3}{6E_l I_l(1+\mu_m)} \tag{9.29}$$

여기서, F_1 : 유연강성비(flexible stiffness)

E_m : 주변 지반의 탄성계수

t : 터널 라이닝의 두께

I_l : 터널 라이닝의 단위길이당 단면 2차 모멘트 $= \dfrac{bt^3}{12} = \dfrac{t^3}{12}$ $\tag{9.30}$

μ_l : 터널 라이닝 포아송비

μ_m : 주변 지반의 포아송비

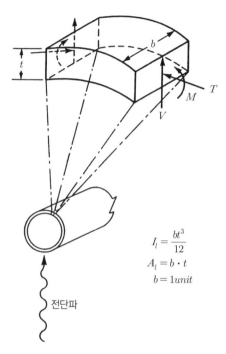

$$I_l = \frac{bt^3}{12}$$
$$A_l = b \cdot t$$
$$b = 1\,unit$$

그림 9.13 터널 축에 직각방향으로 입사되는 전단파로 인한 터널 라이닝의 축력과 휨모멘트

F_1값이 작을수록 주변 지반에 비해 라이닝의 강성이 큰 경우임을 의미한다.

콘크리트 라이닝의 변형률과 축력 및 휨모멘트는 라이닝과 지반 사이에 단면에서의 미끄러짐이 있다고 가정하고 유도할 수도 있고 둘 사이가 완전히 접착되었다고 가정하고 유도할 수도 있는 바, 여기에서는 전자 경우의 수식만을 제시한다. 후자에 관심이 있는 독자는 Hashash 등(2001)의 문헌을 참고하길 바란다.

변형률

$$\frac{\Delta d}{D} = \left(\pm \frac{2}{3} K_1 F_1 \right) \frac{\gamma_{\max}}{2} \tag{9.31}$$

축력

$$T_{\max} = \pm \frac{1}{6} K_1 \frac{E_m}{(1 + \mu_m)} \cdot a \cdot \gamma_{\max} \tag{9.32}$$

휨모멘트

$$M_{\max} = \pm \frac{1}{6} K_1 \frac{E_m}{(1 + \mu_m)} \cdot a^2 \cdot \gamma_{\max} \tag{9.33}$$

여기서, $K_1 = \dfrac{12(1 - u_m)}{2F_1 + 5 - 6\mu_m} \tag{9.34}$

식 (9.20)에 표시된 Δd는 자유장운동 때의 변위이므로 $\Delta d_{free-field}$로 표시하고, 식 (9.31)에 표시된 Δd는 라이닝이 있는 경우로서 이를 Δd_{lining}으로 표시할 때 그 비는 다음 식으로 표시된다.

$$R_1 = \frac{\Delta d_{lining}}{\Delta d_{free-field}} = \frac{2}{3} K_1 F_1 \tag{9.35}$$

그림 9.14에 F_1값에 따른 변형비, R_1값이 제시되어 있다. 그림에서 보듯이 $F_1 \leq 1.0$ 인한 R_1값이 1보다 작아서 라이닝의 변형량이 주변 지반의 변형량보다 작음을 알 수 있다.

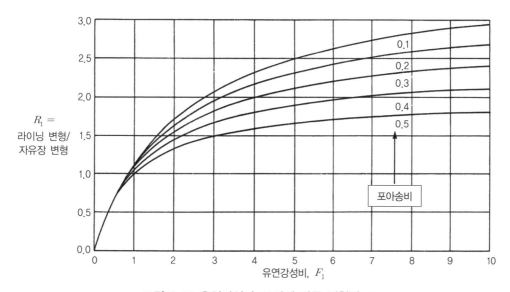

그림 9.14 유연강성비 F_1값에 따른 변형비 R_1

9.4.4 박스형 지하구조물의 Racking 변형

식 (9.21)로 표시된 상대변위는 역시 자유장운동에서의 변위로서 이를 $\Delta_{free-field}$로 표시하면,

$$\Delta_{diff} = \Delta_{free-field} = \gamma_{\max} H \tag{9.36}$$

사각형 구조물에서의 유연강성비 F_2는 다음 식으로 정의한다(그림 9.15 참조).

$$F_2 = \frac{G_m W}{S_1 \cdot H} \tag{9.37}$$

여기서, G_m : 주변 지반의 전단계수= $\rho_m c_s^2$

　　　　S_1 : 박스형 구조물에 단위길이만큼의 변형을 유발하는 데 소요되는 힘

박스형 구조물의 변형량 $\Delta_{structure}$와 $\Delta_{free-field}$의 비를 R_2라고 정의하면 다음 식과 같이 표현된다.

$$R_2 = \frac{\Delta_{structure}}{\Delta_{free-field}} = f(F_2) \tag{9.38}$$

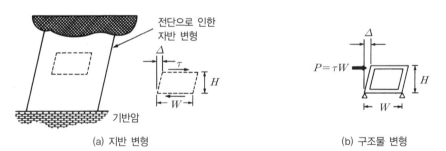

(a) 지반 변형　　　　　　　　　(b) 구조물 변형

그림 9.15 박스형 지하구조물과 주변 지반과의 상대강성에 따른 raking 거동

유연감성비 F_2값에 따른 변형비, R_2값들이 그림 9.16에 제시되어 있다.

따라서 강성을 가진 박스구조물의 상대변위 $\Delta_{structure}$ 는 다음 식으로 표시할 수 있다.

$$\Delta_{structure} = R_2 \cdot \Delta_{free-field} \tag{9.39}$$

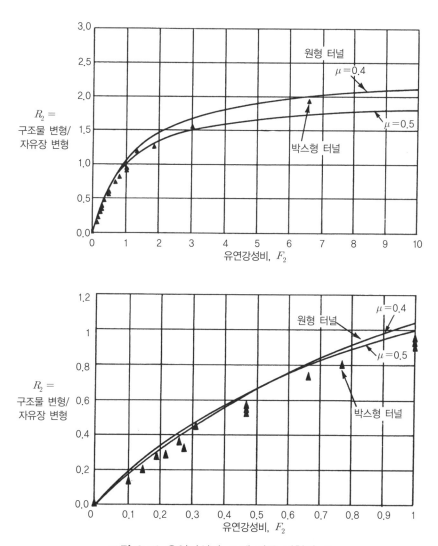

그림 9.16 유연강성비 F_2에 따른 변형비 R_1

박스구조물에 식 (9.39)로 표현되는 $\Delta_{structure}$의 변형이 발생하였을 때, 그에 상응되는 힘을 그림 9.17(a)와 같이 집중하중으로 가정할 수도 있고, 또는 그림 9.17(b)와 같이 역삼각형 분포하중이 작용된다고 가정할 수도 있다. 이 하중에 의한 구조물의 응력 등을 검토함으로써 내진해석을 마무리하게 된다.

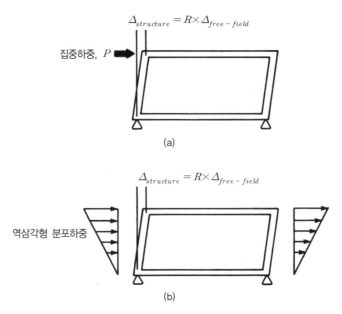

$$\Delta_{structure} = R \times \Delta_{free-field}$$

집중하중, P ➡

(a)

$$\Delta_{structure} = R \times \Delta_{free-field}$$

역삼각형 분포하중

(b)

그림 9.17 박스형 지하구조물의 내진해석법 개요

[예제 9.6] [예제 9.1] 및 [예제 9.4]에 제시된 지반 및 터널조건에 대하여 (예제 9.1)에 제시된 지진하중에 대한 터널축방향 내진해석을 실시하라. 단, 터널의 제원은 다음과 같다.

$D = 8\text{m}$, $t = 0.3\text{m}$(라이닝 두께)

$E_l = 25{,}000\text{MPa}$(라이닝 탄성계수)

$f_c = 30\text{MPa}$(라이닝의 항복 강도)

$I_c = \dfrac{\pi(8^4 - 7.4^4)}{64} = 53.84\text{m}^4$

$A_c = \dfrac{\pi}{4}(8^2 - 7.4^2) = 7.25\text{m}^2$

콘크리트의 압축허용변형률 $\varepsilon_{allow} = 0.003$

[풀이]

(예제 표 9.1.1) 및 [예제 9.2]로부터 $c_s = 270\text{m/sec}$,

$T = 0.44$초, $\lambda = c_s T = 270 \times 0.44 = 118.8\text{m}$

$$\mu_m = \frac{0.35 \times 10 + 0.3 \times 20}{30} = 0.32 \,(\text{지반의 포아송비})$$

$$\gamma_m = \frac{19 \times 10 + 22 \times 20}{30} = 21 \text{kN/m}^3$$

$$G_m = \rho_m c_s^2 = \frac{21}{9.81} \times 270^2 = 156 \text{MPa}$$

$$E_m = \frac{200 \times 10 + 30 \times 600}{30} = 470 \text{MPa}$$

[예제 9.4]로부터 터널심도에서

$$u_{\max} = 0.88 \text{cm}$$

$$\dot{u}_{\max} = 0.126 \text{m/sec}$$

$$\ddot{u}_{\max} = 1.79 \text{m/sec}^2$$

식 (9.18)로부터[식 (9.17)을 이용해도 된다]

$$\varepsilon^{ab} = \frac{\dot{u}_{\max}}{2c_s} + \frac{a \cdot \ddot{u}_{\max}}{c_s^2} = \frac{0.126}{2 \times 270} + \frac{4 \times 1.79}{(270)^2}$$

$$= 0.000233 + 0.000098$$

$$= 0.000331 \ll \varepsilon_{allow} = 0.003$$

이 터널은 축방향응력에 안전하여 지반–구조물 영향을 고려한 해석이 필요 없으나, 예제로 이를 수행하면 다음과 같다.

$$K_a = \frac{16\pi G_m (1 - \mu_m)}{(3 - 4\mu_m)} \cdot \frac{D}{\lambda} = \frac{16\pi \times 156{,}000 (1 - 0.32)}{(3 - 4 \times 0.32)} \cdot \frac{4.0}{118.8}$$

$$= 104{,}300 \text{kN/m/m} = K_t$$

$$\varepsilon^a_{\max} = \cfrac{\left(\cfrac{2\pi}{\lambda}\right)u_{\max}}{2 + \cfrac{E_l \cdot A_c}{K_a}\left(\cfrac{2\pi}{\lambda}\right)^2} = \cfrac{\left(\cfrac{2\pi}{118.8}\right)\times\cfrac{0.88}{100}}{2 + \cfrac{25,000\times10^3\times7.25}{104,300}\left(\cfrac{2\pi}{18.8}\right)^2}$$

$$= 0.000068$$

$$\varepsilon^b_{\max} = \cfrac{\left(\cfrac{2\pi}{\lambda}\right)^2 u_{\max}\cdot a}{1 + \cfrac{E_l\cdot I_c}{K_t}\left(\cfrac{2\pi}{\lambda}\right)^4} = \cfrac{\left(\cfrac{2\pi}{118.8}\right)^2\times\cfrac{0.88}{100}\times4}{1 + \cfrac{25,000\times10^3\times53.84}{104,300}\left(\cfrac{2\pi}{118.8}\right)^4}$$

$$= 0.000089$$

$$Q_{\max} = E_l A_c \varepsilon^a_{\max}$$

$$= 25,000\times10^3\times7.25\times0.000068 = 12,325.0\text{kN}$$

$$M_{\max} = \frac{E_l I_c \varepsilon^b_{\max}}{a}$$

$$= \frac{25,000\times10^3\times53.84\times0.000089}{4} = 29,948.5\text{kN}-\text{m}$$

$$V_{\max} = \left(\frac{2\pi}{\lambda}\right)\left(\frac{E_l I_c \varepsilon^b_{\max}}{a}\right)$$

$$= \left(\frac{2\pi}{118.8}\right)\left(\frac{25,000\times10^3\times53.84\times0.000089}{4}\right) = 1,583.94\text{kN}$$

[예제 9.7] 앞의 예제문제에 대하여 ovaling 변형에 대한 안정성을 검토하라.

$$I_l = \frac{bt^3}{12} = \frac{1\cdot0.3^2}{12} = 0.00225\text{m}^4/\text{m}$$

[풀이]

$$F_1 = \frac{E_m(1-\mu_l^2)a^3}{6E_l I_l(1+\mu_m)}$$

$$= \frac{470 \times 10^3 \times (1 - 0.2^2) \times 4^3}{6 \times 25,000 \times 10^3 \times 0.00225 \times (1 + 0.32)} = 64.82$$

$$\gamma_{\max} = \frac{\dot{u}_{\max}}{c_s} = \frac{0.126}{270} = 0.000467$$

$$K_1 = \frac{12(1 - \mu_m)}{2F_1 + 5 - 6\mu_m} = \frac{12(1 - 0.32)}{2 \times 64.82 + 5 - 6 \times 0.32} = 0.0615$$

$$T_{\max} = \frac{1}{6} K_1 \frac{E_m}{(1 + \mu_m)} \cdot a \cdot \gamma_{\max}$$

$$= \frac{1}{6} \times 0.0615 \times \frac{470 \times 10^3}{(1 + 0.32)} \times 4 \times 0.000467 = 6.82 \text{kN}$$

$$M_{\max} = \frac{1}{6} K_1 \frac{E_m}{(1 + \mu_m)} \cdot a^2 \cdot \gamma_{\max}$$

$$= \frac{1}{6} \times 0.0615 \times \frac{470 \times 10^3}{(1 + 0.32)} \times 4^2 \times 0.000467 = 27.27 \text{kN} - \text{m}$$

$$\sigma = \frac{T_{\max}}{A_l} + \frac{M}{I} \cdot y = \frac{6.82}{0.3} + \frac{27.27}{0.00225} \times 0.15$$

$$= 1,840.7 \text{kPa} \leq \sigma_{allow}$$

[예제 9.8] 앞 예제와 같은 심도에 $W = 10\text{m}$, $H = 4\text{m}$인 박스형 지하구조물을 설치하였다. 이 구조물을 수평방향으로 단위길이만큼 변형률을 유발하기 위한 힘은 $S_1 = 310,000\text{kN/m}^2$이다. 나머지는 앞의 예제와 같은 조건으로 보고 내진해석을 실시하라.

[풀이]

$$\gamma_{\max} = \frac{\dot{u}_{\max}}{c_s} = \frac{0.126}{270} = 0.000467$$

$$\Delta_{diff} = \Delta_{free-field} = \gamma_m H = 0.000467 \times 4$$
$$= 0.00187m = 0.187cm$$

$$F_2 = \frac{G_w W}{S_1 H} = \frac{156 \times 10^3 \times 10}{310 \times 10^3 \times 4} = 1.26$$

$F_2 = 1.26$일 때 $R_2 \approx 1.2$이므로

$$\Delta_{stractre} = R_2 \Delta_{free-field} = 1.2 \times 0.187 = 0.22cm$$

박스 구조물에 0.22cm의 변형을 가하고 구조해석으로 응력 등을 계산한다.

9.5 터널에서의 내진설계

앞 절에서는 터널에 지진하중이 작용될 때의 거동에 대하여 주로 서술하였다. 실제 문제에서 지진 시 문제가 되는 곳은 지반이 갑자기 변하는 곳(즉, 암반층-연약층 경계부)이나 또는 환기구-터널 연결부 등 상대강성이 서로 다른 지역에서 주로 발생한다. 이렇게 강성이 크게 다른 곳에서 면진 구조로 사용될 수 있는 것이 가동 세그먼트(flexible segment)이다. 가동 세그먼트의 상세도를 그림 9.18에 나타내었다. 가동 세그먼트는 말 그대로 수평방향으로는 최대 6cm, 연직방향으로는 14~15cm의 변위가 허용되는 유연한 세그먼트이다. 가동 세그먼트와 기존 세그먼트 사이에는 탄성 와셔(elastic washer)로서 완충구간을 둔다. 그림 9.19는 실제로 가동 세그먼트 및 elastic washer를 설치한 예를 보여주고 있다.

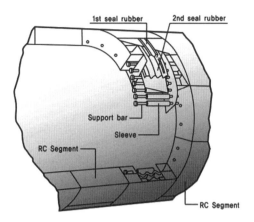

그림 9.18 가동 세그먼트 상세도

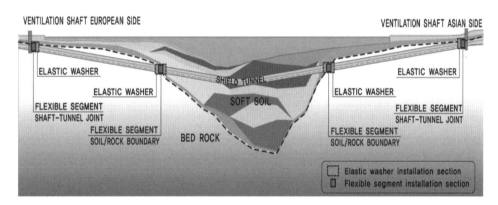

그림 9.19 가동 세그먼트 및 Elastic Washer 설치 현황

참 고 문 헌

- 김동수, 추연욱(2001), 공진주 시험을 이용한 국내 비점성토 지반의 동적변형 특성, 한국지반공학회 논문집, Vol. 17, No. 5, pp.115~128.
- 김동수, 윤종구, 방은석(2004), 내진설계를 위한 지반의 전단파 속도 도출기법 및 응답변위법, 터널물리탐사 기술 심포지움-2004, 한국터널공학회, pp.2~34.
- 윤종구, 김동수, 유제삼(2003), 지중구조물 내진설계를 위한 기반면의 속도응답 스펙트럼 및 응답변위 산정기법에 대한 연구, 한국지반공학회 논문집, Vol. 19, No. 4, pp.211~221.
- 이인모, 김상균, 이형원, 박의섭(1999), 지하구조물의 내진설계, 한국지반공학회 터널기술위원회 「발파분야 워크샵」, pp.139~173.
- Hashash, Y.M.A., Hook, J.J., Schmidt, B., and Yao, J. I.-C.(2001), Seismic design and analysis of underground structures, Tunnelling and Underground Space Technology, Vol. 16, No. 4 pp.247~293.
- St. John, C.M. and Zahrah, T. F.(1987), Aseismic design of underground structures, Tunnelling and Underground Space Technology, Vol. 2, No. 2 pp.165~197.
- Wang, W.L., Wang, T.T., Su, J.J., Lin, C.H., Song, C.R., and Huang, T.H.(2001), Assessment of damage in mountain tunnels due to the Taiwan Chi-Chi earthquake, Tunnelling and Underground Space Technology, Vol. 16, No. 3, pp.133~150.

제10장

NMT의
기본 원리

제10장
NMT의 기본 원리

10.1 서 론

제2장에서 서술한 대로 NATM(New Austrian Tunnelling Method)의 기본 개념은 적절한 시기에 지보재를 설치하여 지보압으로 인하여 그림 2.4(b)의 'D'점에서 새로운 평형상태를 유지시켜주어 convex arch를 이루도록 유도하는 터널설계/시공법을 말한다. 이에 반하여 Barton 박사를 위시한 노르웨이 터널공학자들 중심으로 소위 Norwegian Method of Tunnelling(NMT)을 독자 개발하여 북유럽 중심으로 터널설계/시공에 적용하고 있다.

다음은 Barton 박사 등이 주장하는 NATM과 NMT의 차이점을 요약한 것이다(Barton 등, 1992).

(1) NATM : NATM은 비교적 연약한 지반의 설계/시공에 적합한 공법으로서 다음과 같은 조건에 쉽게 적용된다고 주장한다.
  - 절리나 여굴이 과하지 않은 지반
  - 터널 절취면의 굴곡이 크지 않고 비교적 매끄러운 지반
  - 지반 자체가 하나의 load bearing ring으로 작용되어 터널을 지지하는 지반
  - 2차 지보재(즉, 콘크리트 라이닝)의 타설 시기와 철근 삽입 여부 등을 결정하기 위하여 시공 시의 계측이 필수

(2) NMT : NMT는 비교적 단단한 지반(연암 이상)에 더 적절한 공법으로서 다음과 같은 조
   건에 쉽게 적용할 수 있다고 주장한다.
   – 절리나 여굴이 과하게 발생되는 지반
   – 발파(drill – and – blasting)나 TBM을 적용할 수 있는 견고한 지반
   – 록볼트나 또는 '록볼트＋강섬유보강 숏크리트'가 주지보재로 작용

필자의 견해

위에 열거한 NATM과 NMT의 차이점은 NMT의 창시자인 Barton 박사 등의 주장으로서 전
부다 받아들이기에는 무리가 있다. NATM이 연약지반에 주로 적합한 공법으로 볼 수만은 없
는 것 등이 그것이다. 오히려 단단한 지반에 더 많이 적용되었다고 생각한다. 집필자의 생각은
다음과 같다.

(1) NATM과 NMT 공히 터널 굴착 후에도 새로운 평형상태를 유지하는 연속체역학에 근거
   한 설계/시공법이라는 점에서는 동일하다. 즉, 적절한 시기에 적절한 지보재를 설치하
   여 그림 2.4 (b)의 'D'점에서 새로운 평형상태를 이루도록 하여야 한다.
(2) NATM은 설계법이라기보다는 일종의 새로운 평형개념을 제시한 것으로 실제 설계 시에
   는 『암반역학의 원리』의 표 7.3에 제시한 RMR에 근거한 굴착 및 지보 패턴이나 또는
   본 교재 표 2.1에 제시한 표준 지보 패턴 등의 표준화된 지보 패턴을 이용하여야 한다.
   반면에 NMT는 Barton이 제시한 Q값에 근거하여 표준 지보 패턴을 제시하였다.
(3) 두 공법에서의 가장 두드러진 차이점은 NATM의 경우 2차 지보재인 콘크리트 라이닝을
   설치하는 데 반하여 NMT에서는 대부분의 경우 라이닝 설치 없이 록볼트와 강섬유보강
   숏크리트로 마감한다는 점이다.

재삼 밝히건대 두 공법 모두 새로운 평형상태(탄성 또는 탄소성)를 유지하는 연속체역학에
근간을 두었다는 점에서는 동일한 개념으로 보아도 된다. 다만, NATM은 개념에 중점을 둔 것
에 비하여 NMT는 설계 procedure를 일목요연하게 제시하였으며, 계속 update를 하고 있다.

10.2 NMT의 기본 원리

10.2.1 표준 지보 패턴

1) Q값에 근거한 표준 지보 패턴

약 1,300여 개의 실제 case record에 근거하여 Q값에 근거한 표준 지보 패턴을 그림 10.1과 같이 제시하였다. 표준 지보 패턴을 자세히 살펴보면 다음과 같은 특징이 있음을 알 수 있다.

(1) 그림의 'zone 9'를 제외하고는 콘크리트 라이닝을 사용하지 않는다. 이를 소위 'single shell' 구조라 하며 다음 절에서 상세히 다룰 것이다.

(2) 록볼트 및 강섬유보강 숏크리트가 주 지보재도 사용된다.

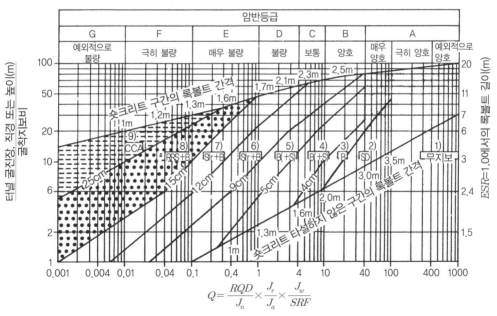

$$Q = \frac{RQD}{J_n} \times \frac{J_r}{J_a} \times \frac{J_w}{SRF}$$

1) 무지보
2) 랜덤 볼트
3) 시스템 볼트
4) 시스템 볼트, 숏크리트(4~10cm)
5) 강섬유보강 숏크리트(5~9cm)와 록볼트
6) 강섬유보강 숏크리트(9~12cm)와 록볼트
7) 강섬유보강 숏크리트(12~15cm)와 록볼트
8) 강섬유보강 숏크리트>15cm, 록볼트, 강지보재
9) 강보강 콘크리트 라이닝

그림 10.1 Q – 분류법에 근거한 터널지보재 설계(NMT의 근간)

록볼트

- 영구지보재로 사용되어야 하므로 NMT에 사용되는 록볼트는 내부식성이어야 한다.
- 접착방식으로는 수지(resin)에 의한 전면접착방식을 사용한다.

강섬유보강 숏크리트

- 고강도의 강섬유보강 숏크리트가 필요하다. 즉, 사각형 시편의 강도가 35~45MPa에 이르는 고강도이어야 한다.
- 습식 microsilica 계통의 non-alkali성의 숏크리트를 사용하여야 한다.
- 강섬유는 숏크리트가 파괴된 후에도 강도를 유지할 수 있는 소위 ductile 거동을 보일 수 있는 재료를 택해야 한다.

(3) 'zone 8'에서는 RRS를 사용한다. RRS는 'reinforced rib of shotcrete'의 약자로서 그림 10.2와 같이 숏크리트와 록볼트를 일체로 거동하도록 유도하는 구조를 말한다.

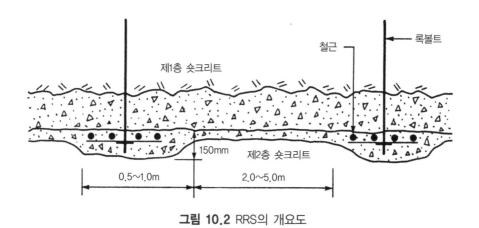

그림 10.2 RRS의 개요도

2) Single Shell 구조

NATM에서는 숏크리트와 2차 콘크리트 라이닝 사이에 방수공을 겸한 isolation 공(방수쉬트＋부직포)이 시공되어, 양자 간에 전단력이 전달되지 않는 이중 구조(double shell 구조)를 이룸이 보통이나, 콘크리트 라이닝을 무근으로 타설하는 경우 이 2차 지보재의 역할이 모호하여서 그 효율성이 계속 논란이 되어왔다. 대단면 터널의 경우 라이닝의 자중 자체를 견디지 못하여 파괴되는 현상이 있는 경우도 있었다. 이에 반하여 철근콘크리트로 라이닝이 설계/시공되는 경우는 라이닝이 또 하나의 지보재로 작용되어 이완하중, 잔류수압 등을 견딜 수 있으므로 오히려 그 역할이 비교적 뚜렷하다고 할 수 있다. 대만 고속철도용 터널의 경우 지반이 워낙 연약하여 1차 지보재는 시공시의 자립에 필요한 임시 지보재의 개념을 가지며 터널의 완공후 의 하중은 2차 지보재인 철근콘크리트 라이닝이 받도록 설계가 된 것을 볼 수 있었으나 이 경 우에도 이미 1차 지보재로서 그림 2.25의 D점에 이르렀다면 이미 평형에 이르렀으므로 설계 기본 개념과는 상관없이 2차 콘크리트 라이닝은 역시 크리프, 잔류수압, 이완하중 등의 추가 적인 하중을 주로 받게 될 것이다(그림 2.25의 DD′). 다만, 1차 지보재가 숏크리트의 파괴 등 으로 그 기능을 상실하는 경우에는 그림 2.25의 A′D″가 나타내는 것과 같이 소요의 모든 하중 을 콘크리트 라이닝이 받게 될 것이다.

이에 반하여 NMT의 경우에는 대부분의 경우 콘크리트 라이닝의 설치를 생략하므로 지보재 로서 록볼트 및 강섬유보강 숏크리트를 주 지보재로 하며, 이 지보재 내에 방수쉬트 등의 전단 력의 전달을 방지하는 재료를 포함하지 않는 지반과 일체화된 구조의 터널로 계획되어 이를 single shell 구조라 한다.

NATM과 single shell 구조 각각의 모식도가 그림 10.3에 표시되어 있다. 또한 그림 10.4는 30cm 두께의 콘크리트 라이닝과(강도는 $18N/mm^2$) 20cm 두께의 강섬유보강 숏크리트(강도 는 $36N/mm^2$)의 P-M 상관도를 비교한 것으로서 전체적으로 볼 때 강섬유보강 숏크리트의 저 항력이 무근 콘크리트를 거의 상회함을 볼 수 있다.

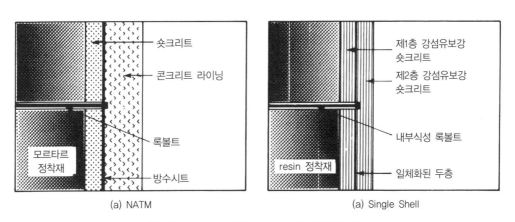

그림 10.3 NATM과 Single shell 구조의 모식도

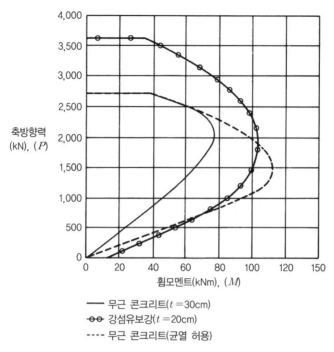

—— 무근 콘크리트(t =30cm)
⊶ 강섬유보강(t =20cm)
---- 무근 콘크리트(균열 허용)

그림 10.4 콘크리트와 강섬유보강 숏크리트의 P–M 상관도

10.2.2 터널설계의 순서 및 요구조건

NMT를 이용하여 터널을 설계하는 경우에도 그 기본 순서는 2.1.2절에 소개한 순서와 대동 소이하다. 그 순서에 따른 기본 조건들을 나열하면 다음과 같다.

1) 터널설계 Flow

(1) 지반의 분류

Q값을 구하기 위하여 현장조사를 실시하되, 특히 seismic survey를 통하여 구한 P–파의 파속도 c_p로부터 다음 식 등으로 Q값을 예측할 것을 추천한다.

$$c_p \approx 3.5 + \log Q \tag{10.1}$$

위의 식은 지반의 심도에 대한 고려를 생각지 않은 경우이며, 이에 대한 상세한 사항은 Barton(2002)의 논문을 참조하길 바란다.

(2) 지보 패턴 설계

위에서 구한 Q값을 이용하여 그림 10.1을 근간으로 표준 지보 패턴을 구한다.

(3) 수치 모형화

위에서 제시된 지보 패턴에 대하여 수치해석으로 그 안정성을 검토하며, 특히 NGI(Norwegian Geotechnical Institute) 그룹에서는 수치해석으로서 'UDEC – BB' 모델에 의한 개별요소법을 선호한다.

2) Q값과의 상관관계

NMT를 창시한 Barton 박사 등의 터널공학자들은 70년대 이후로의 여러 case들을 대상으로 계속적으로 이 공법을 발전시켜 왔으며 특히 Q값이 NMT의 근간이므로 Q값과 여러 파라미터들의 상관관계식을 집대성하여 정리하였다. 이 상관관계를 총체적으로 서술한 것이 Barton(2002)의 논문으로서 독자들은 필히 이 논문을 읽어보길 바란다. 이 논문에서 제시된 Q값과의 상관관계의 근간은 다음과 같다.

- Q값과 P-파속도(c_p)와의 상관관계
- Q값과 암반의 탄성계수(E_{mass})와의 상관관계
- 이방성의 영향
- 터널에 작용되는 지보압
- Q값과 Lugeon치와의 상관관계
- Q값과 터널변형과의 상관관계
- Q값에 따른 그라우팅 효과 등

3) 배수상세

NMT는 single shell 구조로서 별도의 배수층을 두지 않으므로, 지하수를 원활히 배수시킬 수 있는 배수상세는 반드시 필요하다.

10.2.3 NMT를 이용한 터널설계의 예

NMT가 적용된 가장 대표적인 지중 구조물은 Gjovik에 건설된 아이스하키 경기장용 cavern일 것이다. 이 cavern은 '가로 60m×세로 90m×높이 25m'의 대형 지중구조물로서 노

르웨이 터널공학자들이 자랑하는 대표적 지하구조물이다. 그림 10.5는 cavern의 평면 배치도 및 지보 패턴과 굴착순서도를 보여주고 있다. 지보재로는 6m 길이의 록볼트와 12m 길이의 cable 볼트를 그림에서 보여주는 것과 같이 교대로 설치해주었다.

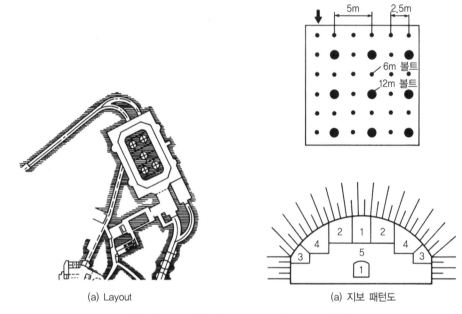

그림 **10.5** Cavern의 layer out 및 지보 패턴도

    이렇게 큰 지중구조물을 가능하게 했던 것은 무엇보다도 그림 10.6에 표시된 것과 같이 초기지중응력의 양상으로서 수평응력이 연직응력에 비하여 2배 이상 크다는 점이다. 지중구조물형상을 보면 가로/높이≈2 정도로서 '수평응력/연직응력'의 비(ratio)와 비슷하여 응력집중을 최소화 할 수 있었으며, 또한 수평응력이 크면 클수록 천정부에서의 침하가 줄어들기 때문에(오히려 상방향 heaving이 될 수도 있음) 대형 구조물임에도 불구하고 최종 침하량을 7~8mm로 제어할 수 있었다.

    또한 이 지역의 암반절리는 절리면이 비교적 거친편(rough)이고 더구나 점토의 충진 물질이 존재하지 않아 절리면 강도가 컸던 것도 중요한 요인으로 꼽힌다.

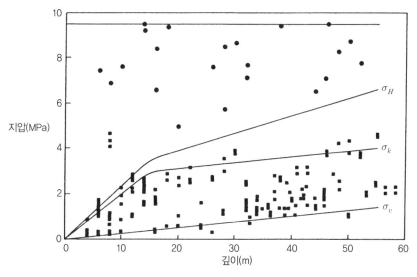

그림 10.6 초기 지중응력 분포도

그림 10.7은 'UDEC-BB' 모델을 이용한 수치해석을 위한 단면도를 보여주고 있으며, 그림 10.8은 굴착 후의 주응력 분포도 및 변위벡터를 보여준다. 그림 10.8(a)를 보면 cavern 주위에도 응력집중이 크지 않음을 알 수 있다. 더욱이 놀랍게도 수치해석의 결과로서 천정부에서의 변위는 4~8mm로 미소하였으며 계측치인 7~8mm와도 잘 일치되었음이 보고되었다.

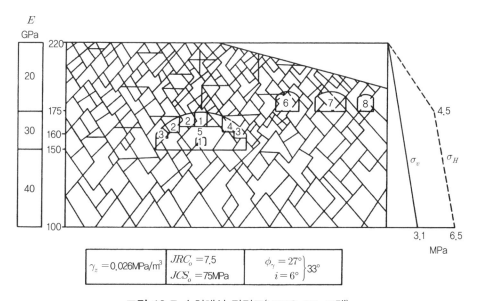

그림 10.7 수치해석 단면도(UDEC-BB 모델)

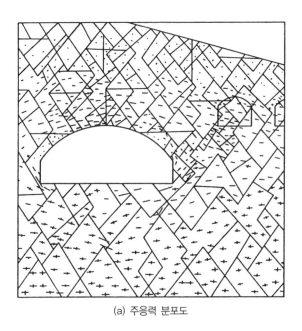

(a) 주응력 분포도

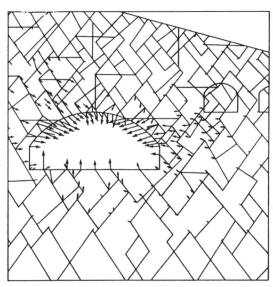

(b) 변위벡터 분포도

그림 10.8 수치해석 결과 예

Gjovik 경기장 설계/시공에 관한 상세한 사항은 Barton(1994) 등의 논문에 수록되어 있으므로 독자들은 반드시 이 논문을 읽어보길 바란다.

참 고 문 헌

- Barton, N., Grimstad, E., Aas, G., Opsahl, O.A, Bakken, A., Pedersen, L., and Johansen, E.D.(1992), Norwegian Method of Tunnelling, World Tunnelling, KSC, Kent, U.K.
- Barton, N., By, T.L., Chryssanthakis, P., Tunbridge, L., Kristiansen, J., Loset, F., Bhasin, R.K., Westerdahl, H., and Vik, G.(1994), Predicted and measured performance of the 62m span Norwegian olympic ice hockey cavern at Gjovik, Int. J. Rock Mech. & Min. Sci. & Geomech. Abstr. Vol. 31, No. 6, pp.617~641.
- Barton, N.(2002), Some new Q-value correlations to assist in site characterization and tunnel design, Int. J. Rock Mech. & Min. Sci., Vol. 39, pp.185~216.

찾아보기

■ 저자소개

이인모(李寅模)

서울대학교 토목공학과(공학사)

미국 Ohio 주립대학교 토목공학과 대학원(공학석사, 공학박사)

한국과학기술원 토목공학과 조교수 역임

국제 터널학회(ITA) 회장 역임

현 고려대학교 건축사회환경공학부 교수

터널의 지반공학적 원리(제3판)

초판발행	2004년 10월 21일(도서출판 새론)
초판 2쇄	2007년 02월 20일
초판 3쇄	2010년 05월 14일
2판 1쇄	2013년 12월 20일(도서출판 씨아이알)
3판 1쇄	2016년 05월 18일
3판 2쇄	2024년 02월 29일

저 자	이인모
펴 낸 이	김성배
펴 낸 곳	도서출판 씨아이알

책임편집	박영지
디 자 인	윤지환, 윤미경
제작책임	이헌상

등록번호	제2-3285호
등 록 일	2001년 3월 19일
주 소	(04626) 서울특별시 중구 필동로8길 43(예장동 1-151)
전화번호	02-2275-8603(대표)
팩스번호	02-2275-8604
홈페이지	www.circom.co.kr

I S B N	979-11-5610-229-8 93530
정 가	30,000원